腐蚀测试技术

刘宏伟　主编

刘宏芳　副主编

U0228408

化学工业出版社

·北京·

内容简介

《腐蚀测试技术》共七章，第一章为绪论，介绍了腐蚀基本概念、腐蚀测试体系设计、腐蚀环境模拟以及常用的腐蚀测试相关仪器设备；第二章和第三章分别从热力学和动力学两方面介绍了电化学腐蚀基础理论；第四章主要从稳态测量和暂态测量两方面讨论了电化学测试技术基本原理；第五章主要围绕电化学阻抗的原理及其在腐蚀科学研究中的应用展开；第六章包括电化学噪声、微区电化学扫描探针技术、丝束电极、扫描电化学显微镜等可用于局部腐蚀测试的电化学技术；第七章从基础腐蚀实验、微区腐蚀测试实验、腐蚀控制实验和综合性研究实验四个部分总结了 50 个腐蚀测试实验。

本书适合作为高等院校金属腐蚀与防护、材料科学与工程、化学工程与技术、海洋科学与工程等相关专业课程的本科生和研究生的理论和实验教材，也能供从事腐蚀防护研究的相关科学和技术人员使用。

图书在版编目（CIP）数据

腐蚀测试技术/刘宏伟主编；刘宏芳副主编 . 一北京：
化学工业出版社，2023. 4
ISBN 978-7-122-42780-9

Ⅰ.①腐… Ⅱ.①刘…②刘… Ⅲ.①腐蚀试验②腐蚀检测 Ⅳ.①TG174. 3

中国国家版本馆 CIP 数据核字（2023）第 023319 号

责任编辑：李 琰 宋林青　　　装帧设计：关 飞
责任校对：宋 夏

出版发行：化学工业出版社
　　　　　（北京市东城区青年湖南街 13 号 邮政编码 100011）
印 装：三河市延风印装有限公司
787mm×1092mm 1/16 印张 20¼ 字数 493 千字
2023 年 10 月北京第 1 版第 1 次印刷

购书咨询：010-64518888　　　　　售后服务：010-64518899
网 址：http://www.cip.com.cn
凡购买本书，如有缺损质量问题，本社销售中心负责调换。

定 价：68. 00 元　　　　　版权所有 违者必究

前言

近年来，腐蚀科学作为一门独立的学科发展迅速，同时也面临着诸多挑战，仍然有一些腐蚀基础科学问题迫切需要攻关，仍然有很多腐蚀工程问题迫切需要解决。腐蚀科学与腐蚀工程的发展离不开腐蚀测试技术的支持和支撑，腐蚀测试技术是材料腐蚀行为和机制研究的重要手段，腐蚀测试技术也为工程上材料腐蚀性能评价、腐蚀防护、耐蚀材料的选择等提供了技术支撑。腐蚀也是一门重要的实验科学，在腐蚀研究中离不开腐蚀实验基础数据的支撑，而腐蚀测试技术的发展也促进了腐蚀实验科学的进步。

《腐蚀测试技术》是作者多年来在腐蚀科学领域基础研究和教学积累的基础上参考国内外相关教材编著而成的。本书共七章，前六章主要介绍了腐蚀测试技术基础理论和目前普遍使用的典型腐蚀测试方法，第七章分四部分，共 50 个腐蚀测试实验，为腐蚀实验教学提供教材支撑。在腐蚀测试技术基础理论方面，首先从热力学和动力学两方面介绍了材料腐蚀基础理论；然后重点介绍了电化学测试技术中的稳态测量和暂态测量基础理论，稳态测量和暂态测量是腐蚀电化学测试技术的基础；接着在此基础上，介绍了电化学阻抗、局部腐蚀电化学测试技术。腐蚀测试实验方面，从基础腐蚀实验、微区腐蚀测试实验、腐蚀控制实验和综合性研究实验四部分总结了腐蚀测试过程中的实验类型。

本书在编写过程中得到了国内外很多腐蚀领域专家的指导和帮助，他们对本书内容提出了很多宝贵的意见，在此予以感谢。鉴于编者的水平有限，书中难免有不足、疏漏之处，敬请广大读者不吝赐教，批评指正。

编者

2022 年 9 月

目录

第七章　腐蚀测试技术实验案例　　154

第一章

绪　论

1.1
腐蚀基本概念

腐蚀（Corrosion）源于拉丁文"corrdere"，意即"损坏""腐烂"。20世纪60年代前，材料腐蚀的定义只局限于金属生锈：铁及铁基合金生成以水合氧化铁为主的产物。近年来，随着腐蚀科学的快速发展，腐蚀的概念逐步涉及整个材料领域，包括但不限于金属腐蚀、塑料发胀或开裂、木头干裂或腐烂、花岗岩风蚀、水泥剥离脱落等，即所有材料的破坏、降解均可称为腐蚀。但是在腐蚀科学研究中金属腐蚀占据了很大比例，本书主要围绕金属腐蚀展开。金属材料是现代最重要的工程材料，人类社会的发展与金属材料制取工艺的进步和加工工艺的改进有着密切的关系。金属材料具有良好的机械性能（强度高、塑性好、耐腐蚀、耐磨损）、良好的工艺性能（铸造、焊接、锻造、机械加工）以及良好的物理性能（导热性、导电性）。

金属材料制品在使用中最重要、最常见的损坏形式包括：断裂、磨损和腐蚀，断裂是指金属受力超过弹性极限、塑性极限而导致的最终破坏，磨损是指金属受到机械摩擦而引起的逐渐损坏，腐蚀是指金属在环境介质作用下，逐渐产生的损坏或变质现象。广义的腐蚀包括腐蚀与磨损、断裂等的协同作用，狭义的腐蚀是材料受环境介质的化学、电化学和物理作用产生的损坏或变质现象。腐蚀包括化学、电化学与机械因素或生物因素的共同作用。腐蚀是在环境介质中材料和环境交互作用导致的材料损伤，是一种表面/界面现象。材料的损伤从宏观上讲是材料质量流失、强度退化，从微观上讲是组织、结构或价态的改变。腐蚀科学涉及金属学、金属物理、物理化学、电化学、力学与生物学等学科，是一门综合性的学科。

腐蚀事故危及人身安全，造成资源和能源的浪费，引起环境污染，腐蚀问题已经成为影响国民经济和社会可持续发展的重要因素之一。因此，深入开展腐蚀科学研究以及针对性地提出腐蚀控制方案具有重要的现实和科学意义，采用合理的腐蚀控制手段可以减少超过1/3的经济损失，腐蚀科学基础研究发挥着重要的作用。而在腐蚀科学研究和腐蚀工程应用中，离不开腐蚀测试技术的支持和支撑。利用不同类型的腐蚀测试技术，有助于材料失效分析，得出发生事故的原因；有助于评价和认识材料抗腐蚀性能，为实际应用积累数据；有助于认识和揭示材料在特定环境中的腐蚀行为和机制，发展腐蚀基础理论；有助于针对性地提出腐蚀控制方法，同时可进行腐蚀控制方法的可靠性评估。通过腐蚀测试技术基础实验的培养，学生可以更深层次地理解和掌握腐蚀科学与工程的基本研究方法、试验技术，具有合理选择耐蚀材料和采取正确防护措施的能力，进行腐蚀防护工程设计的能力，对耐蚀新材料、防腐新工艺以及新技术的研究开发能力，从而推动腐蚀学科的进步和发展。

1.2 腐蚀测试体系设计

近年来，极端环境下的腐蚀研究仍然面临很多挑战，考虑到实际腐蚀环境日益复杂，材料、腐蚀介质和环境条件的多样性，很难通过建立一套完整的腐蚀测试体系满足所有腐蚀实验的需求。在腐蚀科学研究中，腐蚀测试体系的设计尤为重要，如何在不同的环境中获得腐蚀电化学参数也是一个难点。在实验室研究中，腐蚀体系的设计通常基于实际环境，如表层海水腐蚀测试体系，实验采用简单的三电极体系即可完成金属腐蚀电化学研究，即将工作电极、参比电极和对电极浸入模拟海水测试介质即可，如图1.1所示。但是在实际测试过程中还要考虑很多因素。如果是厌氧环境，则测试介质要通入氮气除氧，厌氧环境中测试介质尽量充满整个电解池；如果是 CO_2 环境中，则根据需要通入不同浓度的 CO_2；如果测量微生物腐蚀行为和机制，测试介质以及实验用到的所有材料和装置都要灭菌，测试介质通常采

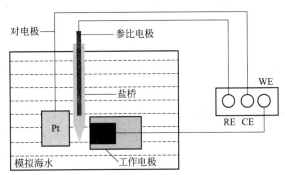

图1.1 模拟海水环境中金属电化学腐蚀测试装置示意图

用高温高压灭菌锅 121℃ 灭菌超过 20min，其他不可采用高温高压灭菌的材料，如工作电极、参比电极、对电极等，可采用紫外辐射灭菌，从而避免环境中微生物对目标微生物的污染，进而影响实验结果的可靠性。

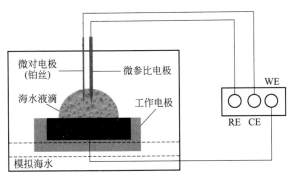

图1.2 液滴下金属电化学腐蚀测试装置示意图

对于一些特殊环境体系，如大气环境对应的大气腐蚀来说，其腐蚀测试体系的设计就要考虑到大气腐蚀的特点。大气腐蚀通常是以薄液膜和液滴环境中的腐蚀为主，而且测试装置还要保持一定的可控湿度。对于厚度为几十到几百个微米的薄液膜来说，三电极测试体系的构建是一个难点。液膜很薄，如何控制液膜的厚度也是一个挑战。当然，研究者也发明了很多装置和方法，使得大气腐蚀电化学测量得以实现。比如，对于液滴条件下的腐蚀电化学测量，可采用自制的微对电极和微参比电极来实现电化学测量，如图1.2所示，采用微电极技术可以直接测出金属局部腐蚀信息，要注意保持恒定的湿度，湿度变化较大会影响液滴的大小，进而影响金属腐蚀行为和电化学测量。近年来微电极技术也有了快速发展，扫描振动参比电极、扫描电化学显微镜等都是采用微电极进行电化学测量的，可以直接得出金属局部腐蚀信息。对于液滴环境

中的腐蚀，采用丝束电极技术也是一种良好的测试方法，丝束电极技术是介于微观和宏观电化学测量的一种电化学测试技术，能够很好地测量出液滴环境中腐蚀信息的变化，对于揭示其腐蚀机制也发挥着重要的作用。

在实际电化学腐蚀测试过程中会遇到很多复杂的腐蚀体系。如，油气田井下的高温高压环境、海洋热液区高温高压环境、深海低温高压环境等，这些极端环境的腐蚀研究相对较少，关键原因之一是实验室模拟测试比较困难。在实验室构建腐蚀测试体系尤其是含有电化学的腐蚀测试体系，要注意以下几点：一是尽可能模拟实际腐蚀环境，将实验涉及的所有影响因素都尽量考虑到；二是做好腐蚀测试体系的设计，从而更加准确地获取稳定可靠的电化学参数；三是要注意实验安全，尤其是进行极端环境实验时；四是要增加实验操作能力，在构建电化学腐蚀测试体系时要注意提升自己的动手能力和解决问题的能力，能够独立自主地根据实验需求设计和制造关键材料和部件。腐蚀测试体系的成功设计和应用是完成腐蚀实验、取得重要实验成功的基础。

上述电化学腐蚀测试体系设计的主要目的是获得相关电化学参数，研究材料的腐蚀行为和机制，以实验室实验为主。实验室实验有很多优点：一是可以开展原位腐蚀测试实验并且精准控制实验参数，并结合实验室的一些精准测试仪器，获得更加准确的材料腐蚀信息；二是可以严格控制实验影响因素，并在单一条件下探讨各影响因素对材料腐蚀行为和机制的具体影响过程；三是可根据实验需求，确定腐蚀测试周期，通过腐蚀加速试验（如盐雾试验）满足快速腐蚀评价需求；四是因为实验参数和条件可控，实验结果的重现性要高于现场实验，且成本低。

实验室腐蚀测试在材料腐蚀研究中发挥着重要的不可替代的作用，但是实验室腐蚀测试也有很多局限性，如很难做到与室外现场条件完全一致，从而导致实验室结果和现场数据有出入，室外现场实验结果的可靠性更高。因此，开展室外现场实验研究也是腐蚀测试必不可少的一个重要组成部分。我国有很多野外现场腐蚀实验站可供室外腐蚀测试，满足现场腐蚀测试的需求。现场实验的腐蚀测试体系设计相对较为简单，我国和国际上有很多相关试验标准规范可供参考，从而使得试验结果可靠性和认可度提高。现场腐蚀测试也有一些缺点，如实验条件无法严格控制，受环境影响较大；实验结果的重现性较低；实验的周期一般较长等。

1.3
腐蚀环境模拟

腐蚀测试技术以实验室测试为主，因此为了更加准确获得材料腐蚀信息，腐蚀环境尤其是腐蚀测试介质的模拟尤为重要。在腐蚀测试过程中需要考虑的环境参数主要包括温度、压力、时间、气体环境、腐蚀介质类型等。实际测试体系如海洋环境中，温度为$-2 \sim 30 ℃$，随深度增加，水温逐渐下降（深度每增加 1000m，约下降 $1 \sim 2 ℃$），在水深 $3000 \sim 4000m$ 处，温度达到 $-2 \sim 1 ℃$。但是在某些海底热液区，温度可以超过 100℃。海洋环境中还存在着巨大的静水压，海水每下降 10m，压力增加 1 个大气压。在油气田环境中，地下温度通常比较高，最高可以超过 200℃，且伴随着巨大的压力，通常可达十几兆帕。因此，在实验室中模拟特殊工况环境就需要使用变温高压釜，温度、压力都可以根据实验要求进行改变。实验室测试时间通常比较短，可根据实验测试的具体需求而定。在腐蚀测试中还需要重点考虑气体环境，通常海水中含有一定浓度的溶解氧，表层海水的氧浓度约为 $4.59 \sim 8.72\text{mg/L}$，有时还需要营造厌氧的海洋环境。因此，通常可以通过向测试介质中通入 N_2、Ar、空气、O_2 等来达到控制溶解氧浓度的目的。而在油气田环境中，通常含有高浓度的 CO_2、H_2S 等，模拟介质中需要通入 CO_2、H_2S 等满足测试要求，需要注意的是 H_2S 是有毒气体，必须做好防护。腐蚀介质是腐蚀测试试验重点，随其化学组分的改变而不同。海水的盐度是 3.5%，金属腐蚀速率在 3% $NaCl$ 时最大，而且海水中 $NaCl$ 浓度为 3%。因此，通常采用 3.5% 和 3% $NaCl$ 溶液作为海水模拟介质。实际上海水的成分复杂，根据美国材料与试验学会 ASTMD 1141—2003 所配制的模拟海水化学组成如表 1.1 所示。而在油气田环境中，腐蚀介质组分也很复杂，而且矿化度很高，如表 1.2 所示为中国某油田产出水的化学元素组成，以及依据其化学元素组成配制的模拟油田产出水。由表 1.1 和表 1.2 可以看出，海水和油田产出水测试介质对金属的腐蚀性都比较强。而在土壤腐蚀测试中，通常采用模拟土壤提取液作为腐蚀测试介质，表 1.3 是根据加拿大某地土壤提取液化学组分配制的模拟溶液，可以看出土壤环境中腐蚀介质对金属的腐蚀性偏小。需要说明的是，实际环境中腐蚀介质的化学组成不是一成不变的，影响因素也很多，在进行腐蚀测试试验的时候要标明具体模拟的环境区域。

表 1.1　基于 ASTMD 1141—2003 的模拟海水的化学组成　　　　单位：g/L

NaCl	KCl	$MgCl_2$	$CaCl_2$	Na_2SO_4	$NaHCO_3$	KBr	H_3BO_3	$SrCl_2$	NaF
24.53	0.695	5.2	1.16	4.09	0.201	0.101	0.027	0.025	0.003

表 1.2　油田产出水和模拟油田产出水的化学组成　　　　单位：mg/L

油田产出水	$Na^+ + K^+$	Ca^{2+}	Mg^{2+}	Cl^-	HCO_3^-	pH	SO_4^-	矿化度
	4053	37.7	7.5	4486	2105	6.5	854	11544
模拟油田产出水	$NaHCO_3$	$MgSO_4$	$CaCl_2$	NaCl	K_2SO_4	Na_2SO_4		
	2900	37.5	105	7300	7	4880		

表 1.3　模拟土壤提取液的化学组成　　　　单位：g/L

$NaHCO_3$	NaCl	$NaNO_3$	Na_2SO_4	K_2SO_4	$CaSO_4 \cdot 2H_2O$	$MgSO_4 \cdot 7H_2O$
0.0760	0.0089	0.0014	0.0773	0.0619	0.8823	0.3226

　　除了环境参数之外，还需要考虑其他因素的影响，如腐蚀测试的试样尺寸，受力状态，腐蚀测试是静态条件还是动态条件。试样的尺寸根据国家相关标准来制作，或者满足试验需求。力的载荷大小和方向都会对试验结果有重要的影响。实际环境测试介质多是动态环境，因此在试验过程中还需要考虑动静态测试条件的影响，这就涉及流体动力学的范畴。有时，在腐蚀测试之前，还需要自己设计和制作一些腐蚀测试装置，如特定形状和尺寸的电解池等。在考虑微生物对材料腐蚀行为影响时，还需要将微生物引入腐蚀测试中，即通常所说的微生物腐蚀（MIC）。微生物腐蚀测试过程中，采用无菌操作技术，避免空气中杂菌的污染，根据需要调整电解池参数，选择厌氧和好氧测试。

因此，可以看出在实验室腐蚀模拟测试是一个非常复杂的过程，涉及多学科，且影响因素众多，任何一个影响因素的变化都会对试验结果有重要的影响。

1.4 常用的腐蚀测试相关仪器设备

1.4.1 电化学工作站

电化学工作站（Electrochemical workstation）是电化学测量系统的简称，用于测量电化学池内电位等电化学参数的变化并对其实现控制，是电化学研究和教学常用的测量设备。其内部具有数字信号发生器、数据采集系统、多级信号增益、电位电流信号滤波器、IR降补偿电路、恒电流仪、恒电位仪。恒电位仪是电化学测试中最重要的仪器，其性能直接影响电化学测试结果的准确度。电化学工作站在金属腐蚀防护、能源电化学、电化学传感器、生物电化学等领域有着广泛的应用。

电化学工作站主要有两大类，即单通道工作站和多通道工作站，其中，单通道工作站在一定时间内只允许完成对一个样品的参数测量，而多通道工作站允许同时对多个样品进行参数测量，大大提高了其工作效率。电化学工作站将恒电位仪、恒电流仪和电化学交流阻抗分析仪有机结合，既可以做三种基本功能的常规试验，也可以做基于这三种基本功能的程式化试验。电化学工作站集成了常用的电化学测量技术：电流分析法（也称为计时安培法）、差分脉冲安培法（DPA）、差分脉冲伏安法（DPV）、循环伏安法（CV）、线性扫描伏安法（LSV）、常规脉冲伏安法（NPV）、方波伏安法（SWV）等，还可以进行各种电化学常数的测量。电化学测量技术将化学物质的变化归结为电化学反应，以体系中的电位、电流或者电量作为体系中发生化学反应的量度进行测定。

电化学工作站在不同模式下的测试原理如图1.3～图1.5。

电化学工作站具有工作电极、辅助电极、参比电极，其中，工作电极是需要被测量的未知电极；辅助电极在对工作电极的测量过程中起到辅助作用，主要用于与工作电极一起形成闭合回路；参比电极在对工作电极的测量过程中起到参考的作用，其电位是固定且已知的，因此可通过对工作电极与参比电极之间的电势差的求解来得到工作电极的电位。同时，电化学工作站本身不仅可完成某些功能，且在与微电流放大器等其他设备一起使用时，还可对其功能进行相应的扩展，如可完成对超微电极的稳态电流的测量；具有外部信号输入通道，测量参数的同时可完成对外部电压信号的记录；与微电流放大器一起使用，可将其测量电流下限降至1pA甚至更低；与大电流放大器一起使用，可将其测量电流范围扩展至$-100\sim100A$。

利用电化学工作站进行电化学测试的优点：①简单易行，可将一般难以测定的化学参数直接变换成容易测定的电参数加以测定；②灵敏度高，因为电化学反应是按法拉第定律进行的，所以，即使是微量的物质变化也可以通过容易测定到的电流或电量来进行测定；③实时性好，利用高精度的特点，可以检测出微反应量，并对其进行定量。

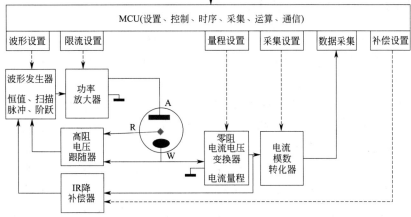

图 1.3 电化学工作站原理简图——恒电位模式

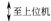

图 1.4 电化学工作站原理简图——恒电流模式

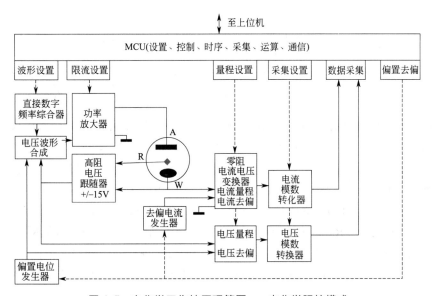

图 1.5 电化学工作站原理简图——电化学阻抗模式

1.4.2 表面形貌和组分结构分析

材料发生腐蚀之后，腐蚀产物膜的形貌和组分结构分析以及去除腐蚀产物后的腐蚀形貌对于分析腐蚀机理具有很大的帮助，常用的测试仪器包括扫描电镜（Scanning electron microscope，SEM）、原子力显微镜（Atomic force microscope，AFM）、3D 超景深显微镜，SEM 和 AFM 可用于材料表面膜微观结构和形貌的观察。3D 超景深显微镜使用可见光，分辨率最高达 0.1 微米级，最高有效放大倍率只能到 1600 倍。腐蚀样品在使用 SEM 观察之前要进行脱水干燥处理，而含有生物膜的腐蚀样品，处理方式更为复杂。生物膜是通过将金属试样置于细菌培养介质中培养一定周期获得的，将培养固定时间获得的生物膜样品置于含有 2% 戊二醛杀菌剂的磷酸盐缓冲溶液介质中浸泡 8h，将生物膜表面的微生物全部杀死，用不同浓度的乙醇逐级给生物膜脱水，然后在 N_2 中干燥，最后置于充有 N_2 的保护装置中保存，待进一步分析。生物膜的固化处理是生物膜 SEM 形貌分析的首要步骤。图 1.6 为获得的不同类型的不锈钢材料在含有硫酸盐还原菌的腐蚀介质中测试 7 天后形成的生物膜形貌图和相应的 EDS 能谱。生物膜样品还可以采用荧光显微镜观察，图 1.7 为不同含水量土壤环境中测试 21 天后试样表面生物膜荧光染色图。

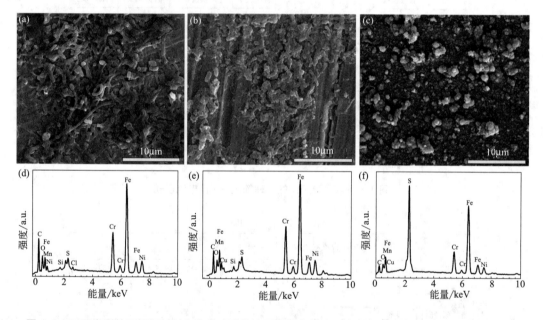

图 1.6　不同类型的不锈钢材料在含有硫酸盐还原菌的腐蚀介质中测试 7 天后形成的生物膜形貌图和相应的 EDS 能谱：（a）和（d）316L SS；（b）和（e）316L-Cu-A；（c）和（f）316L-Cu-B

常用的腐蚀产物膜成分分析方法有能谱分析（Energy dispersive spectrum，EDS）、X 射线衍射（X-ray diffraction，XRD）、X 射线光电子能谱（X-ray photoelectron spectrometry，XPS）、拉曼光谱（Raman spectrum）等。XRD 只能分析具有一定晶体结构的腐蚀产物，试样表面生物膜中的有机物要结合 EDS 能谱和 XPS 进行分析。XPS 只能分析腐蚀产物膜表面几个纳米深度的产物组分结构。因此，为了更好地获得腐蚀环境中获得的材料腐蚀产物组分结构，需要借助多种方法协同分析。

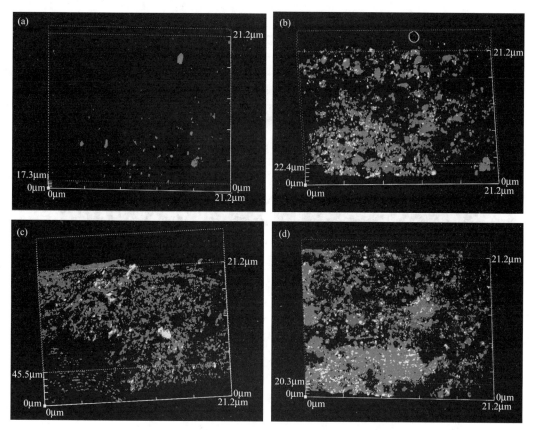

图 1.7　不同含水量土壤环境中测试 21 天后试样表面生物膜荧光染色图:
（a）5∶1;（b）5∶3;（c）5∶5;（d）5∶3, 含有 CO_2

　　去除腐蚀产物后的材料表面形貌可以直接通过 SEM 和 3D 超景深显微镜观察, 对于一些小的腐蚀坑, 可以采用 SEM 观察, 如图 1.8 所示, 对腐蚀坑的数量进行统计分析, 但是 SEM 无法获得腐蚀坑深度信息。对于较大的腐蚀坑, 可以通过 3D 超景深显微镜分析试样表面腐蚀坑的大小、深度以及腐蚀坑的平均分布, 从而通过统计分析对材料局部腐蚀进行定量和定性分析, 如图 1.9 所示。通过 3D 腐蚀形貌获得的局部腐蚀速率是评价材料腐蚀行为和耐蚀性能的一个重要指标。

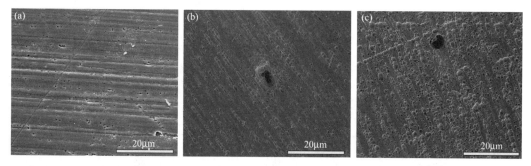

图 1.8　不同类型的不锈钢材料在含有硫酸盐还原菌的腐蚀介质中测试 21 天去除腐蚀产物后的
SEM 表面形貌图:（a）316L SS;（b）316L-Cu-A;（c）316L-Cu-B

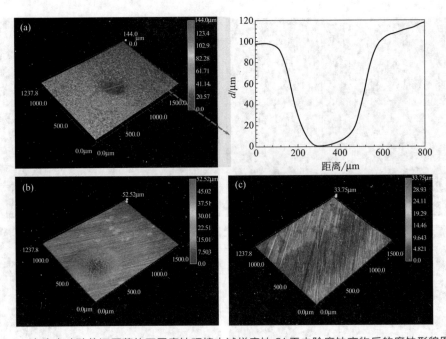

图 1.9　在含有硫酸盐还原菌的不同腐蚀环境中试样腐蚀 21 天去除腐蚀产物后的腐蚀形貌图：
（a）硫酸盐还原菌；（b）硫酸盐还原菌+ 40mg/L 苯扎氯铵；（c）硫酸盐还原菌+ 80mg/L 苯扎氯铵

思考题

（1）什么是腐蚀？腐蚀是如何定义的？

（2）如何合理地设计一个腐蚀测试体系？

（3）不同测试环境具有不同的特点，实验室如何模拟？实验室研究结果与现场试验结果有何差异？

（4）腐蚀测试过程中需要使用的测试仪器和装备有哪些？发挥的作用是什么？

第二章

电化学腐蚀热力学

2.1 电化学腐蚀基本概念

金属腐蚀主要以腐蚀原电池的形式进行，因此金属腐蚀也称作电化学腐蚀。电化学腐蚀反应过程中涉及两类导体：电子导体和离子导体。电子导体以电子或空穴导电，代表性材料为金属和半导体，主要作为腐蚀原电池中的电极，通常也是发生腐蚀的材料。而离子导体通过带电离子进行电子传输，包括电解质溶液或熔融盐等，如海水包含大量的带电离子，就是一个离子导体。将一块钢铁材料置于海水介质中，就形成了腐蚀原电池，而钢铁材料将因为腐蚀原电池的形成而导致其质量逐渐减少。

电化学反应中，通常有多个相参与，相是指一个系统中由化学性质和物理性质一致的物质所组成而与系统中的其它部分之间由"界面"隔开的集合体。例如，腐蚀电化学反应中涉及的金属导体为固体相，而电解质溶液则为液体相，而在金属导体和电解质溶液之间则形成一个相界面。金属的腐蚀就发生在相界面上，因此金属腐蚀也是一个界面过程。电化学腐蚀过程中还涉及电极系统，电极系统是指一个由电子导体相和离子导体相组成的系统，在系统内有电荷从一个相通过两相界面转移到另一个相。所以在电化学腐蚀过程中一定在金属表面涉及电子的转移，在电子转移过程中发生电极反应，失去电子的金属将发生溶解而导致质量损失。电极反应是指在电极系统中伴随着两个非同类导体之间的电荷转移而在两相界面上发生的化学反应，如下所示，铜失去电子变成了铜离子，Ag 失去电子的同时与 Cl^- 结合形成了 $AgCl$ 沉淀，H_2 失电子变成了 H^+，Fe^{2+} 进一步被氧化生成了 Fe^{3+}。这些反应中都涉及电子的转移，都是电极反应或称为电化学反应。

$$Cu(M) \longrightarrow Cu^{2+}(sol) + 2e^-(M) \tag{2-1}$$

$$Ag(M) + Cl^- \longrightarrow AgCl(s) + e^-(M) \tag{2-2}$$

$$1/2H_2(g) \longrightarrow H^+(sol) + e^-(M) \tag{2-3}$$

$$Fe^{2+}(sol) \longrightarrow Fe^{3+}(sol) + e^-(M) \tag{2-4}$$

电化学腐蚀过程中由于腐蚀电池电流流动，阳极金属因失电子而腐蚀，发生的腐蚀量 W 和电池电流 I 符合法拉第定律，即为：

$$W = \frac{MIt}{nF} \tag{2-5}$$

式中，M 是金属的摩尔质量；n 是阳极反应中的金属价态变化；F 是法拉第常数，96485C/mol；I 是电池中的电流，A；t 是电流持续时间，s。在电极反应中，当 1mol 氧化体转化为还原体，前者需要从电极取得 n 个法拉第常数的电量的电子；而当 1mol 还原体转化为氧化体时，电极从还原体得到数值等于 n 个法拉第常数的电量的电子。法拉第定律描述电极上通过的电量与电极反应物的量之间的关系，又称为电解定律。

电极是腐蚀原电池的基本组成要素，是指电极系统中的电子导体相。电化学反应中的阳极是指发生氧化反应的电极，即电极在发生阳极反应过程中会失去电子，因此阳极反应是失去电子的反应。而阴极是指发生还原反应的电极，即电极在发生阴极反应过程中会得到电子，所以阴极反应是得到电子的反应。腐蚀原电池阴阳极之间的电位差驱动了整个电极反应的进行。阳极是失电子的，因此阳极会发生溶解，而阴极是得电子的，因此阴极只是提供电极反应的场所，其本身并不会溶解。还需要注意的是腐蚀原电池中，阴极电位高，是正极；而阳极电位低，是负极。对于电解池来说，阴极电位低，是负极；阳极电位高，是正极，这正好与原电池相反。腐蚀原电池是一种特殊的原电池，其电极反应有以下主要特点：

（1）所有关于化学反应的基本定律都适用于电极反应，包括质量作用定律等；

（2）包括阴阳极反应在内的电极反应必须发生在电极材料表面上，是一种界面反应过程；

（3）电极反应受到界面双电层的电化学状态的影响（区别于一般化学反应），任何影响双电层的因素都会影响电极反应过程；

（4）电极反应一侧至少有一种物质失去电子，而另一侧至少有一种物质得到电子，也就是说阴阳极反应可以分开进行，而化学反应阴阳极反应不能分开，这是区别电化学反应和化学反应的标志之一。

2.2 电极电位

2.2.1 界面双电层

在电化学腐蚀反应过程中，两种不同的相在接触瞬间，在相界上可能发生带电粒子的转移。电荷主要从一个相越过界面迁入另一相内，结果在两相中都出现剩余电荷（符号相反），在界面两侧形成"双电层"，从而产生相间电位差。例如，金属浸入电解质溶液内，其表面的原子与溶液中的极性水分子、电解质离子、氧等相互作用，**使界面的金属和溶液侧分别形成带有异性电荷的结构，这种电极表面形成的带有异性电荷的结构就叫双电层**。双电层是自然界普遍存在的现象，不仅在电子导体与离子导体、离子导体与离子导体，电子导体与电子导体之间存在，甚至在绝缘体与导体之间也存在双电层。双电层可以自发形成，也可以在外电场作用下形成，自发形成的双电层可分为：离子双电层、偶极双电层和吸附双电层。

带电粒子在电极和溶液介质两相中的电化学位不等，在界面两侧发生电荷转移而形成电荷符号相反、数量相等的两个电荷层，这种双电层就是离子双电层。离子双电层又分为：电极/溶液界面离子双电层、溶液/溶液界面离子双电层以及电极/电极界面离子双电层。

偶极子在界面上定向排列或界面上原子或分子的极化形成的双电层称为偶极双电层。金属相内部的原子或分子与表面的原子或分子受到的作用力不同，虽然电极表面没有剩余电荷，但金属表面偶极子的定向排列总是存在的，形成偶极双电层。如水分子除可以与溶液中正负离子形成水化离子外，还会与电极表面发生相互作用从而在电极表面定向排列。偶极双电层形成的原因：①由于在电极表面定向排列的偶极子本身电荷的两个分离端之间存在电位差而形成的双电层；②当偶极子在表面定向排列时，由于偶极子的诱导作用，金属表面的原子发生极化，产生作用于界面两侧的荷电层，也叫偶极双电层；③由于电极表面有剩余电荷，也会使溶液中的分子或原子发生极化，而在电极表面构成偶极双电层。

由离子特性吸附形成的双电层称为吸附双电层（非库仑作用力引起的吸附），这是一种非静电作用力产生的非静电吸附，称为特性吸附，也称为接触吸附。吸附双电层形成的原因：电极与溶液接触时，由于特性吸附，溶液中的离子会在电极表面形成分布于溶液一侧的荷电层，这一荷电层会吸引溶液内的反号离子形成吸附双电层。

严格说来只有离子双电层是产生相间电位的主要原因，后两种双电层只出现在某一相的表面，只能影响某一相的表面电势。实际上吸附双电层、偶极双电层是产生零电荷电位的主要原因。因此，偶极双电层与吸附双电层对双电层结构的影响是不可忽略的。以上三种双电层是指电极表面自发形成的双电层，形成速度非常快，一般在百万分之一秒就可以完成（10^{-6} s），在外电场作用下也能强制形成双电层。

后面的介绍中主要以电极/溶液界面离子双电层为主。当 Zn 与 $ZnSO_4$ 溶液接触时，在金属表面上的锌离子只在一面承受离表面较远的锌离子和电子的作用，与溶液相邻的一面，由于极性水分子的作用将发生水化。Zn 本来是电中性的，因离子进入溶液而把电子留在金属上，这时金属 Zn 带负电。在 Zn^{2+} 进入溶液的同时破坏了溶液的电中性，使溶液带正电。金属上过剩的负电荷吸引溶液中过剩的阳离子，使之靠近金属表面，形成带异号电荷的离子双电层，在两相界面上产生一定的电位差。图 2.1 中第一类双电层就是这种结构，双电层左侧带负电，右侧带正电，代表性金属如铁和锌等。如果水化能不足以克服金属晶格中金属正离子与电子之间的引力，则溶液中一部分已水化的金属离子将克服水化作用向金属表面沉积，使金属表面带正电，进而吸附溶液带负电离子，使得溶液侧带负电，从而形成另外一种离子双电层，即第二类双电层，其左侧带正电，右侧带负电，代表性金属如铜等。如果金属离子不能进入溶液，溶液中的金属也不能沉积到金属表面，如惰性金属 Pt、Au 和石墨等，将形成第三类双电层。第三类双电层依靠吸附溶解在溶液中的气体而形成双电层，如铂在溶有氧的溶液中，氧分子吸附在铂表面，并解离为原子，再夺得铂表面的电子而成为荷负电的负离子，即形成金属侧带正电、溶液侧带负电的双电层。对于第三类双电层，金属电极并不参与电极反应，只是为电极反应提供场所。但是双电层的存在，也使得惰性金属产生了电极电位，但是第三类双电层与第一类和第二类双电层有着本质的区别。电极/溶液界面对电化学反应速率的影响由两方面的因素决定：界面电场因素和化学因素。

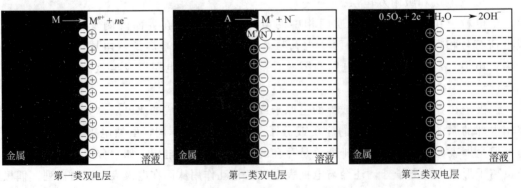

图 2.1　三类双电层结构示意图

在实际环境中，由于粒子的热运动，金属材料表面形成的双电层并不是由十分规则的异性电荷的结构组成，1924 年 Stern 提出双电层由紧密层和分散层组成，即 Stern 模型，如图2.2所示。双电层溶液一侧的剩余电荷，由于受静电作用力与热运动共同作用，部分离子紧靠电极表面排列，形成紧密层，部分离子分散在临近界面的液层中形成分散层。溶液中紧靠电极表面排列的电荷中心位置处的电荷层称为紧密层，溶液中紧靠电极表面排列的电荷中心到电极表面的液层厚度 d 为紧密层厚度。紧密层以外的剩余电荷层称为分散层，即紧密层外有浓度梯度和电位梯度的液层，由于粒子的热运动，分散层相对比较松散。

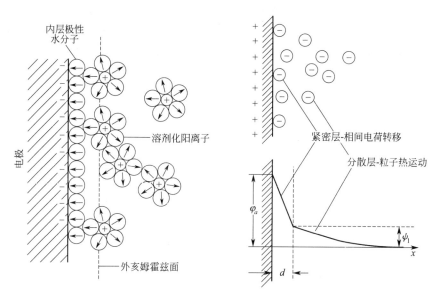

图 2.2　金属在溶液中形成的真实双电层结构示意图

溶液一侧剩余电荷 σ_S 是紧密层 $\sigma_\text{紧}$ 与分散层 $\sigma_\text{分}$ 剩余电荷之和，即：

$$\sigma_S = \sigma_\text{紧} + \sigma_\text{分} \tag{2-6}$$

双电层电容 C_d 也是紧密层 $C_\text{紧}$ 与分散层 $C_\text{分}$ 串联而成，即：

$$\frac{1}{C_d} = \frac{1}{C_\text{紧}} + \frac{1}{C_\text{分}} \tag{2-7}$$

电极/溶液界面电位 φ_a 即紧密层与分散层电位之和，即：

$$\varphi_a = (\varphi_a - \psi_1) + \psi_1 \tag{2-8}$$

其中，ψ_1 是分散层电位，是 $x=d$ 处（离子电荷能接近电极表面最小距离处）的电位，或称 ψ_1 是紧密层与分散层交界面的平均电位。$\varphi_a - \psi_1$ 为紧密层电位差，是电极表面到 d 处的电位。φ_a 和 ψ_1 都是相对于溶液内部的电位，内部电位为 0（没有剩余电荷的地方）即相对于零电荷电位。

在紧密层以内，$0 < x < d$ 时，没有剩余电荷，电场强度是恒定的，φ_a 与 x 成直线关系（x 为离电极表面的距离）。在分散层 $x > d$ 时，电极表面带正电荷时，分散层电位随 x 增加而呈指数下降，反之则分散层电位随 x 增加而呈指数上升。

Stern 模型认为紧密层比较简单，φ_a 与 x 成直线关系，而分散层相对比较复杂，那么只要搞清楚分散层中电位与电荷分布规律，就能弄清楚双电层中的电位与电荷的分布了。Stern 利用溶液中离子与电极表面之间库仑作用力与热运动的关系推导出相应双电层方程式，即：

$$\sigma=\sqrt{2\varepsilon_0\varepsilon_r cRT}\left[\exp\left(\frac{zF\psi_1}{2RT}\right)-\exp\left(-\frac{zF\psi_1}{2RT}\right)\right] \tag{2-9}$$

$$\varphi_a=\psi_1+\frac{1}{C_H}\sqrt{2\varepsilon_0\varepsilon_r cRT}\left[\exp\left(\frac{zF\psi_1}{2RT}\right)-\exp\left(-\frac{zF\psi_1}{2RT}\right)\right] \tag{2-10}$$

式中，ψ_1 是分散层在 $x=d$ 处的电位；σ 是表面剩余电荷密度；C_H 表示紧密层电容。

式（2-9）表达了 σ、ψ_1、c 的关系，而式（2-10）表示了 φ_a、ψ_1、c 之间的关系。通过式（2-9）和式（2-10），可以分析影响双电层分散性的主要因素以及双电层界面电位 φ_a 在紧密层与分散层电位中的分配情况，即什么情况下紧密层占优势，什么情况下分散层占优势。

电极表面剩余电荷密度很小，溶液浓度又很低时，双电层中离子静电作用能远小于热运动能，此时，$zF|\psi_1|\ll RT$，式（2-9）和式（2-10）指数项可以展开，忽略高次项，只取前两项，式（2-9）和式（2-10）可简化为下式，即：

$$\sigma=\sqrt{\frac{2\varepsilon_0\varepsilon_r c}{RT}}zF\psi_1 \tag{2-11}$$

$$\varphi_a=\psi_1+\frac{1}{C_H}\sqrt{\frac{2\varepsilon_0\varepsilon_r c}{RT}}zF\psi_1 \tag{2-12}$$

因为溶液中浓度 c 很小，式（2-12）中右边第二项很小，可忽略，这时有：

$$\varphi_a=\psi_1 \tag{2-13}$$

式（2-13）说明此时双电层有很大的分散性，整个双电层由分散层组成。式（2-11）对 ψ_1 求导数，可得分散层电容，分散层电容就是双电层总电容：

$$C_G=\frac{\partial\sigma}{\partial\psi_1}=\sqrt{\frac{2\varepsilon_0\varepsilon_r c}{RT}}zF\approx C_d \tag{2-14}$$

如果把双电层分散层看成平板电容器中的一个假想的平面，把式（2-14）与平板电容器计算电容的公式进行比较：

$$C=\frac{\varepsilon_0\varepsilon_r}{l}=\sqrt{\frac{2\varepsilon_0\varepsilon_r c}{RT}}zF \tag{2-15}$$

$$l=\frac{1}{zF}\sqrt{\frac{RT\varepsilon_0\varepsilon_r}{2c}} \tag{2-16}$$

因为把分散层的电荷看成分布在一个假想的平面上，所以 l 称为分散层当量厚度（或分散层有效厚度），式（2-16）就是分散层当量厚度的表达式。事实上，分散层的电荷并不是固定在某个假想的平面上，而是分散在一定厚度的液层中。这个厚度就是 l，这与离子云的厚度 κ^{-1} 的作用相似。从式（2-16）可以看出，l 与 $\sqrt{c}$ 成反比，与 $\sqrt{T}$ 成正比，这就是说 c 增大，T 降低，分散层的有效厚度减少，分散性减少，反之 c 减少，T 增大，l 增大，分散性增强。因为温度影响热运动，所以凡是使热运动增加的因素，均使 l 增大，分散性增加。从式（2-14）可看出浓度 c 增大时，分散层电容增大，总电容 C_d 增大，因而微分电容曲线上浓度增加时，电容 C_d 增加。总之，电极表面剩余电荷密度 σ 较小，在溶液浓度 c 很小时，双电层中分散层占优势。

当电极表面剩余电荷密度 σ 较大，溶液浓度不太小时，根据式（2-10），因为溶液浓度 c

及表面剩余电荷密度 σ 都增大，此时 $zF|\psi_1|\gg RT$，尽管此时 ψ_1 也增大了，但比 φ_a 要小很多，那么式（2-10）右边第一项可以忽略。因此，式（2-10）可转变为：

$$\varphi_a = \frac{1}{C_H}\sqrt{2\varepsilon_0\varepsilon_r cRT}\left[\exp\left(\frac{zF\psi_1}{2RT}\right)-\exp\left(-\frac{zF\psi_1}{2RT}\right)\right] \tag{2-17}$$

此时，当 $\psi_1>0$，不考虑特性吸附时，$\varphi_a>0$，又因为 σ 较大，静电作用能大于热运动能，所以 $zF|\psi_1|\gg RT$，且 $\exp\left(-\dfrac{ZF\psi_1}{RT}\right)\to 0$，此时式（2-17）可转换为：

$$\varphi_a = \frac{1}{C_H}\sqrt{2\varepsilon_0\varepsilon_r cRT}\exp\left(\frac{zF\psi_1}{2RT}\right) \tag{2-18}$$

对式（2-18）两边取对数后可得：

$$\psi_1 = -\frac{2RT}{zF}\ln\frac{1}{C_H}\sqrt{2\varepsilon_0\varepsilon_r RT}+\frac{2RT}{zF}\ln\varphi_a-\frac{RT}{zF}\ln c \tag{2-19}$$

而当 $\psi_1<0$，$\varphi_a<0$，且 $\exp\left(\dfrac{zF\psi_1}{RT}\right)\to 0$ 时，式（2-17）可转换为：

$$-\varphi_a = \frac{1}{C_H}\sqrt{2\varepsilon_0\varepsilon_r cRT}\exp\left(-\frac{zF\psi_1}{2RT}\right) \tag{2-20}$$

对式（2-20）两边取对数后可得：

$$\psi_1 = \frac{2RT}{zF}\ln\frac{1}{C_H}\sqrt{2\varepsilon_0\varepsilon_r RT}-\frac{2RT}{zF}\ln(-\varphi_a)+\frac{RT}{zF}\ln c \tag{2-21}$$

从式（2-19）和式（2-21）可以看出：① 当 $|\varphi_a|$ 增大时，$|\psi_1|$ 增大［从式（2-19），$|\varphi_a|$ 增大，$|\psi_1|$ 也增大，从式（2-21），$|\varphi_a|$ 增大时，ψ_1 减小，但是 ψ_1 小于 0，负值减少，其绝对值增加］，且他们是对数关系，$|\psi_1|$ 的增加比 $|\varphi_a|$ 的增加要慢得多，所以当 $|\varphi_a|$ 增加到一定程度时，$|\psi_1|$ 可以忽略不计。随 $|\varphi_a|$ 增大，分散层电位在整个双电层中所占的比例越来越少，即随双电层电位的增加，分散层紧缩。② 式（2-19）和式（2-21）中，当溶液浓度 c 增大时，$|\psi_1|$ 减少，所以浓度增加，分散层压缩，意味着分散层的有效厚度减少，双电层接近紧密双电层结构。

Stern 双电层模型描述了没有特性吸附时，总电位、分散层电位 ψ_1、电极表面剩余电荷密度 σ 与溶液浓度 c 之间的定量关系，并从理论上计算出了 ψ_1、c 和 l，即表明了 φ_a、c 变化对双电层结构的影响。Stern 双电层模型也有不足：① 对紧密层描述过于简单、粗糙，只把紧密层看成厚度仅为 d 且不变的离子荷电层，没有考虑紧密层的结构；② 没有考虑有特性吸附时的双电层结构；③ 对界面结构的描述只能是近似的，统计的平均结果并不能准确地进行计算。

相间电荷转移主要发生在紧密层内，紧密层的厚度明显小于分散层的厚度，但是整体上来说双电层是由分子组成，其厚度非常小。双电层特殊的结构使其具有如下四个特性：

（1）双电层的两层分别处于金属相和电解质溶液中，因此双电层是一种界面层，处在两相中间；

（2）双电层内存有过剩的电子或阳离子，当形成回路时，电子可沿导线流入或流出，因此双电层可以进行充放电，双电层的充放电特性对电极反应过程有重要的影响；

（3）双电层结构与电容器类似，因此可看成一个平板电容器，由于双电层的厚度非常小，其电场强度极高；当双电层电荷直接的电位差在 0.1～1V，双电层之间的距离只有

10^{-8} m时，双电层电场强度可达到 $10^7 \sim 10^8$ V/cm，在电极表面能产生如此大的电场，对电荷传递产生非常大的加速度；由此可以看出，双电层内存在着电迁移，对电极反应速率有影响，这种影响称为电场因素；

（4）双电层的存在引起界面的电位差，界面电位差的形成产生了电极电位，因此，双电层的存在是产生电极电位的本质原因。

双电层的厚度很小，一般为 1Å 到 1nm 之间，因此即使双电层两侧电压的改变值很小，造成的双电层区内的电场变化也是巨大的，从而极大影响双电层内电化学反应的动力学过程。强大的双电层电场可以使电子越过界面，有些反应在一般条件下无法进行，而在电极与溶液界面上却可以发生，特别是电极电位可以人为地连续加以改变，因而可以通过控制电极电位来改变反应速度。电解液性质、电极材料及电极表面状态对电极反应速度有很大的影响，这种影响称为"化学因素"，影响了界面的结构和性质，从而影响了反应速率。

决定双电层结构或者说影响电位分布的是静电作用和热运动，影响因素主要有以下几种，即：

（1）浓度，当其他条件一定时，溶液浓度越小，双电层分散排布的趋势就越大；溶液浓度越大，双电层紧密排布的趋势就越大。

（2）温度，温度升高，离子热运动加剧，导致双电层趋于分散排布；温度较低时，热运动则较平缓。这时稍有静电力就可以将离子吸引到电极表面，双电层趋于紧密排布。

（3）电极电位，电极电位远离零电荷电位时，电极表面与溶液中离子之间的静电作用增强，使双电层趋向紧密排布；电极电势在零电荷电位附近时，静电作用较小，双电层趋于分散排布。这里的零电荷电位指电极表面剩余电荷密度为零时的电极电位。

（4）溶液组分与电极间相互作用，如果溶液中含有可以在电极表面特性吸附的离子，则该离子易和电极紧密结合，甚至可以脱掉水化膜，并穿透电极表面的水化层，直接靠在电极上，形成内紧密层。

2.2.2　电极电位的产生

电极电位是电极各相间电位差之和，即电子导体和离子导体接触时的界面电位差，双电层普遍存在是相间电位差产生的本质原因。如图 2.3 所示，金属浸在电解质溶液中，由于带电质点在两相间的转移，两相界面出现剩余电荷形成双电层，从而形成界面电位差，也就是电极电位。电极电位的大小取决于材料的种类和性质，也与溶剂的本性、电解质溶液中的金属离子活度和温度等因素密切有关。电极电位是不同导体接触时产生的界面电现象之一，如表 2.1 所示，并不是只有金属导体相和溶液相接触才能产生电位差，金属和金属之间、溶液

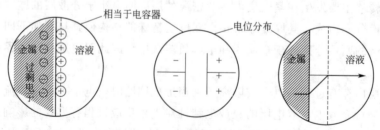

图 2.3　电极电位产生示意图

和溶液之间都会产生电位差，这些电位差产生的原因也是形成了双电层。相对而言，金属和金属之间的界面电位也称接触电位，数值非常小，通常在微伏以下，一般不予考虑。溶液和溶液之间因浓度差异所产生的界面电位称作液接电位，数值在几个毫伏到十几毫伏之间，不能直接忽略，但是实验过程中通常使用盐桥尽量消除，从而减少液接电位对电极反应过程的影响。而重点研究的是金属和溶液之间的界面电位，即电极电位，数值在几百毫伏到几千毫伏之间。电极电位非常重要，为电化学反应进行的方向和趋势判断提供依据，对于理解和认识电极反应过程也发挥着重要的作用。

表 2.1　不同导体接触时的界面电位

界面材料	金属+金属	金属+溶液	溶液+溶液
导电机理	电子/电子	电子/离子	离子/离子
界面电位	接触电位	电极电位	液接电位
最大数值	微伏以下	几百毫伏至几千毫伏	几毫伏至十几毫伏
腐蚀研究	不考虑	重点研究	加盐桥尽量消除

2.2.3　电极电位的测量

　　首先需要指出的是一个相的内电位是无法测量的，也就是说电极电位的绝对值无法测量，为了能够比较出所有电极电位的大小，就必须选择一个电极作为基准——参比电极。通过待测电极与参比电极组成原电池，只需用电位计测出两电极的电动势，即可得到待测电极电位。测量电极电位的装置如图 2.4 所示，其中高阻电压表的作用是保证测量回路中电流极小，盐桥的作用是消除液接电位，防止溶液污染。常用的参比电极有标准氢电极（SHE）、饱和甘汞电极（SCE）、银-氯化银电极、铜-硫酸铜电极。标准氢电极以镀铂黑的铂片浸在含 1mol 氢离子活度、并用 1atm 氢气饱和的溶液中，其在任何温度下的平衡电极电位都等于零。饱和甘汞电极相对标准氢电极的电极电位为 0.242V。不同的参比电极其自身的电极电位也是有差异的，因此，书写电极电位必须指出参比电接的种类。实验室比较常用的参比电极是 SCE 和银-氯化银电极，它们的电极电位比较稳定、使用方便而且价格较低。工程上，通常使用价格更低的铜-硫酸铜电极作为参比电极，降低工程造价成本。

　　对于甘汞电极，其电极反应为：$Hg_2Cl_2 + 2e^- \Longrightarrow 2Hg + 2Cl^-$，半电池符号为：Hg，$Hg_2Cl_2$（固）| KCl，25℃时，由能斯特方程可得其电极电位为：

$$\varphi_{Hg_2Cl_2/Hg} = \varphi_{Hg_2Cl_2/Hg}^{\ominus} + \frac{0.0592}{2}lg\frac{a_{Hg_2Cl_2}}{a_{Hg}^2 \cdot a_{Cl^-}^2} \tag{2-22}$$

　　由于固体的活度为 1，对式（2-22）进一步简化，可得：

$$\varphi_{Hg_2Cl_2/Hg} = \varphi_{Hg_2Cl_2/Hg}^{\ominus} - 0.0592lg a_{Cl^-} \tag{2-23}$$

　　由式（2-23）可以看出，甘汞电极的电极电位与氯离子的活度有关，只要电极内溶液的 Cl^- 活度一定，甘汞电极电位就固定不变，通常使用饱和甘汞电极，即电极内氯化钾为饱和溶液。作为参比电极，其电极电位一定是非常稳定的，且抗干扰能力较强，使用寿命也较长。利用能斯特方程同样可以计算出银-氯化银参比电极的电位也只与 Cl^- 活度相关，其电极电位相对也非常稳定。另外，在海洋环境中锌的电极电位非常稳定，常常作为参比电极。

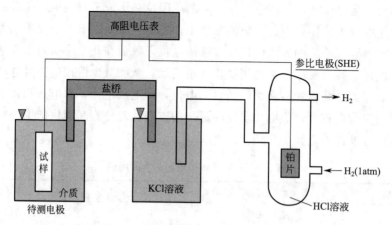

图2.4 测量电极电位的装置示意图

不同的参比电极使用的腐蚀性介质类型有差异，因此一定要根据测试介质类型选择合适的参比电极进行测试，实验室和工程用参比电极也有很大区别。在使用参比电极时要注意维护，避免因人为损坏而影响其寿命和电化学测试结果的准确性。如果发现参比电极电位在测试过程中具有巨大波动，说明此时参比电极已经损坏，应该立即更换新的参比电极，以免影响测试结果的准确性和精度。

2.2.4 平衡电极电位与标准电极电位

2.2.4.1 平衡电极电位

所有粒子在电极界面各相中的化学势相等，电极表面同时达到电荷和物质平衡时，电极系统的电位叫平衡电极电位，与金属的本性及溶液的浓度、温度有关。电极系统处于平衡时，电极反应正逆方向速度相等，净反应速度为零，电极不会发生腐蚀，两相之间的物质迁移和电荷迁移都是平衡的，此时也有电化学反应进行，只是无净反应。平衡电极的电极反应是可逆的，其电极电位的计算采用能斯特方程，如对于电极反应式(2-24)，采用能斯特方程来计算，其平衡电极电位如式(2-25) 所示。

$$(-\nu_A)A+(-\nu_B)B \rightleftharpoons \nu_c C+\nu_D D+ne^- \tag{2-24}$$

$$E_e = E^\ominus + \frac{RT}{nF}\ln(\Pi_j a_j^{\nu_j}) = E^\ominus + \frac{RT}{nF}\ln\left(\frac{a_C^{\nu_C} a_D^{\nu_D}}{a_A^{\nu_A} a_B^{\nu_B}}\right) \tag{2-25}$$

式中，ν_j 是反应的化学计量数；a_j 是活度；$E^\ominus$ 是标准电极电位；n 是金属离子价数；R 是理想气体常数；F 是法拉第常数；T 是热力学温度。需要说明的是，式(2-25) 中对数项前取 "＋" 号，式(2-24) 中含电子一侧的所有物质活度乘积为分子，另一侧物质为分母。如果反应式中某反应物质前有系数，则该系数作为该物质活度的指数。纯固体活度被规定为1，反应中浓度保持恒定的物质也规定为1，如溶液中水的活度。气体物质活度等于其逸度，常压下近似等于大气压（atm）为单位的该气体分压。能斯特方程反映了平衡电极电位与温度、参与反应的各物质活度和压力间的关系，需要特别指出的是能斯特方程只能用于计算电极反应平衡电极电位，非平衡电极电位不能采用能斯特方程来计算，可通过电位计相对某一参比电极实测获得。

2.2.4.2 标准电极电位

参加电极反应的物质处于标准状态时，即溶液中含有该种金属离子的活度 a_j 为 1，温度为 298K，气体分压为 1atm，此时，金属的平衡电极电位称为标准电极电位。对于纯金属来说，其浸于自身离子活度为 1mol/L 的溶液中的平衡电极电位即为标准电极电位。标准电极电位是一特定条件下的平衡电极电位，是温度和压力的函数。通常规定氢的标准电极电位为零，并将其作为参比电极使用，不同材料按标准电极电位值大小排列的序列称为电动序。如表 2.2 所示，氢的标准电极电位值为 0，在氢之前的金属的标准电极电位为负值，称为负电性金属；而在氢之后的金属的标准电极电位为正值，称为正电性金属。电动序可以清楚表明各种金属在标准状态条件下转变为氧化状态的倾向，可以判断金属腐蚀的顺序。从表 2.2 可以看出，K、Na、Mg 等的标准电极电位非常小，活性非常高，极易发生腐蚀；而 Pt、Au 等的标准电极电位比较大，活性低，稳定性非常好，也称作惰性材料，常被作为辅助电极使用。

需要说明的是，电极电位是热力学数据，只能判断金属腐蚀发生的趋势、倾向，不知道其实际速度，电动序在实际使用过程中有如下局限性：

（1）不是标准状态下，一般不可用标准电极电位来直接判断材料腐蚀倾向性，也就是说电动序只能在特定的范围内使用；

（2）对实际体系状态或钝化膜等复杂体系不能用标准状态的热力学数据，此时不符合标准状态条件，其电极电位只能实测；

（3）电动序对应的是纯金属，实际工程环境中使用的大多为合金材料，合金材料的热力学数据与纯金属相比有较大差异；

（4）材料的实际电位值很大程度上依赖于电极反应平衡时金属离子的活度，金属离子活度为 1 是不可能达到的浓度；

（5）没有考虑金属电极材料表面膜和表面状态对电极电位的影响。

表 2.2 金属在 25℃时的标准电极电位 $E^{\ominus}$（V）vs. SHE

电极反应	$E^{\ominus}$	电极反应	$E^{\ominus}$
$K \longrightarrow K^+ + e^-$	-2.925	$Ni \longrightarrow Ni^{2+} + 2e^-$	-0.250
$Na \longrightarrow Na^+ + e^-$	-2.714	$Mo \longrightarrow Mo^{3+} + 3e^-$	-0.2
$Mg \longrightarrow Mg^{2+} + 2e^-$	-2.37	$Sn \longrightarrow Sn^{2+} + 2e^-$	-0.136
$Al \longrightarrow Al^{3+} + 3e^-$	-1.66	$Pb \longrightarrow Pb^{2+} + 2e^-$	-0.126
$Ti \longrightarrow Ti^{2+} + 2e^-$	-1.63	$Fe \longrightarrow Fe^{3+} + 3e^-$	-0.036
$Mn \longrightarrow Mn^{2+} + 2e^-$	-1.18	$H_2 \longrightarrow 2H^+ + 2e^-$	**0.000**
$Cr \longrightarrow Cr^{2+} + 2e^-$	-0.913	$Cu \longrightarrow Cu^{2+} + 2e^-$	$+0.337$
$Zn \longrightarrow Zn^{2+} + 2e^-$	-0.762	$Cu \longrightarrow Cu^+ + e^-$	$+0.521$
$Cr \longrightarrow Cr^{3+} + 3e^-$	-0.74	$2Hg \longrightarrow Hg_2^{2+} + 2e^-$	$+0189$
$Fe \longrightarrow Fe^{2+} + 2e^-$	-0.440	$Ag \longrightarrow Ag^+ + e^-$	$+0.799$
$Cd \longrightarrow Cd^{2+} + 2e^-$	-0.402	$Hg \longrightarrow Hg^{2+} + 2e^-$	$+0.854$
$Mn \longrightarrow Mn^{3+} + 3e^-$	-0.283	$Pt \longrightarrow Pt^{2+} + 2e^-$	$+1.99$
$Co \longrightarrow Co^{2+} + 2e^-$	-0.277	$Au \longrightarrow Au^{3+} + 3e^-$	$+1.50$

2.2.5 非平衡电极电位

水合金属离子能够回到金属中去，水合与金属化过程速率相等且又可逆，此时金属的电极电位为平衡电极电位。但是在实际环境中，与金属接触的溶液大部分不是金属自身离子的溶液，所以涉及的电极电位大部分都是非平衡电极电位。当金属和电解质溶液建立的双电层的电极过程为不可逆时，其电极电位为非平衡电极电位，此时反应不可能达到物质平衡，但有可能达到电荷平衡。例如，当 Zn 浸入含氧中性溶液中，由于氧分子与电子有较强亲和力，因此，电子很容易穿过双电层同氧结合形成 OH^-。在 Zn 表面同时进行的两个电极反应分别为：锌的溶解和氧的还原，显然，该反应不可能达到平衡，这种电极电位称为非平衡电极电位。非平衡电极电位不能用 Nernst 方程计算，只能利用实验方法测定，自然环境中材料电极电位都是非平衡电极电位。

在一定的腐蚀介质中，电极电位是不可逆电极电位，即非平衡电极电位。尤其大多数工程中都使用合金，要建立它的可逆电位是不可能的，因此不能使用标准电极电位的电动序来评价金属材料腐蚀性能，而只能使用实际测得的电极在腐蚀介质中的稳定电极电位作为判据，这更具有实际意义。按金属或合金（包括特定表面膜形态）在某一具体环境下实测电位大小进行排序，称作电偶序，电偶序在实际使用过程中更具有现实和指导意义。同一种材料因在电偶序中位置随环境、表面状态而变化，因此同一材料在电偶序表中可能占几个位置，如图 2.5 所示金属及合金在海水中的电偶序，Ti 因为在其表面形成了一层钝化膜导致其抗腐蚀性能显著提高，这与表 2.2 中 Ti 的电动序判据相反，因此电偶序更具有实际指导意义。海水是一个比较稳定的环境，在海水实测得到的电偶序对海洋环境中金属腐蚀性能评价具有普遍的指导意义。而其他环境，如土壤、油气田污水等，它们所含腐蚀介质的化学组分结构因地域的限制而缺乏普适性。因此，目前应用最为广泛的就是海洋环境中的电偶序。

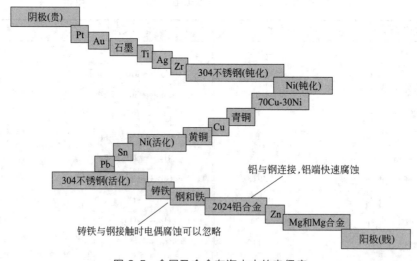

图 2.5 金属及合金在海水中的电偶序

2.3
电化学腐蚀与腐蚀原电池

　　电化学腐蚀是以腐蚀原电池的形式进行的，也就是说金属在发生腐蚀的过程中形成了腐蚀原电池，这是电化学腐蚀的本质，腐蚀原电池的形成显著加速了金属的腐蚀速率。腐蚀原电池有四个基本要素：材料表面产生阳极和阴极，它们具有不同电位、位于不同位置；阳极和阴极之间要有电性连接（电子导体通道，通常是电极本身）；阳极与阴极均处于有导电能力的腐蚀环境内（离子通道，通常是腐蚀介质）；阴阳极之间有电流的流动。腐蚀原电池有如下特点：

　　（1）导致金属材料的溶解、破坏；

　　（2）不能对外界做有用功，这是腐蚀原电池和原电池的最大区别和判据；

　　（3）腐蚀反应释放出来的化学能全部以热能的形式耗散掉；

　　（4）腐蚀反应以最大限度的不可逆方式进行，因此金属腐蚀速率较快。

　　有一些原电池，尽管其中的氧化还原反应也会导致金属材料的破坏，但由于它可以提供有用功，仍然不能叫腐蚀原电池。特别需要强调的是，电化学腐蚀发生的本质原因在于腐蚀电解质中存在可以氧化金属的氧化性物质，即去极化剂，与金属构成了热力学不稳定体系。

　　电化学腐蚀反应具有一般电化学反应的特征，金属/电解质之间存在带电的界面层，与界面双电层结构有关的因素均影响腐蚀过程。金属失电子与氧化剂得电子一般不在同一处发生，金属内部与电解质局部有电流通过，反应产物可在近处或远离表面处生成。电化学腐蚀与化学腐蚀在三个方面有着本质的区别：①电子交互方面，化学腐蚀直接进行电子交换，而电化学腐蚀是间接的涉及电子的转移过程；②化学腐蚀的氧化和还原过程不可分割，而电化学腐蚀的氧化和还原过程是两个独立的过程，且通常发生在不同部位；③化学腐蚀不产生电流，而电化学腐蚀过程中会有电流。

　　电化学腐蚀含有两个过程，即阳极过程和阴极过程。阳极过程是指金属溶解并以离子形式进入溶液，同时把等当量的电子留在金属中，如反应(2-26)。阴极过程是指从阳极迁移过来的电子被电解质溶液中能够吸收电子的物质 D 所接受，如反应(2-27)。在多数情况下，电化学腐蚀是以阳极和阴极过程在不同区域局部进行为特征的，这也是区分腐蚀过程的电化学历程与纯化学过程的一个重要标志。在某些情况下，阴极和阳极过程也可以在同一表面上随时间相互交替进行，这是金属发生均匀腐蚀的主要原因。

$$M \longrightarrow M^{n+} + ne^- \tag{2-26}$$

$$D + ne^- \longrightarrow D \cdot ne^- \tag{2-27}$$

　　电化学腐蚀的总反应之所以能分成两个过程，主要有几个原因：①存在金属与水溶液电解质两类导体；②金属表面的微观区域存在差异；③阴极过程与阳极过程分别在金属/溶液界面的不同部位进行，构成了微电池。根据构成腐蚀电池的电极尺寸大小可将腐蚀电池分为两大类：宏观腐蚀电池和微观腐蚀电池。宏观腐蚀电池电极尺寸相对较大（用肉眼可区分阴阳极），微观腐蚀电池电极尺寸相对微小。宏观腐蚀电池通常有四种：

（1）异种金属浸于不同的电解质溶液，如 Daniell 铜锌原电池。

（2）电偶电池，异种金属在同一腐蚀介质中相接触，如舰船螺旋桨和船壳钢板之间的电偶腐蚀，铜铆钉铆接的铝制容器构件等。

（3）浓差电池，金属材料的电位与介质中离子的浓度有关，离子浓度低处电位低为阳极，离子浓度高的位置电位较正为阴极，因此形成浓差电池。典型的浓差电池包括金属离子浓差腐蚀电池和氧浓差电池，如水线腐蚀、缝隙腐蚀、点腐蚀、沉积物腐蚀均可由氧浓差电池导致。

（4）温差电池，金属材料的电位与介质温度有关，浸入腐蚀介质中金属各部分由于所处环境温度不同，可形成温差腐蚀电池。例如：碳钢制造的热交换器，由于高温部位碳钢电位低，高温部位比低温部位腐蚀严重。

金属表面电化学的不均匀性，使金属材料表面存在微小的电位高低不等的区域，从而形成微观腐蚀电池，金属材料的腐蚀以微观腐蚀电池为主。其主要类型有：

（1）金属表面化学成分不均匀而引起的微观电池，例如：工业纯锌中的铁杂质 $FeZn_7$、碳钢中的渗碳体 Fe_3C、铸铁中的石墨等，在腐蚀介质中，金属表面就形成了许多微阴极和微阳极，因此导致金属腐蚀。

（2）金属组织不均匀性构成的微观电池，例如：晶粒-晶界腐蚀微电池，晶界电位较负，而晶粒电位较高，因此晶界作为腐蚀电池的阳极而优先发生腐蚀溶解，导致晶间腐蚀。

（3）金属表面物理状态的不均匀性构成的微观电池，例如：各部分应力分布不均匀或形变不均匀构成腐蚀微电池，变形大或应力集中的部位可能成为阳极而腐蚀。例如，钢板弯曲处、铆钉头部区域容易优先腐蚀，这属于应力腐蚀。

（4）金属表面膜不完整构成的微观电池，无论是金属表面形成的钝化膜，还是镀覆的阴极性金属镀层，由于存在孔隙或发生破损，使得该处裸露的金属基体的电位较负，构成腐蚀微电池，而且是小阳极和大阴极，因此孔隙或破损处作为阳极而受到腐蚀，且腐蚀速率较快。

（5）金属微生物膜的不均一性构成的微观电池，即微生物导致的腐蚀电池，也称作微生物腐蚀。微生物膜中含有大量腐蚀产物、微生物胞外聚合物、微生物细胞体、核酸等，而且生物的形成和生长是一个动态过程，如图 2.6 所示，微生物腐蚀是电化学腐蚀的一种，其典型特征即为局部腐蚀。

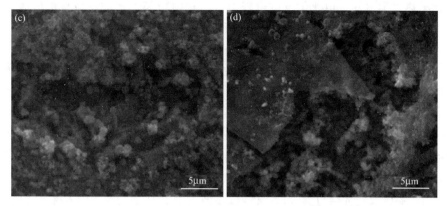

图 2.6　污水介质中 Q235 钢表面上的 SRB 生物膜在不同时间的 SEM 形貌图：
（a）5d；（b）8d；（c）11d；（d）20d

　　实际环境中腐蚀电池的形成种类多样，如图 2.7 所示，形成腐蚀电池的结果是使阳极区域的腐蚀速率显著增加，导致结构材料的破坏和装备的服役失效。当然，通过分析这些腐蚀案例的背后原因，可为腐蚀控制提供思路，从而有助于发展腐蚀基础理论。

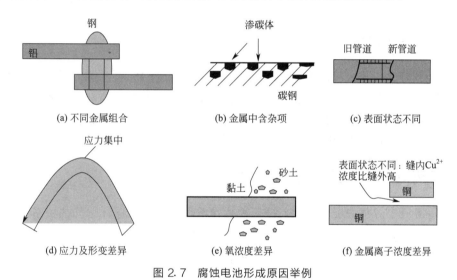

图 2.7　腐蚀电池形成原因举例

2.4
电化学腐蚀倾向的判断

　　根据热力学原理，可用吉布斯（Gibbs）自由能判据来判断腐蚀反应发生的方向和限度。$\Delta G_{T,p} < 0$，金属腐蚀可以自发进行；$\Delta G_{T,p} = 0$，金属腐蚀反应达到平衡态；$\Delta G_{T,p} > 0$，金属腐蚀反应则不能自发进行。$\Delta G_{T,p}$ 可由化学位来计算，化学位是指在保持温度和压力不变的条件下体系中每添加 1mol 的物质 j 所引起 Gibbs 自由能的变化。

由电化学热力学可知，电化学反应过程中做的有用功等于系统反应自由能的减少，ΔG 可由腐蚀电池的电动势来计算，如式(2-28) 所示：

$$\Delta G = -nF\varepsilon \tag{2-28}$$

式中，n 是参与电极反应的电子数；F 是法拉第常数；ε 是电池电动势，电池的电动势 ε 与阴极电位 E_c 和阳极电位 E_a 的关系为：

$$\varepsilon = E_c - E_a \tag{2-29}$$

由式(2-28) 和式(2-29) 可以看出，腐蚀电池电动势越大，ΔG 值越小，此时材料的腐蚀反应倾向也越大。但是，由 ΔG 值仅可得到材料腐蚀倾向性的大小，而不能得到具体的腐蚀速率，高负值的 ΔG 并不代表高的腐蚀速率。由式(2-28) 和式(2-29) 可以看出，只有当电池电动势大于零时，腐蚀反应才会自发进行，也就是说金属发生腐蚀的热力学条件是：$E_a < E_c$。

2.5 电位 E-pH 图

2.5.1 电位 E-pH 图定义

1938 年比利时 Pourbaix 提出 E-pH 图，因此 E-pH 图又称 Pourbaix 图。E-pH 图是指以电位（平衡电极电位，相对于标准氢电极）为纵坐标，以 pH 为横坐标的电化学平衡图，图中明确地表示出在某一电位 E 和 pH 条件下，体系的稳定物态或平衡物态。根据 E-pH 图，可从热力学上很方便地判定在一定的电位 E 和 pH 条件下，金属材料发生腐蚀的可能性。

2.5.2 平衡电极电位 E 和溶液 pH 关系

以铁在水溶液中的某些反应为例，分三种特殊条件研究 E 和 pH 之间的关系。

（1）第一类电极反应只与电极电位有关，而与溶液的 pH 无关。

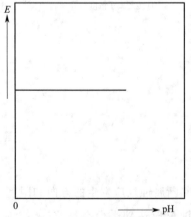

图 2.8 只与电极电位有关而与溶液的 pH 无关的 E-pH 图

对于均相反应式(2-30) 和复相反应式(2-31)，可分别通过能斯特方程来计算其平衡电极电位与 pH 之间的关系，如式(2-32) 和式(2-33) 所示。此类电极反应的平衡电极电位只与离子活度有关，而与溶液的 pH 无关。对取定的 Fe^{3+} 和 Fe^{2+} 的活度，E-pH 图是一条水平线，如图 2.8 所示。这类反应的特点是反应过程中只有电子交换而不产生氢离子（或氢氧根），即氢离子不参与电极反应。

$$Fe^{2+} = Fe^{3+} + e^- \tag{2-30}$$

$$Fe = Fe^{2+} + 2e^- \tag{2-31}$$

$$E_{Fe^{2+}/Fe^{3+}} = 0.746 + 0.0592 \lg \frac{a_{Fe^{3+}}}{a_{Fe^{2+}}} \tag{2-32}$$

$$E_{Fe/Fe^{2+}} = -0.441 + 0.0296 \lg a_{Fe^{2+}} \tag{2-33}$$

（2）第二类电极反应只与 pH 有关，与电极电位无关。

对于均相反应式（2-34）和复相反应式（2-35），可分别通过平衡常数来计算其平衡电极电位与 pH 之间的关系，如式（2-36）和式（2-37）所示。此类电极反应的 pH 值只与离子活度有关，而与反应的平衡电极电位无关。对取定的 Fe^{3+}、Fe^{2+} 和 $Fe(OH)^{2+}$ 的活度，E-pH 图是一条垂直线，如图 2.9 所示。这类反应的特点是该反应是纯化学反应，不涉及电子的得失，与电位无关。

$$Fe^{3+}+H_2O \Longrightarrow Fe(OH)^{2+}+H^+ （水解反应）$$
$$(2-34)$$

$$Fe^{2+}+2H_2O \Longrightarrow Fe(OH)_2+2H^+ （沉淀反应）$$
$$(2-35)$$

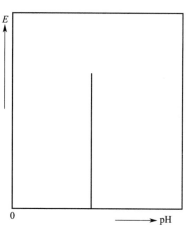

图 2.9　只与 pH 有关而与电极电位无关的 E-pH 图

$$pH = 2.22 + \lg\frac{a_{Fe(OH)^{2+}}}{a_{Fe^{3+}}} \tag{2-36}$$

$$pH = 6.69 - \frac{1}{2}\lg a_{Fe^{2+}} \tag{2-37}$$

（3）第三类电极反应既同电极电位有关，又与溶液 pH 有关。

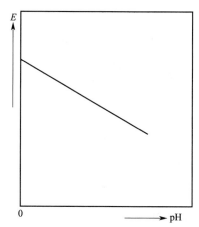

图 2.10　同时与电极电位和溶液 pH 相关的 E-pH 图

对于均相反应式（2-38）和复相反应式（2-39），可分别通过能斯特方程来计算其平衡电极电位与 pH 之间的关系，如式（2-40）和式（2-41）所示。此类电极反应的平衡电极电位不仅与离子活度有关，也是溶液的 pH 的函数。对取定的 Fe^{3+}、Fe^{2+} 和 $Fe(OH)^{2+}$ 的活度，E-pH 图是一条倾斜的直线，如图 2.10 所示。这类反应的特点是电极反应涉及电子的得失，同时有 H^+（或 OH^-）参加电极反应。

$$Fe^{2+}+H_2O \Longrightarrow Fe(OH)^{2+}+H^++e^- \tag{2-38}$$

$$Fe^{2+}+3H_2O \Longrightarrow Fe(OH)_3+3H^++e^- \tag{2-39}$$

$$E_{Fe^{2+}/Fe(OH)^{2+}} = 0.877 - 0.0592pH + 0.0592\lg\frac{a_{Fe(OH)^{2+}}}{a_{Fe^{2+}}}$$
$$(2-40)$$

$$E_{Fe^{2+}/Fe(OH)_3} = 1.057 - 0.1776pH - 0.0592\lg a_{Fe^{2+}} \tag{2-41}$$

（4）水的 E-pH 图

水的反应分成两个部分，一是氢电极反应也就是氢离子的还原，如式（2-42），二是氧电极的反应也就是氧的还原，如式（2-43）。当 $T=25℃$，$p_{O_2}=1atm$，$p_{H_2}=1atm$ 时，可分别得到氢电极和氧电极的电极电位与 pH 之间的关系，如式（2-44）和式（2-45）。由此，可以得到氢电极与氧电极的 E-pH 图，如图 2.11 所示，氢电极与氧电极在 E-pH 图中是两条平行的斜线。当电位高于相应的平衡线时，电极反应就会按照从还原体向氧化体转化的方向进

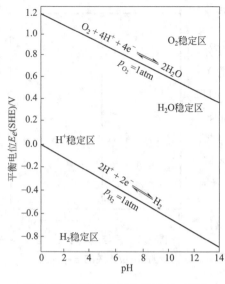

图 2.11 氢电极与氧电极的 E-pH 图

行，也就是说，当电位高于相应的平衡线时，电极反应的氧化体一侧体系是稳定的。

$$2H^+ + 2e^- \Longrightarrow H_2 \qquad (2\text{-}42)$$

$$O_2 + 4H^+ + 4e^- \Longrightarrow 2H_2O \qquad (2\text{-}43)$$

$$E_{H^+/H_2} = -0.0592pH \qquad (2\text{-}44)$$

$$E_{O_2/H_2O} = 1.23 - 0.0592pH \qquad (2\text{-}45)$$

2.5.3　E-pH 图的绘制

E-pH 图的绘制是一项非常重要的工作，通常包含如下四个步骤：

（1）列出有关物质的各种存在状态及其标准生成自由能或标准化学位值；

（2）列出各有关物质之间可能发生的反应方程式，写出平衡方程式；

（3）计算电极电位、浓度、pH 值关系式；

（4）把这些条件用图解法绘制在 E-pH 图上，最后汇总得到综合的 E-pH 图。

图 2.12 为根据绘制步骤绘制的 Fe-H_2O 体系的 E-pH 图，不同区域代表不同的稳定物质，进而可以判断金属材料的活性和稳定状态。需要说明的是平衡相的选择也很重要，不同的平衡相，E-pH 图会有部分差异，图 2.12 中的稳定平衡相是 Fe、Fe_2O_3、Fe_3O_4。

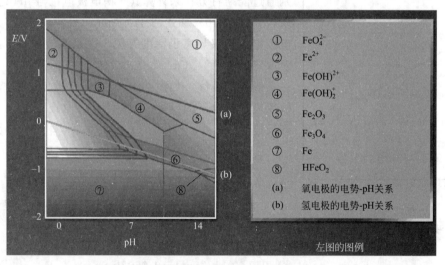

图 2.12　Fe-H₂O 体系的 E-pH 图（25℃）

2.5.4　E-pH 图的应用

从金属 E-pH 图可以非常方便地指出各种条件下的稳态物质形式，判别金属腐蚀的倾向性，还可以指示控制腐蚀的途径。以铁离子活度等于 $10^{-6}\,mol/L$（作为金属腐蚀发生的界限）的平衡线为边界线，E-pH 平衡图被划分为四种区域：稳定区、腐蚀区、钝化区和过钝化区，如图 2.13 所示。在稳定区，电位和 pH 的变化不会引起金属的腐蚀，此时，Fe 与 H_2 是稳定的，即在热力学上，金属处于稳定状态。在腐蚀区，金属是不稳定的，可随时被腐蚀，即 Fe^{2+} 和 Fe^{3+} 等离子是稳定的。如图 2.13 中 B 点将会发生析氢腐蚀，C 点将会发生吸氧腐蚀。而在钝化区，金属材料表面会生成稳定的固态氧化物或氢氧化物，金属是否遭受腐蚀取决于所生成的钝化膜的结构和钝化膜是否具有保护性。所以，不能说进入钝化区，金属腐蚀速率一定降低。在过钝化区，由于极化电位过高导致金属表面形成的钝化膜溶解，因此金属腐蚀增强。

通过 E-pH 图可以非常方便指出腐蚀控制方法，如图 2.13 中 E 点处于腐蚀区，可以采用三种方法使 E 处金属离开腐蚀区：①降低电位，使 E 点向下移动到稳定区，即阴极保护技术，这是阴极保护的原理；②升高电位，使 E 点向上移动到钝化区，即阳极钝化保护技术，这是阳极保护的原理；③提高溶液的 pH，使 E 点向右移动到钝化区，即自钝化技术，如钢筋混凝土中钢筋的自钝化。

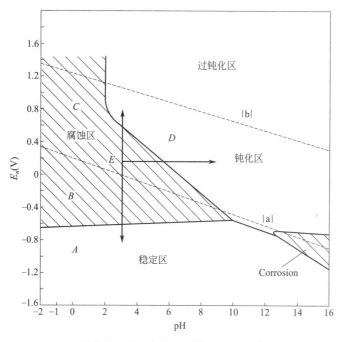

图 2.13　Fe-H_2O 体系简化 E-pH 图

E-pH 图具有很多优点，同时也得到了广泛的应用。但是在实际应用中，理论 E-pH 图有如下局限性。

（1）图中数据均为热力学性质，只能预示反应倾向，不涉及反应速率，速率是动力学研究范畴。

（2）图中电位均为平衡电位，实际上金属中和自身离子建立平衡的情况极少，实际环境中，金属腐蚀过程只能近似认为达到稳定状态，不能达到平衡。

（3）图中 pH 值为反应平衡 pH 值，它和溶液环境宏观 pH 值是有差别的，也就是说电极表面的 pH 值与本体溶液中的 pH 相比会发生明显变化，通常会明显降低。

（4）只涉及纯金属，以整体平均代替局部或表面情况，与实际情况不符，工程上多使用合金。

（5）只考虑 H^+（或 OH^-）的影响，实际上有时不可忽视其它离子如：Cl^-、SO_4^{2-} 等的影响。

（6）无法提供钝化区中表面膜性质、保护能力等信息，然而钝化膜的结构和组分对金属腐蚀具有重要影响。

针对理论 E-pH 图的局限性，已有研究者建立了实测电位（非平衡电位）-pH 图，在腐蚀研究中具有更大的应用价值。

思考题

（1）双电层的类型有哪些？是如何形成的？

（2）双电层内 σ、ψ_1、c 之间的关系以及 φ_a、ψ_1、c 之间的关系是什么？

（3）双电层和电极电位之间的关系是什么？如何通过电极电位来判断金属腐蚀发生的方向？

（4）平衡电极电位和非平衡电极电位是如何定义的？它们的区别是什么？

（5）如何绘制 E-pH 图？E-pH 图有哪些应用？其局限性是什么？

第三章

电化学腐蚀动力学

通过第二章电化学腐蚀热力学原理可以很容易判断金属腐蚀反应在特定的环境中是否发生，也就是说热力学讨论的是反应的倾向或进行的方向问题。但是仅仅知道腐蚀反应进行的倾向是远远不够的，金属腐蚀速率是研究金属材料腐蚀行为和评价金属材料耐蚀性能非常重要的参数。腐蚀反应速率是一个动力学概念，研究腐蚀反应的动力学过程是非常必要的。本章将围绕电化学腐蚀动力学展开，着重分析电极反应过程的动力学方程，确定影响电极反应速率的关键因素。

3.1 极化

当腐蚀原电池处于开路时，阴阳极仍然存在电势差，但是腐蚀反应实际上并没有发生。对于单个的阴阳极，电极反应是存在的，而且处于平衡状态。此时，对于阳极金属氧化过程，因为是平衡电极，不存在净电流，阳极是不腐蚀电极。但是当阴阳极接通时，原有的平衡被打破，在阴阳极电势差的推动下产生了电流流动，此时阳极金属开始发生溶解而腐蚀。当腐蚀电池接通时，阳极反应产生的电子流向阴极，产生了电流，此时原有平衡被打破，阳极有电子流出而使阳极电位升高，而阴极有电子流入而使阴极电位降低，经过一段时间后会发现最终阴阳极的电位相等。

实际上腐蚀电池接通后，阴阳极均发生了极化，阴阳极电位的变化是由阴阳极发生极化而导致的。极化是电化学腐蚀中的一个非常重要的参数，由于电流流过电极表面，电极失去平衡，引起电位发生变化的现象，称作极化。举个例子，将 Cu 和 Zn 浸泡在 3% NaCl 溶液里，Cu 和 Zn 接通前，Zn 的开路电位为：$E_{Zn}^{\ominus} = -0.83V$，Cu 的开路电位为：$E_{Cu}^{\ominus} = 0.05V$，假定 $R_{外} = 110\Omega$，$R_{内} = 90\Omega$，Cu 和 Zn 接通后的瞬间电流为：

$$I_{始} = \frac{E_{Cu}^{\ominus} - E_{Zn}^{\ominus}}{R} = \frac{0.05 - (-0.83)}{110 + 90} = 4.4 \times 10^{-3} A \quad (3-1)$$

Cu 和 Zn 电极通电瞬间有较大电流，但很快下降，几分钟后达到稳定，$I_{稳} = 1.5 \times 10^{-4}A$，比 $I_{始}$ 小约 30 倍。电流显著降低的原因是阴极和阳极的电位差急剧下降，如图 3.1 所示，阳极发生极化电位升高，阴极发生极化电位降低，$E_{Cu} - E_{Zn} < E_{Cu}^{\ominus} - E_{Zn}^{\ominus}$，进而导致 $I_{稳} < I_{始}$，所以腐蚀速率降低。

极化不仅仅出现在电化学腐蚀过程中，从广义上来讲，极化也是一种自然界普遍存在的规律，如图 3.2 所示。高水位的水流向低水位的水，导致高水位水的高度降低，而低水位水的高度升高，最终二者相等。当高温物体和低温物体相遇时，高温物体温度下降，而低温物体温度升高，最终二者温度也相等。从物理化学的角度来说，当一个平衡体系变化时，会产生减弱引起该变化原动力的对抗因素，整个过程即为：原动力-破

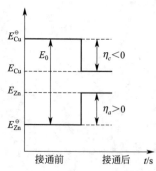

图 3.1　在 3% NaCl 溶液里 Cu 和 Zn 电池接通前后电极电位的变化示意图

坏平衡-反破坏。从电化学反应的角度来说，极化是电极反应的阻力，极化的本质是电极过程存在某些较慢步骤，限制了整个电极反应速率。

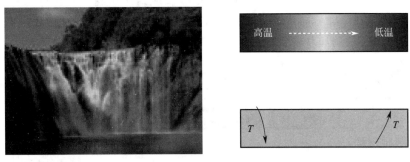

图 3.2　几种自然界普遍存在的极化现象

3.2
极化的原因及类型

对于任何一个电极反应 $O + ne^- \rightleftharpoons R$，其正向反应为得电子反应即阴极的还原反应，对应的电流为 $\overrightarrow{i_c}$；而其逆反应则是失电子反应即阳极的氧化反应，对应的电流为 $\overleftarrow{i_a}$。当该电极反应达到平衡时，正逆反应速率相等，即 $\overrightarrow{i_c} = \overleftarrow{i_a} = i^0$，其中 i^0 为交换电流密度，表征平衡电位下正向反应与逆向反应的交换速度。此时电极电位为平衡电极电位，即 $E = E_e$。当电极反应达到平衡时，物质交换与电量交换仍进行，但电极表面不会出现物质变化，没有净电流出现，也没有新物质产生。因此，金属电极反应达到平衡时，是不发生腐蚀的电极。但是，当有净电流通过电极时，电极平衡被打破，此时阴阳极电流不相等，即 $\overrightarrow{i_c} \neq \overleftarrow{i_a}$，且 $E \neq E_e$。当 $\overrightarrow{i_c} < \overleftarrow{i_a}$ 时，外电流密度为：$i_a = \overleftarrow{i_a} - \overrightarrow{i_c}$，此时 i_a 称为阳极极化电流密度。当 $\overrightarrow{i_c} > \overleftarrow{i_a}$ 时，外电流密度为：$i_c = \overrightarrow{i_c} - \overleftarrow{i_a}$，此时 i_c 称为阴极极化电流密度。这里涉及两个极化过程，即阳极极化和阴极极化，当发生阳极极化时，电流通过，电极电位偏离了平衡电位向正方向变化；而当电极发生阴极极化时，电流通过，电位偏离了平衡电位向负方向变化。这就是阴阳极发生极化时电极电位的变化规律，而且极化对电极反应速率有显著影响。

对于单个电极反应，可以用过电位（η）来表征电极极化过程。过电位是指某一极化电流密度下的电极电位 E 与其平衡电位 E_e 之差的绝对值，也可以表述为一个电极反应以某一速度不可逆进行时的电极电位与这个电极反应的平衡电位的差值。因此，过电位一定是正值。对于阳极极化，$\eta_a = E - E_e$；对于阴极极化，$\eta_c = E_e - E$。需要指出的是，过电位只适用于平衡电极的极化，且大于零。对于非平衡电极，如腐蚀电极，过电位则称为极化电位。

一个电极反应进行时，至少包含三个步骤：①反应物由相的内部向相界反应区传输，主要是溶液相中的反应物向电极表面运动——液相传质步骤；②在相界反应区，反应物进行得电子或失电子反应而生成反应产物——电子转移步骤或电化学步骤；③反应物离开相界反应区向溶液相内部扩散的过程——液相传质步骤，或产物形成新相的过程——生成新相步骤。稳定状态下，各个串联步骤的速率相同，等于总的电极反应的速率。电极反应过程中如果一个步骤进行的阻力最大，进行最困难，则总的电极反应速率由这一步骤进行的速率所决定，此步骤称为速率控制步骤，简称控制步骤。实际上，电极过程由多个过程串联而成，如图3.3所示，进行最慢的反应步骤为整个电极过程的速率控制步骤。

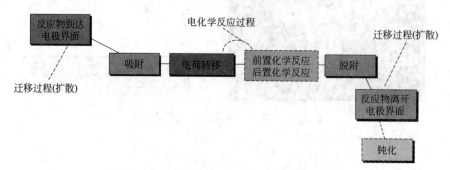

图3.3　电极反应过程中涉及的步骤和反应

从上述电极反应的步骤和过程来看，电化学极化包括三种类型，即电化学极化、浓差极化和电阻极化。电化学极化：电化学反应所需的活化能比较高，使第2步骤的电荷转移速度最慢，使之成为整个电极反应过程的控制步骤。浓差极化：如果电荷转移步骤很快，而反应物从液相向电极表面运动或产物自电极表面向溶液相内部运动的液相传质步骤很慢，以至于成为整个电极反应过程的速率控制步骤，这是由反应物或者产物的扩散速率较慢导致的。电阻极化：电流通过电解质溶液和电极表面膜时产生电位降，从而引起电极反应速率下降。

电极反应过程中产生了不同类型的极化，而极化的结果是使电极反应的速率下降。因此，在电极反应过程中，极化的结果是限制了电极反应的速率，因此可以采取一些措施来减少极化而增加电极反应速率，称为去极化。去极化作用能够减少或消除电极极化，从而增大电流的作用，提高电极反应速率。能够减少或消除电极阴极极化作用的称作去极化剂，对于阳极反应来说，剧烈搅拌溶液，加速腐蚀产生的金属离子扩散，可以减少阳极浓差极化，进而增加阳极的溶解速率；使用一些阳极去极化剂（Cl^-、阳极沉淀剂、络合剂等），使反应产物生成沉淀或络合离子而离开阳极，减少电化学极化或电阻极化，也可以增加阳极反应速率，加速金属腐蚀。对于阴极反应来说，剧烈搅拌溶液起到加速反应物在溶液相中的扩散作用，从而减少阴极浓差极化，增加阴极反应速率，而阴极反应速率的增加可以促进阳极溶解速率的提高。典型的阴极去极化剂是 H^+、O_2，对应于析氢腐蚀和吸氧腐蚀。因此，析氢腐蚀和吸氧腐蚀可以称作氢去极化腐蚀和氧去极化腐蚀。从腐蚀控制的角度，希望能够减小腐蚀速率，因此需要增加电极反应的极化作用，这里就要用到极化剂，如油气田领域普遍使用的缓蚀剂就是一种极化剂，在油气田开采过程中发挥重要作用。缓蚀剂通常可以分为阳极型缓蚀剂、阴极型缓蚀剂和混合型缓蚀剂，阳极型缓蚀剂主要抑制阳极反应，阴极型缓蚀剂可以使阴极反应速率降低，而混合型缓蚀剂则可以同时抑制阴阳极反应，不管是哪种类型的缓蚀剂均可以起到抑制电极反应过程的目的，从而降低金属腐蚀速率。

3.3 电化学极化

如果阳极电子转移步骤是整个电极反应的控制步骤，即阳极电化学极化或称阳极活化极化，此时，电子从阳极流走（流向阴极）的速度大于金属离子进入溶液的速度（电化学反应速度），金属表面由于电子流失比反应快而积累正电荷导致阳极电位升高，如图 3.4 所示。因此，阳极极化是由金属离子化的迟缓性引起的。

如果阴极电子转移步骤是整个电极反应的控制步骤，即阴极电化学极化，此时，电子由阳极流入阴极的速度大于电极反应(氧化剂与电子结合）的速度，导致电子多余，负电荷在阴极表面积累，因此，电极电位降低，如图 3.5 所示。阴极电化学极化是由于金属表面积聚过多的电子，从而导致阴极电位下降。

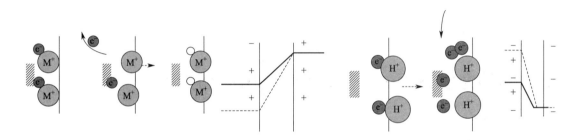

图 3.4　阳极电化学极化（活化极化）过程　　　图 3.5　阴极电化学极化（活化极化）过程

3.4 浓差极化

对于阳极反应，当浓差极化成为控制步骤时，反应生成的金属离子进入溶液后迁移太慢，因此，金属离子在电极表面附近堆积。电极表面附近与溶液深处存在浓度差异，这是由于金属离子的扩散速率太慢。对于反应 $M \rightleftharpoons M^{n+} + ne^{-}$，由能斯特方程 $E_{M^{n+}/M} = E_{M^{n+}/M}^{\ominus} + \dfrac{RT}{nF} \ln a_{M^{n+}}$ 可知，电位和金属离子活度的对数呈线性关系，当金属离子浓度升高时，对应的阳极电位也升高。而对于阴极浓差极化，反应物或生成物迁移速度小于反应速度，即氧化剂到达或还原产物离开电极反应界面的速率太慢。同样的，对于阴极氧的去极化反应：$O_2 + H_2O + 4e^{-} \longrightarrow 4OH^{-}$，由能斯特方程 $E_{O_2} = E_{O_2}^{\ominus} + \dfrac{2.303RT}{4F} \lg \dfrac{p_{O_2}}{[OH^{-}]^4}$ 可知，电位和氧分压的对数呈线性关系，当氧化剂浓度降低，还原产物浓度升高时，阴极电位下降。

3.5
电阻极化

当阳极金属表面生成致密的保护膜时，金属发生了钝化，钝化膜阻滞金属离子的迁移，使得阳极反应速率下降，进而导致阳极电位升高，同时使系统电阻增加，电极反应极化作用进一步增强。阀金属如 Al、Mg、Ti、Zr 等通过微弧氧化可以在材料表面形成一层近乎绝缘的氧化物膜层，膜电阻特别高，具有很好的保护作用。电阻极化有两个特点：①对于固定体系，电阻极化是电流的线性函数，符合欧姆定律，即电阻一定时，电阻极化与电流成正比：$\Delta E = IR$；②电阻极化随着电流的变化而变化，当电流中断时，由式 $\Delta E = IR$ 可知，电阻极化消失。因此可采用断电测量方法，使测量的极化值中不包含电阻极化。断电测量过程中，由于金属电极表面双电层的存在，电化学极化不会立即消失。

3.6
电化学动力学方程——Butler-Volmer 方程

3.6.1 平衡电极极化动力学过程

对于一个电极反应 $O + ne^- \rightleftharpoons R$，其正向反应是一个得电子的反应，可以看成阴极反应，而其逆反应是一个失电子的反应，可以看成阳极反应。因此，该电极反应的反应速率可由阳极和阴极反应速率表示，分别为：

阳极反应速率：
$$\overleftarrow{v} = \overleftarrow{k_c} c_R \tag{3-2}$$

阴极反应速率：
$$\overrightarrow{v} = \overrightarrow{k_c} c_O \tag{3-3}$$

$$\overleftarrow{k_c} = \frac{\kappa T}{h} \exp\left(-\frac{w_1}{RT}\right) \tag{3-4}$$

$$\overrightarrow{k_c} = \frac{\kappa T}{h} \exp\left(-\frac{w_2}{RT}\right) \tag{3-5}$$

式中，$\overrightarrow{k_c}$ 和 $\overleftarrow{k_c}$ 分别为正向反应和逆反应的速率常数；c_R 和 c_O 是反应物浓度；κ 是波尔兹曼常数，1.381×10^{-23} J/K；h 是普朗克常数，6.26×10^{-24} J·s；w 是活化能；R 是气体常数。特定温度条件下，速率常数由活化能 w 决定。

当按还原方向进行时，1mol 物质的变化伴随着 nF 的正电荷由溶液中转移到电极上，若电极电位由 0 增加 φ，则产物的总势能增加 $nF\varphi$。图 3.6 中的势能曲线则由曲线 1 过渡到曲线 2。设阴极反应活化能增加为 $\alpha nF\varphi$，则反应前后阳极反应和阴极反应活化能变化分别为：

$$w_1' = w_1 - (1-\alpha)nF\varphi \tag{3-6}$$

$$w_2' = w_2 + \alpha n F \varphi \qquad (3\text{-}7)$$

式中，α 是电极电位对阴极反应活化能影响的分数，称作阴极反应传递系数；而 $1-\alpha$ 是电极电位对阳极反应活化能影响的分数，称作阳极反应传递系数。

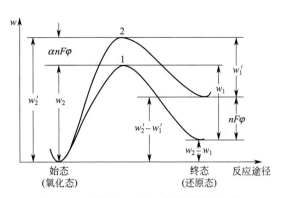

图 3.6 电化学反应过程势能曲线的变化

传递系数表示活化粒子在双电层中的位置，当活化粒子在双电层的中间时，α 为 0.5，也称为对称系数。在大多数体系中，α 值为 $0.3 \sim 0.7$，在没有实际测量值的情况下，通常可近似取 0.5。传递系数 α 与电势有关，但在大多数实验中，是恒定的。

此时，反应速率方程中的活化能 w_1 和 w_2 应分别由 w_1' 和 w_2' 表示。所以，阳极反应速率为：

$$\overleftarrow{v'} = \overleftarrow{k}_c c_R = \frac{\kappa T}{h} \exp\left(-\frac{w_1'}{RT}\right) c_R = \frac{\kappa T}{h} \exp\left[-\frac{w_1 - (1-\alpha)nF\varphi}{RT}\right] c_R \qquad (3\text{-}8)$$

把式 $\overleftarrow{k}_c = \frac{\kappa T}{h} \exp\left(-\frac{w_1}{RT}\right)$ 代入式 (3-8)，可得：

$$\overleftarrow{v'} = \overleftarrow{k}_c c_R \exp\left[\frac{(1-\alpha)nF\varphi}{RT}\right] \qquad (3\text{-}9)$$

同样的，阴极反应速率为：

$$\overrightarrow{v'} = \overrightarrow{k}_c c_O = \frac{\kappa T}{h} \exp\left(-\frac{w_2'}{RT}\right) c_O = \frac{\kappa T}{h} \exp\left(-\frac{w_2 + \alpha nF\varphi}{RT}\right) c_O \qquad (3\text{-}10)$$

将式 $\overrightarrow{k}_c = \frac{\kappa T}{h} \exp\left(-\frac{w_2}{RT}\right)$ 代入式 (3-10) 可得：

$$\overrightarrow{v'} = \overrightarrow{k}_c c_O \exp\left(-\frac{\alpha nF\varphi}{RT}\right) \qquad (3\text{-}11)$$

电极反应的反应速率 (v) 为单位时间内，单位面积电极上反应进度的改变量，即：

$$v = \frac{1}{A}\frac{\mathrm{d}\xi}{\mathrm{d}t} \qquad (3\text{-}12)$$

式中，A 是电极的截面积，m^2；ξ 是反应进度，mol；v 是电化学反应速率，$mol/(m^2 \cdot s)$。

由式 (3-12) 结合法拉第定律，可以将反应速率与电流密度 (i，单位为 A/m^2) 联系起来，即：

$$i = nFv \qquad (3\text{-}13)$$

因此，在电化学反应中可以用电极反应电流密度表示反应速率。阳极反应电流密度为：$\overleftarrow{i}_a = nF\overleftarrow{v'}$，将式 (3-9) 代入可得：

$$\overleftarrow{i}_a = nF\overleftarrow{k}_c c_R \exp\left[\frac{(1-\alpha)nF\varphi}{RT}\right] \qquad (3\text{-}14)$$

同样的，阴极反应电流密度为：$\overrightarrow{i}_c = nF\overrightarrow{v'}$，将式 (3-11) 代入可得：

$$\overrightarrow{i}_c = nF\overrightarrow{k}_c c_O \exp\left(-\frac{\alpha nF\varphi}{RT}\right) \qquad (3\text{-}15)$$

当电极反应处于平衡时，$\varphi = \varphi_e$，电极反应的两个方向进行的速率相等，即：

$$\overleftarrow{i_a} = \overrightarrow{i_c} = i^0 \tag{3-16}$$

其中，i^0 是交换电流密度，是平衡状态下氧化态粒子和还原态粒子在电极/溶液界面的交换速度。

将式(3-14)和式(3-15)代入式(3-16)可得：

$$i^0 = nF\overrightarrow{k_c}c_O \exp\left(-\frac{\alpha nF\varphi_e}{RT}\right) = nF\overleftarrow{k_c}c_R \exp\left(\frac{(1-\alpha)nF\varphi_e}{RT}\right) \tag{3-17}$$

交换电流密度 i^0 是电化学反应过程中一个非常重要的参数，可以表征电极反应的可逆性。由式(3-17)可知影响交换电流密度的因素包括：①电极反应的速率常数，即与反应性质（活化能）有关。如，Hg 在 0.5mol/L H_2SO_4 和 2.0mol/L $HClO_4$ 中的交换电流密度分别为：5×10^{-13} A/cm^2 和 0.5A/cm^2。②电极材料，同一反应在不同的电极材料上进行，平衡电极电位不同，i^0 也不同。如，反应 $2H^+ + 2e^- \Longrightarrow H_2$ 在 Hg 和 Pt 上的交换电流密度分别为 5×10^{-13} A/cm^2 和 1×10^{-3} A/cm^2，两者相差十个数量级。③反应物的浓度（活度），由式(3-17)可知，浓度越高，交换电流密度数值越大。

将式(3-17)分别代入式(3-14)和式(3-15)可得阳极和阴极反应电流密度为：

$$\overleftarrow{i_a} = i^0 \exp\left[\frac{(1-\alpha)nF(\varphi - \varphi_e)}{RT}\right] \tag{3-18}$$

$$\overrightarrow{i_c} = i^0 \exp\left[-\frac{\alpha nF(\varphi - \varphi_e)}{RT}\right] \tag{3-19}$$

将阳极过电位 $\eta_a = \varphi - \varphi_e$ 和阴极过电位 $\eta_c = \varphi_e - \varphi$ 分别代入式(3-18)和式(3-19)可得：

$$\overleftarrow{i_a} = i^0 \exp\left[\frac{(1-\alpha)nF\eta_a}{RT}\right] \tag{3-20}$$

$$\overrightarrow{i_c} = i^0 \exp\left(\frac{\alpha nF\eta_c}{RT}\right) \tag{3-21}$$

对式(3-20)和式(3-21)两边求对数可得：

$$\eta_a = -\frac{2.303RT}{(1-\alpha)nF}\lg i^0 + \frac{2.303RT}{(1-\alpha)nF}\lg \overleftarrow{i_a} \tag{3-22}$$

$$\eta_c = -\frac{2.303RT}{\alpha nF}\lg i^0 + \frac{2.303RT}{\alpha nF}\lg \overrightarrow{i_c} \tag{3-23}$$

由式(3-22)和式(3-23)可知，过电位和反应电流密度的对数呈线性关系，这也是理想极化曲线的形式。从式(3-22)和式(3-23)可以得到：①两个平衡电极电位 φ_e 相近的电极反应，交换电流密度 i^0 的差别却可能很大，即热力学特性相近的电极反应，在动力学方面的性质却可以很不相同；②传递系数 α 反映双电层中电场对反应速率的影响，交换电流密度 i^0 反映电极反应进行的难易程度；③如果两个电极反应的传递系数差别不大，则当过电位相同时，它们的反应速率取决于交换电流密度 i^0；即 i^0 越大，反应越容易进行，反之，在反应速率相同的情况下，i^0 较大的反应，其过电位一定较小；④对于交换电流密度 i^0 大的反应，为了维持一定的反应速率，所需要的过电位就越小，反应可以在较接近 φ_e 的电位下进行，因此可以根据 i^0 来估计电极反应的可逆性。

当电极有外电流时，阳极和阴极极化电流密度分别为：

$$i_a = \overleftarrow{i_a} - \overrightarrow{i_c} = i^0 \left[\exp\left(\frac{(1-\alpha)nF}{RT}\eta_a \right) - \exp\left(\frac{\alpha nF}{RT}\eta_c \right) \right] \tag{3-24}$$

$$i_c = \overrightarrow{i_c} - \overleftarrow{i_a} = i^0 \left[\exp\left(\frac{\alpha nF}{RT}\eta_c \right) - \exp\left(\frac{(1-\alpha)nF}{RT}\eta_a \right) \right] \tag{3-25}$$

式(3-24)和式(3-25)即为巴特勒-沃尔默（Butler-Volmer）方程，表示电化学极化的极化电流密度与过电位之间的关系。Butler-Volmer 方程是整个电化学腐蚀反应动力学的核心，是研究电化学反应动力学的基础。由 Butler-Volmer 方程可知，界面电场的存在并不是发生净电极反应的必要条件，出现净反应的必要条件是剩余界面电场的存在，即过电位的存在。也可以说，过电位是电极净反应的推动力。在电极过程动力学中，真正有用的是过电位或电极电位的变化值，而不是电极电位的绝对数值（绝对电位）。另外，该方程指明了电化学极化时的过电位取决于外电流密度和交换电流密度。

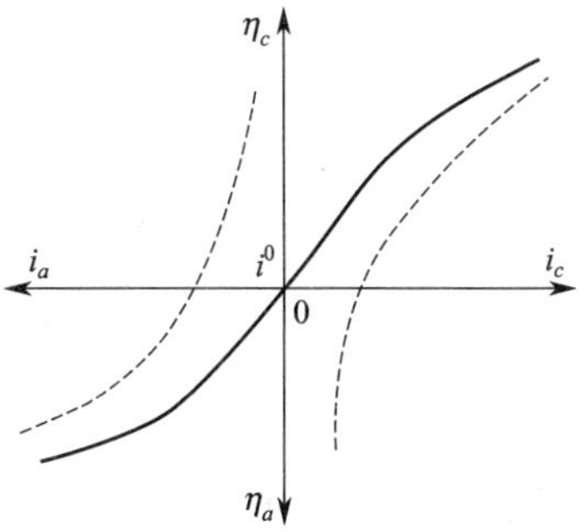

图 3.7 由 Butler-Volmer 方程得到的过电位与电流密度之间的极化曲线

3.6.2　稳态极化时的动力学方程

对 Butler-Volmer 方程作图可得过电位与电流密度之间的极化曲线，如图 3.7 所示，过电位随着反应电流密度的变化而变化，利用不同过电位区间内电极反应特点，可对 Butler-Volmer 方程进行简化处理。

（1）强极化时的近似方程

当过电位 $h>120\text{mV}$，且阳极极化时，由于 η_a 很大，$\frac{(1-\alpha)nF}{RT}\eta_a \gg 1$，而 $\frac{\alpha nF}{RT}\eta_c \ll 1$ 时，式(3-24)的右方的第一项比第二项大很多，可将第二项略去不计。因此，可得：

$$i_a = i^0 \exp\left[\frac{(1-\alpha)nF}{RT}\eta_a \right] \tag{3-26}$$

同样的，阴极极化时，η_c 很大，$\frac{\alpha nF}{RT}\eta_c \gg 1$，而 $\frac{(1-\alpha)nF}{RT}\eta_a \ll 1$ 时，式(3-25)略去右方的第二项，可得：

$$i_c = i^0 \exp\left(\frac{\alpha nF}{RT}\eta_c \right) \tag{3-27}$$

当过电位 $h>120\text{mV}$ 时，相当于电极反应 $O+ne^- \rightleftharpoons R$ 的逆反应可以忽略，因此可以将 Butler-Volmer 方程简化。将式(3-26)和式(3-27)转为对数形式，可得：

阳极极化：
$$\eta_a = -\frac{2.303RT}{(1-\alpha)nF}\lg i^0 + \frac{2.303RT}{(1-\alpha)nF}\lg i_a \tag{3-28}$$

阴极极化：
$$\eta_c = -\frac{2.303RT}{\alpha nF}\lg i^0 + \frac{2.303RT}{\alpha nF}\lg i_c \tag{3-29}$$

由式(3-28)和式(3-29)可得，对于特定的电极反应，$-\frac{2.303RT}{(1-\alpha)nF}\lg i^0$ 是常数，而 $\frac{2.303RT}{(1-\alpha)nF}$ 也是常数，分别记为 a 和 b，所以在强极化条件下可得塔菲尔（Tafel）方程：

$$\eta = a + b\lg i \tag{3-30}$$

其中，a 与电极材料、表面状态、溶液组成及温度有关；b 为塔菲尔斜率，与电极材料关系不大。

（2）微极化时的近似方程

进行微极化时，$h < 10\text{mV}$，此时 $\dfrac{(1-\alpha)nF}{RT}\eta_a \ll 1$，$\dfrac{\alpha nF}{RT}\eta_c \ll 1$，式（3-24）和式（3-25）的右方指数项按级数形式展开，略去高次方项可得：

$$i = i^0 \frac{nF}{RT}\eta \tag{3-31}$$

所以此时阳极极化和阴极极化的过电位和电流密度之间呈线性关系，称为线性极化。令 $R_F = \dfrac{RT}{i^0 nF}$，记为法拉第电阻，可得：

阳极极化：
$$i_a = i^0 \frac{nF}{RT}\eta_a \text{ 或 } \eta_a = \frac{RT}{i^0 nF}i_a \tag{3-32}$$

阴极极化：
$$i_c = i^0 \frac{nF}{RT}\eta_c \text{ 或 } \eta_c = \frac{RT}{i^0 nF}i_c \tag{3-33}$$

需要指出的是，在高过电位时，η 与 $\lg i$ 之间呈直线关系，随着过电位的减小，η 与 $\lg i$ 逐渐向非线性关系过渡。η 为 $10 \sim 120\text{mV}$ 时是两种线性关系的过渡区，称作弱极化区。当 η 或 i 增大到一定程度时，η 与 $\lg i$ 之间将偏离直线关系，这往往是由浓差极化引起的。

3.6.3 浓差极化的动力学方程

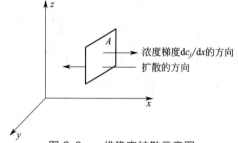

图 3.8 一维稳定扩散示意图

对于一维稳定扩散过程，如图 3.8 所示，由菲克（Fick）第一定律表示，即：

$$\frac{\mathrm{d}m_j}{\mathrm{d}t} = -D_j \frac{\mathrm{d}c_j}{\mathrm{d}x} \tag{3-34}$$

式中，$\dfrac{\mathrm{d}m_j}{\mathrm{d}t}$ 是单位时间内通过单位面积 A 扩散的物质 j 的物质的量（扩散速度）；$\dfrac{\mathrm{d}c_j}{\mathrm{d}x}$ 是浓度梯度；D_j 是扩散系数。扩散系数 D_j 表示单位时间内扩散的质点数，取决于扩散粒子的大小、溶液黏度、温度等，在溶液黏度和温度一定时，主要取决于粒子本身的半径。

若 $x = 0$ 处，物质 j 的浓度为 $c_{j(s)}$，$x = l$ 处的浓度为 $c_{j(b)}$，由图 3.9 可知浓度梯度为：

$$\frac{\mathrm{d}c}{\mathrm{d}x} = \tan\theta = \frac{c_{j(b)} - c_{j(s)}}{l} \tag{3-35}$$

对于电极反应的稳定扩散过程，浓度梯度可表示如下：

$$\frac{\mathrm{d}c}{\mathrm{d}x} = \frac{c_b - c_s}{l} \tag{3-36}$$

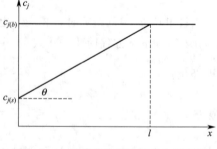

图 3.9 一维稳定扩散浓度变化示意图

式中，c_b 是溶液中的浓度；c_s 是电极表面的浓度；l 是扩散层厚度。

处于稳定状态时，从溶液深处通过扩散层扩散到电极表面的扩散速率应该等于它在电极表面的阴极还原速率。1mol 物质被还原的电量为 nF，因此可得：

$$\frac{\mathrm{d}m}{\mathrm{d}t} = \frac{-i}{nF}$$ (3-37)

将式(3-37) 和式(3-36)代入 Fick 第一定律，可得：

$$i = nFD \frac{c_b - c_s}{l}$$ (3-38)

当 c_b 和 l 不变，且 $c_s = 0$ 时，浓度梯度达到最大值，对应的电流密度也达到最大值，称作极限扩散电流密度（i_L），即：

$$i_L = nFD \frac{c_b}{l}$$ (3-39)

考虑如下两种电极反应过程：

（1）i^0 很大时，无外电流，电极电位为电极平衡。

假定被还原的物质的浓度与溶液中的浓度 c_b 相等，则由能斯特方程可得：$\varphi_e = \varphi^\ominus + \frac{RT}{nF}\ln c_b$。外电流为 i 时，仍可近似认为电极反应平衡电极表面附近被还原的物质的浓度为 c_s，则由能斯特方程可得：$\varphi = \varphi^\ominus + \frac{RT}{nF}\ln c_s$。因此，电极的过电位为：

$$\eta_d = \varphi - \varphi_e = \frac{RT}{nF}\ln\frac{c_s}{c_b}$$ (3-40)

由式(3-38) 和式(3-39)可得：

$$\frac{c_s}{c_b} = 1 - \frac{i}{i_L}$$ (3-41)

因此电极的过电位为：$\eta_d = \frac{RT}{nF}\ln\left(1 - \frac{i}{i_L}\right)$，所以可得：

$$i = i_L \left[1 - \exp\left(\frac{nF}{RT}\eta_d\right)\right]$$ (3-42)

（2）i^0 很小时，电极反应不可逆进行，阴极的逆过程可以小到忽略不计，电极表面的浓度与溶液中的浓度相等。

此时，如果只考虑活化控制，通过上述推导可知：$i_c = i_0 \exp\left(\frac{\alpha nF}{RT}\eta_c\right)$。在稳态条件下，如果扩散也是控制步骤，电极表面的反应物浓度由 c_b 降为 c_s，则由式(3-17) 和式(3-25)可得同时考虑活化和扩散控制的阴极电流密度：

$$i_c = i^0 \frac{c_s}{c_b}\exp\left(\frac{\alpha nF}{RT}\eta_c\right)$$ (3-43)

将式(3-41)代入可得：

$$i_c = i^0 \left(1 - \frac{i_c}{i_L}\right)\exp\left(\frac{\alpha nF}{RT}\eta_c\right)$$ (3-44)

令 $\beta_c = \frac{RT}{\alpha nF}$，由式(3-44)可得同时考虑活化和扩散控制的动力学方程：

$$i_c = \frac{i^0 \exp\left(\dfrac{\eta_c}{\beta_c}\right)}{1 + \dfrac{i^0}{i_L}\exp\left(\dfrac{\eta_c}{\beta_c}\right)}$$ (3-45)

对于同时考虑活化和扩散控制的动力学方程式(3-45)，考虑两种极端情况：

① 当 $\dfrac{i^0}{i_L}\exp\left(\dfrac{\eta_c}{\beta_c}\right)\ll 1$，即 $i^0\ll i_L$，且 η_c 比较小，此时电化学反应过程由活化控制，即：$i_c=i^0\exp\left(\dfrac{\eta_c}{\beta_c}\right)$。

② 当 $\dfrac{i^0}{i_L}\exp\left(\dfrac{\eta_c}{\beta_c}\right)\gg 1$，即 i^0 与 i_L 相差不大，且 η_c 比较大，则式(3-45) 分母中的 1 可略去，可得 $i_c=i_L$。此时，阴极电化学反应过程完全由扩散步骤控制。需要指出的是考虑扩散控制时，通常指的都是阴极反应，因为阴极反应物需要从本体溶液扩散到电极表面参与电极反应过程。

若 i_L 比 i^0 大得多，而且 η_c 相当大时不会发生其它阴极反应，则阴极反应过电位曲线

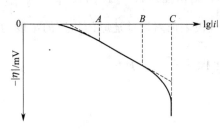

图 3.10 阴极反应过电位曲线

表现为图 3.10。其中 AB 段，若 $\dfrac{i^0}{i_L}\exp\left(\dfrac{\eta_c}{\beta_c}\right)\ll 1$，此时电极反应过程属于活化控制，因此，阴极过电位曲线符合 Tafel 方程。BC 段，此时电化学反应过程与扩散过程均对电极反应有影响，属于活化和扩散混合控制，因此随着 η_c 增大，阴极过电位曲线偏离 Tafel 直线。C 点以后，即 $\dfrac{i^0}{i_L}\exp\left(\dfrac{\eta_c}{\beta_c}\right)\gg 1$，此时电极反应速率完全受扩散控制，随着过电位 η_c 的增加，阴极电流密度保持不变。需要指出的是，对于 AB 段，若 i_L 比 i^0 大得不多，此时不是活化控制，将不会出现 Tafel 直线段。而 i^0 比较大的情况下，如果过电位还没有大到足以使 $i_c=i_L$，就开始了另一新的电极反应，通常是析氢反应，此时阴极反应电流由两个阴极反应(如吸氧反应和析氢反应) 共同组成，则 i_c 将随着 η_c 的增大而进一步增大，即不存在 $i_c=i_L$ 的关系。

浓差极化动力学方程也有局限性，比如，只考虑了稳态过程，而实际扩散过程可能是一个瞬态过程，扩散层中相应的各个位置的浓度会随时间变化，相应的浓度梯度不是常数，这时需考虑 Fick 第二定律。此时动力学方程更加复杂，在此不再讨论。另外，传质过程只考虑了扩散过程，没有考虑在电场作用下的迁移过程（电迁过程）。实际上电迁移在扩散过程中发挥着重要的作用。

3.7
共轭体系动力学方程

3.7.1 共轭体系的基本概念

金属腐蚀时，即使在最简单情况下，金属表面也至少发生两个不同的电极反应。即金属表面发生溶解被氧化的电极反应和溶液中的去极化剂在金属表面被还原的电极反应，这两个

电极反应的平衡电位不同，彼此互相极化。以 Zn 浸入被 H_2 饱和的稀 HCl 溶液中为例，阳极和阴极反应分别为：$Zn^{2+}+2e^- \rightleftharpoons Zn$ 和 $2H^++2e^- \rightleftharpoons H_2$。$\overleftarrow{i_{c1}}$ 和 $\overrightarrow{i_{a1}}$ 分别为 Zn 电极还原反应和氧化反应的速率，此时 Zn 电极主要发生氧化反应，即 Zn 失电子的反应。而 $\overrightarrow{i_{c2}}$ 和 $\overleftarrow{i_{a2}}$ 分别为氢电极还原反应和氧化反应的速率，此时氢电极主要发生氢离子的还原反应。当 Zn 发生腐蚀时，Zn 电极按阳极反应方向进行，发生腐蚀溶解；氢电极按阴极反应方向进行，在 Zn 表面析出 H_2。Zn 溶解速率可用阳极电流密度 i_a 表示，H_2 析出速度用阴极电流密度 i_c 表示，即：

$$i_a = \overrightarrow{i_{a1}} - \overleftarrow{i_{c1}} \tag{3-46}$$

$$i_c = \overrightarrow{i_{c2}} - \overleftarrow{i_{a2}} \tag{3-47}$$

由于该腐蚀体系没有接在外电路中，即没有电流进出该体系，所以阳极 Zn 的溶解速度和阴极 H_2 的析出速度相等，都等于金属的自腐蚀电流密度（i_{corr}），金属的自腐蚀电流密度简称腐蚀电流密度。因此，可得：

$$i_a = i_c = i_{corr} \tag{3-48}$$

腐蚀体系实际上是阳极和阴极反应共轭耦合的结果，这就需要明确共轭反应的定义。在一个孤立金属电极上同时以相等速度进行着一个阳极反应和一个阴极反应的现象称为电极反应的耦合，互相耦合的反应称为共轭反应，相应的腐蚀体系称为共轭体系。在两个电极反应耦合为共轭反应时，从电化学腐蚀热力学可以得到，平衡电位高的电极反应为阴极反应，平衡电位低的电极反应为阳极反应。对于 Zn 电极和氢电极，两者相互耦合条件为：$\varphi_{e,H^+/H_2} - \varphi_{e,Zn^{2+}/Zn} > 0$，此时 Zn 电极将发生腐蚀。

在阴极和阳极相互耦合时，由于相互极化，它们将偏离各自的平衡电位而相向极化到一个共同的电位 φ_{corr}，称作混合电位，如图 3.11 所示。在相互极化过程中，阳极电位升高，而阴极电位降低。由式（3-46）、式（3-47）和式（3-48）可得：$\overrightarrow{i_{a1}} + \overleftarrow{i_{a2}} = \overleftarrow{i_{c1}} + \overrightarrow{i_{c2}}$。即，阳极反应释放出的电子恰为阴极反应所消耗，电极表面没有电荷积累，其带电状况不随时间变化，电极电位也不随时间而变。这个状态为稳定状态，所以混合电位又称为稳定电位或腐蚀电位（也称自腐蚀电位），对应的电流密度为腐蚀电流密度 i_{corr}。腐蚀电位 φ_{corr} 是在没有外加电流时金属达到一个稳定腐蚀状态时测得的电位，是被自腐蚀电流所极化的阳极反应和阴极反应的混

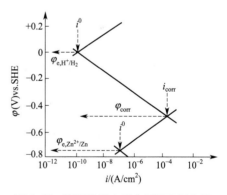

图 3.11 阴阳极反应耦合后相互极化图

合电位，在腐蚀电位条件下金属表面没有电荷积累，但有净反应产生，此时的金属的溶解速率是 i_{corr}。

共轭体系的稳定状态与平衡体系的平衡状态存在两点区别：①平衡状态是单一电极反应，其物质交换和电荷交换都达到平衡状态，因而没有物质积累和电荷积累，也没有净反应发生；②稳定状态是两个或两个以上的单一电极反应构成的共轭耦合体系，没有电荷积累，但是有产物生成和积累，存在净反应，是非平衡状态。

3.7.2 活化极化控制的腐蚀体系动力学方程

腐蚀体系处于稳定状态时，可知 $i_a = i_c = i_{corr}$，净阳极反应和净阴极反应继续进行，金属不断溶解，溶解速率为 i_{corr}。由于阳极反应与阴极反应都由活化极化控制，根据 Butler-Volmer 方程，金属单电极的阳极反应极化电流密度为：$i_a = i_a^0 \left[e^{\frac{(1-\alpha_1)n_1 F}{RT} \eta_a} - e^{\frac{\alpha_1 n_1 F}{RT} \eta_c} \right]$，去极化剂单电极的阴极反应极化电流密度为：$i_c = i_c^0 \left[e^{\frac{\alpha_2 n_2 F}{RT} \eta_c} - e^{\frac{(1-\alpha_2)n_2 F}{RT} \eta_a} \right]$。对于大多数腐蚀体系，腐蚀电位 φ_{corr} 与金属的平衡电位和去极化剂的平衡电位相距较远，Butler-Volmer 方程中第二项远小于第一项，可略去（根据自腐蚀电位单电极强极化时的情况省略）。

令 $\beta_a = \dfrac{RT}{(1-\alpha_1)n_1 F}$，$\beta_c = \dfrac{RT}{\alpha_2 n_2 F}$，可得阳极和阴极反应分别为：

阳极反应：
$$i_a = i_a^0 \left[e^{\frac{(1-\alpha_1)n_1 F}{RT} \eta_a} \right] = i_a^0 \, e^{\frac{\varphi - \varphi_{e,1}}{\beta_a}} \tag{3-49}$$

阴极反应：
$$i_c = i_c^0 \left[e^{\frac{\alpha_2 n_2 F}{RT} \eta_c} \right] = i_c^0 \, e^{\frac{\varphi_{e,2} - \varphi}{\beta_c}} \tag{3-50}$$

当金属在腐蚀电位 φ_{corr} 时，阳极反应速率和阴极反应速率以及自腐蚀电流密度相等，可得：

$$i_{corr} = i_a = i_c = i_a^0 \, e^{\frac{\varphi_{corr} - \varphi_{e,1}}{\beta_a}} = i_c^0 \, e^{\frac{\varphi_{e,2} - \varphi_{corr}}{\beta_c}} \tag{3-51}$$

对式(3-51)两边取自然对数，可得：

$$\varphi_{corr} = \beta_a \ln \frac{i_{corr}}{i_a^0} + \varphi_{e,1} \tag{3-52}$$

$$\varphi_{corr} = \varphi_{e,2} - \beta_c \ln \frac{i_{corr}}{i_c^0} \tag{3-53}$$

式(3-52)和式(3-53)相减，消去 φ_{corr}，可得：

$$\beta_a \ln \frac{i_{corr}}{i_a^0} + \beta_c \ln \frac{i_{corr}}{i_c^0} = \varphi_{e,2} - \varphi_{e,1} \tag{3-54}$$

式(3-54)两边同时除以 $(\beta_a + \beta_c)$，可得：

$$\frac{\beta_a}{\beta_a + \beta_c} \ln \frac{i_{corr}}{i_a^0} + \frac{\beta_c}{\beta_a + \beta_c} \ln \frac{i_{corr}}{i_c^0} = \frac{\varphi_{e,2} - \varphi_{e,1}}{\beta_a + \beta_c} \tag{3-55}$$

由式(3-55)解出 i_{corr}，因此，可得活化极化控制的腐蚀体系动力学方程：

$$i_{corr} = i_a^{0 \left(\frac{\beta_a}{\beta_a + \beta_c} \right)} i_c^{0 \left(\frac{\beta_c}{\beta_a + \beta_c} \right)} e^{\left(\frac{\varphi_{e,2} - \varphi_{e,1}}{\beta_a + \beta_c} \right)} \tag{3-56}$$

由式(3-56)可知，活化控制的均匀腐蚀体系 i_{corr} 与下列因素有关：①阳极和阴极反应交换电流密度 i_a^0 和 i_c^0 越大，自腐蚀电流密度 i_{corr} 越大；②阳极和阴极反应塔菲尔斜率（Tafel 斜率）β_a 和 β_c 越大，自腐蚀电流密度 i_{corr} 越小；③阴阳极平衡电位差值 $\varphi_{e,2} - \varphi_{e,1}$ 越大，自腐蚀电流密度 i_{corr} 越大。图 3.12 给出了活化极化腐蚀体系影响腐蚀电流密度的因素，当阳极平衡电位负移时，自腐蚀电流密度 i_{corr} 增加 [图 3.12(a)]；当阴极平衡电位正移时，自腐蚀电流密度 i_{corr} 也增加 [图 3.12(b)]；当阴极 Tafel 斜率增大时，自腐蚀电流

密度 i_{corr} 减小〔图 3.12(c)〕；当阳极 Tafel 斜率增大时，自腐蚀电流密度 i_{corr} 也减小〔图 3.12(d)〕；当阴极反应交换电流密度 i_c^0 增大时，自腐蚀电流密度 i_{corr} 增加〔图 3.12(e)〕；当阳极反应交换电流密度 i_a^0 增大时，自腐蚀电流密度 i_{corr} 也增加〔图 3.12（f）〕。

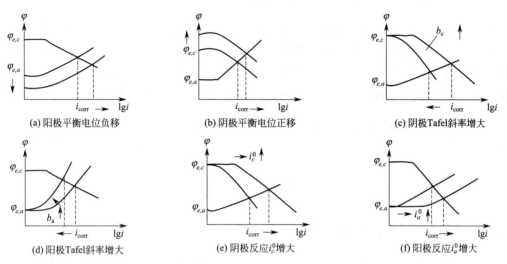

(a) 阳极平衡电位负移　　　　(b) 阴极平衡电位正移　　　　(c) 阴极Tafel斜率增大

(d) 阳极Tafel斜率增大　　　　(e) 阴极反应i_c^0增大　　　　(f) 阳极反应i_a^0增大

图 3.12　活化极化腐蚀体系腐蚀电流密度的影响因素

通过上述讨论和推导，得到了活化极化控制的腐蚀体系动力学方法，即式(3-56)，自腐蚀电位 φ_{corr} 也是一个非常重要的参数。将 $\beta_a = \dfrac{RT}{(1-\alpha_1)n_1 F}$ 和 $\beta_c = \dfrac{RT}{\alpha_2 n_2 F}$ 代入式 $i_{\text{corr}} = i_a = i_c = i_a^0 \, \mathrm{e}^{\frac{\varphi_{\text{corr}} - \varphi_{e,1}}{\beta_a}} = i_c^0 \, \mathrm{e}^{\frac{\varphi_{e,2} - \varphi_{\text{corr}}}{\beta_c}}$，可得 $i_a^0 \, \mathrm{e}^{\frac{(1-\alpha_1)n_1 F}{RT}(\varphi_{\text{corr}} - \varphi_{e,1})} = i_c^0 \, \mathrm{e}^{\frac{\alpha_2 n_2 F}{RT}(\varphi_{e,2} - \varphi_{\text{corr}})}$，然后对此式两边求对数可得：

$$\ln i_a^0 + \frac{(1-\alpha_1)n_1 F}{RT}(\varphi_{\text{corr}} - \varphi_{e,1}) = \ln i_c^0 + \frac{\alpha_2 n_2 F}{RT}(\varphi_{e,2} - \varphi_{\text{corr}}) \tag{3-57}$$

对式(3-57)进行进一步变形，可得：

$$\varphi_{\text{corr}} \frac{F}{RT}\left[(1-\alpha_1)n_1 + \alpha_2 n_2\right] = \ln \frac{i_c^0}{i_a^0} + \frac{F}{RT}\left[(1-\alpha_1)n_1 \varphi_{e,1} + \alpha_2 n_2 \varphi_{e,2}\right] \tag{3-58}$$

由式(3-58)解出 φ_{corr}，可得：

$$\varphi_{\text{corr}} = \frac{RT}{\left[(1-\alpha_1)n_1 + \alpha_2 n_2\right]F} \ln \frac{i_c^0}{i_a^0} + \frac{(1-\alpha_1)n_1 \varphi_{e,1}}{\left[(1-\alpha_1)n_1 + \alpha_2 n_2\right]} + \frac{\alpha_2 n_2 \varphi_{e,2}}{\left[(1-\alpha_1)n_1 + \alpha_2 n_2\right]}$$
$$\tag{3-59}$$

式(3-59)比较复杂，需要进一步简化。假定阴阳极反应得失电子数相等，即 $n_1 = n_2 = n$；同时假定传递系数为 0.5，即 $(1-\alpha_1) = \alpha_2 = 0.5$，所以可将式(3-59)进行简化，可得：

$$\varphi_{\text{corr}} = \frac{RT}{nF} \ln \frac{i_c^0}{i_a^0} + \frac{1}{2}\varphi_{e,1} + \frac{1}{2}\varphi_{e,2} \tag{3-60}$$

由式(3-60)可知，交换电流密度 i_a^0 和 i_c^0 对腐蚀电位 φ_{corr} 有决定性的影响。当交换电流密度 $i_a^0 \gg i_c^0$ 时，腐蚀电位 φ_{corr} 接近阳极平衡电极电位 $\varphi_{e,1}$；当交换电流密度 $i_a^0 \ll i_c^0$ 时，腐蚀电位 φ_{corr} 接近阴极平衡电极电位 $\varphi_{e,2}$；对于大多数的腐蚀体系，阳极和阴极反应交换

电流密度 i_a^0 和 i_c^0 相差不大，腐蚀电位 φ_{corr} 位于阳极平衡电极电位 $\varphi_{e,1}$ 和阴极平衡电极电位 $\varphi_{e,2}$ 之间，并与它们相距较远。

3.7.3 扩散控制的腐蚀体系动力学方程

对于金属腐蚀过程的阴极反应速率完全由去极化剂向金属表面的扩散过程所控制的腐蚀体系，自腐蚀电流密度和极限扩散电流密度相等，即 $i_{corr}=i_L$。完全受阴极扩散控制的腐蚀体系，腐蚀速率取决于阴极极限扩散电流密度，如钢在海水中的腐蚀受到阴极氧的极限扩散控制，因此，不同型号的钢在海水中腐蚀速率相差较小。自腐蚀电位 φ_{corr} 则仍与阳极反应的动力学参数和平衡电位 $\varphi_{e,1}$ 有关，此时 $i_{corr}=i_L=i_a^0\,\mathrm{e}^{\frac{\varphi_{corr}-\varphi_{e,1}}{\beta_a}}$，解此式可得自腐蚀电位 φ_{corr}：

$$\varphi_{corr}=\varphi_{e,1}+\beta_a\ln\left(\frac{i_L}{i_a^0}\right) \tag{3-61}$$

3.7.4 同时受活化和扩散控制的腐蚀体系动力学方程

金属腐蚀过程的阴极反应速率同时受电化学过程和去极化剂向金属表面的扩散过程所控制，由单电极体系混合控制动力学方程可得：

$$i_{corr}=i_a^0\,\mathrm{e}^{\frac{\eta_a}{\beta_a}}=\frac{i_c^0\exp\left(\dfrac{\eta_c}{\beta_c}\right)}{1+\dfrac{i_c^0}{i_L}\exp\left(\dfrac{\eta_c}{\beta_c}\right)} \tag{3-62}$$

将 $\beta_a=\dfrac{RT}{(1-\alpha_1)n_1F}$ 和 $\beta_c=\dfrac{RT}{\alpha_2n_2F}$ 代入式（3-62）可得：

$$i_{corr}=i_a^0\,\mathrm{e}^{\frac{(\varphi_{corr}-\varphi_{e,1})}{\beta_a}}=\frac{i_c^0\exp\left(\dfrac{\varphi_{e,2}-\varphi_{corr}}{\beta_c}\right)}{1+\dfrac{i_c^0}{i_L}\exp\left(\dfrac{\varphi_{e,2}-\varphi_{corr}}{\beta_c}\right)} \tag{3-63}$$

对式（3-63）两边取自然对数，然后消去 φ_{corr} 可得：

$$i_{corr}=\frac{i_c^0\exp\left(\dfrac{\varphi_{e,2}-\varphi_{e,1}}{\beta_c}\right)}{\dfrac{i_{corr}}{i_a^0}+\dfrac{i_c^0}{i_L}\exp\left(\dfrac{\varphi_{e,2}-\varphi_{e,1}}{\beta_c}\right)} \tag{3-64}$$

式（3-64）即同时受活化和扩散控制的腐蚀体系动力学方程。当极限扩散电流密度 i_L 很大，以致 $i_L\gg i_c^0\exp\left(\dfrac{\varphi_{e,2}-\varphi_{e,1}}{\beta_c}\right)$ 时，i_{corr} 由 $i_c^0\exp\left(\dfrac{\varphi_{e,2}-\varphi_{e,1}}{\beta_c}\right)$ 来决定，此时相当于阴极反应的浓差极化可以忽略。当 $i_L<i_c^0\exp\left(\dfrac{\varphi_{e,2}-\varphi_{e,1}}{\beta_c}\right)$ 时，i_L 对腐蚀电流密度 i_{corr} 有重要的影响：极限扩散电流密度 i_L 越大，腐蚀电流密度 i_{corr} 越大；极限扩散电流密度 i_L 越小，腐蚀电流密度 i_{corr} 越小；在极端情况下，腐蚀电流密度完全受阴极极限扩散控制，即 $i_{corr}=i_L$。

3.7.5 活化极化控制的腐蚀体系的极化公式

腐蚀体系的极化是指当通过外电流时电极电位偏离稳定电位（即自腐蚀电位）的现象，相应的外电流称为腐蚀体系的外加极化电流。当金属在极化电位 φ 下时，电极反应的逆反应可以忽略，将腐蚀电流密度 i_{corr} 分别引入阴阳极电极反应动力学方程，分别为：

阳极反应：
$$i_a = i_a^0 \, \mathrm{e}^{\frac{\varphi - \varphi_{e,1}}{\beta_a}} = i_a^0 \, \mathrm{e}^{\frac{(\varphi - \varphi_{corr}) + (\varphi_{corr} - \varphi_{e,1})}{\beta_a}} = i_{corr} \, \mathrm{e}^{\frac{\varphi - \varphi_{corr}}{\beta_a}} \tag{3-65}$$

阴极反应：
$$i_c = i_c^0 \, \mathrm{e}^{\frac{\varphi_{e,2} - \varphi}{\beta_c}} = i_c^0 \, \mathrm{e}^{\frac{(\varphi_{e,2} - \varphi_{corr}) + (\varphi_{corr} - \varphi)}{\beta_c}} = i_{corr} \, \mathrm{e}^{\frac{(\varphi_{corr} - \varphi)}{\beta_c}} \tag{3-66}$$

阳极极化时，电位从 φ_{corr} 向正的方向移动，$\Delta\varphi = \varphi - \varphi_{corr} > 0$，流经体系的外加阳极极化电流密度 i_A 为：

$$i_A = i_a - i_c = i_{corr} (\mathrm{e}^{\frac{\varphi - \varphi_{corr}}{\beta_a}} - \mathrm{e}^{\frac{\varphi_{corr} - \varphi}{\beta_c}}) = i_{corr} (\mathrm{e}^{\frac{\Delta\varphi_a}{\beta_a}} - \mathrm{e}^{\frac{-\Delta\varphi_a}{\beta_c}}) \tag{3-67}$$

阴极极化时，电位从 φ_{corr} 向负的方向移动，$\Delta\varphi = \varphi - \varphi_{corr} < 0$，流经体系的外加阴极极化电流密度 i_C 为：

$$i_C = i_c - i_a = i_{corr} (\mathrm{e}^{\frac{\varphi_{corr} - \varphi}{\beta_c}} - \mathrm{e}^{\frac{\varphi - \varphi_{corr}}{\beta_a}}) i_{corr} (\mathrm{e}^{\frac{-\Delta\varphi_c}{\beta_c}} - \mathrm{e}^{\frac{\Delta\varphi_c}{\beta_a}}) \tag{3-68}$$

式（3-67）和式（3-68）即为活化极化控制的腐蚀体系的极化公式，根据式（3-67）和式（3-68）绘制的活化极化控制的腐蚀体系极化电位与极化电流密度或极化电流之间的关系曲线称作极化曲线，如图 3.13 所示。对于单电极反应，过电位是正值，对于共轭腐蚀体系，极化电位可以是正值也可以是负值。

活化极化控制的腐蚀体系极化曲线也分为三个区域，分别是强极化区（塔菲尔区）、微极化区（线性极化区）和弱极化区（非线性区）。和单电极体系过电位与极化电流密度的关系曲线相似，强极化区极化电位与极化电流密度的对数呈线性关系，微极化区极化电位与极化电流密度呈线性关系。但是，共轭体系的极化曲线表示从腐蚀电位开始极化的极化电位与极化电流密度的关系，平衡体系的极化曲线表示从平衡电位开始极化的极化电位与极化电流密度的关系。

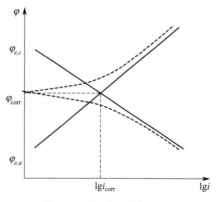

图 3.13　活化极化控制的腐蚀体系极化曲线

（1）腐蚀体系强极化时的近似极化公式

腐蚀体系阳极区强极化时，阳极极化曲线的塔菲尔区对应的阴极分支电流 $i_c = 0$。阴极区强极化时，阴极极化曲线的塔菲尔区对应的阳极分支电流 $i_a = 0$。由式（3-67）和式（3-68）可得：

$$i_A = i_a = i_{corr} \, \mathrm{e}^{\frac{\Delta\varphi_a}{\beta_a}} \tag{3-69}$$

$$i_C = i_c = i_{corr} \, \mathrm{e}^{\frac{-\Delta\varphi_c}{\beta_c}} \tag{3-70}$$

对式(3-69) 和式(3-70) 进行变化得到：$\Delta\varphi_a=b_a\lg\dfrac{i_A}{i_{corr}}$，$\Delta\varphi_c=-b_c\lg\dfrac{i_C}{i_{corr}}$，即：

$$\Delta\varphi=a+b\lg i \tag{3-71}$$

式(3-71) 即腐蚀体系强极化时的极化公式，称作塔菲尔公式，极化电位和电流密度的对数呈线性关系。由此公式可以很方便地对极化曲线进行拟合求得自腐蚀电流密度 i_{corr} 和腐蚀电位 φ_{corr}。

（2）微极化时的近似极化公式

腐蚀体系微极化时，当极化的绝对值小于 0.01V 时，$\Delta\varphi_a/\beta_a$ 和 $\Delta\varphi_c/\beta_c$ 远小于 1，则式(3-67)、式(3-68) 按指数形式展开，略去高次项，可得：

$$\Delta\varphi_a=\frac{\beta_a\beta_c}{2.303(\beta_a+\beta_c)}\times\frac{i_A}{i_{corr}} \tag{3-72}$$

$$\Delta\varphi_c=-\frac{\beta_a\beta_c}{2.303(\beta_a+\beta_c)}\times\frac{i_C}{i_{corr}} \tag{3-73}$$

对式(3-72) 和式(3-73) 进行变换可得：

$$i_{corr}=\frac{B}{\Delta\varphi_a/i_A}=\frac{B}{-\Delta\varphi_c/i_C}=\frac{B}{R_P} \tag{3-74}$$

其中 B 是常数，且 $B=\dfrac{\beta_a\beta_c}{2.303(\beta_a+\beta_c)}$，$R_P=\Delta\varphi_a/i_A=-\Delta\varphi_c/i_C$。$R_P$ 为线性极化区的极化曲线的斜率，称为极化阻率。式(3-74) 即为线性极化曲线方程，是腐蚀体系通过线性极化区测定金属腐蚀速率的基础，可以达到快速测定腐蚀速率的目的，也可以使用该方法对金属腐蚀进行监测。

共轭腐蚀体系动力学方程和单电极体系动力学方程有类似之处，单电极体系动力学方法是共轭体系理论的基础，表 3.1 从未极化、极化、极化电流、基本动力学方程、特征参数等方面比较了单电极体系与腐蚀体系的区别，也是对共轭体系和单电极体系的一个总结。

表 3.1　单电极体系与腐蚀体系的区别

体系	单电极体系	腐蚀体系
未极化	平衡状态：φ_e，i^0	稳定状态：φ_{corr}，i_{corr}
极化	阳极极化：$\eta_a=\varphi-\varphi_e$ 阴极极化：$\eta_c=\varphi_e-\varphi$	阳极极化：$\Delta\varphi_c=\varphi_{corr}-\varphi$ 阴极极化：$\Delta\varphi_a=\varphi-\varphi_{corr}$
极化电流	阳极极化：$i_a=\overrightarrow{i_a}-\overleftarrow{i_c}$ 阴极极化：$i_c=\overleftarrow{i_c}-\overrightarrow{i_a}$	阳极极化：$i_A=i_a-i_c$ 阴极极化：$i_C=i_c-i_a$
基本动力学方程	$i_a=i^0\left[\exp\left(\dfrac{(1-\alpha)nF}{RT}\eta_a\right)-\exp\left(\dfrac{\alpha nF}{RT}\eta_c\right)\right]$ $i_c=i^0\left[\exp\left(\dfrac{\alpha nF}{RT}\eta_c\right)-\exp\left(\dfrac{(1-\alpha)nF}{RT}\eta_a\right)\right]$	$i_A=i_{corr}\left(e^{\frac{\Delta\varphi_a}{\beta_a}}-e^{\frac{-\Delta\varphi_a}{\beta_c}}\right)$ $i_C=i_{corr}\left(e^{\frac{-\Delta\varphi_c}{\beta_c}}-e^{\frac{\Delta\varphi_c}{\beta_a}}\right)$
i^0 与 i_{corr}	(1)强极化：Tafel 区外延到 φ_e (2)线性极化 $R_F=\dfrac{RT}{i^0 nF}$	(1)强极化：Tafel 区外延到 φ_{corr} (2)线性极化 $i_{corr}=\dfrac{B}{R_P}$

3.8
理想极化曲线与实测极化曲线

　　实测极化曲线是指根据恒电流法或恒电位法测得的极化曲线，表示外电流密度和极化电位之间的关系曲线。而理想极化曲线是指在理想电极上得到的极化曲线，表示局部阳极电流密度或局部阴极电流密度与极化电位之间的关系曲线。实测极化曲线和理想极化曲线的差别：实测极化曲线的起点为腐蚀体系的腐蚀电位（混合电位）φ_{corr}；理想极化曲线的起点为局部阳极反应和局部阴极反应的平衡电位。二者也有联系，理想极化曲线可通过实测极化曲线的塔菲尔区外推得到（活化极化）。由实测极化曲线和理想极化曲线的定义可知，实测极化曲线容易直接测得，外加电流或电位条件下通过电化学工作站测定电位或者电流的变化。而理想极化曲线无法直接获得，因为腐蚀金属的阳极区和阴极区难以区分，实际金属电极表面存在电化学不均匀性，很难只用一个电极反应反映真实极化曲线。因此，理想极化曲线只能通过间接的方法，如实测极化曲线的塔菲尔区外延即可达到理想极化曲线，这也说明真实极化曲线与实测极化曲线存在某种内在关系。

　　图 3.14 给出了实测极化曲线与理想极化曲线的关系示意图，对于图 3.14(a)，由式(3-68) $i_C=i_c-i_a$ 可得：$i_C(\varphi_c P)=i_c(\varphi_c M)-i_a(\varphi_c G)$，即实测极化曲线上的外加阴极电流密度 $i_C(\varphi_c P)$ 等于理想极化曲线上的阴极电流密度 $i_c(\varphi_c M)$ 减去阳极电流密度 $i_a(\varphi_c G)$。同样的对于图 3.14(b) 阳极极化部分，实测极化曲线上的外加阳极电流密度 $i_A(\varphi_a Q)$ 等于理想极化曲线上的阳极电流密度 $i_a(\varphi_a N)$ 减去阴极电流密度 $i_c(\varphi_a F)$，即 $i_A(\varphi_a Q)=i_a(\varphi_a N)-i_c(\varphi_a F)$。

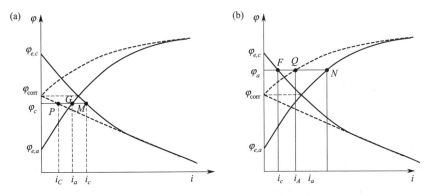

图 3.14　实测极化曲线与理想极化曲线的关系示意图

　　图 3.15 是活化极化腐蚀体系的真实极化曲线和实测极化曲线的不同表现形式，图 3.15(b) 中对电流取对数，通常使用图 3.15(b) 表示，可以更加方便地通过塔菲尔拟合得到自腐蚀电流密度 i_{corr}。当阴极反应受到扩散控制时，在极化曲线的阴极区出现极限扩散电流密度 i_L，如图 3.16 所示。通过阴极极化曲线可以很方便地判断阴极反应是否受到阴极扩散控制。

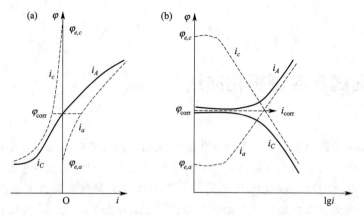

图 3.15　活化极化腐蚀体系的真实极化曲线和实测极化曲线的关系

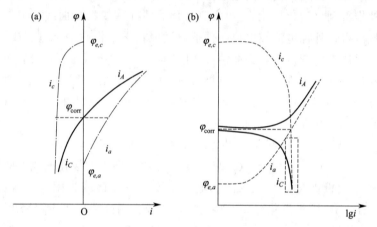

图 3.16　阳极反应受活化极化控制、阴极反应受浓差极化控制腐蚀体系的
真实极化曲线和实测极化曲线的关系

3.9
极化图及其应用

　　如果只考虑腐蚀过程中阴阳极极化性能的相对大小，而不考虑电极电位随电流密度变化的详细情况，则可将理论极化曲线表示为直线形式，并用电流强度（I）代替电流密度（i）作为横坐标，这样得到的腐蚀极化图就是伊文思（Evans）极化图，如图 3.17 所示。Evans极化图在分析腐蚀过程和环境因素对腐蚀行为的影响等方面表现出优势，使用起来非常方便。Evans 极化图可用于分析金属腐蚀的控制步骤，研究金属在不同极化条件下的腐蚀行为，采用 Evans 极化图解释电偶腐蚀、阳极钝化和阴极保护的原理。

　　利用 Evans 极化图定义两个参数，即阳极极化率 P_a 和阴极极化率 P_c，P_a 和 P_c 的量纲与电阻相同，表示极化的阻力。其中，$P_a = \dfrac{\Delta\varphi_a}{I_a}$，$P_c = \dfrac{\Delta\varphi_c}{I_c}$。极化达到某一稳定电流 I

时，两极间的电位差为：

$$\Delta\varphi = \varphi_c^0 - \varphi_a^0 = \Delta\varphi_a + \Delta\varphi_c + \Delta\varphi_r = P_a I + P_c I + IR$$

$$(3\text{-}75)$$

由式（3-75）可得：

$$I = \frac{\varphi_c^0 - \varphi_a^0}{P_a + P_c + R} \qquad (3\text{-}76)$$

当欧姆电阻 $R=0$ 时，电流值最大，即：

$$I = \frac{\varphi_c^0 - \varphi_a^0}{P_a + P_c} \qquad (3\text{-}77)$$

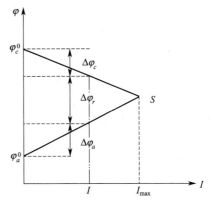

图 3.17 伊文思（Evans）极化图

由式（3-76）可知，影响腐蚀速率的因素有两个方面：①腐蚀速率和腐蚀电池阴阳极开路电位差成正比，阴阳极开路电位差值越大，腐蚀反应的驱动力越大，腐蚀速率增加；②腐蚀速率与阴阳极极化率、欧姆电阻成反比，增加极化率和欧姆电阻可使腐蚀速率减小，如果想增加腐蚀速率，可以采取减小极化率和欧姆电阻的方法。

在腐蚀过程中如果某一步骤阻力较大，则这一步骤对腐蚀速率就起主要影响，称为腐蚀控制因素。根据腐蚀电流的表达式（3-76），P_a、P_c、R 在很大程度上影响 I，这些因素都可能成为控制因素。用 C_a、C_c、C_r 表示阳极、阴极和欧姆电阻的控制程度，即为：

$$C_a = \frac{P_a}{P_a + P_c + R} \times 100\% = \frac{\Delta\varphi_a}{\Delta\varphi_a + \Delta\varphi_c + \Delta\varphi_r} \times 100\% \qquad (3\text{-}78)$$

$$C_c = \frac{P_c}{P_a + P_c + R} \times 100\% = \frac{\Delta\varphi_c}{\Delta\varphi_a + \Delta\varphi_c + \Delta\varphi_r} \times 100\% \qquad (3\text{-}79)$$

$$C_r = \frac{R}{P_a + P_c + R} \times 100\% = \frac{\Delta\varphi_r}{\Delta\varphi_a + \Delta\varphi_c + \Delta\varphi_r} \times 100\% \qquad (3\text{-}80)$$

利用 Evans 极化图分析各个阻力对腐蚀电流控制程度的相对大小，分别是阴极控制、阳极控制和欧姆电阻控制。

（1）阴极控制

如果腐蚀体系的欧姆电阻 $R=0$，而 $P_c \gg P_a$，则阴极极化曲线很陡，腐蚀电流的大小主要取决于 P_c，则称这种腐蚀过程为阴极控制的腐蚀过程，如图 3.18 所示。减小阴极极化率 P_c，腐蚀电流显著增加（S 点移动到 S'）。碳钢在天然水或氯化物溶液中的腐蚀就属于阴极控制。

（2）阳极控制

如果欧姆电阻 $R=0$，而 $P_a \gg P_c$，即阳极极化曲线很陡而阴极极化曲线较平，腐蚀电流大小主要由 P_a 控制，称之为阳极控制的腐蚀过程，如图 3.19 所示。在阳极控制情况下，任何促进阴极反应（减小 P_c）的因素不会使腐蚀电流显著增加。任何减小 P_a 的因素使腐蚀电流显著增加。如金属或合金在溶液中的钝化，金属钝化后阳极极化率增加，

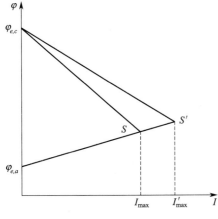

图 3.18 阴极控制的腐蚀过程

腐蚀速率显著降低。

（3）欧姆电阻控制

当溶液电阻很大，或者金属表面有一层电阻很大的膜时，由于不可能有很大的腐蚀电流通过，导致阳极和阴极极化很小，两极化曲线的斜率很小，不能相交，腐蚀电流大小主要由欧姆电阻决定，如图 3.20 所示。IR 即为欧姆电位降，R 为电路中的总电阻。例如，土壤电阻率很高，地下管线或土壤中金属结构的腐蚀属于欧姆电阻控制。

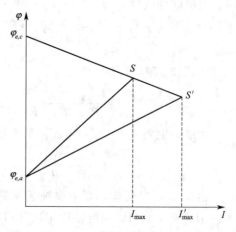

图 3.19　阳极控制的腐蚀过程

（4）混合控制

如果腐蚀体系欧姆电阻可忽略，而 P_a 和 P_c 相差不大，则腐蚀电流由 P_a 和 P_c 共同决定，这种腐蚀过程称为混合控制的腐蚀过程，如图 3.21 所示，大多数条件下金属腐蚀都是受到阴阳极的混合控制。在混合控制时，任何促进阴、阳极反应（减小 P_a 和 P_c）的因素都使腐蚀电流显著增加。任何增大 P_a 或 P_c 的因素都使腐蚀电流较显著减小。对于混合型缓蚀剂，同时增大了阳极和阴极极化率（P_a 和 P_c），从而使腐蚀电流密度明显减低，达到保护金属的目的。

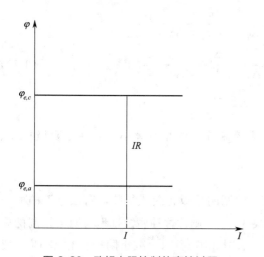

图 3.20　欧姆电阻控制的腐蚀过程

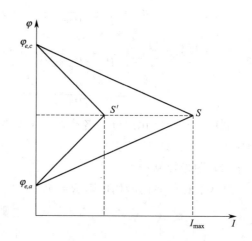

图 3.21　混合控制的腐蚀过程

 思考题

（1）什么是极化？极化的本质是什么？金属腐蚀过程中发生极化的原因是什么？

（2）单电极平衡体系和共轭耦合体系有何区别，平衡单电极动力学方程与共轭体系动力学方程有何异同点？

（3）理想极化曲线和实测极化曲线的区别和联系是什么？

（4）什么是极化图？极化图有何应用？

第四章

电化学测试技术基本原理

电化学测试技术的快速发展显著促进了腐蚀学科的快速发展，电化学测试技术在腐蚀研究过程中发挥着不可或缺的作用，也称为腐蚀电化学测试。通过电化学测试，可以得到电极反应过程中的动力学参数，如自腐蚀电流密度、自腐蚀电位和交换电流密度等；可以研究金属腐蚀行为，尤其是可以将阴阳极反应过程分开来研究，在分析腐蚀机制中也发挥着重要作用；电化学测试时间通常较短，可以快速评价金属材料的耐蚀性能；电化学测试技术在腐蚀监检测领域也发挥着重要的作用，如基于电化学阻抗、电化学噪声、线性极化电阻的电化学监检测技术。本章重点从稳态测量和暂态测量介绍电化学测试技术的基本原理，为腐蚀电化学测试技术奠定理论基础。

4.1
稳态电化学测量

金属在发生腐蚀过程中的电极反应是一个复杂的电化学过程，如果通过外加电流极化，使金属电极发生极化，在电极表面进行的各个反应步骤速率要发生变化。当电极因外加电流发生极化时，首先进行双电层的"充放电"过程，该部分电流并没有参与到电极得失电子反应，因此属于非法拉第过程，这个过程的速率由相应的非法拉第电流密度决定，而且双电层的充放电是一个非常快速的过程，充放电时间较短。同时，带电荷的粒子穿越双电层，也就是穿越金属电极和溶液介质两相界面区，进行电极反应，该过程是法拉第过程，此过程对应的电流为法拉第电流密度。因此当电极因极化发生电极电位变化时，实际电流密度由非法拉第电流密度和法拉第电流密度共同决定。由于两种过程发生的速率不同（非法拉第过程进行很快，而电子的转移对应的法拉第过程往往比较慢），所以可以通过一定测试技术将两者区分开来。根据非法拉第过程和法拉第过程的差异，通常将包括腐蚀测试技术在内的电化学测试技术分为两大类，即稳态（Static state）测试技术和暂态（Transient state）测试技术。通常，伏安法、极谱法、库仑法、强制对流法等属于稳态测试技术，而计时电势、计时电流、计时电量、双脉冲电流、方波电势、方波电流、脉冲伏安等属于暂态测试技术。

4.1.1　稳态与稳态极化

4.1.1.1　稳态的基本概念

在指定的时间范围内，电化学系统的参量（如电极电位、电流、反应数及产物的浓度分布、电极表面状态等）变化甚微，或基本不随时间变化，这种状态称为电化学稳态，而电极未达到稳态以前的阶段称为暂态。如图 4.1 所示，t_1 和 t_2 时间区间内电极电位基本保持不变，可认为达到了稳态。

稳态只是一个相对的状态，从以下三个方面正确理解稳态的概念和内涵。

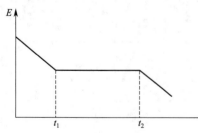

图 4.1　锌-空气电池放电曲线

（1）稳态不是平衡态

首先要明确，稳态不是平衡态，平衡态是稳态，平衡态可看作稳态的一个特例。例如当 Zn^{2+}/Zn 电极达到平衡时，$Zn^{2+}+2e^- \rightleftharpoons Zn$ 正逆反应速率相等，没有净的物质转移，也没有净的电流通过，这时的电极状态为平衡态。一般情况下，稳态不是平衡态。将 Zn 浸入含有酸的溶液时，此时 Zn 将发生腐蚀，Zn 的腐蚀是反应 $Zn^{2+}+2e^- \rightleftharpoons Zn$ 和 $2H^++2e^- \rightleftharpoons H_2$ 共同作用的结果。当 Zn 发生腐蚀，达到稳定状态时，将出现稳定的阳极电流，净结果是 Zn 以一定的速度溶解到电极界面区的溶液中成为 Zn^{2+}，Zn^{2+} 通过扩散、电迁移和对流作用转移到溶液内部。此时，传质的速度恰好等于溶解的速度，界面区的 Zn^{2+} 浓度分布维持不变，所以表现为电流不变，电位也不变，达到了稳态。可见稳态并不等于平衡态，平衡态是稳态的特例。

（2）绝对的稳态是不存在的

绝对不变的电极状态是不存在的，在上述 Zn 电极发生腐蚀时，达到稳态，Zn 电极表面还是在不断溶解，溶液中 Zn^{2+} 的总体浓度是不断增加的，只不过这些变化在一个时间范围内比较不显著而已，因此绝对的稳态是不存在的。如果采用小的电极面积和溶液体积之比，并使用小的电流密度进行极化，那么体系的变化就更不显著，电极状态更易处于稳态。

（3）稳态和暂态是相对的

从暂态到稳态是逐步过渡的，稳态和暂态的划分是以参量的变化显著与否为标准的，而这个标准也是相对的。例如 Zn 电极的阳极溶解时，起初，电极界面处 Zn^{2+} 的转移速度小于阳极溶解速度，净结果是电极界面处 Zn^{2+} 浓度逐步增加，电极电位也随之向正方向移动。经过一定时间后，电极界面区 Zn^{2+} 浓度上升到较高值，扩散传质速度更大，当扩散速度等于溶解速度时，电极界面区 Zn^{2+} 浓度就基本不再上升，电极电位基本不再移动，此时达到了稳态。不过，用较不灵敏的测试仪器看不出的变化，用较灵敏的测试仪器可能看出显著的变化。在一秒钟内看不出的变化，在一分钟内可能看到显著变化。这就是说，稳态与暂态的划分与所用测试仪器的灵敏度和观察变化的时间长短有关。所以，在确定的实验条件下，在一定时间内的变化不超过一定值的状态就可以称为稳态。一般情况下，只要电极界面处的反应物浓度发生变化或电极的表面状态发生变化都要引起电极电位和电流的变化，或其中之一发生变化。所以，当电极电位和电流同时稳定不变（实际上是变化速度不超过某一值）时就可认为达到稳态，按稳态系统进行处理。

4.1.1.2　稳态测量特点

稳态测量是指法拉第过程处于定常态时进行的电化学测量，暂态测量是指非法拉第过程还未完成或法拉第过程还没有达到新的定常态情况下的电化学测量。

极化曲线的测定分稳态法和暂态法，稳态法是测定电极过程达到稳态时电流密度与电位之间的关系。电极过程达到稳态后，整个电极过程的速度取决于稳态电流密度，就等于该电极过程中控制步骤的速度。因此，可利用稳态极化曲线测定电极过程控制步骤的动力学参数，研究电极过程动力学规律及其影响因素。

要测定稳态极化曲线，就必须在电极过程达到稳态时进行测定。电极过程达到稳态，就是组成电极过程的各个基本过程，如双电层充电、电化学反应、扩散传质等都达到稳态。双电层充电达到稳态后，充电电流为零，电极电位达到稳定值；如果电极表面附近反应物的浓度不变，则电极反应速度也将达到稳定值。对于扩散过程，当达到稳态后，电极表面附近反应物或产物的浓度梯度 $\dfrac{dc}{dx}$ 为常数，或者说电极表面附近液层中的浓度分布不再随时间变化，即 $\dfrac{dc}{dt}=0$。当整个电极过程达到稳态时，电极电位、极化电流、电极表面状态及电极表面液层中的浓度分布均达到稳态而不随时间变化。这时稳态电流全部是由电极反应产生的。如果电极上只有一对电极反应（$O+ne^{-} \Longleftrightarrow R$），则稳态电流就表示这一对电极反应的净速度。如果电极上有多对电极反应，则稳态电流就是多对电极反应的总结果。电极反应到达稳定状态的时间较长（扩散），当溶液中只存在自然对流时，稳态扩散层的有效厚度约为 10^{-2} cm。

要使电极过程达到稳态，还必须使电极真实表面积、电极组成及表面状态、溶液及温度等条件在测量过程中保持不变。否则这些条件的变化也会引起电极过程随时间的变化，得不到稳定的测量结果。对于某些体系，特别是金属腐蚀（表面被腐蚀及腐蚀产物的形成等）和金属电沉积（特别是在疏松镀层或毛刺出现时）等固体电极过程，要在整个所研究的电流密度范围内，保持电极表面积和表面状态不变是非常困难的。在这种情况下，达到稳态往往需要很长的时间，甚至根本达不到稳态。所以，稳态是相对的，绝对的稳态是没有的。实际上只要根据实验条件，在一定时间内电化学参数（如电位、电流、浓度分布等）基本不变，或变化不超过某一定值，就认为达到了稳态。因此，在实验测试中，除了合理地选择测量电极体系和实验条件外，还需要合理地确定达到"稳态"的时间或扫描速度。

稳态测量也不是完美的，存在如下局限性：

（1）稳态法测得的腐蚀电化学动力学行为是整个过程的总的动力学行为，如果整个过程由几个子过程或步骤组成，用这类稳态或准稳态电化学测量技术无法研究总的过程中可能包含几个动力学步骤以及这些步骤的动力学特征。

（2）在很多情况下，暂态的电化学测量技术，其中主要是测量电流密度对电极电位阶跃信号的暂态响应或电位对电流密度阶跃信号的暂态响应技术，可以研究总过程中的子过程。但暂态的电化学测量方法所需要的数学模型比较复杂，推导过程中一般都需要解微分方程，而且时间域的暂态响应数据的测量容易产生误差，特别是快的子过程的响应数据表现在暂态响应的初始阶段，很难测量准确。

4.1.1.3 稳态极化及其影响因素

在第三章已经讨论了，电极过程的过电位与电流密度之间的关系由 Bulter-Volmer 方程给出［式(3-24) 和式(3-25)］。对于只有四个基本步骤（电化学步骤，双层充电步骤，离子导电步骤，反应物、产物粒子的扩散步骤）的电极过程，共有三种类型的极化，分别为：电化学反应迟缓导致的电化学极化，反应物或产物粒子的传质迟缓导致的浓差极化，以及欧姆电位降 IR 导致的电阻极化。三种极化类型在第三章已经做详细讨论，在此不再赘述。

电极过程中电荷移动速率 k 决定了电化学极化的大小，而浓差极化则取决于物质传输速率 m。电荷移动速率 k 和物质传输速率 m 对电流-电位曲线的影响如图 4.2 所示，电荷移动速率 k 和物质传输速率 m 均较大时，电极反应速率会显著增加。只根据上述任何一种特征来判断电极反应是受电化学步骤控制还是扩散控制不是绝对可靠的，从极化开始到电极过程达到稳态需要一定的时间，要在整个研究的电流密度范围内，保持电极表面积和表面状态不变是非常困难的。

4.1.2 稳态极化曲线的测量

4.1.2.1 准备工作

在进行稳态极化测量之前，先要做一些准备工作。首先，根据实验目的和研究内容等，准备研究电极、电解液、支持电解质、辅助电极、参比电极、盐桥、测量仪器等所有稳态极化曲线测量的必备材料和仪器设备。对于金属腐蚀来说，常用的研究电极主要是金属材料，如碳钢、不锈钢、铝合金、镁合金和钛合金等，测试介质如海水等根据实际需求进行选择，辅助电极通常是惰性材料如 Pt、Au、石墨等，而参比电极要使用稳定性比较好的 Ag/AgCl 参比电极、饱和甘汞参比电极等，要根据测试介质的种类选择。近年来测量仪器发展迅速，出现了很多电化学工作站

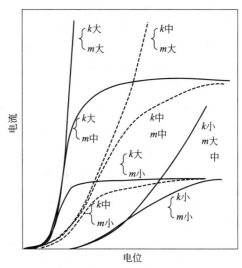

图 4.2 电荷移动速率 k 和物质传输速率 m
对电流-电位曲线的影响

供选用，如图 4.3 所示。另外，在测试过程中还要考虑是否恒温、搅拌、除氧和进出气等。

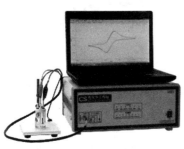

图 4.3 常用的稳态极化曲线
测量电化学工作站

稳态极化曲线的测量通常采用三电极体系，即工作电极、参比电极和对电极。对电极也称辅助电极，对电极只用来通过电流，实现研究电极的极化，其表面积应比研究电极大，因而常用镀铂黑的铂电极作为辅助电极。三电极电化学测试体系形成两个回路：①由工作电极和对电极组成的极化回路，起到传输电子形成回路的作用；②由工作电极和参比电极组成的测量回路，用来测试工作电极的电化学反应过程。

4.1.2.2 恒电位法和恒电流法基本概念

测量稳态极化曲线时，按照自变量控制方式可分为控制电位法（Potentiostatic method）和控制电流法（Galvanostatic method）。控制电位法是指在恒电位电路或恒电位仪的保证下，控制研究电极的电位按预定的规律变化，不受电极系统发生反应而引起的阻抗变化的影响，同时测

量相应电流的方法。控制电位法也叫恒电位法。需要注意的是，恒电位法并非只是把电极电位控制在某一电位值之下不变，而是指控制研究电极的电位按照一定的预定规律变化，即电流和电位符合 $i = f(E)$ 函数关系，相应测定的极化曲线就是恒电位极化曲线。目前大部分极化曲线的测量都采用恒电位法。在电化学研究中，如要进行控制电位实验，必须使用恒电位仪。恒电位仪是电化学中的专用仪器，并非电工学中常用的晶体管恒电压源。恒电位仪的工作原理是应用负反馈电路，调整流过电解池的极化电流，改变研究电极的极化状态，从而将研究电极相对于参比电极的电位控制在某一预定规律下变化。这与恒电压源简单地将两点之间的电压维持恒定是完全不同的。

控制电流法是指在恒电流电路或恒电流仪的保证下，控制通过研究电极的极化电流按预定的规律变化，不受电极系统发生反应而引起的阻抗变化的影响，而记录相应的电极电位的方法。即电流和电位符合 $E=f(i)$ 函数关系。相应测定的极化曲线就是恒电流极化曲线。维持电流恒定的方法有两种：一种是经典恒电流法，另一种是电子恒电流法。经典恒电流法利用高压大电阻控制通过电解池的电流，电子恒流法利用电子恒流装置，调节通过研究电极的电流按预想的规律变化，以达到控制电流的目的。现在普遍使用的电化学工作站通常同时包含恒电位和恒电流模块，可以分别进行恒电位极化曲线和恒电流极化曲线测量。还需注意的是，对于稳态电化学测量，控制电位的测量方式比控制电流应用范围更宽。

4.1.2.3 控制电流法和控制电位法的选择

控制电位法和控制电流法各有其特点和适用范围，要根据具体情况选用。对于单调函数的极化曲线，且没有出现平台或极值的情况下，即一个电流密度只对应一个电位，或者一个电位只对应一个电流密度的情况，控制电流法与控制电位法可得到同样的稳态极化曲线，在这种情况下用哪种方法都行。当极化曲线中存在电流平台或电流极大值时，只能用恒电位法。如图 4.4 所示，用恒电流法只能测得正程曲线 $ABEF$，或返程曲线 $FEDA$，不能测得真实完整的极化曲线。由此可见，多数情况下稳态的极化曲线测量采用控制电位法。但在强极化区进行稳态测量时，则以控制电流的测量方法为宜。如果极化曲线中存在电势极大值或电势平台，则应选用控制电流法，如图 4.5 所示。

控制电位法和控制电流法的实质就是选择自变量，使得在每一个自变量下，只有一个函数值。恒电位法主要用于研究在电极过程中表面发生很大变化的电极反应，如具有活化-钝化转变行为的阳极极化曲线。恒电流法主要用于不受扩散控制的电极过程和整个过程中电极表面状况不发生很大变化的电化学反应。

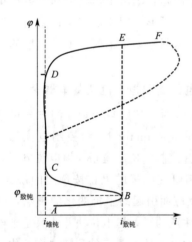

图 4.4 典型的金属阳极钝化 (极化)曲线

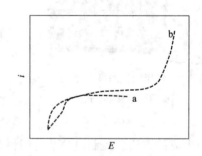

图 4.5 稳态极化曲线示意图

a—恒电位法；b—恒电流法

4.1.3 阶梯法和慢扫描法

极化曲线的测定按自变量的控制方式可分为控制电流法和控制电位法，按自变量的给定方式可分为逐点手动调节、阶梯法和慢扫描法。早期大都采用逐点手动调节方式。如用控制电流法测定极化曲线时，每给定一电流值后，等候电位达到稳态值就记下此电位；然后再增加电流到新的给定值，测定相应的稳态电位，最后把测得的一系列电流/电位数据画成极化曲线。稳态极化曲线都是用逐点测量技术获得的，此即经典的步阶法。由于电子技术的迅速发展，手动逐点调节方式被阶梯波代替，即用阶梯波发生器控制恒电位仪或恒电流仪就可以自动测定极化曲线，称作阶梯法。其原理是：在给定自变量的作用下，相应的响应信号（恒电位时为电流，恒电流时为电位）并未达到稳定状态，为此可人为规定在每一个给定自变量的水平上停留规定的同样时间，在保持时间终了前测读或记录相应的响应信号，接着调节到程序规定的下一个给定自变量，如图4.6所示。采用阶梯法测量极化曲线的重要实验参数包括：①起始电势（"Init E"或"Initial Potential"）；②终止电势（"Final E"或"Final Potential"）；③步增电势（"Incr E"或"Step E"）Increment potential of each step；④步宽值（"Step Width"或"Step Period"）；⑤采样周期（"Sampling Width"或"Sample Period"）。

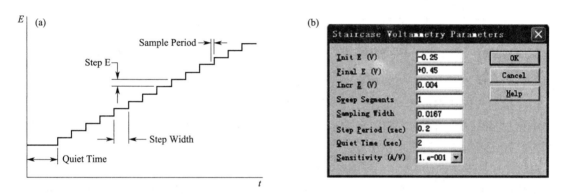

图4.6　阶梯伏安法测量极化曲线激励信号示意图（a）和电化学工作站参数设置面板（b）

电极稳态的建立需要一定时间，对于不同体系，达到稳态所需的时间不同。因此，扫描速率的快慢对测量的结果影响很大。为了测得稳态极化曲线，扫描速率必须足够慢，在实际操作中，可依次减小扫描速率测定数条极化曲线，当继续减小扫描速率而极化曲线不再明显变化时，就可确定以此速率测定该体系的稳态极化曲线。如图4.7所示，扫描速率不同，测量结果有很大差别。当测量相同时，慢扫描法与阶梯法的测量结果是很接近的。某些特定情况下，如固体电极，测量时间越长，电极表面状态及其真实表面积的变化就越严重。在这种情况下，为了比较不同体系的电化学行为，或者比较各种因素对电极过程的影响，就不一定非测稳态极化曲线不可。对于腐蚀金属电极，在稳态极化曲线测量过程中，电极会发生溶解，电极表面状态和真实表面积也会发生变化。可选择适当的扫描速率测定准稳态或非稳态极化曲线进行对比，但必须保证每次扫描速率相同。

慢扫描法测定极化曲线就是利用慢速线性扫描信号控制恒电位仪或恒电流仪，使极化测量的自变量连续线性变化，同时用计算机自动记录测绘极化曲线的方法。按控制方式可分为控制电位法和控制电流法。前者又称为线性电位扫描法（Linear sweep voltammetry，LSV）或动电位扫描法，在极化曲线测量中应用很广泛。线性扫描技术中控制信号变量随时间的变化是线性的，即$\dfrac{\mathrm{d}E}{\mathrm{d}t}=$ 常数或$\dfrac{\mathrm{d}I}{\mathrm{d}t}=$ 常数。

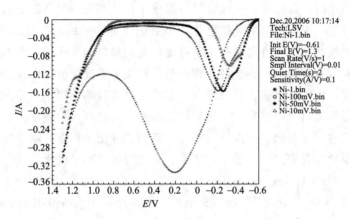

图 4.7　Ni 在 0.5mol/L H_2SO_4 中的阳极极化曲线

（1）动电位扫描法

动电位扫描法是指加到恒电位仪上的基准电压随时间呈线性变化，因此研究电极的电位也随时间线性变化，即 $\dfrac{dE}{dt}=$ 常数。为了测得"稳态"的 $E\text{-}I$ 曲线，电位扫描不宜过快。如果电位扫描速率太小，则为测得整条 $E\text{-}I$ 曲线所需要的时间太长，从测量开始到测量结束，工作电极的表面状态变化可能很大。一般采用 $20\sim60\text{mV/min}$ 的电位扫描速率进行测量。动电位扫描法的应用很广，可以测定阴/阳极极化曲线、阴极电沉积析出电位、点蚀电位的测定、评定缓蚀剂、测定电位 $E\text{-pH}$ 图等。

动电位扫描方式可分为单程扫描和多程扫描。单程扫描的 $E\text{-}t$ 关系如图 4.8 所示。单程扫描中的单程波［图 4.8(a)］主要用于稳态阳极或阴极极化曲线的测定；单周期三角波［图 4.8(b)］主要用于研究表面膜的状态性质以及各种局部腐蚀。多程扫描即循环三角波扫描，也称循环伏安法，主要用于研究暂态过程。

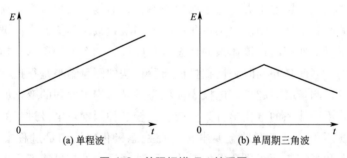

图 4.8　单程扫描 $E\text{-}t$ 关系图

（2）线性电流扫描法

线性电流扫描法与线性电位扫描法类似，只是用线性扫描信号控制恒电流仪，使通过电解池的极化电流发生线性变化，同时用记录仪记下极化曲线。恒电位仪都具有恒电流的功能，使恒电位仪按恒电流方式工作即可。控制电流信号线性变化，记录电位信号按电流变化的规律，就可以得到线性电流扫描极化曲线。线性电流、电位扫描法基于第三章讨论的电极反应动力学方程在微极化时得到的线性极化方程［式(3-31) 和式(3-74)］，用线性电流扫描法可以测定电极反应动力学参数。基于式(3-31) 可得到交换电流密度 i^0，基于式(3-74) 可求得自腐蚀电流密度 i_{corr}。

4.1.4　强制对流技术

金属的动态腐蚀普遍存在于自然环境中，因此金属电极和溶液间存在相对运动。电极和溶液间的相对运动包括两类：一是电极本身处于运动状态，如旋转圆盘电极、振动电极等；二是溶液流过静止的电极，如壁面-射流电极、壁面-管道电极等。这些反应体系中，反应物和产物的物质传递过程受到强制对流的影响，进而影响到整个电化学反应过程。采用强制对流技术进行的电化学测量方法称为流体动力学方法（Hydrodynamic methods）。采用强制对流技术研究电化学反应过程有两个优点：①可以保证电极表面扩散层均匀分布，电极过程较自然对流条件下更易于达到稳态，提高测量精度；②可以在较大的范围内对液相扩散传质速率进行调制，加快电极表面的物质传递速率，减小传质过程对电极过程动力学的影响，使得稳态法可以应用于研究更快的电极过程。强制对流技术是研究电极反应过程的重要方法，目前理论发展成熟且应用广泛的是旋转圆盘电极和旋转环盘电极。

4.1.4.1　实际情况下的稳态对流扩散过程

对于平面电极，假设由于搅拌作用面引起的液流方向与电极表面平行，不出现湍流，则电极附近的液层具有如下基本性质。

（1）电极表面附近切向液流速度分布如图 4.9 所示，图中箭头的长短表示切向流速有大小。由图 4.9 可见，除 $x=0$ 处外，液体均不是完全静止的，随着离电极表面距离增大，切向流速逐渐加大，直到超过一定距离（δ_B）之后，液体才以恒定的初速 u_0 均匀地流动。这种位于电极表面附近发生了切向流速变化的液层，称为液体动力学的"边界层"，δ_B 为边界层厚度。在大多数情况下，电极附近液相中的传质过程一般同时存在扩散和对流的影响，因而常称实际情况下的稳态扩散为对流扩散。

（2）电极表面上各点的边界层厚度（δ_B）是不相同的。如图 4.9 所示，设切向液流（流速为 u_0）在坐标原点开始接触电极表面，则前进距离（y）愈远，边界层厚度 δ_B 值愈大，二者之间的定量关系为：

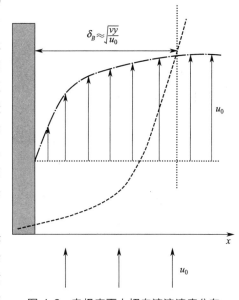

图 4.9　电极表面上切向液流速度分布

$$\delta_B = \sqrt{\frac{\nu y}{u_0}} \tag{4-1}$$

式中，ν 为溶液的动力学黏度系数，$\nu = \left[\dfrac{\text{黏度系数 } \eta}{\text{密度 } \rho}\right]$。

（3）电极表面上存在一薄层，与边界层厚度（δ_B）相比，其中反应粒子浓度发生变化的"扩散层"（厚度为 δ_i），要薄得多，如图 4.10 所示。在边界层内扩散层外（$\delta_i < x <$

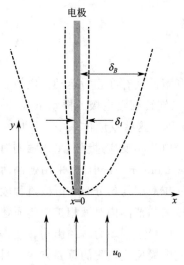

图 4.10 电极表面上表面层（δ_B）
和扩散层（δ_i）厚度

δ_B），液体的流速还比较大，主要实现动量的传递，实际上，并不出现反应粒子的浓度差。仅在扩散层内（$x < \delta_i$），才有浓度梯度产生，出现浓差现象。需要注意，在扩散层内部，仍然存在液体的切向运动，因而其中的传质过程是扩散和对流两种作用的联合结果，即使在稳态下，扩散层并不具有确定的边界，其中各点的浓度亦非常数。在对流扩散情况下，虽然在电极表面附近实际存在扩散层，其含义与理想情况下的稳态扩散并不相同。

现讨论实际情况下的稳态对流扩散过程。在 $x = 0$ 处不存在对流传质过程，可以利用此处的浓度梯度来计算扩散层的有效厚度 $\delta_{有效}$，如图 4.11 所示。所以可得：

$$\delta_{有效} = \frac{c^0 - c^s}{\left(\dfrac{dc}{dx}\right)_{x=0}} \tag{4-2}$$

据液体动力学有关理论，可以推知 $\delta_{有效}$ 和 δ_B 之间存在如下近似关系：

$$\frac{\delta_{有效}}{\delta_B} \approx \left(\frac{D}{\nu}\right)^{\frac{1}{3}} \tag{4-3}$$

将式（4-1）代入式（4-3）可得：

$$\delta_{有效} \approx D^{\frac{1}{3}} \nu^{\frac{1}{6}} y^{\frac{1}{2}} u_0^{-\frac{1}{2}} \tag{4-4}$$

实际情况下稳态扩散时反应电流密度为 i，对应的极限扩散电流密度 i_d 为：

$$i = nFD \frac{c^0 - c^s}{\delta_{有效}} \tag{4-5}$$

$$i_d = nFD \frac{c^0}{\delta_{有效}} \tag{4-6}$$

如果电极附近的液体流动情况如图 4.9 所示，将式（4-4）分别代入式（4-5）和式（4-6）则可得：

$$i \approx nFD^{\frac{2}{3}} u_0^{\frac{1}{2}} \nu^{-\frac{1}{6}} y^{-\frac{1}{2}} (c^0 - c^s) \tag{4-7}$$

$$i_d \approx nFD^{\frac{2}{3}} u_0^{\frac{1}{2}} \nu^{-\frac{1}{6}} y^{-\frac{1}{2}} c^0 \tag{4-8}$$

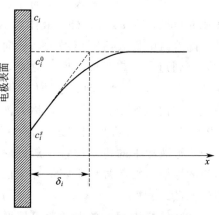

图 4.11 实际情况下电极表面液层
中反应粒子的浓度分布

需要说明的是，电极/溶液界面双电层是由紧密层与分散层两部分组成，由于界面电场的静电作用，分散层中的离子浓度服从 Boltzmann 分布。而在可以忽略界面电场静电作用的双电层以外，正、负离子浓度相等，若没有电极反应发生，它们的浓度恒等于初始浓度。在有电极反应进行时，则在电极附近存在浓度变化及扩散层。在电极与溶液本体之间紧密层厚度（d）约为 $2 \sim 5 Å$，分散层厚度 l 则可弥散达 $10 \sim 100 Å$，而扩散层厚度（δ_i），视具体液流状态通常有 $10^5 \sim 10^6 Å$。在讨论扩散传质过程时所说的电极表面附近液层，主要指薄层液体，即有浓度梯度的扩散层。因此，必须清楚，在讨论扩散传质过程与电极/溶液界面构造时所说的电极表面，不仅在厚度上的数量级有差别，在概念上也截然不同。

扩散层远比界面双电层厚，在讨论扩散传质对电极过程动力学的影响时可以完全不用考虑界面双电层的存在，应用热力学方法来处理浓差极化对平衡电极电势的影响时，将 $x=d+l$ 处的粒子浓度 c_s 作为表面浓度即可。由于界面双电层远比扩散层要薄得多，故在宏观处理扩散层厚度时还是可以从电极表面起开始计算。

4.1.4.2　旋转圆盘电极

基于旋转圆盘电极（Rotating disk electrode，RDE）的测量方法是电化学测试体系测量电化学参数的基本实验方法之一。旋转圆盘电极中心是金属圆盘，外部用聚四氟乙烯等绝缘，金属圆盘和绝缘材料之间要密封。旋转圆盘的工作电极面积是圆盘的下表面，在工作时可以经电动机带动按照一定速度进行旋转。电极旋转时，电极附近的液体就发生流动，如图 4.12 所示。如图 4.13 所示，液体的流动方向可以分解为三个部分：①由于离心力的存在，液体在径向以流速 v_r 向外流动；②由于液体的黏性，液体以切向速度（v_ϕ）向切向运动；③电极附近的液体向外流动会使电极中心区液体的压力下降，从而导致离电极表面较远的液体向中心区流动，形成轴向流动速度（v_x）。在稳态层流条件下，液体流动的三个方向的流速与电极转速、液体黏度有关，关系式如下：

轴向速度：
$$v_x = -(\omega\nu)^{\frac{1}{2}} H(r) \tag{4-9}$$

径向速度：
$$v_r = r\omega F(r) \tag{4-10}$$

切向速度：
$$v_\phi = r\omega G(r) \tag{4-11}$$

式中，ω 为电极的旋转速度，rad/s；ν 为电解质溶液黏度，cm^2/s；r 是由圆盘起算的轴向无因次距离，且 $r = x\left(\dfrac{\omega}{\nu}\right)^{\frac{1}{2}}$；$F$、$G$、$H$ 分别是函数。

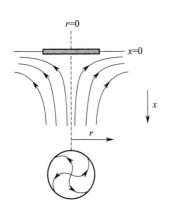

图 4.12　RDE 电极附近液体流动轨迹示意图

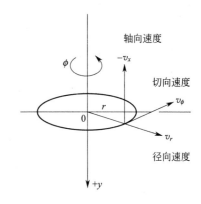

图 4.13　RDE 电极附近液体流动方向

函数 F、G、H 与 r 的关系如图 4.14 所示，除了轴向距离 x 之外，径向流速 v_r、切向速度 v_ϕ 还与径向距离 r 值有关。从图 4.14 可以看出，三个函数 F、G、H 的最重要的性质包括以下三个方面。

（1）在圆盘表面（$x=0$）处，$r=0$，$G(0)=1.0$，$F(0)=H(0)=0$。可知，在圆盘表面只有切向流速 $v_\phi = r\omega$，而 v_r 和 v_x 均为零，即直接接触圆盘的液体随圆盘一起旋转。

（2）随着离开圆盘表面距离（x）的增加，$G(r)$ 下降，切向速度 v_ϕ 随之减小；$H(r)$

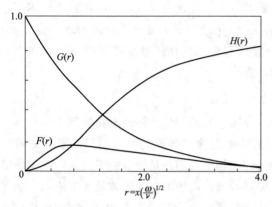

图 4.14　函数 F、G、H 与 r 的关系

值逐渐增大，相应的轴向速度 v_x 随之加快；$F(r)$ 先有所增大，后又逐渐下降，导致径向速度 v_r 出现相应的变化。

（3）在 $r \geqslant 3.6$ 时，$F(r)$ 和 $G(r)$ 均已较小，同时 $H(r)$ 的变化趋于平缓。在 $0 < r \leqslant 3.6$ 范围内，流体的速度有明显变化，这一区域就称为流体动力学边界层，又称 Prandtl 表层。

由式 $r = x \left(\dfrac{\omega}{\nu} \right)^{\frac{1}{2}}$ 变换可得边界层厚度 $\delta_B = 3.6 \left(\dfrac{\nu}{\omega} \right)^{\frac{1}{2}}$，所以旋转圆盘电极上边界层厚度 δ_B 值与离圆盘中心的径向距离 r 无关，也就是说在整个圆盘表面上的 δ_B 相同，并随着旋转速度的降低而增大。

现讨论 RDE 体系基本动力学方程 Levich 方程，若溶液中存在大量的惰性电解质，液相传质基本方程可以简化为如下的"对流扩散方程"：

$$\frac{\partial c}{\partial t} = D\,div\,(gradc) - vgradc \tag{4-12}$$

其中，div 是某速度场的通量密度或散度，即速度场分量的偏导数之和；$grad$ 是梯度向量，是指方向导数变化最快的方向。

在稳态时 $\dfrac{\partial c}{\partial t} = 0$，可得：

$$D\,div\,(gradc) = vgradc \tag{4-13}$$

鉴于圆盘恒速度旋转时引起的液体流动与坐标 ϕ 无关，可以把三维 (r, ϕ, x) 坐标系简化成二维 (r, x) 的。由式（4-13）写出相应的稳态对流扩散方程：

$$D \left[\frac{\partial^2 c}{\partial r^2} + \frac{1}{r} \left(\frac{\partial c}{\partial r} \right) + \frac{\partial^2 c}{\partial x^2} \right] = v_r\,\frac{\partial c}{\partial r} + v_x\,\frac{\partial c}{\partial x} \tag{4-14}$$

若圆盘电极的直径比整个圆盘小得多，在忽略边缘效应的前提下可以认为 v_x 与 r 无关，而指向圆盘电极的液相传质仅由轴向液流传输，如 r 方向上不存在浓度差，即 $\dfrac{\partial c}{\partial r} = 0$。则式（4-14）可简化为一维形式：

$$D\,\frac{\partial^2 c}{\partial x^2} = v_x\,\frac{\partial c}{\partial x} \tag{4-15}$$

其中，式（4-15）中 v_x 值可由流体动力学方法比较精确地求得，在 $0 \leqslant x \leqslant \delta_B$ 的区域，$v_x \approx Ax^2$，$A = 0.51\omega^{\frac{3}{2}}\nu^{-\frac{1}{2}}$，称为"对流常数"，代入式（4-15）可得旋转圆盘电极上的稳态对流扩散方程：

$$D\,\frac{\partial^2 c}{\partial x^2} = -Ax^2\,\frac{\partial c}{\partial x} \tag{4-16}$$

对式（4-16）稳态对流扩散方程还需进一步求解，假定旋转圆盘上有电极反应为：O+

$ne^- \rightleftharpoons R$，初始条件和边界条件为：$c_O(x, 0) = c_O^0$，$c_O(\infty, t) = c_O^0$，$c_O(0, t) = c_O^s$。式(4-16) 稳态对流扩散方程直接积分，可得：

$$c_O^0 - c_O^s = \left(\frac{\partial c_O}{\partial x}\right)_{x=0} \times 0.8934 \left(\frac{3D_O}{0.51\omega^{\frac{3}{2}}\nu^{-\frac{1}{2}}}\right)^{\frac{1}{8}} \tag{4-17}$$

$$\left(\frac{\partial c_O}{\partial x}\right)_{x=0} = 0.62 D_O^{-\frac{1}{3}}\omega^{\frac{1}{2}}\nu^{-\frac{1}{6}}(c_O^0 - c_O^s) \tag{4-18}$$

由此可求得旋转圆盘电极表面扩散层的有效厚度，即：

$$\delta_{\text{有效}} = \frac{c_O^0 - c_O^s}{\left(\dfrac{\partial c_O}{\partial x}\right)_{x=0}} = 1.61 D_O^{\frac{1}{3}}\nu^{\frac{1}{6}}\omega^{-\frac{1}{2}} \tag{4-19}$$

将扩散层的有效厚度式即式(4-19) 代入扩散电流密度方程 $i_c = nFD_O\dfrac{c_O^0 - c_O^s}{\delta_{\text{有效}}}$ 可得：

$$i_c = 0.62 nFD_O^{\frac{2}{3}}\nu^{-\frac{1}{6}}\omega^{\frac{1}{2}}(c_O^0 - c_O^s) = nF\gamma\omega^{\frac{1}{2}}(c_O^0 - c_O^s) \tag{4-20}$$

达到完全浓差极化时的极限扩散电流密度为：

$$i_d = 0.62 nFD_O^{\frac{2}{3}}\nu^{-\frac{1}{6}}\omega^{\frac{1}{2}}c_O^0 = nF\gamma\omega^{\frac{1}{2}}c_O^0 \tag{4-21}$$

其中，$\gamma = 0.62 D_O^{\frac{2}{3}}\nu^{-\frac{1}{2}}$。

式(4-20) 和式(4-21) 为从稳态对流扩散方程导出的扩散电流方程，也叫 Levich 方程。无论电极反应的可逆性如何，Levich 方程对简单电极过程都适合。

从 Levich 方程可以看出，对于 RDE，电极表面电流密度均匀，转速越高，扩散电流密度越大；RDE 既可研究浓差极化，又可研究电化学极化。对 RDE 电极的要求：圆盘表面的粗糙度必须很小，即要求电极表面具有高光洁度；表面液流不得出现湍流，因此，在远大于旋转电极半径范围内不得有任何障碍物。微盘电极可使用两电极体系。对于受扩散控制的电化学体系，若 n、D、c^B 任何两个参数已知，就可用 RDE 法求其余一个参数。某些体系在自然对流下无法排除浓差极化的影响，但如果采用 RDE，随着转速的提高，可使扩散控制或混合控制的电极过程变为电化学步骤控制。可利用外推法消除浓差极化影响，利用 RDE 可测定不可逆电极反应的级数，判断电极反应的控制步骤。

4.1.4.3　旋转环盘电极

旋转环盘电极（Rotating ring disk electrode，RRDE）由一个圆盘电极外围加上一个同心的环形电极构成，盘电极与环电极间距离很小且彼此绝缘。利用双恒电位仪分别控制盘、环的电极电位，相应的电流也可分别测量。环盘电极能够检测能随液流运动的可溶性中间产物，研究电极反应过程作用机理，在金属腐蚀的过程研究、化学电源、电分析化学和电有机合成方面得到了广泛的应用，可广泛用于氢燃料电池催化剂研究及评价、锂空气电池、电化学动力学、氧化还原反应（ORR）、氧析出反应（OER）等领域研究。

4.1.5　稳态极化曲线在腐蚀电化学中的应用

稳态极化测量在金属腐蚀研究中起着重要的作用，主要用于金属腐蚀机理的研究、金属腐蚀速率的测定、缓蚀剂的作用机理研究和评价、金属局部腐蚀的研究、金属钝态的研究、电化学保护的应用、电位 E-pH 图的绘制等。具体应用体现在以下几个方面。

（1）可从极化曲线测定电极反应的动力学参数，如交换电流 i^0、传递系数 a、标准速率常数 k_s、扩散系数 D 等。

（2）可以测定 Tafel 斜率，推算反应级数进而研究反应历程，还可以利用极化曲线研究多步骤的复杂反应、吸附、表面覆盖层、钝化膜等。

（3）在金属腐蚀方面，测量极化曲线可以得出阴极保护电位、阳极保护电位、致钝电位、致钝电流、维钝电流、击穿电位、再钝化电位等。

（4）在稳定电位（或自腐蚀电位）附近及弱极化区测量极化曲线可以快速测量腐蚀速率，有利于筛选或鉴定金属材料和缓蚀剂。

（5）测量阴极区和阳极区的极化行为，可用于研究局部腐蚀。

（6）测量腐蚀系统的阴阳极极化曲线，可查明腐蚀的控制因素、影响因素、腐蚀机理以及缓蚀剂作用类型等。

电化学技术确定金属腐蚀速率有多种方法，极化技术是最常用的方法之一。极化测量分为强极化、弱极化和线性极化测量三种方法，各有其特点。

（1）Tafel 强极化测量

第三章已经讨论过，当极化电位大于 120mV 时，通常大于 100mV 时即满足强极化条件，此时电极电位与外加极化电流密度符合 Tafel 方程式：$\eta = a + b \lg i$。通过实验测定稳态极化曲线，可得到 E-$\lg i$ 的关系曲线，把 Tafel 直线外推延伸至腐蚀电位 E_{corr} 处，交点即为自腐蚀电流密度 i_{corr}。由 Tafel 直线分别求出 β_a 和 β_c。

极化曲线外延法测定金属腐蚀速率较为简便，但测试时间长，受金属表面状态及表面层溶液成分影响大，测试精度较差。采用强极化区的 Tafel 直线外推法测定 i_{corr} 也经常会遇到一些问题。首先，为了测得 Tafel 直线段需要将电极极化到强极化区，极化电流密度的绝对值比腐蚀电流密度大得多，一般达 2~3 个数量级，这时的阳极或阴极过程可能与自腐蚀电位下的有明显的不同。例如，测定强阳极极化时可能出现腐蚀金属电极的钝化；测定强阴极极化时电极表面原来已存在的氧化膜可能还原，甚至可能由于达到其他可还原物质的还原电位而发生新的电极反应，腐蚀机理发生改变，从而改变了极化曲线的形状。因此，由强极化区的极化曲线外推到自腐蚀电位下得到的腐蚀速率可能有很大偏差。其次，由于极化到 Tafel 直线段所需电流较大，不仅容易引起电极表面状态、真实表面积和周围介质的显著变化，而且在大电流作用下溶液欧姆电位降对电位测量和控制的影响也较大，可能使 Tafel 直线段变短，也可能得不到很好的 Tafel 直线，这些都会对 i_{corr} 的测量带来误差。采取消除溶液欧姆电位降的措施，可使测量结果得到改善。对于某些易钝化的金属，可能在出现 Tafel 直线段之前就钝化了，因而测不到直线段。这时一般用阴极极化曲线的 Tafel 直线段外推求 i_{corr}。在用阴极极化曲线测定 i_{corr} 时，必须保证阴极过程与自腐蚀条件下的阴极过程一致。如果改变了阴极去极化反应，或者有其他去极化剂（如 Cu^{2+}、Fe^{3+} 等）参与阴极过程，将会改变阴极极化曲线的形状，带来较大的误差。

（2）线性极化测量

当极化电位小于 10mV 时，极化电位和极化电流符合线性关系，由式（3-74）可知线性极化方程为：$i_{corr} = \dfrac{B}{R_P}$，且 $B = \dfrac{\beta_a \beta_c}{2.303(\beta_a + \beta_c)}$。利用线性极化方程式可求得腐蚀电流

i_{corr}，此技术称为极化阻率技术。运用线性极化方程式时，可从实验测定 R_p，但还必须已知 Tafel 常数 β_a 和 β_c 或总常数 B，才能计算出 i_{corr}。

线性极化技术是一种连续测量瞬时腐蚀速率的电化学方法。因属于微极化，所以不会引起金属表面状态的变化及腐蚀控制机理的变化。因此可以根据它的原理制成各类腐蚀速率测试仪进行连续检测和现场监控，并用于筛选金属材料的缓蚀剂及评价金属镀层的耐蚀性。线性极化法的缺点是另行测定或从文献选取的 Tafel 常数 β_a 和 β_c 不能反映腐蚀速率随时间的变化情况。再者，线性极化区是近似的，有的腐蚀体系在 E_{corr} 附近线性不好，不同体系的近似线性区也不同。即使对同一体系，其阳极极化和阴极极化的线性区也不完全对称。上述因素都会产成一定的误差，故这种方法的准确度不是很高。

（3）弱极化测量

弱极化区是介于微极化和强极化之间的区域，利用测定极化曲线上介于线性区和强极化区（Tafel 区）之间的弱极化区内的电位-电流关系来计算金属腐蚀速率和动力学参数。弱极化测量不受腐蚀体系极化曲线线性度的限制，也无须已知 Tafel 常数，对电极表面状态的影响也比较小，但是其数据处理较为复杂。常用的弱极化区处理方法包括两点法、三点法和四点法等，其中巴纳特（Barnartt）三点法最具代表性。

Barnartt 三点法针对不同类型的腐蚀测试体系，在弱极化区内（通常极化电位在 $10 \sim 70\mathrm{mV}$ 区间范围内）分别取极化值为 $|\Delta E|$、$-|\Delta E|$ 和 $-2|\Delta E|$ 三个点进行三次极化测量，相应的极化电流密度和极化电位直接的关系为：

$$i_{+1} = i_{corr}\left\{\exp\left(\frac{\Delta E}{\beta_a}\right) - \exp\left(\frac{-\Delta E}{\beta_c}\right)\right\} \tag{4-22}$$

$$i_{-1} = i_{corr}\left\{\exp\left(\frac{-|\Delta E|}{\beta_a}\right) - \exp\left(\frac{|\Delta E|}{\beta_c}\right)\right\} \tag{4-23}$$

$$i_{-2} = i_{corr}\left\{\exp\left(\frac{-2|\Delta E|}{\beta_a}\right) - \exp\left(\frac{2|\Delta E|}{\beta_c}\right)\right\} \tag{4-24}$$

利用式（4-22）、式（4-23）和式（4-24）求解出 i_{corr}、β_a、β_c 即可。令：$u = \exp\left(\frac{\Delta E}{\beta_a}\right)$，$v = \exp\left(\frac{\Delta E}{\beta_c}\right)$，所以式（4-22）、式（4-23）和式（4-24）变换为：

$$i_{+1} = i_{corr}(u - v^{-1}) \tag{4-25}$$

$$|i_{-1}| = i_{corr}(v - u^{-1}) \tag{4-26}$$

$$|i_{-2}| = i_{corr}(v^2 - u^{-2}) \tag{4-27}$$

由式（4-26）和式（4-27）可得：

$$r_- = \frac{|i_{-2}|}{|i_{-1}|} = v + u^{-1} \tag{4-28}$$

由式（4-25）和式（4-26）可得：

$$r = \frac{|i_{-1}|}{i_{+1}} = vu^{-1} \tag{4-29}$$

所以，可得

$$r_-^2 - 4r = (v - u^{-1})^2 \tag{4-30}$$

因为 $v - u^{-1} > 0$，所以令：

$$S=\sqrt{r^2-4r}=v-u^{-1} \tag{4-31}$$

将式(4-31)中 S 代入式(4-26)可得:

$$|i_{-1}|=i_{\text{corr}}S \tag{4-32}$$

通过一系列不同 ΔE 的弱极化区测量,可以得到一系列对应于不同 $|i_{-1}|$ 值的 S 数值,将 S 对 $|i_{-1}|$ 作图,就可以得到一条通过原点的直线,由直线的斜率即可得到 i_{corr}。

由式(4-27)和式(4-31)可得:

$$v=\frac{r_-+S}{2} \tag{4-33}$$

$$u^{-1}=\frac{r_--S}{2} \tag{4-34}$$

所以由式 $u=\exp\left(\dfrac{\Delta E}{b_a}\right)$ 和 $v=\exp\left(\dfrac{\Delta E}{b_c}\right)$ 可得:

$$\ln\left(\frac{r_-+S}{2}\right)=\frac{1}{b_c}|\Delta E| \tag{4-35}$$

$$\ln\left(\frac{r_--S}{2}\right)=-\frac{1}{b_a}|\Delta E| \tag{4-36}$$

由 $\ln\left(\dfrac{r_-+S}{2}\right)$ 对 $|\Delta E|$ 作图和由 $\ln\left(\dfrac{r_--S}{2}\right)$ 对 $|\Delta E|$ 作图,分别得到两条通过原点的直线,由直线斜率即可以求得 b_a 和 b_c。

4.2 暂态电化学测量

4.2.1 暂态与暂态电流

在电化学反应过程中,从极化条件突然改变,各个子过程做出响应开始到建立新的稳态,要经历的不稳定的、变化的过渡阶段称为暂态(Transient state)。从开始对电极极化到电极过程达到稳定状态需要一定时间,其间存在一个非稳定的过渡过程,这个过程称为暂态过程。如果电极过程进行的一些条件发生了改变,则电极反应的稳态过程将被打破,各个子过程或反应步骤的进行速率将会发生改变直至达到新的稳态为止,暂态是相对于稳态而言的。暂态过程中,组成电极过程的各基本过程如电化学反应过程、传质过程、双电层充放电过程、离子的迁移过程等均处于暂态,相对应的物理量如电极电位、电流密度、双电层电容、反应物和产物浓度分布均可能随时间发生改变。可见,暂态过程比稳态过程更为复杂,但由于暂态过程增加了时间变量,可以利用各子过程对时间的响应不同,根据各个子过程的特点,将问题简化,从而达到研究各子过程并控制电极总过程的目的。通过暂态过程的解析,可以得出更多的动力学信息。

与稳态过程相比,暂态过程具有暂态电流 (i),由法拉第电流 (i_r) 和非法拉第电流

（i_c）构成，即：

$$i = i_c + i_r \tag{4-37}$$

非法拉第电流（i_c）由双电层的电荷改变引起，法拉第电流（i_r）由电极界面的电化学反应所产生。如果一个电极反应只发生非法拉第过程（如超级电容器），则可以根据不同的扫速下的电容计算电极的真实面积。如果一个电极反应过程有法拉第过程，那么高扫速下表面活性物质在电极表面吸（脱）附有时可表现为吸（脱）附电容峰，据此可以研究表面活性物质在电极表面的吸（脱）附行为。

非法拉第电流也称作双电层充电电流，由两部分组成，即：

$$i_c = \frac{\mathrm{d}Q}{\mathrm{d}t} = \frac{\mathrm{d}(C_d \cdot \varphi)}{\mathrm{d}t} = C_d \frac{\mathrm{d}\varphi}{\mathrm{d}t} + \varphi \frac{\mathrm{d}C_d}{\mathrm{d}t} \tag{4-38}$$

式中，C_d 为双电层电容；φ 是零电荷电位为零点的电极电位；$C_d \dfrac{\mathrm{d}\varphi}{\mathrm{d}t}$ 为电极电位改变时引起的双电层充电电流，与电化学反应迟缓及反应物、产物在电极附近的扩散迟缓等相关；$\varphi \dfrac{\mathrm{d}C_d}{\mathrm{d}t}$ 为双电层电容改变时引起的双电层充电电流，与活性物质在电极/溶液界面的吸（脱）附有关。当表面活性物质在电极界面吸（脱）附时，双电层结构发生剧烈变化，因而 C_d 有很大变化。这时 $\varphi \dfrac{\mathrm{d}C_d}{\mathrm{d}t}$ 有很大的数值，表现为吸（脱）附电容峰。但在一般情况下，C_d 随时间变化不大，第二项可以忽略。

暂态过程电极表面的吸附覆盖状态、双电层结构均可能随时间变化。电极附近液层中的反应粒子浓度、扩散层厚度及浓度梯度等均随时间变化，反应粒子浓度不仅是空间的函数，还是时间的函数，即：

$$c = f(x, t) \tag{4-39}$$

$$\frac{\partial c}{\partial x} \neq 常数 \tag{4-40}$$

4.2.2　非稳态扩散

因为扩散状态的区别，暂态的浓差极化与稳态的浓差极化不同。暂态系统的扩散层内的浓度分布未达到稳态，浓差极化还在进行，$\dfrac{\partial c}{\partial t} \neq 0$。此时 Fick 第一定律 $\dfrac{\mathrm{d}m_j}{\mathrm{d}t} = -D_j \dfrac{\mathrm{d}c_j}{\mathrm{d}x}$ 不能满足计算要求，必须使用 Fick 第二定律。浓差极化时，相应的扩散电流密度为：

$$i = \frac{\mathrm{d}Q}{\mathrm{d}t} = nF\left(\frac{\mathrm{d}N}{\mathrm{d}t}\right)_{x=0} = nFD_i\left(\frac{\mathrm{d}c_i}{\mathrm{d}x}\right)_{x=0} \tag{4-41}$$

由式(4-41)可得：

$$i = nFD\left(\frac{\partial c}{\partial x}\right)_{x=0} \tag{4-42}$$

为了得到非稳态扩散中反应粒子的浓度表达式，需要求解 Fick 第二定律，即：

$$\frac{\partial c_i(x, t)}{\partial t} = D_i \frac{\partial^2 c_i(x, t)}{\partial x^2} \tag{4-43}$$

解 Fick 第二定律之前需要先定边界条件：假定扩散系数不变，即 $D_i=$ 常数，开始极化的瞬间（初始条件）$c_i(x,0)=c_i^B$，半无限扩散条件 $c_i(\infty,t)=c_i^B$。这些边界条件还不足以求解 Fick 第二定律，还需要根据具体的极化条件进行讨论，分两种条件进行讨论。

4.2.2.1　电位阶跃下的非稳态扩散

电位跃迁示意图见图 4.15。假设电极反应中只涉及一种反应粒子，小幅度电位阶跃条件下，电极表面有电流通过时电化学平衡基本没有破坏，只要保证一定的电极电位就可以使电极表面反应粒子的浓度为常数，即：$c(0,t)=c^S=$ 常数。然而，如果对电极表面施加一个足够大的极化电位，使电极表面反应物浓度立即降为零，即达到完全浓差极化。所以，此时可得：$c(0,t)=0$。结合上述讨论的边界条件解 Fick 第二定律，可得反应粒子浓度：

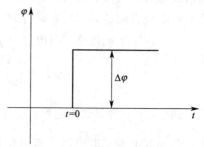

图 4.15　电位阶跃示意图

$$c(x,t)=c^B erf\left(\frac{x}{2\sqrt{Dt}}\right) \qquad (4-44)$$

其中，erf 为高斯误差函数，其定义为：

$$erf(\lambda)=\frac{2}{\sqrt{\pi}}\int_0^\lambda \mathrm{e}^{-y^2}\mathrm{d}y \qquad (4-45)$$

此时，当 $\lambda=0$ 时，$erf(\lambda)=0$；当 $\lambda\geqslant2$ 时，$erf(\lambda)\approx1$；当 $\lambda<0.2$ 时，$erf(\lambda)=\frac{2\lambda}{\sqrt{\pi}}$。

高斯误差函数曲线如图 4.16 所示，根据高斯误差函数基本性质，可以进一步分析在特定极化条件下的非稳态扩散过程。由式(4-44)结合高斯误差函数可以得出在电极表面附近液层中离子的暂态分布，如图 4.17 所示。图 4.16 和图 4.17 在图形上完全相似，其中 λ 相当于 $\frac{x}{2\sqrt{Dt}}$。由图 4.17 可以看出，在 $x=0$ 时，电极表面反应物离子浓度 $c=0$。而当 $x>4\sqrt{Dt}$ 时，$\frac{c}{c^B}=1$，此时电极表面反应物粒子浓度和本体溶液中粒子浓度相等。因此，可以认为 t 时刻浓差极化的扩散层的总厚度为 $4\sqrt{Dt}$。

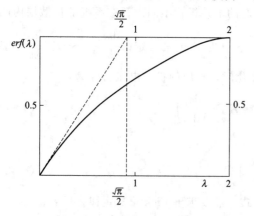

图 4.16　高斯误差函数曲线

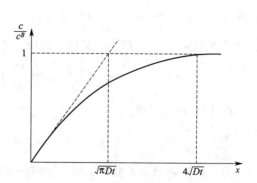

图 4.17　电极表面附近液层中
反应粒子浓度的暂态分布

t 时刻扩散层的有效扩散厚度为：

$$\delta_{有效} = \frac{c^B}{\left(\dfrac{\partial c}{\partial x}\right)_{x=0}} \tag{4-46}$$

当 $\lambda = \dfrac{x}{2\sqrt{Dt}} < 0.2$ 时，$x < 0.4\sqrt{Dt}$，可得：

$$erf\left(\frac{x}{2\sqrt{Dt}}\right) = \frac{x}{\sqrt{\pi Dt}} \tag{4-47}$$

将式(4-47)代入式(4-44)可得：$c(x, t) = \dfrac{xc^B}{\sqrt{\pi Dt}}$，所以电极表面 $x = 0$ 时的浓度梯度为：

$$\left(\frac{\partial c}{\partial x}\right)_{x=0} = \frac{c^B}{\sqrt{\pi Dt}} \tag{4-48}$$

将式(4-48)代入式(4-46)可得有效扩散层厚度为：

$$\delta_{有效} = \sqrt{\pi Dt} \tag{4-49}$$

由式(4-49)可知，电位阶跃下的暂态有效扩散层厚度与 $\sqrt{t}$ 成正比，而且时间越短，有效扩散层厚度越小。通常粒子的扩散系数 D 的数量级为 $10^{-5}\,\mathrm{cm}^2/\mathrm{s}$，代入式(4-49)可得平面电极附近有效扩散层厚度随时间的变化，如表 4.1 所示。

表 4.1　平面电极附近扩散层厚度随时间的变化

电位阶跃后的时间 t /s	1	10	100	1000
总扩散层厚度 $4\sqrt{Dt} \approx 0.013\sqrt{t}$ /cm	0.013	0.04	0.13	0.4
有效扩散层厚度 $\delta_{有效} = \sqrt{\pi Dt} \approx 0.006\sqrt{t}$ /cm	0.006	0.018	0.06	0.18

电极表面附近粒子浓度在电位阶跃条件下不同时间后的分布情况如图 4.18 所示。由图 4.18 可以看出，任何一点的浓度 c 都是随着时间的增长而不断减小的，当时间趋于无穷大时，任何一点的浓度都趋于 0，这说明在平面的电极上，只由于扩散作用不能建立稳态传质过程。实际上，溶液中总是有对流现象存在的，一旦非稳态扩散层的有效厚度接近或达到由对流作用造成的扩散层厚度时，电极表面的传质过程就逐渐转变为稳态。当溶液存在自然对流时，稳态扩散层的有效厚度约为 0.01cm，而达到有效扩散层厚度所需要的非稳态扩散时间非常短，只需几秒钟。如果采用搅拌等强制对流方法，时间会进一步减小。

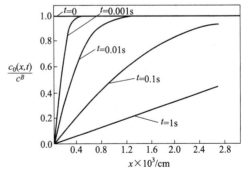

图 4.18　电极表面附近粒子浓度在电位阶跃条件下不同时间后的分布情况

将式(4-48)代入式(4-41)可得非稳态扩散电流为：

$$i = nFc^B\sqrt{\frac{D}{\pi t}} \tag{4-50}$$

式(4-50)称作 Cottrell 方程，是在电位阶跃幅度足够大时所得到的极限扩散电流密度与时间的关系。由 Cottrell 方程可知在静止的平面电极上，电极表面反应物的不断消耗造成电流以 $t^{1/2}$ 的函数进行衰减，此时体系反应速率受扩散控制，因此可通过 Cottrell 方程判断体系反应速率是否受扩散控制。

4.2.2.2 电流阶跃下的非稳态扩散

在电流阶跃下（图 4.19），$t > 0$ 时，极化电流 i 保持不变，所以 $\left(\dfrac{\partial c}{\partial x}\right)_{x=0} = \dfrac{i}{nFD} =$ 常

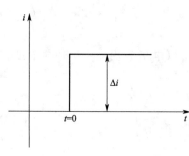

图 4.19　电流阶跃示意图

数，假设电极为平面电极，溶液无搅拌，且溶液中最初只有浓度为 c_O^B 的 O 存在，结合上述设定的边界条件，解 Fick 第二定律可得：

$$c_O(x,t) = c_O^B\left[1 + \frac{x}{2}\sqrt{\frac{\pi}{D_O\tau}}\,erfc\left(\frac{x}{2\sqrt{Dt}}\right) - \sqrt{\frac{t}{\tau}}\exp\left(-\frac{x^2}{4Dt}\right)\right]$$

(4-51)

其中，$erfc(\lambda) = 1 - erf(\lambda)$ 称为误差函数的共轭函数。

电极表面 $x = 0$ 处粒子浓度为：

$$c_O^S = c(0,t) = c_O^B - \frac{2i}{nF}\sqrt{\frac{t}{\pi D_O}}$$

(4-52)

由式(4-52)可知，电极表面反应粒子的浓度随 $t^{1/2}$ 而线性下降。当电极表面反应物粒子浓度为 0 时，即 $c(0,t) = 0$，此时电极电位会发生突变。电流阶跃引起电极极化，从电极开始极化到电极电位发生突跃所经历的时间称为过渡时间（τ）。据 $c(0,t) = 0$，可求得过渡时间，即：

$$\tau = \frac{n^2 F^2 \pi D_O (c_O^B)^2}{4i^2}$$

(4-53)

式(4-53)称为桑德方程（Sand Equation），表征的是平面电极上的电流、时间和反应粒子（或称去极剂）之间的关系式。

将桑德方程代入式(4-52)可得：

$$c_O^S = c_O^B\left(1 - \sqrt{\frac{t}{\tau}}\right)$$

(4-54)

同样可得 $\tau > t > 0$ 时，产物浓度 $c_R(x,t)$ 的变化，即：

$$c_R(x,t) = c_O^B\sqrt{\frac{D_O t}{D_R \tau}}\left[\exp\left(\frac{x^2}{4D_R t}\right) - \frac{X\sqrt{\pi}}{2\sqrt{D_R t}}\,erfc\left(\frac{x}{2\sqrt{D_R t}}\right)\right]$$

(4-55)

于是，可得电极表面产物浓度：

$$c_R^S = c_O^B\sqrt{\frac{D_O}{D_R} \times \frac{t}{\tau}}$$

(4-56)

4.2.3 电化学等效电路

电极反应的暂态过程较为复杂，暂态测量施加和测量的均是电信号，借鉴电工学中数据处理方法，可用等效电路来描述电极反应体系。如果构建一个电路，使其对电信号扰动的响应与被测电极系统相同，则称该电路为被测电极系统的等效电路，用于构成等效电路的元件

称为等效元件。暂态过程中通过电极的电流一部分用于双电层充电，称作非法拉第电流，另一部分用于电化学反应，称作法拉第电流。法拉第电流由双电层电荷变化引起，而双电层可近似用电容来表示。法拉第电流流过的元件一般不能用纯的电阻或电容来描述，需要用阻抗表示，关于阻抗后续会详细讨论。因此，电极/溶液界面相当于一个漏电的电容器，或者说相当于一个电容和一个电阻并联的电路，如图 4.20 所示。图 4.20 中 C_d 表示双电层电容，R_r 表示反应电阻

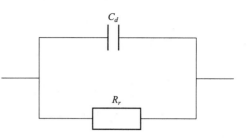

图 4.20　电极/溶液界面的等效电路

或称电子转移电阻，此电路称为电极/溶液界面的等效电路。从这个等效电路也可看出，电极体系在开始接通电路时主要对双电层充电。

在构建等效电路时，需要关注电极过程的各个子过程间的关系，电极过程的各个子过程间的关系有串联、并联和耦合三种。若各个子过程是连续进行的，则是串联关系，如溶液欧姆降和电极反应的关系。如果若干子过程在同一个电极表面同时进行，且相互无影响，则它

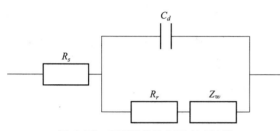

图 4.21　受到扩散控制且考虑溶液电阻的电极/溶液界面的等效电路

们之间的关系为并联，如上述双电层的充电和电极反应的关系。如果在同一个电极上同时进行着若干个阳极反应和若干个阴极反应，则总的阳极反应电流和总的阴极反应电流相等，则称这两个反应的关系为耦合，如腐蚀金属上阳极氧化和阴极去极化的还原的耦合。串联和并联相对较简单，而耦合的情况则较复杂。如图 4.21 所示，在实际电化学反应过程中溶液电阻（R_s）总是存在的，且和电极反应是串联关系，而当电极反应过程中出现扩散控制时，就需要引入扩散阻抗（Z_w），很显然 Z_w 与 R_r 是串联关系，而与 C_d 是并联关系。

电化学反应电阻 R_r 表示法拉第电流对电化学极化过电位的关系，可得：

$$R_r = \frac{\mathrm{d}\eta_e}{\mathrm{d}i_F} \tag{4-57}$$

当电极过程完全受控于电子传递步骤时，体系的过电位 φ 等于电化学过电位 η_e，所以可得：

$$R_r = \frac{\mathrm{d}\eta_e}{\mathrm{d}i_F} = -\frac{\partial\varphi}{\partial i_F} \tag{4-58}$$

对于电极反应过程中包含简单电荷传递过程的反应，其法拉第电流与极化电位之间的关系如下：

$$i_F = \overrightarrow{i} - \overleftarrow{i} = nFk_S\left[c_O^S\exp\left(\frac{\alpha nF}{RT}(\varphi^\ominus - \varphi)\right) - c_R^S\exp\left(-\frac{\beta nF}{RT}(\varphi^\ominus - \varphi)\right)\right] \tag{4-59}$$

对式（4-59）进行微分可得：

$$\mathrm{d}i_F = \overrightarrow{\mathrm{d}i} - \overleftarrow{\mathrm{d}i} = \frac{\mathrm{d}c_O^s}{c_O^s}\overrightarrow{i} - \frac{\mathrm{d}c_R^s}{c_R^s}\overleftarrow{i} - \frac{nF}{RT}(\alpha\overrightarrow{i} + \beta\overleftarrow{i})\mathrm{d}\varphi \tag{4-60}$$

将式(4-60)代入式(4-58)可得:

$$R_r = -\frac{\partial\varphi}{\partial i_F} = \frac{RT}{nF} \cdot \frac{1}{\alpha\overrightarrow{i} + \beta\overleftarrow{i}} \tag{4-61}$$

式(4-61)中,$\overrightarrow{i}$ 和 $\overleftarrow{i}$ 均与电极电位有关,故电子转移电阻 R_r 并非常数,而是与电极电位有关。当电极电位为平衡电极电位时,$\overrightarrow{i} = \overleftarrow{i} = i^0$,此时电极反应处于微极化区,故而可得:

$$R_r = \frac{RT}{nF} \cdot \frac{1}{i^0} \tag{4-62}$$

由式(4-62)可知,测定了平衡电极电位条件下的电子转移电阻即可求交换电流密度 i^0。而在阴阳极强极化区,即 Tafel 区,可得:

$$R_r = \frac{RT}{\alpha nF} \cdot \frac{1}{i} \tag{4-63}$$

$$R_r = \frac{RT}{\beta nF} \cdot \frac{1}{i} \tag{4-64}$$

需要指出的是电子转移电阻 R_r 可以反映电化学反应速率,表征电化学反应进行的难易程度,但其并不是通常意义上的电阻,也不满足欧姆定律。

当电极反应过程受到扩散控制时,法拉第电流与过电位之间的关系如式(4-65)和式(4-66)所示。

$$i_F = i^0 \left[\frac{c_O^S}{c_O^B}\exp\left(-\frac{\alpha nF\eta}{RT}\right) - \frac{c_R^S}{c_R^B}\exp\left(\frac{\beta nF\eta}{RT}\right) \right] \tag{4-65}$$

$$i_F = \frac{\mathrm{d}Q}{\mathrm{d}t} = nF\left(\frac{\mathrm{d}N}{\mathrm{d}t}\right)_{x=0} = nFD_i\left(\frac{\mathrm{d}c_i}{\mathrm{d}x}\right)_{x=0} \tag{4-66}$$

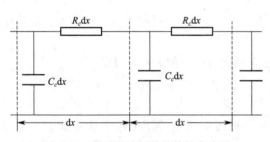

图 4.22　溶液浓度阻抗的等效电路图

由上可知浓度扩散阻抗由电阻和电容组成,小幅度的暂态极化过程中浓度扩散阻抗可由图 4.22 中等效电路表示。图 4.22 中把扩散层分为无数个 $\mathrm{d}x$ 的薄层,每层的浓差极化可用一个电阻 $C_c\mathrm{d}x$ 和一个电阻 $R_c\mathrm{d}x$ 表示。$C_c\mathrm{d}x$ 对应着每一个 $\mathrm{d}x$ 薄层溶液中的物质容量,$R_c\mathrm{d}x$ 对应着两个 $\mathrm{d}x$ 薄层溶液之间的离子导通阻力。如果暂态极化是以小幅度正弦波的形式,则图 4.22 中的等效电路可用扩散电容 C_W 和扩散电阻 R_W 组成,二者是串联关系。而对反应物 O 来说,C_{WO} 和 R_{WO} 的数值分别如下:

$$C_{WO} = \sqrt{\frac{2D_O}{\omega}} \cdot \frac{c_O}{\xi} \tag{4-67}$$

$$R_{WO} = \frac{1}{\omega C_{WO}} = \frac{\xi}{c_O\sqrt{2D_O\omega}} \tag{4-68}$$

其中，$\xi \equiv \dfrac{RT}{n^2 F^2}$；$\omega$ 为正弦波的角频率。

4.2.4 暂态的研究方法

因为稳态过程较为简单，所以对于稳态测量，可通过测量稳态极化曲线研究电极稳态过程，获得稳态的动力学参数。而暂态过程较为复杂，暂态测量中经常采用等效电路简化电化学反应过程，利用各参数（子过程）对时间的响应速率不同，在各个时段采用相应的等效电路对其进行解析。对于暂态测量，电化学活化控制的暂态过程可以用等效电路进行研究，而大幅度测量信号条件下，浓差极化不可忽略的暂态过程，则不能采用等效电路方法进行研究。暂态测量虽然复杂，但是引入了时间因素，和稳态测量相比可以获得更多的电化学信息，可以快速测得电子转移电阻 R_r、双电层电容 C_d、溶液电阻、电导率、电极表面粗糙度等。

暂态测量随极化方式的不同，可以分为控制电流暂态法、控制电位暂态法和控制电量暂态法等，在控制电流和控制电量的暂态测量技术中，测量的相应信号为电位；而在控制电位的暂态测量技术中，测量的相应信号为电流。因此，根据测量电信号的不同，暂态测量技术也可分为暂态电位测量和暂态电流测量两类。暂态测量过程中施加的电信号可以为阶跃扰动，如电流阶跃、电位阶跃，也可以为持续扰动，如方波电流、电位扫描等。在阶跃扰动时，电极电位或流过电极的外侧电流被突然控制为一个预设的恒定值，并保持该值不变，因此电化学反应系统可能逐渐趋近于新的稳态；而在持续扰动时，由于电极电位或流过电极的外侧电流不断变化，因此体系可能一直无法达到稳态。根据被测体系的电化学行为不同，暂态测量技术又可分为电化学控制体系的测量、扩散控制体系的测量及电化学和扩散混合控制体系的测量三种。

与稳态测量相比，暂态测量方法具有如下几个优点：①由于暂态法的极化时间很短，即测量信号单向持续时间很短，大大减小了或消除了浓差极化的影响，运用现代电子技术将测量时间缩短到几个微秒，因而可以用来研究扩散电极反应过程，测定快速电极反应的动力学参数；②由于暂态测量时间很短，液相中的粒子或杂质往往来不及扩散到电极表面，因而有利于研究界面结构和吸附现象，也有利于研究电极反应的中间产物及复杂的电极过程；③暂态法特别适用于那些表面状态变化较大的体系，如金属电沉积、金属腐蚀等过程，因为这些电极反应过程中反应产物能在电极表面上积累或者电极表面在反应时不断受到破坏，用稳态法很难测得重现性良好的结果。

4.2.5 控制电流暂态法——电流阶跃法

控制电流暂态测量根据电流信号的不同可分为直流和交流两类。直流控制电流暂态技术又可分为恒电流阶跃和阶梯电流阶跃，根据阶跃的电流电位随时间的变化规律可以求得一些电化学参数，如溶液电阻 R_s、电子转移电阻 R_r、双电层电容 C_d 等，交流控制电流暂态技术可分为方波电流和正弦波电流等。这里先重点讨论恒电流阶跃。控制电流的测量方法是指控制电极的电流按某一指定规律变化，同时测量电极参数（主要是电极电位）随时间的变化，再根据电位-时间的变化关系计算相关电化学参数。在控制电流测试过程中，使用恒流源（Galvanostat）控制通过工作电极和辅助电极的电流，记录工作电极的电位（相对参比电极）随时间的变化，因而控制电流测量方法又称计时电位法（Chronopotentiometry）。近年来有关恒电位仪和恒电流仪的发展使得测量精度得到大幅提高，这也为暂态测量技术带来了便利。控制电流的方式有不同类型，常见的控制电流的波形如图 4.23 所示。

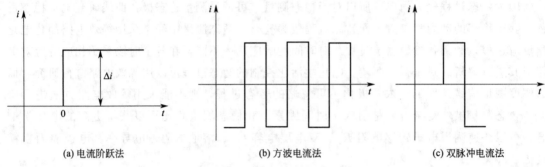

(a) 电流阶跃法   (b) 方波电流法   (c) 双脉冲电流法

图 4.23　常见的控制电流的波形

4.2.5.1　电流阶跃下的电极响应特点

（1）电流响应

控制电流的方法控制的是流经电极的总电流。在恒电流暂态期间，虽然极化电流不随时间变化，但充电电流 i_c 和反应电流 i_r 都随时间变化。忽略由电极界面吸脱附等引起的 C_d 变化，总的极化电流 i 由 i_c 和 i_r 组成，即：

$$i=i_c+i_r=C_d\frac{\mathrm{d}\eta}{\mathrm{d}t}+i^0\left[\exp\left(\frac{\alpha nF\eta}{RT}\right)-\exp\left(\frac{-\beta nF\eta}{RT}\right)\right] \tag{4-69}$$

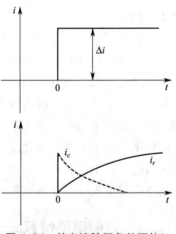

单电流阶跃条件下的 i_c 和 i_r 随时间的变化规律如图 4.24 所示，电极电流发生阶跃的瞬间，式(4-69)中 $C_d\dfrac{\mathrm{d}\eta}{\mathrm{d}t}$ 远大于 $i^0\left[\exp\left(\dfrac{\alpha nF\eta}{RT}\right)-\exp\left(\dfrac{-\beta nF\eta}{RT}\right)\right]$，此时电流几乎全部用于双电层充电。但是随着双电层充电的进行，过电位不断增加，充电电流 i_c 随时间不断减小。因为总的极化电流保持不变，所以相应的反应电流 i_r 随时间不断增加。当 $t\geqslant(3\sim5)\tau_c$ 时，双电层充电电流趋于 0，双电层充电停止，其结构不发生变化，电极反应过程则接近于稳态，$\dfrac{\mathrm{d}\eta}{\mathrm{d}t}$ 也趋近于 0，此时所有电流均用于电化学反应，即反应电流 i_r 达到最大值。

图 4.24　单电流阶跃条件下的 i_c 和 i_r 随时间的变化规律

（2）电势响应

电极在单电流阶跃条件下电极电位随时间变化规律如图 4.25 所示，电极电位的变化分为以下部分：AB 段、BC 段和 CD 段。在 AB 段，$t=0$ 时电流突跃的一瞬间，电极电位发生突跃，这一电极电位突跃是由溶液的欧姆电阻引起的，如式(4-70)所示。

$$\Delta\varphi_{t=0}=\Delta\varphi_R=\Delta i\cdot R_L \tag{4-70}$$

在 BC 段，由于电化学反应的迟缓性首先引起双电层的充电，所以初期缓慢变化的主要原因是双电层充电和电化学极化，后期电位变化的主要原因是反应物粒子的消耗导致的浓差极化，电化学极化和浓差极化都具有滞后特性。CD 段，电极表面反应物粒子的浓度完全被消耗，电极反应进入完全浓差极化，引起电极电位发生突变，出现过渡时间。过渡时间（τ）是指从对电极开始进行恒电流极化到反应物表面浓度下降为零、电极电位发生突跃所经历时间，τ 是电化学测试技术中非常重要的一个参数。

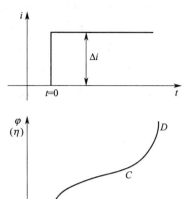

图 4.25　电极在单电流阶跃条件下电极电位随时间变化规律

4.2.5.2　小幅度电流阶跃测量法

由于在电流阶跃的暂态测量过程中，双电层的充电电流 i_c 和反应电流 i_r 都随时间变化，这导致直接测定电化学参数比较困难。要解决这个问题有两个途径，一是选择暂态进程的某一特定阶段，达到极限简化；二是按照 i_c 和 i_r 的变化规律对实验结果采用方程解析的方法，分别求出电化学参数，如 R_r 和 C_d。极限简化法的极限实验条件不能严格达到，所以得到的结果只能是近似的，极限简化法在暂态测量过程中发挥着重要作用。

（1）极限简化法

通过电极的电流波形和相应的电极电位随时间变化规律如图 4.26 所示。对于单电流阶跃条件下，如图 4.26(a) 所示，$t=0$ 时，电极电位突跃是由溶液的欧姆电阻引起的，即电阻极化或称欧姆极化，所以由式 $\Delta\eta_{t=0}=\Delta\eta_R=\Delta iR_s$，可得，$R_s=\dfrac{\Delta\eta_{t=0}}{\Delta i}$，这样就可以求出溶液电阻 R_s。对于电阻极化，电位与电流成正比，因此可以采用断电测量法消除电阻极化，在电流切断的瞬间，电极的电阻极化为零。

当 $t>0$ 时，双电层开始进行充放电过程，通常 $t\geqslant(3\sim5)\tau_c$ 时，双电层充电基本完成，电化学反应达到稳态，此时电极等效电路由溶液电阻和电子转移电阻 R_r 串联组成，则 R_r 可由如下两式求得：

$$R_r=\frac{\Delta\eta_{e\infty}}{\Delta i} \tag{4-71}$$

$$R_r=\frac{\Delta\eta_{\infty}}{\Delta i}-R_s \tag{4-72}$$

其中，η_{∞} 为浓差极化出现之前电化学反应达到稳态时的电极过电位，$\eta_{e\infty}$ 为浓差极化出现之前电化学反应达到稳态时的电化学极化过电位，如图 4.26(a) 所示。

当 $0<t\ll\tau_c$ 时，此时电极反应主要发生双电层的充电过程，即 $\Delta i_r\approx0$，因此电极过程等效电路由溶液电阻和一个纯电容串联组成，所以可得：

$$C_d=\frac{\mathrm{d}Q}{\mathrm{d}\eta}=\frac{\Delta i_c\cdot\mathrm{d}t}{\mathrm{d}\eta}=\frac{\Delta i_c}{\dfrac{\mathrm{d}\eta}{\mathrm{d}t}} \tag{4-73}$$

故而，可得 $C_d=\Delta i/(\mathrm{d}\eta/\mathrm{d}t)_{t\ll\tau_c}$。

需要说明的是，采用极限简化法测定 R_s，必须要测到上跳一瞬间的电势，这要求测量仪器的响应速度足够快。测定 C_d 时，必须在电流突跃后，远小于时间常数的时间内测曲线在双层电容开始充放电瞬间的斜率。如果 R_r 很大，在这一电位区间接近理想极化电极（$R_r \rightarrow \infty$，$i_r \rightarrow 0$），则电位-时间曲线在双层电容开始充放电时间内接近折线，则可计算 $\Delta i/(\mathrm{d}\eta/\mathrm{d}t)_{t \ll \tau_c}$，从而计算 C_d。测定 R_r 时，须在电流突跃后，使电流恒定维持远大于时间常数的时间来测量无浓差极化的稳定电位。

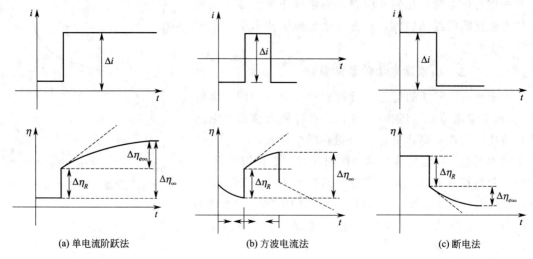

图 4.26　控制电流的电极电流波形和相应的电极电位随时间变化规律

（2）方波电流法

方波电流法是指用小幅度的方波电流对电极极化。若用方波电流法测 R_s，可增大方波频率，使其半周期 $\dfrac{T}{2} \ll \tau_c$，此时电位-时间曲线如图 4.27 所示，此时 $R_s = \dfrac{\Delta \eta}{\Delta i}$。若采用方波电流法测量电极的微分电容 C_d 时，应提高方波频率，缩短方波半周期 $\dfrac{T}{2}$，使电位响应波形趋于直线，如图 4.28 所示，此时 $C_d = \dfrac{\dfrac{\Delta i T}{2}}{\eta_B - \eta_A}$。若用方波电流法测电化学反应的电子转移电阻 R_r 时，要用小幅度方波电流，使电极电势的变化 $\Delta \eta < 10 \mathrm{mV}$，如图 4.29 所示。同时设法减小浓差极化，方波频率要选择适当（一般在 $0.01 \sim 100 \mathrm{Hz}$）。频率太低，浓差极化影响增大；频率太高，双电层充电效应增加，使得测定的 R_r 值偏小。

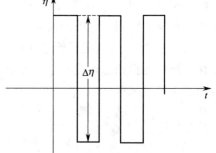

图 4.27　电极通过较高频率方波
电流时的电位-时间曲线
（用于 R_s 的测量）

（3）方程解析法

当浓差极化可忽略时，电极反应体系等效电路如图 4.30 所示，电流阶跃条件下，总的极化电流等于双电层充电电流和电化学反应电流之和，即：$i_c + i_r = i$。若双电层电容 C_d 保持不变为常数，则可得：

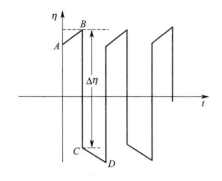

图 4.28 电极通过较高频率方波电流时的
电位-时间曲线（用于 C_d 的测量）

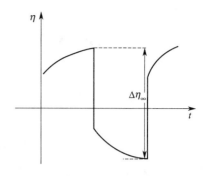

图 4.29 测定 R_r 时的电位-时间曲线

$$C_d \frac{\mathrm{d}(\eta - iR_s)}{\mathrm{d}t} + \frac{\eta - iR_s}{R_r} = i \qquad (4\text{-}74)$$

令 $\eta_e = \eta - iR_s$，则可得双电层充电微分方程：

$$\frac{\mathrm{d}\eta_e}{\mathrm{d}t} + \frac{\eta_e}{R_r C_d} - \frac{i}{C_d} = 0 \qquad (4\text{-}75)$$

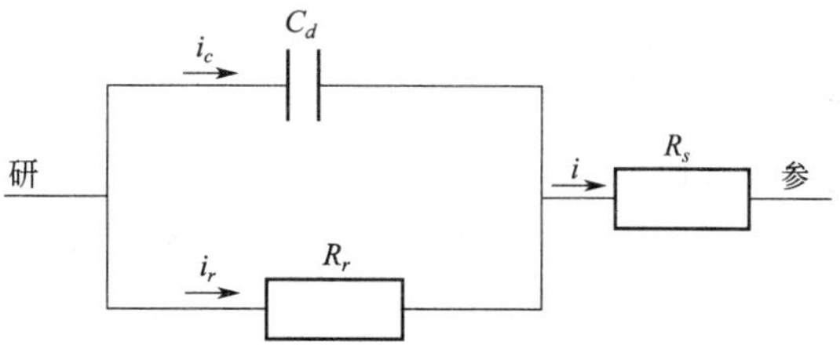

对式（4-75）进行积分求解，可得恒电流充电曲线方程式为：

$$\eta_e = iR_r (1 - e^{-\frac{t}{R_r C_d}}) \qquad (4\text{-}76)$$

图 4.30 电化学活化控制的等效电路

由式（4-76）可知，在恒电流阶跃条件下，过电势随时间呈指数规律增长。$t = 0$ 时，$\eta_e = 0$，此时可得 $\eta_{t=0} = \eta_R = iR_s$。当 $t \to \infty$ 时，$\eta_e \to iR_r$，所以 $\eta_\infty \to iR_s + iR_r$。

通过上述方程推导，可得以下关键电化学参数，双电层充电电流为：

$$i_c = C_d \frac{\mathrm{d}\eta_e}{\mathrm{d}t} = i e^{-\frac{t}{R_r C_d}} \qquad (4\text{-}77)$$

由式（4-77）可知，i_c 按指数规律下降，从最大值 i 逐渐降至 0。电化学反应电流为：

$$i_r = \frac{\eta_e}{R_r} = i (1 - e^{-\frac{t}{R_r C_d}}) \qquad (4\text{-}78)$$

由式（4-78）可知，i_r 由 0 按指数规律逐渐上升到 i。电极总的极化过电位为：

$$\eta = iR_s + iR_r (1 - e^{-\frac{t}{R_r C_d}}) \qquad (4\text{-}79)$$

式（4-77）~式（4-79）中的 $R_r C_d$ 是电化学体系的一个时间常数，以 τ_c 表示，即：

$$\tau_c = R_r C_d \qquad (4\text{-}80)$$

时间常数是电极体系本身的性质，时间常数反映了电极过程进入稳态的快慢。由式（4-79）计算可得，当极化时间 t 大于 5 倍时间常数时，电极过电位可以达到稳态过电位的 99%以上，此时已经达到稳态。所以，在电化学活化控制条件下，暂态过程的时间大约是 5 倍时间常数（$5\tau_c$），对于一般测试体系，一个时间常数 τ_c 大小在数微秒和数十秒之间。利用电流阶跃法测定电化学参数时，必须选择合适的电流跃迁幅值，电流过大，过渡时间太小，会有双电层充电效应引起误差；电流太小，则过渡时间太大，扩散层延伸过长，容易受到自然对流的干扰。

令 $\eta_{e\infty}=iR_r$，并将其代入式 $\eta=iR_s+iR_r(1-e^{-\frac{t}{R_rC_d}})$ 可得：

$$\eta=\eta_R+\eta_{e\infty}-\eta_{e\infty}e^{-\frac{t}{\tau_c}} \tag{4-81}$$

对式 (4-81) 进行转换可得：$\eta_\infty-\eta=\eta_{e\infty}\exp\left(-\dfrac{t}{\tau_c}\right)$，两边同时取对数即：

$$\ln(\eta_\infty-\eta)=\ln\eta_{e\infty}-\frac{1}{\tau_c}t \tag{4-82}$$

式 (4-82) 表明，电极过程完全是电化学活化控制时，$\ln(\eta_\infty-\eta)$ 与 t 呈直线关系，其斜率为 $-\dfrac{1}{R_rC_d}$，由斜率可以求得时间常数。

4.2.5.3 浓差极化存在时的电流阶跃法

上述讨论的电流阶跃测量方法是电化学活化控制，即浓差极化可以忽略，此时所用的极化电流脉冲较小，对应的电极电位变化不超过 10mV。如果采用脉冲幅值较大的恒电流阶跃，且持续时间较长，则电极表面反应粒子的浓度变化较大，对应的电极电位变化也较大。此时，测量得到的电极电位由电化学活化和浓差极化共同决定。由于浓差极化的出现，电极电位很难达到稳定值，从而造成测量电化学参数比较困难，需要研究传质过程控制和混合控制下的暂态过程和规律，现分以下几种情况讨论。

(1) 可逆体系

扩散控制下，电极表面的电化学平衡基本上没有受到破坏，电极反应过程适用能斯特方程，即：

$$\varphi=\varphi^{\ominus'}+\frac{RT}{nF}\ln\frac{c_O^S}{c_R^S} \tag{4-83}$$

电极反应为 $O+ne^-\rightleftharpoons R$，且 R 不溶，则 c_R^S 为常数，将式 (4-54) 代入式 (4-83) 可得：

$$\varphi=\varphi^{\ominus'}+\frac{RT}{nF}\ln\frac{\tau^{\frac{1}{2}}-t^{\frac{1}{2}}}{\tau^{\frac{1}{2}}} \tag{4-84}$$

如果 R 可溶，将式 (4-54) 和式 (4-56) 同时代入式 (4-83) 可得可逆体系电位-时间曲线，即：

$$\varphi=\varphi_{\frac{\tau}{4}}+\frac{RT}{nF}\ln\frac{\tau^{\frac{1}{2}}-t^{\frac{1}{2}}}{\tau^{\frac{1}{2}}} \tag{4-85}$$

其中，$\varphi_{\frac{\tau}{4}}$ 为 1/4 电位，是体系的特征参数，与极化电流和反应物及产物浓度的大小无关，可以通过其判断体系是否可逆。$\varphi_{\frac{\tau}{4}}$ 可通过下式计算：

$$\varphi_{\frac{\tau}{4}}=\varphi^{\ominus'}-\frac{RT}{2nF}\ln\frac{D_O}{D_R} \tag{4-86}$$

如果以 φ 作为纵坐标对 $\lg\dfrac{\tau^{\frac{1}{2}}-t^{\frac{1}{2}}}{\tau^{\frac{1}{2}}}$ 作图，可得一条直线，温度为 25℃时，其对应的直线

斜率 $2.303RT/(nF)$ 即（$59.1/n$）mV，由斜率可以求出得失电子数 n，如图 4.31 所示，这也是判断电化学体系为可逆体系的标志。图 4.31 中，由直线截距可以求出 $\varphi_{\frac{\tau}{4}}$，进而得到 $E^{\ominus'}$ 的近似值。由式（4-85）和式（4-86）还可得到可逆体系的另一个特征，当 R 不溶时，$|\varphi_{\frac{\tau}{4}}-\varphi_{\frac{3\tau}{4}}|$ 为 $\dfrac{33.8}{n}\mathrm{mV}$；而当 R 可溶时，$|\varphi_{\frac{\tau}{4}}-\varphi_{\frac{3\tau}{4}}|$ 为 $\dfrac{47.9}{n}\mathrm{mV}$，这也可以作为判断电化学体系为可逆体系的标志，如图 4.32 所示。

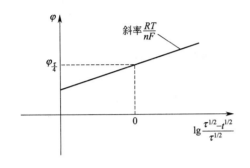

图 4.31　可逆体系在电流阶跃

条件下的 $\varphi\sim\lg\dfrac{\tau^{\frac{1}{2}}-t^{\frac{1}{2}}}{\tau^{\frac{1}{2}}}$ 曲线

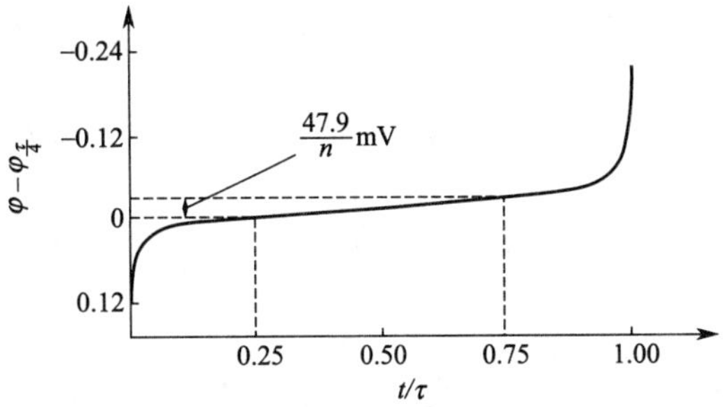

图 4.32　可逆体系在电流阶跃条件下电位-时间曲线

（2）完全不可逆体系

对于完全不可逆的电化学反应，如 $O+ne^-\longrightarrow R$，其电极动力学方程为：

$$i=nFk_Sc_O^S\exp\left(-\frac{\alpha nF(\varphi-\varphi^{\ominus'})}{RT}\right) \tag{4-87}$$

将式（4-54）代入式（4-87）可得：

$$\varphi=\varphi^{\ominus'}+\frac{RT}{\alpha nF}\ln\frac{nFk_Sc_O^B}{i}+\frac{RT}{\alpha nF}\ln\left(1-\sqrt{\frac{t}{\tau}}\right) \tag{4-88}$$

由式（4-88）可知，对于完全不可逆体系，随着阶跃电流的增大，电位-时间响应曲线向负方向移动，且电流每增加 10 倍，电位移动 $\dfrac{RT}{\alpha nF}$。

将桑德方程式（4-53）代入式（4-88），可得：

$$\varphi=\varphi^{\ominus'}+\frac{RT}{\alpha nF}\ln\frac{2k_S}{\sqrt{\pi D_O}}+\frac{RT}{\alpha nF}\ln(\sqrt{\tau}-\sqrt{t}) \tag{4-89}$$

利用 φ 对 $\lg(\sqrt{\tau}-\sqrt{t})$ 作图，可得一条直线，由斜率可以求出传递系数 α，已知 $\varphi^{\ominus'}$ 条件下由直线截距可以求出速率常数 k_S。对于完全不可逆体系，25℃时，$|\varphi_{\frac{\tau}{4}}-\varphi_{\frac{3\tau}{4}}|=\dfrac{33.8}{\alpha n}$ mV，如图 4.33 所示，这也是判断电极体系完全不可逆的标志。

（3）准可逆体系

对于准可逆反应 $O+ne^-\Longleftrightarrow R$，考虑浓差极化，其动力学方程为：

$$i=i^0\left[\frac{c_O^S}{c_O^B}\exp\left(-\frac{\alpha nF\eta}{RT}\right)-\frac{c_R^S}{c_R^B}\exp\left(\frac{\beta nF\eta}{RT}\right)\right] \tag{4-90}$$

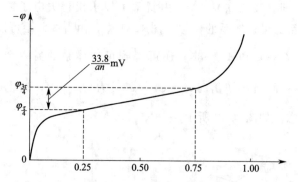

图 4.33　完全不可逆体系在电流阶跃条件下电位-时间曲线

将 $c_O^S = c_O^B \left(1 - \sqrt{\dfrac{t}{\tau}}\right)$, $c_R^S = c_O^B \sqrt{\dfrac{D_O}{D_R}\dfrac{t}{\tau}}$ 和 $c_R^S = c_R^B + c_O^B \sqrt{\dfrac{D_O}{D_R}\dfrac{t}{\tau}}$ 代入式(4-90)，并将 $\tau = \dfrac{n^2 F^2 \pi D_O (c_O^B)^2}{4i^2}$ 代入方程，可导出如下动力学方程：

$$\frac{i}{i^0} = \left[\left(1 - \frac{2i}{nFc_O^B}\sqrt{\frac{t}{\pi D_O}}\right)e^{-\frac{anF\eta}{RT}} - \left(1 + \frac{2i}{nFc_R^B}\sqrt{\frac{t}{\pi D_R}}\right)e^{\frac{\beta nF\eta}{RT}}\right] \qquad (4\text{-}91)$$

假定通过电流时引起的过电位 $\eta > \dfrac{100}{n}\mathrm{mV}$ 时，可忽略逆反应的影响，可得：

$$i = nFk_f c_O^S \exp\left[-\frac{\alpha nF}{RT}(\varphi - \varphi^{\ominus'})\right] = nFk_f c_O^B \left(1 - \sqrt{\frac{t}{\tau}}\right)\exp\left(\frac{\alpha nF}{RT}\eta\right) \qquad (4\text{-}92)$$

其中，k_f 是正向反应速率常数，同时将式(4-92)进一步整理可得：

$$\eta = -\frac{RT}{\alpha nF}\ln\frac{nFk_f c_O^B}{i} - \frac{RT}{\alpha nF}\ln\left(1 - \sqrt{\frac{t}{\tau}}\right) \qquad (4\text{-}93)$$

若将式(4-93)所得曲线外推到 $t = 0$ 处，即不发生浓差极化，过电位完全取决于电化学步骤的速度，因此，可得：

$$\eta_{(t=0)} = \eta_e = -\frac{RT}{\alpha nF}\ln\frac{nFk_f c_O^B}{i} \qquad (4\text{-}94)$$

利用 η 对 $\ln\left(1 - \sqrt{\dfrac{t}{\tau}}\right)$ 作图，可得一条直线，由斜率可以求出传递系数 α，直线截距为仅受电化学活化控制的 η_e。通过多次电流阶跃实验，可获得 $\eta_e \sim i$ 曲线，则可求出 k_f。

当使用小电流阶跃的方法对准可逆体系进行微扰时，可使用线性的动力学方程式，对式(4-90)指数项按级数形式展开，略去高次方项，可得：

$$\eta = \frac{RT}{nF}i\left[\frac{2}{nF}\sqrt{\frac{t}{\pi}}\left(\frac{1}{c_O^B\sqrt{D_O}} + \frac{1}{c_R^B\sqrt{D_R}}\right) + \frac{1}{i^0}\right] \qquad (4\text{-}95)$$

式(4-95)表明，在小电流阶跃条件下，$\eta \sim \sqrt{t}$ 是直线关系，由直线截距可以求得交换电流密度 i^0。

4.2.5.4　过渡时间

在恒电流阶跃测试中，不管电极反应可逆与否，桑德方程总是适用的，将桑德方程 $\tau =$

$$\dfrac{n^2F^2\pi D_O(c_O^B)^2}{4i^2}$$整理可得：

$$\frac{i^2\tau}{(c_O^B)^2}=\frac{n^2F^2\pi D_O}{4} \tag{4-96}$$

由式(4-96)可知，在已知 n 和 c_O^B 条件下，可通过测量过渡时间 τ 来求算扩散系数 D_O。利用 $\tau\propto(c_O^B)^2$ 之间的关系，还可用来定量分析反应物浓度。过渡时间 τ 反比于 i^2，所以电极表面反应物消耗至零所需的电量 Q 不是常数，而是反比于电流 i，即：

$$Q=i\tau=\frac{n^2F^2\pi D_O(c_O^B)^2}{4i} \tag{4-97}$$

以 Q 对 $\dfrac{1}{i}$ 作图，可以得到通过原点的直线，如图 4.34 曲线 1 所示，根据直线的斜率及 n、D 等值可求出 c_O^B。如果反应物预先吸附在电极上或者以异相膜的形式存在于电极表面，则这些反应物消耗所需的电量 $Q_{0吸附}$ 为一常数，与 i 无关。利用这一特征，可以判断反应物的来源。同时，兼有上述两种来源的反应物的情况，总的电荷 Q 由两部分组成，即：

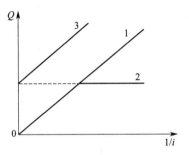

图 4.34　控制电流暂态测试过程中反应物消耗的电量 Q 与恒电流 i 的关系

$$Q=\frac{n^2F^2\pi D_O(c_O^B)^2}{4i}+Q_{0吸附} \tag{4-98}$$

如图 4.34 曲线 3 所示，由直线截距即可以求出 $Q_{0吸附}$。考虑到双电层电容的存在，式(4-98)中还应考虑双电层充电电量的影响，但是通常双电层充电电量很小，可以忽略。

在实际测量中，过渡时间 τ 容易受到溶液中杂质影响，使时间～电位响应曲线畸变。必须严格纯化溶液，当过渡时间较长时，对流及电极几何形状的影响较大；当过渡时间较短时，电极表面粗糙度和双电层充电的影响较显著。在电流阶跃实验的测量中，引起误差的因素是双电层充电电流。

4.2.5.5　双电流脉冲法

电极上电流阶跃的初期，即在达到稳态之前，电流主要用于双电层充电，是非法拉第过程。对于快速的电极过程，电流阶跃法受到双电层充电的限制，不能研究更快的电化学反应过程。因此，为了在浓差极化出现之前的短暂时间内，消除双电层充电的影响，提出了双电流脉冲法。如图 4.35(a) 所示，在时间为 $0<t<t_1$ 时，施加的第一个电流阶跃的幅值 i_1 很大，且持续时间很短，利用电流 i_1 对充电层进行充电，紧接着发生第二次电流阶跃，其幅值 i_2 较小，持续时间较长，第二个电流主要用于电化学反应。施加的双脉冲电流对应的电位响应变化如图 4.35(b) 所示，A 至 B 电位跃迁是由溶液电阻 R_s 引起的，即 $\eta_A-\eta_B=i_1R_s$。B 至 C 电位渐升是对 C_d 充电的，此时 $i_1(t_C-t_B)=C_d(\eta_C-\eta_B)$，所以可得：

$$C_d=\frac{i_1(t_C-t_B)}{\eta_C-\eta_B} \tag{4-99}$$

C 至 D 的电势突降是由 i_1 突降至 i_2 引起的，和溶液电阻值有关，即：

$$\eta_C-\eta_D=(i_1-i_2)R_s \tag{4-100}$$

双电层在第二个脉冲到来时，既不充电，也不放电，即 $i_2=i_r$，所以可得：

$$\eta_D - \eta_A = i_2(R_L + R_r) \tag{4-101}$$

实验时，第一个脉冲幅值太大或者太小都会影响测量结果，要适当调节第一个脉冲的幅值和脉宽，使第二个脉冲到来时，电势-时间曲线中 D 点的斜率是 0，即：$\left(\dfrac{\mathrm{d}\eta}{\mathrm{d}t}\right)_{t=t_1}=0$，因此可以消除双电层充电对电极反应的影响，可用于测量较快速度的电极过程动力学参数。这种方法适用于测量 R_r 值较小或者真实表面积较大的电极体系。

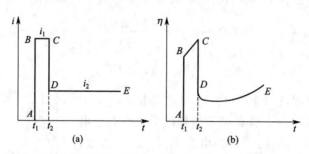

图 4.35　双电流脉冲电流信号（a）及其对应的电位响应曲线（b）

4.2.6　电位阶跃法

控制电位的暂态测量方法是指按规定控制电极电位的变化，同时测量电流随时间的变化，或电量随时间的变化，前者称为计时电流法或计时安培法（Chronoamperometry），后者称为计时电量法或计时库仑法（Chronocoulometry）。电位阶跃法相对电流阶跃法应用更加广泛，常用的控制电位阶跃的方法有单电位阶跃、双电位阶跃、方波电位、电位扫描和脉冲伏安等，如图 4.36 所示。不同电位阶跃类型有不同特点，现分类讨论。

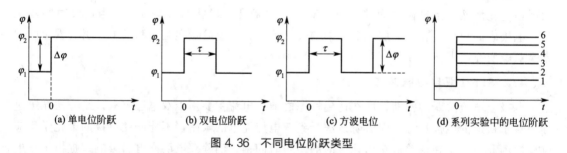

图 4.36　不同电位阶跃类型

4.2.6.1　电位阶跃下的电极响应特点

当电极上加上一个电位阶跃进行极化时，电极界面电位差并不能立即发生突跃。由于电位阶跃瞬间双电层的充电电流不可能达到无穷大，因此双电层充电需要一定的时间。在电位阶跃的瞬间发生突变的不是双电层电容两侧的电位差，而是研究电极与参比电极间溶液的欧姆极化的突变。电位阶跃的瞬间充电电流达到最大，接着双电层充电，欧姆极化过电位逐渐减小，界面电位（$\eta_{界面}$）逐渐增大。电化学反应速率，即 i_r 不断增大，同时双电层充电电流 i_c 不断下降。直至双电层充电结束，充电电流降为零，电极过程达到稳态，相应的电化学反应电流达到稳定值。电位阶跃条件下的电极体系电位分布和相对应的电流响应曲线随时间变化规律如图 4.37 所示。

图 4.37(c) 中 A 到 B 的电流阶跃是通过溶液电阻向双电层 C_d 的瞬间充电电流；由 B 到 C 区域，电流基本上按照指数规律减小，因为双电层的充电电流随着双电层电位差的增加而逐渐减小，这一阶段电流衰减到水平段即双电层的充电过程基本结束，得到的稳定电流就是法拉第电流，即 $i_\infty = i_r$。

4.2.6.2 小幅度电势阶跃测量法

（1）极限简化法

上述已经讨论过，尽管暂态过程比稳态过程复杂很多，但暂态过程引入了时间因素，可利用各种基本过程对时间的不同响应，使复杂的等效电路得以简化，从而求得电极参数。当电位阶跃幅度很小（小于 10mV），且单向时间持续很短时，浓差极化往往可以忽略不计，电极反应过程主要受电化学活化控制。对于处于平衡状态的电极突然施加一个小幅度的电位阶跃后，电位、电流随时间变化规律如图 4.38 所示。

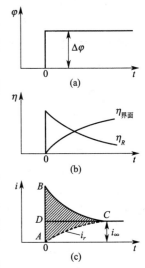

图 4.37 电位阶跃条件下的电极体系电位分布和相对应的电流响应曲线随时间变化规律

在浓差极化可忽略的条件下，图 4.38 中 $t=0$ 时电流的突跃是由溶液电阻 R_s 导致的，所以可得 $R_s = \dfrac{\Delta \varphi}{\Delta i_{t=0}}$。随着双电层充电的进行，双电层充电电流不断下降，直至双电层充电结束，充电电流降为 0。随着充电层充电的进行，双电层电位差增大，从而导致电极反应速率增加。当双电层充电电流为 0 时，电极过程达到稳态，相应的法拉第电流也达到稳态值 i_∞。所以可得：

$$R_r = \frac{\Delta \varphi}{\Delta i_\infty} - R_s \tag{4-102}$$

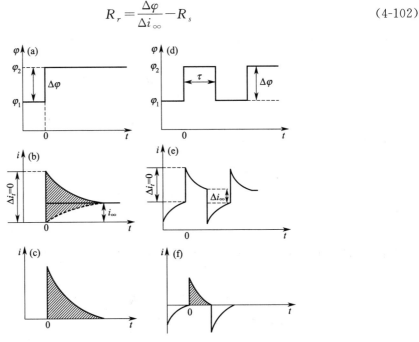

图 4.38 小幅度电位阶跃法中电位、电流随时间变化规律

需要说明的是应用方波法［图 4.38(d)、图 4.38(e) 和图 4.38(f)］测量 R_r 时，方波要有足够的宽度，电化学反应必须达到稳态，即 i-t 曲线出现电流平段，否则，测得的 R_r 值偏低。当电极处于理想极化情况时，电子转移电阻 $R_r \to \infty$，那么 $i \sim t$ 曲线如图 4.38(c) 所示。当双电层充电结束时，图 4.38(c) 曲线下的面积是电极电位发生变化时所引起的电量的变化，所以可用该电量除以电极电位变化值 $\Delta\varphi$ 得到电容值，即：

$$C_d = \frac{Q}{\Delta\varphi} \tag{4-103}$$

上述讨论的是在无浓差极化条件下采用极限简化法，将暂态电流中的 i_r 和 i_c 分开，测试 C_d 和 R_r。使用这种方法需要测量接近稳态时的电流值，电流达到稳态所需的时间取决于电极反应的时间常数。对于某些电化学反应体系，总电流达到稳定值需要相当长时间，这将导致电极表面状态发生过多改变，容易引起浓差极化和电位漂移，使测量误差增加，不能准确测量 i_∞。

(2) 方程解析法

为了消除各种干扰准确地得到 i_∞，需要采用方程解析法。在恒电位阶跃条件下，当 $t > 0$ 时，电极电位将保持不变，所以可得：

$$d(iR_s) + d\eta_e = 0 \tag{4-104}$$

通常假设 C_d 不变，充电电流为 $i_c = C_d \dfrac{d\eta_e}{dt} + \eta_e \dfrac{dC_d}{dt}$，所以 $\eta_e \dfrac{dC_d}{dt} = 0$，可得：

$$d\eta_e = i_c \frac{dt}{C_d} \tag{4-105}$$

上述已经讨论过：$i = i_c + i_r$，$i_r = \dfrac{\eta_e}{R_r}$，$\eta_e = \Delta\varphi - iR_s$，所以可得：

$$i_c = i - i_r = i - \frac{\Delta\varphi - iR_s}{R_r} \tag{4-106}$$

将式(4-106) 代入式(4-105)，同时结合式(4-104) 可得：

$$\frac{di}{-\dfrac{\Delta\varphi}{R_r} + i\left(1 + \dfrac{R_s}{R_r}\right)} = -\frac{dt}{R_s C_d} \tag{4-107}$$

当限制极化电位不超过 $10\mathrm{mV}$ 时，可近似地认为 R_r 与电极电位无关，对式(4-107) 求定积分得电位阶跃条件下的 $i \sim t$ 关系为：

$$i = \frac{\Delta\varphi}{R_r + R_s}\left\{1 + \frac{R_r}{R_s}\exp\left[-\frac{t}{(R_r // R_s)C_d}\right]\right\} \tag{4-108}$$

其中，$R_r // R_s = \dfrac{R_r \cdot R_s}{R_r + R_s}$。

当 $t \gg (R_r // R_s)C_d$，$i \approx \dfrac{\Delta\varphi}{R_r + R_s} = i_\infty$。令 $A \equiv i_{t=0} - i_\infty$，所以式(4-108) 可转换为：

$$i = i_\infty + A\exp\left(-\frac{t}{(R_r // R_s)C_d}\right) \tag{4-109}$$

将式(4-109) 进一步转化，可得：

$$\lg(i - i_\infty) = \lg A - \frac{t}{2.303(R_r // R_s)C_d} \tag{4-110}$$

以 $\lg (i-i_\infty)$ 对 t 作图，可得一条直线，斜率为 $-\dfrac{1}{2.303(R_r//R_s)C_d}$。从实验得到 $i \sim t$ 曲线的弯曲部分后，可试选定某个 i_∞ 值，作 $\lg(i-i_\infty)\sim t$ 曲线，如果 i_∞ 值选择的好，则出现直线，如图 4.39 所示。因此，就可以利用该 i_∞ 值计算 R_r+R_s，进而求得 R_r。利用直线斜率可求得双电层电容 C_d，即 $C_d=\dfrac{1}{2.303|斜率|}\left(\dfrac{1}{R_r}+\dfrac{1}{R_s}\right)$。选的 i_∞ 值偏大或偏小，都不是直线关系，i_∞ 值偏大，$\lg(i-i_\infty)\sim t$ 曲线下弯；i_∞ 值偏小，$\lg(i-i_\infty)\sim t$ 曲线上弯，如图 4.39 所示。

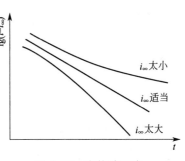

图 4.39 电位阶跃法
$\lg\ (i-i_\infty)\ \sim t$ 曲线

4.2.6.3 浓差极化存在时的电位阶跃法

当施加较大的电位阶跃时，必须考虑浓差极化的影响，现分情况进行讨论。

(1) 完全受扩散控制的可逆体系

电荷传递反应是可逆的，使用能斯特方程，即：$\varphi=\varphi^{\ominus\prime}+\dfrac{RT}{nF}\ln\left[\dfrac{c_O(x,t)}{c_R(x,t)}\right]$。完全受扩散控制时，电极表面处物质总流量为 0，故：

$$D_O\left[\frac{\partial c_O(x,t)}{\partial x}\right]_{x=0}+D_R\left[\frac{\partial c_R(x,t)}{\partial x}\right]_{x=0}=0 \tag{4-111}$$

令 $\theta=\dfrac{c_O(x,t)}{c_R(x,t)}=\exp\left[\dfrac{nF}{RT}(\varphi-\varphi^{\ominus\prime})\right]$，结合上述讨论得到的方程 $i=nFD\left(\dfrac{\partial c}{\partial x}\right)_{x=0}$ 及 $c_O(x,t)=c_O^B\left[1+\dfrac{x}{2}\sqrt{\dfrac{\pi}{D_O\tau}}erfc\left(\dfrac{x}{2\sqrt{Dt}}\right)-\sqrt{\dfrac{t}{\tau}}\exp\left(-\dfrac{x^2}{4Dt}\right)\right]$ 可导出可逆体系对电势阶跃的一般非稳态电流响应为：

$$i=\frac{nFc_O^B}{1+\xi\theta}\sqrt{\frac{D_O}{\pi t}} \tag{4-112}$$

其中，$\xi=\left(\dfrac{D_O}{D_R}\right)^{\frac{1}{2}}$。

当 $\theta\to 0$ 时，由式(4-112) 可得到 Cottrell 电流，即为：

$$i=nFc_O^B\sqrt{\frac{D_O}{\pi t}} \tag{4-113}$$

将 Cottrell 电流用 $i_d(t)$ 表示，可得：

$$i(t)=\frac{i_d(t)}{1+\xi\theta} \tag{4-114}$$

对一固定取样时刻 τ_s，则可得：

$$i(\tau_s)=\frac{i_d(\tau_s)}{1+\xi\theta} \tag{4-115}$$

将 $\xi=\left(\dfrac{D_O}{D_R}\right)^{\frac{1}{2}}$ 和 $\theta=\exp\left[\dfrac{nF}{RT}(\varphi-\varphi^{\theta\prime})\right]$ 代入式(4-115) 后，整理可得：

$$\varphi = \varphi^{\ominus\prime} + \frac{RT}{2nF} \ln \frac{D_R}{D_O} + \frac{RT}{nF} \ln \left[\frac{i_d(\tau_s) - i(\tau_s)}{i(\tau_s)} \right] \tag{4-116}$$

当 $i(\tau_s) = \dfrac{i_d(\tau_s)}{2}$ 时，可得半波电位 $\varphi_{\frac{1}{2}}$ 为：

$$\varphi_{\frac{1}{2}} = \varphi^{\ominus\prime} + \frac{RT}{2nF} \ln \frac{D_R}{D_O} \tag{4-117}$$

半波电位是极谱分析中，待测物质所产生的电解电流为扩散电流一半时所对应滴汞电极的电位，称为半波电位，用 $\varphi_{\frac{1}{2}}$ 表示。所以式(4-116) 可改写为：

$$\varphi = \varphi_{\frac{1}{2}} + \frac{RT}{nF} \ln \left[\frac{i_d(\tau_s) - i(\tau_s)}{i(\tau_s)} \right] \tag{4-118}$$

（2）准可逆体系

对于部分可逆电极反应：$O + ne^- \rightleftharpoons R$，$k_f$ 和 k_b 分别表示正逆反应的速率常数。边界条件为电极表面扩散通量不为零，即：

$$D_O \left[\frac{\partial c_O(x,t)}{\partial x} \right]_{x=0} = k_f c_O(x,t) - k_b c_R(x,t) \tag{4-119}$$

解扩散方程即 Fick 第二定律，可得电位阶跃条件下的反应物粒子浓度随时间变化关系式，即为：

$$c_O(x,t) = c_O^B + \frac{k_f c_O^B - k_b c_R^B}{H\sqrt{D_O}} \left[e^{\frac{Hx}{\sqrt{D_O}} + H^2 t} erfc \left(\frac{x}{2\sqrt{D_O}} + Ht \right) - erfc \left(\frac{x}{2\sqrt{D_O}} \right) \right] \tag{4-120}$$

其中，$H \equiv \dfrac{k_f}{\sqrt{D_O}} + \dfrac{k_b}{\sqrt{D_R}}$。

而电流密度 i 的计算方程为 $i = nFD_O \left(\dfrac{\partial c_O(x,t)}{\partial x} \right)_{x=0}$，将式(4-120) 对 x 求偏导数后代入 $i = nFD_O \left(\dfrac{\partial c_O(x,t)}{\partial x} \right)_{x=0}$ 可得：

$$i = nF(k_f c_O^B - k_b c_R^B) \exp(H^2 t) erfc(H\sqrt{t}) \tag{4-121}$$

当 $H^2 t \ll 1$ 时，$\exp(H^2 t) erfc(H\sqrt{t}) \approx 1 - \dfrac{2H\sqrt{t}}{\sqrt{\pi}}$，代入式(4-121) 可得：

$$i = nF(k_f c_O^B - k_b c_R^B) \left(1 - \frac{2H\sqrt{t}}{\sqrt{\pi}} \right) \tag{4-122}$$

式(4-122) 表明，在电位阶跃发生后的短时间内，$i \sim \sqrt{t}$ 曲线为直线，外推至 $t = 0$ 处，可得：

$$i_{t \to 0} = nF(k_f c_O^B - k_b c_R^B) \tag{4-123}$$

式(4-123) 即为完全没有浓差极化的反应电流，由一系列电位阶跃实验可得一系列对应 $i_{t\to 0}$ 值，作 $\varphi \sim i_{t \to 0}$ 即单纯由电化学极化控制的极化曲线，进而可求出相应的电化学参数，如交换电流密度、速率常数、传递系数和电子转移数等。

（3）完全不可逆体系

对于反应速率常数为 k_f 的不可逆电极反应：$O + ne^- \xrightarrow{k_f} R$，边界条件是：$D_O$

$$\left[\frac{\partial c_O(x,t)}{\partial x}\right]_{x=0} = k_f c_O(x,t)$$，根据边界条件解扩散方程，可得电流-时间暂态方程，即为：

$$i = nFk_f c_O^B \exp\left(\frac{k_f^2 t}{D_O}\right) erfc\left(\frac{k_f t^{\frac{1}{2}}}{D_O^{\frac{1}{2}}}\right) \quad (4\text{-}124)$$

不同速率常数 k_f 时，$\dfrac{i}{nFk_f c_O^B} \sim t$ 曲线如图 4.40 所

示。在时间较短时，$\dfrac{k_f t^{\frac{1}{2}}}{D_O^{\frac{1}{2}}} \ll 1$，且 $erf(\lambda) = \dfrac{2\lambda}{\sqrt{\pi}}$，由式

(4-124) 可得：

$$i = nFk_f c_O^B\left(1 - 2k_f\sqrt{\frac{t}{\pi D_O}}\right) \quad (4\text{-}125)$$

4.2.7　计时库仑法

控制电势阶跃法中，除了记录电流随时间的变化
外，还可以记录电流对时间的积分，即采用计时电量的
分析模式，与计时电流法相比，计时电量法（Chrono-
coulometry）具有信噪比高、能平滑暂态电流中的随机
噪声等优点。利用计时电量法还可以将双电层充电、电
极表面上吸附物的电极反应及溶液中通过扩散来到电极
表面参加电极反应的电量区别开来。

（1）单电势阶跃下的计时库仑法

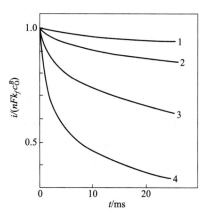

图 4.40　不可逆电极电位阶跃条件
下电极反应的电流响应特征曲线

（$D_O = 10^{-5}\,\mathrm{cm^2/s}$，$k_f$ 值分别为：
曲线 1 是 $10^{-5}\,\mathrm{m/s}$，曲线 2 是
$3\times10^{-5}\,\mathrm{m/s}$，曲线 3 是 $10^{-4}\,\mathrm{m/s}$，
曲线 4 是 $3\times10^{-4}\,\mathrm{m/s}$）

当电势阶跃的电势足够负可使反应物 O 达到极限扩散时，电流响应为 $i = nFc_O^B\sqrt{\dfrac{D_O}{\pi t}}$，
对其进行积分可得通过电极的电量 Q_d，即：

$$Q_d = A\int_0^t i\,\mathrm{d}t = 2nFAc_O^B\sqrt{\frac{D_O t}{\pi}} \quad (4\text{-}126)$$

式中，A 为电极有效面积；Q_d 表示经扩散来到电极表面参与电极反应的反应物所对应
的电量。

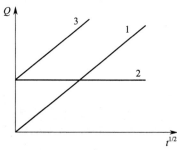

图 4.41　控制电位阶跃条件下
的 $Q\sim\sqrt{t}$ 曲线

式(4-126) 表明，Q_d 与 $\sqrt{t}$ 呈线性关系，Q_d 对 $\sqrt{t}$ 作图，
可以得到一条通过原点的直线，如图 4.41 曲线 1 所示。利
用直线斜率可以求出 n、A、c_O^B 和 D_O 等电化学参数。

恒电流阶跃暂态测试部分已经讨论过，如果反应物是
预先吸附在电极表面上的，则在很短时间内反应物消耗完
毕后，电量是个常数，如图 4.41 曲线 2 所示。溶液中的反
应物和吸附在电极表面上的反应物，在控制电位暂态测量
过程中表现出不同的特征，这些特征可以用于判别反应物
的来源。如果考虑到二者兼有的情况，即电极表面吸附反

应物和溶液中的反应物均参与到电极反应，此时总的电流由两部分组成，即 $Q_{0吸附}$ 和 Q_d，对应的电流时间曲线为图 4.41 曲线 3。所以可得：

$$Q = 2nFAc_O^B \sqrt{\frac{D_O t}{\pi}} + Q_{0吸附} \tag{4-127}$$

因此，可以通过图 4.41 曲线 3 截距求出 $Q_{0吸附}$，进而通过方程 $\Gamma = \dfrac{Q_{0吸附}}{nF}$ 求得电极表面吸附的反应物量 Γ。更精确的处理还要考虑双电层电容 Q_{dl}，但是通常双电层充电电量很小，可以忽略。Q_{dl} 可以用无电活性物质的空白溶液作计时电量得到。

（2）双电位阶跃下的计时库仑法

双电位阶跃法是控制电极的电位发生两次突跃，通常都是第二个阶跃使电极反应逆向进行，如图 4.42(a) 所示。初始电位为电极上不发生电化学反应，第一次阶跃至电极上发生极限还原电流（设溶液中最初只存在氧化态组分 O），即所谓大幅度的电位阶跃；当 $t = t_1$ 时，电极电位换向回到 R 发生氧化的极限扩散所对应的电位值。

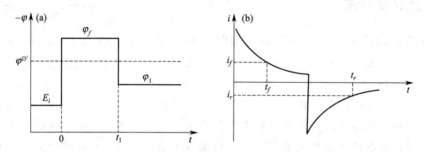

图 4.42　双电位阶跃法的电位波形（a）和电流响应波形（b）

对于平面电极，当 $0 < t < t_1$ 时，电位正向阶跃，可得：

$$i_f = -nFc_O^B \sqrt{\frac{D_O}{\pi t}} \tag{4-128}$$

在 $c_O(0, t)_{t<t_1} = 0$，且 $c_R(0, t) = 0$ 的条件下，解扩散方程可得反向阶跃过程中电流随时间变化规律，即：

$$i_r(t > t_1) = nFc_O^B \sqrt{\frac{D_O}{\pi} \left(\frac{1}{\sqrt{t - t_1}} - \frac{1}{\sqrt{t}} \right)} \tag{4-129}$$

当电位阶跃幅度足够大时，对于可逆电极体系和不可逆电极体系，式（4-129）均适用，在双电位阶跃条件下，由式（4-128）和式（4-129）得到的电流随时间变化规律如图 4.42(b) 所示。

当 $t > t_1$ 时，扩散引起的并继续积累的电量与时间的关系如下：

$$Q_d(t > t_1) = \frac{2nFAD_O^{1/2}c_O^B}{\pi^{1/2}} [t^{1/2} - (t - t_1)^{1/2}] \tag{4-130}$$

双电位阶跃条件下，对应的电流阶跃的方向相反，当 $t > t_1$ 时，Q_d 随时间增加而降低，如图 4.43 所示。注意到双电层在正向阶跃的时候充电，反向阶跃的时候放电，所以净电位变化为 0。如图 4.43 所示，反向时移去的电量 Q_r 是 $Q(t_1)$ 与 $Q_d(t > t_1)$ 之差，即：

$$Q_r(t>t_1)=Q_{dl}+\frac{2nFAD_O^{1/2}c_O^B}{\pi^{1/2}}\left[t_1^{1/2}+(t-t_1)^{1/2}-t^{1/2}\right]=Q_{dl}+\frac{2nFAD_O^{1/2}c_O^B}{\pi^{1/2}}\theta \tag{4-131}$$

其中 $\theta=t_1^{1/2}+(t-t_1)^{1/2}-t^{1/2}$。

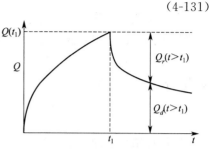

若 R 在电极上不发生吸附，则 $Q_r(t>t_1)$ 对 θ 作图可得一条直线，称作 Anson 图，如图 4.44 所示。图 4.44 中 $Q_d(t>t_1)$ 对 $t^{1/2}$ 作图及 $Q_r(t>t_1)$ 对 θ 作图得到 Anson 图，对研究电极表面有吸附反应物的反应非常有用。图 4.44 中两条直线截距的差值为 $nFA\Gamma_O$，这是吸附反应物 O 法拉第过程所消耗的电量。所以，考虑到电极表面吸附反应物的情况，总的消耗电量即为：

图 4.43 双电位阶跃条件下计时电量随时间变化规律

$$Q_d=\frac{2nFAD_O^{1/2}c_O^B t^{1/2}}{\pi^{1/2}}+Q_{dl}+nFA\Gamma_O \tag{4-132}$$

双电位阶跃法可以判断产物的稳定性。如果反应物和产物都是稳定不吸附的，且不考虑 Q_{dl}，由式(4-126) 和式(4-130) 可得：

$$\frac{Q_d(t<t_1)}{Q_d(t_1)}=\sqrt{\frac{t}{t_1}} \tag{4-133}$$

$$\frac{Q_d(t>t_1)}{Q_d(t_1)}=\sqrt{\frac{t}{t_1}}-\sqrt{\frac{t}{t_1}-1} \tag{4-134}$$

上述比值与具体实验参数 n、Co、Do、A 均无关，这是稳定体系的计时电量响应的本质特征。若反应体系稳定，则由式(4-134) 可知，通过 $\dfrac{Q_d(2t_1)}{Q_d(t_1)}$ 和 $\dfrac{Q_d(t_1)-Q_d(2t_1)}{Q_d(t_1)}$ 两个数值来快速判断产物的稳定性，若它们的比值分别是 0.414 和 0.586，则产物是稳定的。若产物 R 在溶液中能够迅速溶解，在第一次电位阶跃 O 的扩散与还原仍然遵循式(4-126)。由于产物 R 的分解在第二次电位阶跃时只有一部分被重新氧化，因此与产物稳定的体系相比，$\dfrac{Q_d(t)}{Q_d(t_1)}$ 的值随时间下降得较慢，如图 4.45 所示。极端情况下，产物 R 完全分解，此时反向电流为 0，当 $t>t_1$ 时，$\dfrac{Q_d(t)}{Q_d(t_1)}$ 的值为 1。

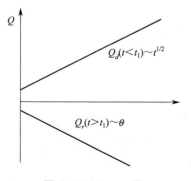

图 4.44 Anson 图

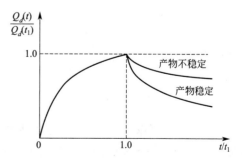

图 4.45 产物稳定和产物不稳定体系的双电势阶跃计时库仑曲线

4.2.8 电量阶跃法

电量阶跃法又称库仑脉冲法（Coulostatic pulse），是在开路状态下，给电极施加一极短时间的电流脉冲，记录开路电位随时间的变化。控制电流脉冲的时间足够短，仅仅引起双电层充电。脉冲结束后，双电层放电并引起法拉第电流。短时间的电流脉冲引起电极上电量的变化，使得电极电势从 φ_e 变为 $\varphi_{t=0}$，所以可得：

$$\varphi_{(t=0)} - \varphi_e = \frac{-\Delta Q}{C_d} \tag{4-135}$$

对脉冲结束后的放电过程，有：

$$i_r = -i_c = C_d \frac{\mathrm{d}\eta}{\mathrm{d}t} \tag{4-136}$$

$$\eta(t) = \eta(t=0) + \frac{1}{C_d} \int_0^t i_r \mathrm{d}t \tag{4-137}$$

利用适当的 i_r 表达式可求解 $\eta \sim t$ 关系，现分两种情况进行讨论：

（1）小幅度电量阶跃

发生阶跃的电量很小，若电势偏离足够小，即 $\eta(t=0) \ll \frac{RT}{nF}$，且不考虑浓差极化，此时可利用线性关系式表示 i_r，即：

$$\eta = -\frac{RT}{nF} \frac{i_r}{i^0} \tag{4-138}$$

将式（4-138）代入式（4-137）求解可得到：

$$\eta(t) = \eta(t=0) \exp\left(-\frac{t}{\tau_c}\right) \tag{4-139}$$

其中，$\tau_c = \frac{RTC_d}{nFi^0} = R_{ct}C_d$。

由式（4-139）可知，电位以时间常数按指数规律弛豫回 φ_e。以 $\ln|\eta(t)|$ 对 t 作图得直线，截距为 $\ln|\eta(t=0)|$，可求 C_d。直线的斜率为 $\frac{-1}{\tau_c}$，进而可以求出电子转移电阻 R_r 和交换电流密度 i^0 等参数。

（2）大幅度电量阶跃

若施加一个足够大的电量阶跃，使得 $\eta(t=0)$ 下达到极限扩散状态，并假设 C_d 与电位无关，将方程 $i = nFc_O^B\sqrt{\dfrac{D_O}{\pi t}}$ 代入式（4-137），求解可得：

$$\Delta\varphi = |\varphi(t) - \varphi(t=0)| = \frac{2nFc_O^B}{C_d}\sqrt{\frac{D_O t}{\pi}} \tag{4-140}$$

式（4-140）可以看出 $\Delta\varphi \sim \sqrt{t}$ 为线性关系，斜率正比于溶液本体浓度。电量阶跃法的测量是在没有净的外电流的条件下进行的，故欧姆电阻极化不会产生影响，还可以用于高电阻介质中的测量。与电流阶跃法不同的是，由于发生弛豫的双电层的放电，双电层电容的电流不再是法拉第电流的误差，而是 $i_c \approx i_f$。

最后总结一下暂态测试技术：①暂态阶段流过电极界面的总电流包括各基本过程的暂态电流，如双电层充电电流 i_c 和反应电流 i_r 等，而稳态极化电流只表示电极反应电流。②由于暂态系统的复杂性，常把电极系统用等效电流来表示，以便于分析和计算。稳态系统虽然也可以用等效电路表示，但要简单得多，因为它只由电阻元件组成。稳态系统的分析中常用极化曲线，很少用等效电路。③虽然暂态系统比较复杂，但暂态法比稳态法多考虑了时间因素，可利用各基本过程对时间的不同响应，使复杂的等效电路得以简化或进行解析，以测得等效电路中各部分的数值，达到研究各基本过程和控制电极总过程的目的。④由于暂态法极化时间短，即单向电流持续的时间短，可以大大减小或消除浓差极化的影响，因此有利于快速电极过程的研究。由于测量时间短，液相中的粒子或杂质往往来不及扩散到电极表面，因此有利于研究界面结构和吸附现象。对于某些电极表面状态变化比较大的体系，如金属电沉积和腐蚀等，由于反应产物在电极表面的积累或电极表面因反应而不断遭到破坏，用稳态法费时太多，且不易得到重现性好的结果。

 思考题

（1）各种控制电流暂态法的特点、原理和应用是什么？

（2）控制电流暂态法小幅度运用和大幅度运用有何区别？如何选用？

（3）影响控制电流暂态的因素有哪些？

（4）举例说明控制电流暂态法的应用。

（5）暂态法的特点有哪些？

（6）线性电位扫描法有何特点？扫描速度的影响如何？为什么？

（7）举例说明控制电位暂态法的应用。

第五章

电化学阻抗

以小振幅的交流正弦波电势（或电流）为扰动信号，使电极系统产生近似线性关系的响应，测量电极系统在很宽频率范围的阻抗谱（交流电势与电流信号的比值随正弦波频率 ω 的变化，或者是阻抗的相位角 ϕ 随 ω 的变化），以此来研究电极系统的方法就是交流阻抗法（Alternating current impedance），现称为电化学阻抗谱（Electrochemical impedance spectroscopy，EIS）。电化学阻抗是电化学测试技术中一类十分重要的方法，是研究电极过程动力学和表面现象的重要手段。特别是近年来，随着频率响应分析仪的快速发展，电化学阻抗的测试精度越来越高，超低频信号电化学阻抗谱也具有良好的重现性，再加上计算机技术的进步，对阻抗谱解析的自动化程度越来越高，可以更好地理解电极表面双电层结构，活化钝化膜转换，孔蚀的诱发、发展、终止以及活性物质的吸脱附过程等。应用电化学阻抗谱能够检测到 $10^{-11}\,\mathrm{A/cm^2}$ 的极其微弱交流信号，因而适用于有机涂层、缓蚀剂和纯水等高阻抗体系研究。

利用 EIS 研究一个电化学系统的基本思路：将电化学系统看作一个等效电路，这个等效电路由电阻 R、电容 C、电感 L 等基本元件按串联或并联等不同方式组合而成，通过 EIS，可以测定等效电路的构成以及各元件的大小，利用这些元件的电化学含义，来分析电化学系统的结构和电极过程的性质等。这里需要明确电感 L 的定义，电感是闭合回路的一种属性，是一个物理量。当电流通过线圈后，在线圈中形成磁场感应，感应磁场又会产生感应电流来抵制通过线圈中的电流，这种电流与线圈的相互作用关系称为电感，单位是亨利（H）。

对于一个稳定的线性系统 M（图 5.1），如以一个角频率为 ω 的正弦波电信号 X（电压或电流）输入该系统，相应的从该系统输出一个角频率为 ω 的正弦波

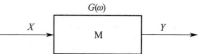

图 5.1　稳定的线性物理系统 M

电信号 Y（电流或电压），此时电极系统的频响函数 $G(\omega)$ 就是电化学阻抗，输入与输出信号之间关系为：

$$G(\omega)=\frac{Y}{X} \tag{5-1}$$

式中，$G(\omega)$ 是角频率 ω 的函数，反映系统 M 的频响特性，由 M 的内部结构决定，可以从 $G(\omega)$ 随角频率 ω 的变化规律获得系统 M 内部结构的有用信息。

在一系列不同角频率下测得的一组频响函数值就是电极系统的电化学阻抗谱。如果 X 为角频率 ω 的正弦波电流信号，则 Y 即为角频率 ω 的正弦波电势信号，此时，$G(\omega)$ 也是频率的函数，称之为系统 M 的阻抗（Impedance），用 Z 表示。如果 X 为角频率为 ω 的正弦波电势信号，Y 为角频率也为 ω 的正弦波电流信号，此时，频响函数 $G(\omega)$ 就称为系统 M 的导纳（Admittance），用 Y/X 表示。若在频响函数中只讨论阻抗与导纳，则 G 总称为阻纳（Immittance），阻抗和导纳互为倒数关系，即：$Z=\dfrac{1}{Y}$。频响函数 $G(\omega)$ 由两部分组成，分别是实部和虚部，即：

$$G(\omega)=G'(\omega)+jG''(\omega) \tag{5-2}$$

电化学阻抗测量具有如下优点：①用小幅度正弦波对电极进行极化不会引起严重的浓差极化及表面状态变化，使扰动与体系的响应之间近似呈线性关系；②电化学阻抗是频域中的测量，速度不同的过程很容易在频域上分开，速度快的子过程出现在高频区，速度慢的子过

程出现在低频区；③通过电化学阻抗，可判断出电化学反应体系含几个子过程，讨论电极反应动力学特征；④可以在很宽频率范围内测量得到阻抗谱，因而电化学阻抗能得到比其它常规的电化学方法更多的电极过程动力学信息和电极界面结构信息。

虽然电化学阻抗有很多优点，但是电化学阻抗测量需要一些基本的限制条件，分别是：因果性条件、线性条件、有限性条件和稳定性条件。

（1）因果性条件

电极系统只对扰动信号进行响应，输出的响应信号只是由输入的扰动信号引起的，也就是说测量信号和扰动信号之间存在唯一对应的因果关系，任何其它干扰信号都必须排除。如果充分注意了电化学系统环境因素（比如温度等）的控制，这个条件比较容易满足。

（2）线性条件

电极过程速度随状态变量发生线性变化，输出的响应信号与输入的扰动信号之间存在线性关系。通常的情况下，电化学系统的电流与电势之间是不符合线性关系的，而是由体系的动力学规律决定的非线性关系。但是，当采用小幅度的正弦波电势信号对系统进行扰动时，作为扰动信号的电势和响应信号的电流之间可近似看作呈线性关系，从而可近似满足线性条件。通常作为扰动信号的电位正弦波的幅值在 5mV 左右，一般不超过 10mV。扰动信号过大，就不满足线性条件，得到的电化学阻抗谱也将偏离真实结果。

（3）有限性条件

电化学阻抗是在有限的频率范围内测定的阻抗或导纳，也就是说测量电化学阻抗时必须给出频率范围。有很多腐蚀信息只有在低频的时候才能观察到，所以通常电化学阻抗测量时频率要尽量低些。

（4）稳定性条件

扰动不会引起系统内部结构发生变化，当扰动停止后，系统能够恢复到原先的状态。对于可逆反应来说，容易满足稳定性条件；不可逆电极过程，只要电极表面的变化不是很快，当扰动幅度小，作用时间短，扰动停止后，系统也能够恢复到离原先状态不远的状态，可以近似认为满足稳定性条件。虽然金属腐蚀是一个不可逆过程，但是由于扰动幅度小，可近似满足稳定性条件，所以才能利用电化学阻抗研究金属的腐蚀过程。对于非常快速的电极反应，或者扰动的频率低、作用时间长时，稳定性条件的满足较困难，所以 EIS 研究快速不可逆反应有一定困难。

5.1 有关复数和电工学知识

5.1.1 复数的概念

把形如 $z = a + jb$（a、b 均为实数）的数称为复数。其中，a 称为实部，b 称为虚部，j 称为虚数单位。当 z 的虚部 $b = 0$ 时，则 z 为实数；当 z 的虚部 $b \neq 0$，实部 $a = 0$ 时，常称 z 为纯虚数。对于电化学阻抗来说，阻抗也是由虚部 Z'' 和实部 Z' 两部分组成，即：

$$Z = Z' + jZ'' \tag{5-3}$$

复数的模为：

$$|Z| = \sqrt{Z'^2 + Z''^2} \tag{5-4}$$

复数的辐角即相位角为：

$$\phi = \arctan \frac{Z''}{Z'} \tag{5-5}$$

虚数单位乘方为：

$$j = \sqrt{-1}, j^2 = -1, j^3 = -j \tag{5-6}$$

共轭复数为：

$$\overline{Z} = Z' - jZ'' \tag{5-7}$$

5.1.2　复数表示法

复数表示法有三种，分别是坐标表示法、三角表示法和指数表示法，其中坐标表示法如图 5.2 所示，利用坐标轴表示复数。

三角表示法是利用正弦和余弦三角函数来表示复数，模值 $|Z| = \sqrt{Z'^2 + Z''^2} = \dfrac{Z'}{\cos\phi} = \dfrac{Z''}{\sin\phi}$，所以可得：

$$Z = Z' + jZ'' = |Z|\cos\phi + j|Z|\sin\phi \tag{5-8}$$

指数表示法是用指数来表征复数，即：

$$Z = |Z|\mathrm{e}^{j\phi} \tag{5-9}$$

其中 $\mathrm{e}^{j\phi}$ 可用欧拉（Euler）方程表示，即 $\mathrm{e}^{j\phi} = \cos\phi + j\sin\phi$。

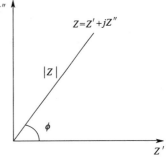

图 5.2　复数坐标表示法

5.1.3　复数的运算法则

（1）加减

$$(a + jb) \pm (c + jd) = (a \pm c) + j(b \pm d)$$

（2）乘除

$$(a + jb) \times (c + jd) = (ac - bd) + j(bc + ad)$$

$$(a + jb) \div (c + jd) = \frac{ac + bd}{c^2 + d^2} + j\frac{(bc - ad)}{c^2 + d^2}$$

5.1.4　正弦交流电的基本知识

如果正弦交流电压由一个正弦交流电信号或旋转的矢量来表示，如图 5.3 所示，正弦交流电压为：

$$\widetilde{E} = E\sin(\omega t) \tag{5-10}$$

对于一个幅值为 E，从水平位置旋转了 ωt 角度的矢量 $\dot{E}$，在复数平面中可表示为：

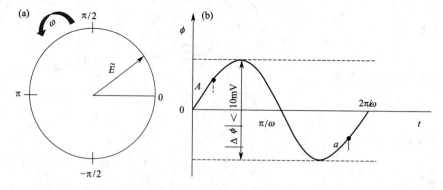

图 5.3　正弦交流电压 $\widetilde{E} = E\sin(\omega t)$ 的矢量图

$$\widetilde{E} = E\cos(\omega t) + jE\sin(\omega t) \tag{5-11}$$

其中，$E\cos(\omega t)$ 是这个矢量在实轴（水平方向）上的投影，$E\sin(\omega t)$ 是这个矢量在虚轴（竖直方向）上的投影。根据欧拉（Euler）方程，式（5-11）表示的矢量也可以写成复指数的形式，即：

$$\widetilde{E} = E\exp(j\omega t) \tag{5-12}$$

当在一个线性电流两端施加一个正弦交流电压后，流经该电路的电流可表示为：

$$\widetilde{i} = I\exp[j(\omega t + \phi)]) \tag{5-13}$$

其中，ϕ 为电路中的电流 $\widetilde{i}$ 与电路两端的电压 $\widetilde{E}$ 之间的相位角。如果 $\phi > 0$，则电流的相位超前于电压的相位；如果 $\phi < 0$，则电流的相位滞后于电压的相位。由于 $\widetilde{i}$ 和 $\widetilde{E}$ 之间的关系，可以确定这个线性电路的阻抗为：

$$Z = \frac{\widetilde{E}}{\widetilde{i}} = \frac{E}{I}\exp(-j\phi) = |Z|\exp(-j\phi) \tag{5-14}$$

式（5-14）按欧拉公式展开，可得：

$$Z = |Z|(\cos\phi - j\sin\phi) = Z_{Re} - jZ_{Im} \tag{5-15}$$

其中，Z_{Re} 称为阻抗的实部，Z_{Im} 称为阻抗的虚部，且 $Z_{Re} = |Z|\cos\phi$，$Z_{Im} = |Z|\sin\phi$。

该线性电路的导纳为：

$$Y = \frac{1}{Z} = |Y|\exp(j\phi) = |Y|(\cos\phi + j\sin\phi) = Y_{Re} + jY_{Im} \tag{5-16}$$

其中，Y_{Re} 称为导纳的实部，Y_{Im} 称为导纳的虚部，且 $Y_{Re} = |Y|\cos\phi$，$Y_{Im} = |Y|\sin\phi$，导纳的相位角为 ϕ，而其模为：

$$|Y| = \frac{1}{Z} = \frac{I}{E} \tag{5-17}$$

由以上分析可以分别得到阻抗和导纳的模值及相位角分别为：

$$|Z| = \sqrt{Z_{Re}^2 + Z_{Im}^2} \tag{5-18}$$

$$|Y| = \sqrt{Y_{Re}^2 + Y_{Im}^2} \tag{5-19}$$

$$\tan\phi = \frac{Z_{Im}}{Z_{Re}} = \frac{Y_{Im}}{Y_{Re}} \tag{5-20}$$

所以，在测量一个线性系统的阻纳时，可以测定其模和相位角，也可测定其实部和虚部。

5.1.5　正弦交流电流经过各元件时电流与电压的关系

（1）纯电阻元件

等效电路中的纯电阻元件 R 可看成纯电阻，由于电化学阻抗谱中都是按单位电极面积（cm^2）来计算等效组件的参数值，所以纯电阻元件 R 的单位为 $Ohm \cdot cm^2$ 或 $\Omega \cdot cm^2$。所以，纯电阻 R 的阻抗和导纳分别是 R 和 $1/R$。所以，纯电阻的阻纳只有实部没有虚部。当对纯电阻元件施加一个正弦交流电压，即 $U_R = U_m \cdot \sin(\omega t)$，可得：

$$I = \frac{U_R}{R} = \frac{U_m \sin(\omega t)}{R} = I_m \sin(\omega t) \tag{5-21}$$

由式（5-21）可以看出，纯电阻两端的电压与流经电阻的电流是同频同相的正弦交流电，注意到角频率 $\omega = 2\pi f = \dfrac{2\pi}{T}$。

（2）纯电感元件

对于纯电感元件 L，其单位为 $H \cdot cm^2$，对其施加一个正弦交流信号，即 $I = I_m \sin(\omega t)$，可得电感 L 两端的电压为：

$$U_L = L\frac{dI}{dt} = L\frac{d[I_m \sin(\omega t)]}{dt} = LI_m \omega \cos(\omega t) = LI_m \omega \sin\left(\omega t + \frac{\pi}{2}\right) \tag{5-22}$$

由式（5-22）可以看出，电感两端的电压与流经的电流是同频率的正弦量，但在相位上电压比电流超前 $\pi/2$。所以，可得电感的阻抗和导纳分别为：

$$Z = j\omega L \tag{5-23}$$

$$Y = j\frac{1}{\omega L} \tag{5-24}$$

由式（5-23）和式（5-24）可以看出，纯电感的阻抗和导纳只有虚部没有实部，且电感的相位角为：$\phi = -\dfrac{\pi}{2}$。

（3）纯电容元件

对于纯电容元件 C，其单位为 F/cm^2，对电容两端施加正弦交流电压，即：$U_C = U_m \sin(\omega t)$，所以可得电流为：

$$I = \frac{dQ}{dt} = \frac{d(CU_C)}{dt} = C\frac{d}{dt}_m \sin\omega = U_m \omega C \cdot \cos(\omega t) = I_m \sin\left(\omega t + \frac{\pi}{2}\right) \tag{5-25}$$

由式（5-25）可以看出，纯电容器两端的电压和流经的电流是同频率的正弦量，只是电流在相位上比电压超前 $\pi/2$。所以可得纯电容元件的阻抗和导纳分别为：

$$Z(\omega) = \frac{1}{j\omega C} = -j\frac{1}{\omega C} \tag{5-26}$$

$$Y = j\omega C \tag{5-27}$$

由式（5-26）和式（5-27）可以看出，纯电容的阻抗和导纳只有虚部没有实部，且电容的相位角为：$\phi = \dfrac{\pi}{2}$。

（4）常相位角元件（Q）

电极与溶液之间的双电层一般用一个等效电容来表示，但是实验中发现，固体电极的双电层的阻抗行为与等效纯电容元件的阻抗行为有一定或大或小的偏离，这种现象一般称为弥散效应。弥散效应主要是由双电层中电场不均匀、界面电容的介质损耗等引起的，而双电层中电场不均匀可能是由于电极表面太粗糙。由此形成了一个等效元件，称作常相位角元件（Constant Phase Element，CPE），通常用符号 Q 表示。常相位角元件具有电容性质，但与电容对频率的响应时间不一样，Q 的相位角与频率无关，因而称为常相位角元件。常相位角元件 Q 的阻抗为：

$$Z_Q = \frac{1}{Y_0}(j\omega)^{-n} \tag{5-28}$$

由式（5-28）可以看出，常相位角元件 Q 有两个参数，一个是参数 Y_0，其单位是 $\Omega^{-1} \cdot cm^{-2} \cdot s^{-1}$。由于 Q 是用来描述电容元件 C 的参数发生偏离时的等效元件，因此它的参数 Y_0 与等效电容 C 一样总是取正值。Q 的另一个参数是 n，n 是无量纲的指数，通常称为弥散系数。弥散系数 n 一般在 $0.6 \sim 1$ 之间，$n = 1$ 时，Y_0 相当于 C，Q 相当于纯电容 $\rightarrow [-j/(\omega C)]$；$n = 0$ 时，Y_0 相当于 $1/R$，Q 相当于纯电阻（R）；$n = -1$ 时，Y_0 相当于 $1/L$，Q 相当于纯电感（$j\omega L$）。利用欧拉方程展开，式（5-28）可表示为：

$$Z_Q = \frac{1}{Y_0 \omega^n} \cos \frac{n\pi}{2} - j \frac{1}{Y_0 \omega^n} \sin \frac{n\pi}{2} \tag{5-29}$$

由式（5-29）可以看出，常相位角元件 Q 的阻抗的实部、虚部和模值以及导纳分别为：

$$Z' = \frac{1}{Y_0 \omega^n} \cos \frac{n\pi}{2} \tag{5-30}$$

$$Z'' = \frac{1}{Y_0 \omega^n} \sin \frac{n\pi}{2} \tag{5-31}$$

$$|Z| = \frac{1}{Y_0 \omega^n} \tag{5-32}$$

$$Y_Q = Y_0 \omega^n \cos \frac{n\pi}{2} + j Y_0 \omega^n \sin \frac{n\pi}{2} \tag{5-33}$$

常相位角元件 Q 的相位角为 $\phi = \dfrac{n\pi}{2}$。

5.1.6 复阻抗的概念

复阻抗 Z 是电路元件对电流的阻碍作用和移相作用的反映，当电路中有多个元件时，如果是串联，则总的阻抗即各个元件的阻抗之和；如果是并联，则总的导纳是各个元件的导纳之和。复阻抗的串联和并联分别为：

$$Z = Z_R + Z_L + Z_C = R_L + j\omega L - j\frac{1}{\omega C} = R + j\left(\omega L - \frac{1}{\omega C}\right) \tag{5-34}$$

$$\frac{1}{Z} = \frac{1}{Z_R} + \frac{1}{Z_L} + \frac{1}{Z_C} = \frac{1}{R} + \frac{1}{j\omega L} - \frac{1}{j\frac{1}{\omega C}} = \frac{1}{R} - j\left(\frac{1}{\omega L} - \omega C\right) \tag{5-35}$$

由式(5-34) 和式(5-35) 可以看出，当多个元件串联时用阻抗计算较为方便，而当多个元件并联时则用导纳计算更为方便。

5.2
电极体系等效电路

用一些电学组件以及电化学组件来构成一个电路，使得这个电路的阻纳频谱与测得的电极系统的电化学阻抗谱相同，则称这一电路为该电极系统或电极过程的等效电路，并称用来构成等效电路的组件为等效阻抗。利用电化学阻抗谱研究一个电化学系统时，它的基本思路是将电化学系统看作一个等效电路。这个等效电路由电阻（R）、电容（C）、电感（L）等基本元件按串联或并联等不同方式组合而成。通过电化学阻抗谱，可以定量测定这些元件的大小，利用这些元件的电化学含义，来分析电化学系统的结构和电极过程的性质。

等效电路可以用电路描述码（Circuit description code，CDC）来表示，规则如下：元件外面的括号总数为奇数时，该元件的第一层运算为并联，元件外面的括号总数为偶数时，该元件的第一层运算为串联。几种常见的等效电路及其电路描述码如图 5.4 所示。

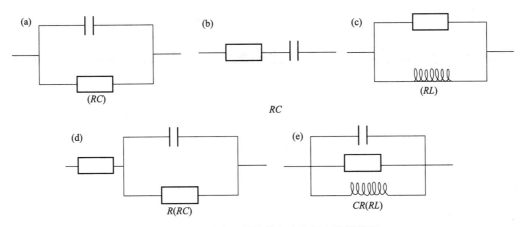

图 5.4　几种常见的等效电路及其电路描述码

5.3
理想极化电极的电化学阻抗谱

理想极化电极是指通电时不发生电极反应，全部电量用于改变双电层荷电状态的电极，所以对于理想极化电极，无论施加多大的电压在电极表面都没有电荷转移发生，Hg 电极在电位窗口内可以看成理想极化电极。在考虑到溶液电阻存在的条件下，理想极化电极电化学体系可等效成如图 5.4(b) 所示的等效电路。

对于理想极化电极，其阻抗由溶液电阻和双电层电容两部分阻抗组成，即：

$$Z = Z_{R_s} + Z_{C_d} = R_L + \frac{1}{j\omega C_d} = R_s - j\frac{1}{\omega C_d} = R_s - j\frac{1}{2\pi f C_d} \qquad (5\text{-}36)$$

由式(5-36)可以看出，理想极化电极的电解池阻抗的复平面 Nyquist 图上为与横轴交于 R_s 且与纵轴平行的一条直线，如图 5.5 所示。可以很方便地求出 R_s。

电化学阻抗谱由两部分组成，即 Nyquist 图和 Bode 图，Bode 图由两部分组成，首先来看阻抗模值随频率变化图。对于理想极化电极，其阻抗模值为：$|Z| = \sqrt{Z'^2 + Z''^2}$，将式(5-36)中实部 R_s 和虚部 $-\frac{1}{2\pi f C_d}$ 分别代入 $|Z| = \sqrt{Z'^2 + Z''^2}$ 并求对数可得：

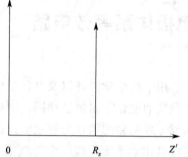

图 5.5　理想极化电极的 Nyquist 图

$$\lg|Z| = \frac{1}{2}\lg[1 + (\omega R_s C_d)^2] - \lg\omega - \lg C_d \qquad (5\text{-}37)$$

由式(5-37)可以看出高频区，式 $\frac{1}{2}\lg[1 + (\omega R_s C_d)^2]$ 中 $(\omega R_s C_d)^2 \gg 1$，所以 1 可以省略，然后 $\frac{1}{2}\lg(\omega R_s C_d)^2$ 展开后可得：$\lg|Z| = \lg R_s$。所以由高频区的阻抗模值，可以求溶液电阻 R_s。而在低频区，$(\omega R_s C_d)^2$ 趋近于 0，所以 $\frac{1}{2}\lg[1 + (\omega R_s C_d)^2]$ 也趋近于 0，因此可得：$\lg|Z| = -\lg\omega - \lg C_d$。所以，如图 5.6 所示，在低频区，阻抗模值 $\lg|Z|$ 与频率 $\lg\omega$ 是线性关系。

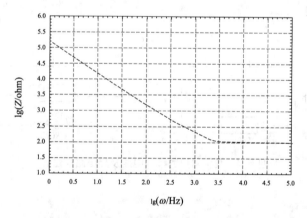

图 5.6　理想极化电极的 Bode 图中阻抗模值随频率的变化规律

再看相位角与频率之间的关系，即 $\varphi \sim \lg\omega$ 图。相位角可以由阻抗的实部和虚部计算得到，即 $\phi = \arctan\frac{Z''}{Z'}$，同样的将实部 R_s 和虚部 $\frac{1}{2\pi f C_d}$ 分别代入 $\phi = \arctan\frac{Z''}{Z'}$，可得：

$$\phi = \arctan\frac{\dfrac{1}{\omega C_d}}{R_s} = \arctan\frac{1}{\omega R_s C_d} \qquad (5\text{-}38)$$

理想极化电极的 Bode 图中相位角随频率的变化规律如图 5.7 所示，同时由式(5-38)可以看出，在低频区，$\frac{1}{\omega R_s C_d}$ 趋近于无穷大，所以低频区相位角 $\phi \approx \frac{\pi}{2}$。而高频区，$\frac{1}{\omega R_s C_d}$ 趋近于 0，所以此时相位角 $\phi \approx 0$。

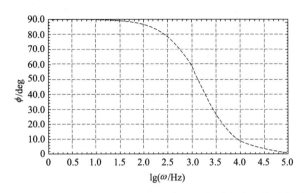

图 5.7　理想极化电极的 Bode 图中相位角随频率的变化规律

当 ω 处于高频和低频之间时，有一个特征频率 ω^*，在这个特征频率，R_s 和 C_d 的复合阻抗的实部和虚部相等，都等于溶液电阻 R_s，即：$R_s = \frac{1}{\omega^* C_d}$，所以可得特征频率 ω^* 为

$$\omega^* = \frac{1}{R_s C_d} \tag{5-39}$$

5.4
溶液电阻可忽略时，电化学极化控制的电化学阻抗谱

溶液电阻可忽略时，电化学极化控制的电极体系的等效电路如图 5.4(a) 所示，由双电层电容 C_d 和电子转移电阻 R_r 并联组成，此时电极反应过程受到活化控制。因为 C_d 和 R_r 是并联关系，所以先用导纳计算更为方便，即：

$$Y = Y_{R_r} + Y_{C_d} = \frac{1}{R_r} + j\omega C_d = \frac{1 + j\omega C_d R_r}{R_r} \tag{5-40}$$

将导纳转变为阻抗，可得溶液电阻可忽略时，电化学极化控制的电极体系的阻抗为：

$$Z = \frac{R_r}{1 + (\omega R_r C_d)^2} - j \frac{\omega R_r^2 C_d}{1 + (\omega R_r C_d)^2} \tag{5-41}$$

其中实部为：$Z' = \frac{R_r}{1 + (\omega R_r C_d)^2}$，虚部为：$Z'' = \frac{\omega R_r^2 C_d}{1 + (\omega R_r C_d)^2}$。

首先来看 Nyquist 图，由实部 $Z' = \frac{R_r}{1 + (\omega R_r C_d)^2}$ 和虚部 $Z'' = \frac{\omega R_r^2 C_d}{1 + (\omega R_r C_d)^2}$ 可得：

$$\left(Z' - \frac{R_r}{2}\right)^2 + Z''^2 = \left(\frac{R_r}{2}\right)^2 \tag{5-42}$$

由式(5-42) 可以看出溶液电阻可忽略时，电化学极化控制的电极体系的 Nyquist 图是一个半圆，圆心为 $\left(\dfrac{R_r}{2},\ 0\right)$，半径为 $\dfrac{R_r}{2}$，如图

5.8 所示。在 Nyquist 图高频区，即 $\omega \to \infty$，可以看到此时实部和虚部阻抗均为 0，即 $Z' = Z'' = 0$。而在低频区，即 $\omega \to 0$，可得实部阻抗为 R_r，由此可以求出电子转移电阻 R_r。另外，注意到当实部和虚部相等时对应的特征频率 ω^* 即为 Nyquist 图半圆定点所对应的频率值。

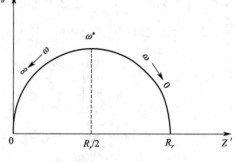

图 5.8　液电阻可忽略时，电化学极化控制的电极 Nyquist 图

对于 Bode 图，同样的先计算阻抗模值与频率之间的关系，即 $\lg|Z| \sim \lg\omega$ 图。将实部 $Z' = \dfrac{R_r}{1+(\omega R_r C_d)^2}$ 和虚部 $Z'' = \dfrac{\omega R_r^2 C_d}{1+(\omega R_r C_d)^2}$ 代入阻抗模值公式 $|Z| = \sqrt{Z'^2 + Z''^2}$ 可得：

$$\lg|Z| = \lg R_r - \frac{1}{2}\lg[1+(\omega R_r C_d)^2] \tag{5-43}$$

由式(5-43)可得溶液电阻可忽略时，电化学极化控制的电极体系 Bode 图中阻抗模值随频率的变化规律，如图 5.9 所示。在高频区，$(\omega R_r C_d)^2$ 远大于 1，故 $\dfrac{1}{2}\lg[1+(\omega R_r C_d)^2]$ 可近似为 $\dfrac{1}{2}\lg(\omega R_r C_d)^2$。所以可得，高频区 $\lg|Z| \approx -\lg\omega - \lg C_d$，此时 $\lg|Z|$ 与 $\lg\omega$ 之间为线性关系。而在低频区，$\dfrac{1}{2}\lg[1+(\omega R_r C_d)^2]$ 趋近于 0，所以可得：$|Z| \approx R_r$。所以图 5.9 在高频区为线性关系，而在低频区则为一条平行于横坐标轴的直线，通过低频区可以很容易求出电子转移电阻 R_r。

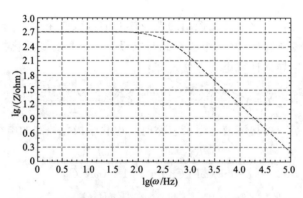

图 5.9　溶液电阻可忽略时，电化学极化控制的电极体系
Bode 图中阻抗模值随频率的变化规律

相位角随频率变化规律，即 $\phi \sim \lg\omega$ 关系曲线通过实部阻抗 $Z' = \dfrac{R_r}{1+(\omega R_r C_d)^2}$ 和虚部

阻抗 $Z'' = \dfrac{\omega R_r^2 C_d}{1+(\omega R_r C_d)^2}$ 可获得，即

$$\phi = \operatorname{arctg} \frac{Z''}{Z'} = \operatorname{arctg} \frac{\dfrac{\omega R_r^{\,2} C_d}{1+(\omega R_r C_d)^2}}{\dfrac{R_r}{1+(\omega R_r C_d)^2}} = \operatorname{arctg}(\omega R_r C_d) \tag{5-44}$$

由式（5-44）可得相位角 ϕ 随频率的变化规律，如图 5.10 所示。高频区，$\omega R_r C_d$ 趋近于无穷大，可得 $\phi \to \dfrac{\pi}{2}$；低频区，$\omega R_r C_d$ 趋近于 0，可得 $\phi \to 0$。

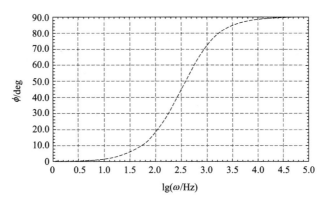

图 5.10 溶液电阻可忽略时，电化学极化控制的电极体系
Bode 图中相位角 ϕ 随频率的变化规律

另外，由实部 $Z' = \dfrac{R_r}{1+(\omega R_r C_d)^2}$ 和虚部 $Z'' = \dfrac{\omega R_r^2 C_d}{1+(\omega R_r C_d)^2}$ 相等，可得特征频率 ω^* 为：

$$\omega^* = \frac{1}{R_r C_d} \tag{5-45}$$

令 $\left. \dfrac{\mathrm{d}Z''}{\mathrm{d}\omega} \right|_{\omega^*} = 0$，由 $Z'' = \dfrac{\omega R_r^2 C_d}{1+(\omega R_r C_d)^2}$ 也可得 $\omega^* = \dfrac{1}{R_r C_d}$。所以，可见在 Nyquist 图中，半圆上 Z'' 的极大值处的频率就是特征频率 ω^*，如图 5.8 所示。

5.5
溶液电阻不可忽略时，电化学极化的电极电化学阻抗谱

溶液电阻 R_s 不可忽略时，在电化学极化的电极体系的等效电路中串联一个溶液电阻 R_s，即双电层电容 C_d 和电子转移电阻 R_r 并联后再与溶液电阻 R_s 串联，等效电路如图 5.4(d) 所示。首先计算双电层电容 C_d 和电子转移电阻 R_r 并联后的总的导纳，即为：$Y = \dfrac{1}{R_r} + j\omega C_d$。所以可得：$C_d$ 与 R_r 并联后与 R_s 串联的总阻抗为：

$$Z = R_s + \frac{R_r}{1+j\omega R_r C_d} = R_s + \frac{R_r}{1+(\omega R_r C_d)^2} - j \frac{\omega R_r^2 C_d}{1+(\omega R_r C_d)^2} \tag{5-46}$$

其中，阻抗的实部为：$Z'=R_s+\dfrac{R_r}{1+(\omega R_r C_d)^2}$，阻抗的虚部为：$Z''=\dfrac{\omega R_r^2 C_d}{1+(\omega R_r C_d)^2}$。

由实部 $Z'=R_s+\dfrac{R_r}{1+(\omega R_r C_d)^2}$ 和虚部 $Z''=\dfrac{\omega R_r^2 C_d}{1+(\omega R_r C_d)^2}$ 可得：

$$\left(Z'-\frac{R_r}{2}-R_s\right)^2+Z''^2=\left(\frac{R_r}{2}\right)^2 \tag{5-47}$$

由式(5-47)可知，溶液电阻不可忽略时，电化学极化控制的电极 Nyquist 图也是一个半圆，如图 5.11 所示，和溶液电阻可忽略时电化学极化控制的电极 Nyquist 图（图 5.8）相比，半圆只是向右移动了数值为 R_s 的距离。

由图 5.11 结合式 $Z'=R_s+\dfrac{R_r}{1+(\omega R_r C_d)^2}$，可得高频区 $\dfrac{R_r}{1+(\omega R_r C_d)^2}$ 趋近于 0，此时 $Z'=R_s$。而在低频区，$(\omega R_r C_d)^2$ 趋近于 0，所以

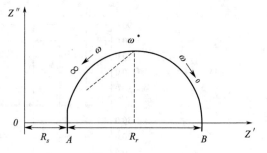

图 5.11　溶液电阻不可忽略时，电化学极化控制的电极 Nyquist 图

可得 $Z'=R_s+R_r$。因此，由高频区和低频区的实部阻抗可以分别获得溶液电阻 R_s 和电子转移电阻 R_r 的数值。电极过程的控制步骤为电化学反应步骤时，Nyquist 图为半圆，据此可以判断电极过程的控制步骤。利用式(5-39)，由半圆顶点的特征频率 ω^* 可求得双电层电容 C_d，即：

$$C_d=\frac{1}{R_r\omega^*} \tag{5-48}$$

对式(5-46)即 $Z=R_s+\dfrac{R_r}{1+j\omega R_r C_d}$ 进行转换，可得：$Z=\dfrac{(R_s+R_r)+j\omega R_s R_r C_d}{1+j\omega R_r C_d}$。对式 $Z=\dfrac{(R_s+R_r)+j\omega R_s R_r C_d}{1+j\omega R_r C_d}$ 两边取绝对值后再取对数，可得 Bode 图 $\lg|Z|\sim\lg\omega$ 关系曲线，即：

$$\lg|Z|=\lg(R_s+R_r)+\lg|1+j\omega\tau_2|-\lg|1+j\omega\tau_1| \tag{5-49}$$

其中 $\tau_1=R_r C_d$，$\tau_2=\dfrac{C_d R_r R_s}{R_s+R_r}$。

由式(5-49)可得溶液电阻不可忽略时，电化学极化控制的电极 Bode 图中阻抗模值随频率的变化规律，如图 5.12 所示。在高频区，即 $\omega\to\infty$ 时，$j\omega\tau_2$ 和 $j\omega\tau_1$ 均远大于 1，因此式(5-49)可转化为 $\lg|Z|=\lg(R_s+R_r)+\lg|j\omega\tau_2|-\lg|j\omega\tau_1|$，将 $\lg(R_s+R_r)+\lg|j\omega\tau_2|-\lg|j\omega\tau_1|$ 合并后可得到，高频区 $\lg|Z|=\lg R_s$，如图 5.12 所示。而在低频区，即 $\omega\to0$ 时，$\lg|1+j\omega\tau_2|$ 和 $\lg|1+j\omega\tau_1|$ 均趋

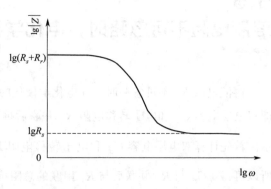

图 5.12　溶液电阻不可忽略时，电化学极化控制的电极 Bode 图中阻抗模值随频率的变化规律

向于 0，所以式(5-49)可简化为：$\lg|Z| = \lg(R_s + R_r)$。因此，由高频区和低频区的阻抗模值也很容易求得溶液电阻 R_s 和电子转移电阻 R_r 的数值。

将实部 $Z' = R_s + \dfrac{R_r}{1+(\omega R_r C_d)^2}$ 和虚部 $Z'' = \dfrac{\omega R_r^2 C_d}{1+(\omega R_r C_d)^2}$ 分别代入阻抗相位角计算公式，可得：

$$\tan\phi = \frac{Z''}{Z'} = \frac{\dfrac{\omega R_r^2 C_d}{1+(\omega R_r C_d)^2}}{R_s + \dfrac{R_r}{1+(\omega R_r C_d)^2}} \tag{5-50}$$

对式(5-50)再进一步转换可以得到：

$$\phi = \arctan\frac{\omega R_r^2 C_d}{R_s + R_s(\omega R_r C_d)^2 + R_r} \tag{5-51}$$

由式(5-51)可得 $\phi \sim \lg\omega$ 图，如图 5.13 所示。高频区 $\omega \to \infty$，$R_s(\omega R_r C_d)^2$ 远大于 $(R_s + R_r)$，此时可得：$\phi \to \arctan\dfrac{1}{R_s\omega C_d}$。而在低频区 $\omega \to 0$，$\omega R_r^2 C_d$ 也趋近于 0，此时 $\phi \to 0$。另外，对式(5-51)进行求导，即 $\dfrac{d\phi}{d\omega}\Big| = 0$，由 $\phi \sim \lg\omega$ 曲线顶点可以得到 $\omega^0 = \sqrt{\dfrac{R_s + R_r}{R_s}} \times \dfrac{1}{R_r C_d}$。通常可以将 Bode 图中的模值和相位角图合并成一个图，如图 5.14 所示，称为 Bode 图。

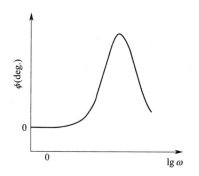

图 5.13　溶液电阻不可忽略时，电化学极化控制的电极体系 Bode 图中相位角 ϕ 随频率的变化规律

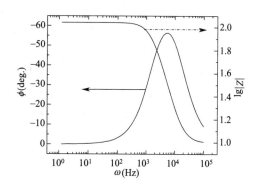

图 5.14　溶液电阻不可忽略时，电化学极化控制的电极体系 Bode 图

利用 Nyquist 图可确定各电化学参数。如：由 Nyquist 图直接在图中读出溶液电阻 R_s 和电子转移电阻 R_r 的数值；理想极化电极由 Nyquist 图不能直接得出双电层电容 C_d，但是电化学极化控制的电极体系可用容抗弧极值点频率 ω^* 求出双电层电容 C_d，即 $C_d = \dfrac{1}{\omega^* R_r}$。利用 Bode 图也可以确定各电化学参数，如：直接在图中读出溶液电阻 R_s 和电子转移电阻 R_r 的数值；对于理想极化电极，$\omega^* = 1$ 时，$|Z| = \dfrac{1}{C_d}$。

5.6
电化学阻抗谱的时间常数

状态变量在受到扰动后偏离定态值而在扰动消失后恢复到原来的定态值的过程，称作弛豫过程。保持某一状态变量以外的所有状态变量不变而仅变更该状态变量本身，则该状态变量的弛豫过程的快慢可以用一个时间的特征量 $\tau(s)$ 来表征，即该状态变量的弛豫过程的时间常数。时间常数的数值越大，响应的弛豫过程就越慢。从时间常数的定义可以知道，有几个时间常数就对应几个状态变量，测量时间常数的个数和数值对于探讨电极反应的机理来说是非常有用的。

通常，如果各个时间常数的数值相差较大，可以在阻抗谱图上直接观察到有几个时间常数，因而可以通过电化学阻抗谱测量来确定状态变量的个数并通过电化学阻抗数据的解析来求相应的参数值。

只有一个状态变量即电位 φ 的条件下，由于双电层电容值很小，所以电化学阻抗的特征频率 ω^* 的倒数就是一个时间常数 τ，特征频率为：$\omega^* = \dfrac{1}{R_r C_d}$，所以可得时间常数 τ 为：

$$\tau = \frac{1}{\omega^*} = R_r C_d \tag{5-52}$$

在阻抗复数平面图上，第 1 象限的半圆是电阻和电容并联所产生的，叫容抗弧。在 Nyquist 图上，第 1 象限有多少个容抗弧就有多少个（RC）电路。有一个（RC）电路就有一个时间常数。另外，确定阻抗谱中包含的时间常数的个数，观察电化学阻抗 Bode 图中相位角 $\phi \sim \lg\omega$ 曲线也是一种常见的方式。通常，在 $\phi \sim \lg\omega$ 曲线上除了高频区由 $R_s(R_r C_d)$ 电路所引起的峰或者"半峰"以外，还出现几个"峰或者谷"，阻抗谱中就包含几个由状态变量 X_i 引起的时间常数，但是"峰或者谷"所对应的频率不等于特征频率。通过 $\phi \sim \lg\omega$ 曲线，即使时间常数的数值之间相差不多，也可以在该曲线上将它们区分开来，也就是说通过 Bode 图判别时间常数的个数更容易些。

5.7
电化学极化和浓差极化同时存在的电极电化学阻抗谱

在上述阻抗的讨论过程中，并没有考虑到电极表面附近的反应物或产物的扩散对电极反应体系的影响。实际上，在不可逆的电极反应过程中，浓差极化导致的扩散过程通常会在电化学阻抗谱上反映出来。电化学极化和浓差极化同时存在的电化学反应体系的等效电路图如图 5.15 所示，考虑到浓差极化即扩散控制对电极反应过程的影响，在电子转移电阻元件 R_r 后串联了一个由扩散引起的元件 W，而元件 W 由扩散引起的电阻元件 R_w 和电容元件 C_w 串联组成。通常等效元件 R_w 和 C_w 可以合并为元件 W，通常用 Z_w 表示韦伯（Warburg）

阻抗。因为元件 R_w 和 C_w 是串联，所以可得 Warburg 阻抗 Z_w 为：

$$Z_w = R_w - j\,\frac{1}{\omega C_w} \tag{5-53}$$

浓差极化电阻 R_w 和电容 C_w 可表示为：

$$R_w = \frac{RT}{\sqrt{2}\,n^2 F^2 C^0\,\sqrt{\omega D_0}} = \frac{\sigma}{\sqrt{\omega}} \tag{5-54}$$

$$C_w = \frac{1}{\omega R_w} = \frac{\sqrt{2}\,n^2 F^2 C^0\,\sqrt{D_0}}{RT\sqrt{\omega}} = \frac{1}{\sigma\sqrt{\omega}} \tag{5-55}$$

其中，C^0 为本体溶液中反应物的浓度，$\sigma = \dfrac{RT}{\sqrt{2}\,n^2 F^2 C^0\,\sqrt{D_0}}$，$\sigma$ 称为 Warburg 系数。

由式(5-54) 和式(5-55) 可以看出，R_w 和 C_w 都与角频率 ω 的平方根成反比。因为元件 R_w 和 C_w 串联，Warburg 阻抗 Z_w 还可以表述为：

$$Z_w = \frac{\sigma}{\sqrt{\omega}} - j\,\frac{\sigma}{\sqrt{\omega}} \tag{5-56}$$

由式(5-56) 中 Warburg 阻抗的实部 $\dfrac{\sigma}{\sqrt{\omega}}$ 和虚部 $\dfrac{\sigma}{\sqrt{\omega}}$ 可计算 Warburg 阻抗的模值为：

$$\lg|Z| = \lg\sqrt{\left(\frac{\sigma}{\sqrt{\omega}}\right)^2 + \left(\frac{\sigma}{\sqrt{\omega}}\right)^2} = \lg\frac{\sigma}{\sqrt{\omega}} + \lg\sqrt{2} = \lg\sqrt{2}\,\sigma - \frac{1}{2}\lg\omega \tag{5-57}$$

由式(5-56) 可以看出，在任一频率 ω 时，浓差极化阻抗的实部与虚部相等，且和 $\dfrac{1}{\sqrt{\omega}}$ 成比例。在复数平面图上 Warburg 阻抗由与轴呈 45°的直线表示。浓差极化电化学阻抗 Bode 图如图 5.16 所示，可以看出 Warburg 阻抗模值与频率之间是线性关系，且其相位角 ϕ 保持不变，数值为 $\pi/4$。相位角为 $\pi/4$ 也是判断出现扩散控制体系的标志。另外，注意到高频时 $\dfrac{1}{\sqrt{\omega}}$ 的值很小，且 Warburg 阻抗主要描述涉及扩散的物质传递过程，因此它仅在低频时能观察到。

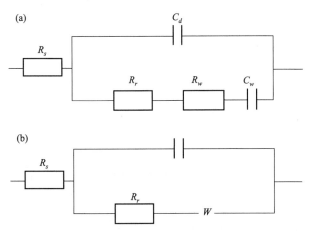

图 5.15　电化学极化和浓差极化同时
存在条件下电极反应电化学体系等效电路

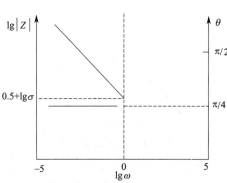

图 5.16　浓差极化电化学阻抗 Bode 图

结合等效电路图 5.14，可以得到电化学极化和浓差极化同时存在条件下电极反应电化学体系的总的阻抗 Z 为：

$$Z=R_s+\cfrac{1}{j\omega C_d+\cfrac{1}{R_r+R_w-j\cfrac{1}{\omega C_w}}}=R_s+\cfrac{R_r+R_w-j\cfrac{1}{\omega C_w}}{1+\cfrac{C_d}{C_w}+j\omega C_d R_w+j\omega C_d R_r}$$

$$=R_s+\cfrac{R_r+R_w-j\left[\cfrac{1}{\omega C_w}\left(1+\cfrac{C_d}{C_w}\right)+\omega C_d\left(R_w+R_r\right)^2\right]}{\left(1+\cfrac{C_d}{C_w}\right)^2+\left(\omega C_d R_w+\omega C_d R_r\right)^2} \tag{5-58}$$

由式(5-58) 可以得到阻抗的实部为：$Z'=R_s+\cfrac{R_r+R_w}{\left(1+\cfrac{C_d}{C_w}\right)^2+\left(\omega C_d R_w+\omega C_d R_r\right)^2}$，虚部

为：$Z''=\cfrac{\cfrac{1}{\omega C_w}\left(1+\cfrac{C_d}{C_w}\right)+\omega C_d\left(R_w+R_r\right)^2}{\left(1+\cfrac{C_d}{C_w}\right)^2+\left(\omega C_d R_w+\omega C_d R_r\right)^2}$，进而可以得到电化学极化和浓差极化同时存在

的电极 Nyquist 图，如图 5.17 所示。在高频区，仍可得到复数平面图上响应于高频区的阻抗曲线是一个半圆，对应的方程为式(5-47)，即：$\left(Z'-\cfrac{R_r}{2}-R_s\right)^2+Z''^2=\left(\cfrac{R_r}{2}\right)^2$。由此，可以看出，在混合控制条件下，高频区阻抗的变化规律与活化控制相同，当 $\omega\to\infty$ 时，实部阻抗 $Z'\approx R_s$，而虚部阻抗 $Z''\approx 0$。而在低频区，扩散控制对电极反应过程有较大的影响。当处于低频区时，实部和虚部阻抗可分别简化为：

$$Z'=R_s+\frac{\sigma}{\sqrt{\omega}}+R_r \tag{5-59}$$

$$Z''=\frac{\sigma}{\sqrt{\omega}}+2\sigma^2 C_d \tag{5-60}$$

对式(5-60) 进行转换可得：$\cfrac{\sigma}{\sqrt{\omega}}=Z''-2\sigma^2 C_d$，并代入式(5-59) 可得：

$$Z'=Z''+R_s-2\sigma^2 C_d+R_r \tag{5-61}$$

由式(5-61) 可知，电极过程受到扩散控制时，其 Nyquist 图在低频区是一条呈 45°倾斜的直线，如图 5.17 所示，这是电极过程受到扩散控制最明显的阻抗特征，且直线在横坐标 Z' 轴上的截距为 $R_s-2\sigma^2 C_d+R_r$。由 Nyquist 图可以很方便求出 R_s 和 R_r，进而可由特征频率求出 C_d，然后利用

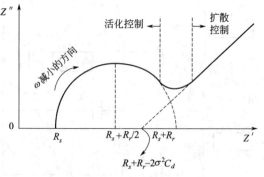

图 5.17　电化学极化和浓差极化
同时存在的电极 Nyquist 图

截距 $R_s - 2\sigma^2 C_d + R_r$ 可以求出 Warburg 系数 σ，最后利用式 $\sigma = \dfrac{RT}{\sqrt{2}\, n^2 F^2 C^0 \sqrt{D_0}}$ 可以求出电化学反应体系的扩散系数 D_0。

由阻抗的实部 $Z' = R_s + \dfrac{R_r + R_w}{\left(1 + \dfrac{C_d}{C_w}\right)^2 + (\omega C_d R_w + \omega C_d R_r)^2}$ 结合虚部 $Z'' =$

$\dfrac{\dfrac{1}{\omega C_w}\left(1 + \dfrac{C_d}{C_w}\right) + \omega C_d (R_w + R_r)^2}{\left(1 + \dfrac{C_d}{C_w}\right)^2 + (\omega C_d R_w + \omega C_d R_r)^2}$，代入阻抗模值公式 $|Z| = \sqrt{Z'^2 + Z''^2}$，可得模值和频率

之间的关系曲线，即 $\lg|Z| \sim \lg\omega$ 图。因为实部阻抗和虚部阻抗都比较复杂，现在分情况简化后进行讨论。首先，在高频区，当 $\omega \to \infty$ 时，实部阻抗 $Z' \approx R_s$，而虚部阻抗 $Z' \approx 0$，所以可得高频区阻抗模值为 $\lg|Z| = \lg R_s$，此时阻抗模值与频率无关，平行于 $\lg\omega$ 轴，由此也可以求出溶液电阻 R_s。

而在低频区，当 $\omega \to 0$ 时，$\dfrac{\sigma}{\sqrt{\omega}}$ 远大于 $(R_s + R_r)$ 以及 $2\sigma^2 C_d$，所以式(5-59)和式(5-60)

可以简化为：$Z' = \dfrac{\sigma}{\sqrt{\omega}}$ 和 $Z'' = \dfrac{\sigma}{\sqrt{\omega}}$，代入模值公式 $|Z| = \sqrt{Z'^2 + Z''^2}$ 可得：

$$\lg|Z| = \lg\sqrt{\left(\dfrac{\sigma}{\sqrt{\omega}}\right)^2 + \left(\dfrac{\sigma}{\sqrt{\omega}}\right)^2} = \lg\dfrac{\sigma}{\sqrt{\omega}} + \lg\sqrt{2} = \lg\sqrt{2}\,\sigma - \dfrac{1}{2}\lg\omega \tag{5-62}$$

由式(5-62)可以看出，在低频区 $\lg|Z| \sim \lg\omega$ 是一条倾斜的直线，斜率为 $-1/2$，如图 5.18 所示。在低频区阻抗模值随着频率的逐渐减小而逐渐增大。

将实部阻抗 $Z' = R_s + \dfrac{R_r + R_w}{\left(1 + \dfrac{C_d}{C_w}\right)^2 + (\omega C_d R_w + \omega C_d R_r)^2}$

和虚部阻抗 $Z'' = \dfrac{\dfrac{1}{\omega C_w}\left(1 + \dfrac{C_d}{C_w}\right) + \omega C_d (R_w + R_r)^2}{\left(1 + \dfrac{C_d}{C_w}\right)^2 + (\omega C_d R_w + \omega C_d R_r)^2}$ 代入

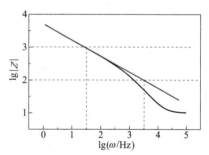

图 5.18　电化学极化和浓差极化混合控制条件下电极 Bode 图中阻抗模值随频率的变化规律

由相位角计算方程 $\phi = \arctan\dfrac{Z''}{Z'}$ 可得：

$$\phi = \arctan\dfrac{Z''}{Z'} = \dfrac{\dfrac{1}{\omega C_w}\left(1 + \dfrac{C_d}{C_w}\right) + \omega C_d (R_w + R_r)^2}{R_s\left[\left(1 + \dfrac{C_d}{C_w}\right)^2 + (\omega C_d R_w + \omega C_d R_r)^2\right] + R_r + R_w} \tag{5-63}$$

由式(5-63)可以得到 $\phi \sim \lg\omega$ 曲线，如图 5.19 所示，可以观察到在高频区有一个时间常数。而在低频区，将式 $Z' = R_s + \dfrac{\sigma}{\sqrt{\omega}} + R_r$ 和 $Z'' = \dfrac{\sigma}{\sqrt{\omega}} + 2\sigma^2 C_d$ 代入，可得低频区相位角变化规律，即：

$$\phi = \arctan \frac{Z''}{Z'} = \arctan \frac{\dfrac{\sigma}{\sqrt{\omega}} + 2\sigma^2 C_d}{R_s + \dfrac{\sigma}{\sqrt{\omega}} + R_r} \tag{5-64}$$

由式（5-64）可以看出，在低频区，当 $\omega \to 0$ 时，相位角保持不变且数值为 45°，即：

$$\phi = \arctan \frac{\dfrac{\sigma}{\sqrt{\omega}}}{\dfrac{\sigma}{\sqrt{\omega}}} = \frac{\pi}{4} \tag{5-65}$$

通过 Bode 图中低频区 45°相位角的存在也可以很方便判断出电极反应过程受到扩散控制。

有无浓差极化存在条件下，阻抗模值和相位角随频率的变化规律有显著差异，如图 5.20 所示。对于阻抗模值图，无浓差极化存在条件下低频区 $\lg|Z| \sim \lg\omega$ 为一条平行于

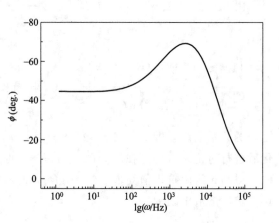

图 5.19　电化学极化和浓差极化混合控制条件下电极 Bode 图中相位角随频率的变化规律

横坐标的直线，阻抗模值在低频区保持不变；而混合控制条件下低频区 $\lg|Z| \sim \lg\omega$ 为一条倾斜的直线，此时阻抗模值在低频区随着频率的降低而线性增加。对于相位角图，无浓差极化存在条件下，低频区相位角 $\phi = 0$；在混合控制条件下，低频区相位角 $\phi = \pi/4$。而在高频区，可以看出阻抗模值曲线和相位角曲线在无浓差极化存在以及混合控制条件下均表现出相同规律。

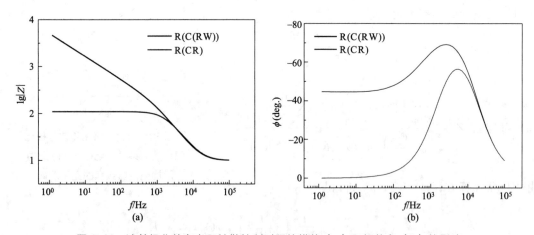

图 5.20　浓差极化的存在即扩散控制对阻抗模值（a）和相位角（b）的影响

利用 Nyquist 图半圆上 Z'' 的极大值求出特征频率 ω^*。令 $\dfrac{\mathrm{d}Z''}{\mathrm{d}\omega}\Big|_{\omega^*} = 0$，且 $Z'' = \dfrac{\omega C_d R_r^2}{1 + \omega^2 C_d^2 R_r^2}$，所以可得：

$$C_d R_r^2 (1 + \omega^{*2} C_d^2 R_r^2) - \omega^* C_d R_r^2 \times 2\omega^* C_d^2 R_r^2 = 0 \tag{5-66}$$

解式(5-66)可得 $\omega^* = \dfrac{1}{C_d R_r}$，进而由 ω^* 和 R_r 可以求出双电层电容 C_d。

对于电化学极化和浓差极化同时存在的混合控制体系，当高频区半圆发生畸变从而使按 Nyquist 图求解变得不大可靠时，可以利用低频区阻抗和 ω 之间的关系作图，即 Randles 图。低频区，总的阻抗由等效电阻元件和扩散元件 W 串联组成，所以总的阻抗以及它们的实部阻抗和虚部阻抗分别为：

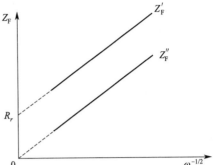

$$Z_F = R_r + R_w + ZC_w = R_r + R_w - j\frac{1}{\omega C_w} \tag{5-67}$$

$$Z_F' = R_r + \frac{\sigma}{\sqrt{\omega}} \tag{5-68}$$

$$Z_F'' = \frac{\sigma}{\sqrt{\omega}} \tag{5-69}$$

图 5.21 低频阻抗的 Randles 图

对式(5-68)和式(5-69)作图可得两条平行的直线，斜率为韦伯系数 σ，Randles 图如图 5.21 所示。通过实部阻抗 $Z_F' \sim 1/\sqrt{\omega}$ 曲线外推到与纵坐标的交点，即可获得截距 R_r 值。Randles 图可以从另一侧面确定韦伯阻抗的存在。

在实际电化学阻抗测量过程中发现，受到混合控制的实际电化学体系在 Nyquist 图中低频扩散导致的直线偏离 45°，这可能是因为电极表面很粗糙，扩散过程部分相当于球面扩散，如图 5.22 所示。除了电极电势外，还有另外一个状态变量，这个变量在测量的过程中引起感抗 L，也可能导致 Nyquist 图中低频扩散导致的直线偏离 45°，感抗的存在意味电极反应过程又增加了一个时间常数。

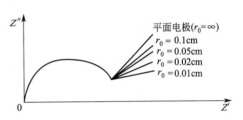

图 5.22 电极表面的粗糙度对电化学极化和浓差极化同时存在的电极 Nyquist 图的影响

5.8 阻抗谱中的半圆旋转现象

在实际电化学体系的阻抗测定中，人们常常观察到阻抗图上压扁的半圆（Depressed semi-circle），即在 Nyquist 图上的高频半圆的圆心落在了 x 轴的下方，因而变成了圆的一段弧，该现象又被称为半圆旋转，如图 5.23 所示。通常认为出现这种半圆向下压扁的现象，即通常说的半圆旋转现象，与电极/电解液界面性质的不均匀有关。固体电极的双电层电容的频响特性与"纯电容"并不一致，而有或大或小的偏离，导致弥散效应的出现。实际测试体系中导致半圆旋转的因素更加复杂，多孔电极表面及电极表面膜层成分或厚度有变化时，弥散效应更加明显。本文简化了讨论情况，利用常相位角元件 Q 来表示电容元件。常相位

角元件 Q 由电容元件和一个与频率成反比的电阻元件 R' 并联组成，如图 5.24(a)，如果用 Q 来表示，等效电路如图 5.24(b) 所示。

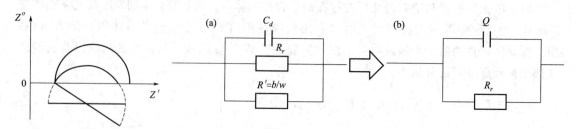

图 5.23　阻抗谱中的
半圆旋转现象

图 5.24　实际电化学体系具有弥散效应的等效电路图

确定了实际电化学体系具有弥散效应的等效电路后，就可以根据不同元件的组合方式获得总的阻抗，在不考虑溶液电阻 R_s 的条件下，因为元件 R'、C_d、R_r 三者并联，所以总的阻抗为：

$$Z=\cfrac{1}{\cfrac{\omega}{b}+\cfrac{1}{R_r}+j\omega C_d}=\frac{bR_r(R_r\omega+b)}{(R_r\omega+b)^2+(bR_r\omega C_d)^2}-j\frac{b^2R_r^2\omega C_d}{(R_r\omega+b)^2+(bR_r\omega C_d)^2} \tag{5-70}$$

其中阻抗的实部为：$Z'=\dfrac{bR_r(R_r\omega+b)}{(R_r\omega+b)^2+(bR_r\omega C_d)^2}$，虚部为：$Z''=\dfrac{b^2R_r^2\omega C_d}{(R_r\omega+b)^2+(bR_r\omega C_d)^2}$。

由阻抗的实部和虚部整理后可得：

$$\left(Z'-\frac{R_r}{2}\right)^2+\left(Z''+\frac{R_r}{2bC_d}\right)^2=\left(\frac{R_r}{2}\sqrt{1+\left(\frac{1}{bC_d}\right)^2}\right)^2 \tag{5-71}$$

式(5-71) 是一个以 $\left(\dfrac{R_r}{2},\ -\dfrac{R_r}{2bC_d}\right)$ 为圆点，以 $\dfrac{R_r}{2}\sqrt{1+\left(\dfrac{1}{bC_d}\right)^2}$ 为半径的圆，由式(5-71) 可得含有常相位角元件的电极体系的 Nyquist 图，如图 5.25 所示。和纯电容元件存在条件下活化控制体系电极的 Nyquist 图 $\left[\left(Z'-\dfrac{R_p}{2}\right)^2+Z''^2=\left(\dfrac{R_p}{2}\right)^2\right]$ 相比，容抗弧的圆心下移了 $\dfrac{R_r}{2bC_d}$。由式(5-71) 结合图 5.25 可以看出，在高频区，频率 $\omega\to\infty$ 时，实部阻抗 $Z'=0$；在低频区，频率 $\omega\to0$，实部阻抗 $Z'=R_r$，虚部阻抗 $Z''=\omega R_r^2 C_d$。

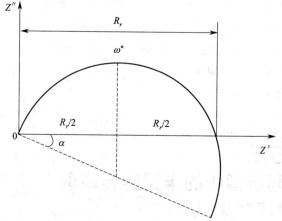

图 5.25　常相位角元件与电子转移电阻元件
并联之后活化控制的电极 Nyquist 图

利用阻抗复数平面图可以获得求 R_r、C_d 和 b 等电化学参数，首先利用 Nyquist 图容抗弧上 Z'' 的极大值求出特征频率 ω^*。令 $\left.\dfrac{\mathrm{d}Z''}{\mathrm{d}\omega}\right|_{\omega^*}=0$，且 $Z''=\dfrac{\omega b^2 R_p^2 C_d}{(R_p\omega+b)^2+(bR_p\omega C_d)^2}$，所

以可得：

$$b^2 R_r^2 C_d (b^2 - \omega^{*2} b^2 R_r^2 C_d^2 - \omega^{*2} R_r^2) = 0 \qquad (5\text{-}72)$$

$$b^2 = \omega^{*2} R_r^2 (1 + b^2 C_d^2) \qquad (5\text{-}73)$$

由图 5.25 结合容抗弧圆心 $\left(\dfrac{R_r}{2}, -\dfrac{R_r}{2bC_d} \right)$ 可得：

$$\tan\alpha = \frac{\dfrac{R_r}{2bC_d}}{\dfrac{R_r}{2}} = \frac{1}{bC_d} \qquad (5\text{-}74)$$

将 $\tan\alpha = \dfrac{\dfrac{R_r}{2bC_d}}{\dfrac{R_r}{2}} = \dfrac{1}{bC_d}$ 代入式（5-73）可得：

$$b^2 = \omega^{*2} R_r^2 (1 + \text{ctan}^2\alpha) = \frac{\omega^{*2} R_r^2}{\sin^2\alpha} \qquad (5\text{-}75)$$

对式（5-75）进一步简化可得：

$$b = \frac{\omega^* R_r}{\sin\alpha} \qquad (5\text{-}76)$$

由式（5-76）可知，在已知特征频率 ω^*、电子转移电阻 R_r 和容抗弧圆心下移的倾斜角 α 的条件下即可求出 b 值。再利用 b 值结合式 $\tan\alpha = \dfrac{1}{bC_d}$ 即可求出双电层电容 C_d。需要说明的是，上述讨论的 b 与弥散系数 n 实质上都是经验常数，缺乏确切的物理意义，但可以把它们理解为在拟合真实体系的阻抗谱时对电容所做的修正。

5.9
含有吸附性物质的阻抗体系电化学阻抗谱

在电极反应过程中，当反应中间物或其他吸附性物质（如缓蚀剂）等电活性质点在电极表面吸附时，复数平面阻抗上产生第二个半圆，如图 5.26 所示。它取决于电化学反应的相对时间常数或等效电路中各电阻与电容的数值以及吸附相应的容抗或感抗。在图 5.26 所示的情况中，高频侧电容性的大半圆是由电子转移电阻 R_r 和双层电容 C_d 形成的。低频侧电感性的小半圆是由于吸附，通常是由电极反应中间产物在电极表面的吸附造成的。$\omega \to 0$ 时电极反应阻抗是由 R_r 和 R_{ad}（吸附电阻）的并联电阻决定的。当电极反应出现中间产物时，这种中间产物吸附于金属电极表面产生表面吸附络合物，该表面络合物产生于电极反应的第一步，而消耗于第二步反应，而一般情况下，吸附过程的弛豫时间常数要比双电层电容 C_d 与 R_r 组成的充放电过程的弛豫时间常数 $R_r C_d$ 大得多，因此在阻抗图的低频部分会出现感抗弧，如图 5.26 所示。

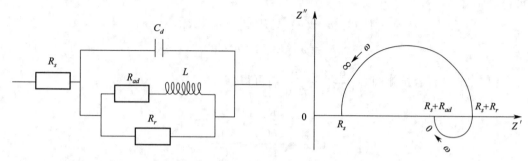

图 5.26　含有吸附性物质的吸附体系的等效电路和相应的包含感抗的电极 Nyquist 图

如果电极反应体系中吸附在电极表面的是溶液中的物质而不是反应中间产物，吸附性物质在电极表面成膜后，这层吸附层覆盖于紧密双电层之上，且其本身就具有一定的电容特性，因此对应的电极 Nyquist 图由两个表示容抗的半圆组成，第一个半圆的直径为 R_r，第二个半圆的直径为吸附电阻 R_{ad}，如图 5.27 所示。两个容抗弧的出现也表明电极体系有两个时间常数存在，第一个时间常数是由电极电化学反应引起的，而第二个时间常数则由溶液中的物质在电极表面吸附造成。通常缓蚀剂在电极表面的吸附会引起第二个时间常数即第二个容抗弧出现，通过对等效电路中等效元件的拟合可以得到一些电化学参数，如 R_r、R_{ad}、C_d 和 C_{ad} 等，进而可以通过这些参数来研究缓蚀剂的缓蚀行为以及判断缓蚀剂的缓蚀性能。

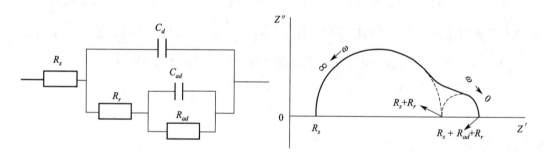

图 5.27　含有吸附性物质的吸附体系的等效电路和相应的包含两个容抗弧的电极 Nyquist 图

当反映吸附过程的时间常数 τ 与电极反应的时间常数 $R_r C_d$ 数值相差越大时，图 5.26 上的感抗弧和图 5.27 上的第二个容抗弧越接近于半圆；当 τ 接近于 $R_r C_d$ 时，表示吸附过程的感抗弧或容抗弧将逐渐萎缩成与表示电化学反应的容抗弧叠合，直至最后出现一个变了形的容抗弧，或成为实部收缩的半圆，如图 5.28 所示的 Nyquist 图。对于金属腐蚀来说，通常电化学阻抗在低频区发生，金属发生局部腐蚀。

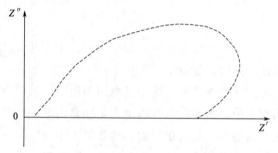

图 5.28　实部收缩的电化学体系电极 Nyquist 图

许多情况下，电极过程比较复杂，常常受吸脱附、前置或后继的化学反应等步骤所控制，加上吸附剂结构、钝化膜以及固相产物生成的影响等。电极系统的等效电路较为复杂，复数阻抗平面轨迹可能存在各个象限中，并呈现各种形状。

5.10
电化学阻抗测量实验注意点和电化学阻抗谱分析思路

5.10.1　电化学阻抗测量实验注意点

（1）测试系统建立

电化学阻抗测试系统一般包括三部分：电解池、控制电极极化的装置和阻抗测定装置。电极系统除经典三电极外，可采用双电极测试系统。三电极体系包括工作电极、参比电极和对电极，其中工作电极也称研究电极，对电极也称辅助电极；而双电极体系由工作电极和对电极组成，这时因为缺少参比电极而无法精确测定工作电极的电位。为了提高参比电极的稳定性和保护参比电极，通常使用鲁金毛细管而不是直接将参比电极置于测试溶液中。辅助电极选用不发生电化学反应的惰性材料，如 Pt、石墨、Au 等，且采用大面积的辅助电极，故辅助电极的阻抗可忽略。可以采用同样面积的同种材料电极组成双电极系统。

电化学阻抗是一个暂态过程，所以工作电极、辅助电极以及参比电极的鲁金毛细管的位置有明确要求。例如鲁金毛细管距离参比电极的位置不同，在阻抗图的高频部分就会表现出很大的差异，距离远时，高频部分仅出现半个容抗弧；距离近时，高频容抗弧变成一个封闭的弧；当鲁金毛细管紧挨着工作电极表面时，鲁金毛细管会严重扭曲（遮挡、分散）本该均匀的电场，而且还会影响传质过程，可能会出现感抗弧。为了既降低溶液的欧姆压降，又不产生明显的屏蔽作用，可使尖嘴离研究电极的表面距离不小于鲁金毛细管的外径，通常距离为鲁金毛细管尖端口直径的 2～3 倍即可。

（2）要尽量减少测量连接线的长度，减小杂散电容、电感的影响

互相靠近和平行放置的导线会产生电容，长的导线特别是当它绕圈时就成为电感元件。在频率很高的条件下，杂散电容和电感会使噪声变大，频率响应降低，甚至使电极系统不稳定。因此必要时，测定电化学阻抗要把仪器和导线屏蔽起来。

（3）频率范围要足够宽

一般使用的频率范围是 $10^5 \sim 10^{-4}$ Hz，阻抗测量中特别重视低频段的扫描，很多电化学信息只有在低频区才能在阻抗谱上表现出来，如扩散过程、反应中间产物的吸脱附和成膜过程。频率和时间互为倒数关系，当测量频率很低时，实验时间会很长，电极表面状态的变化会很大，所以扫描频率的最小值还要结合实际情况而定，即不能太低也不能太高，通常最小频率为 0.01Hz 基本可以满足腐蚀电化学测试的需要。

（4）电化学阻抗谱测量必须指定电极电位

对于金属腐蚀体系，电化学阻抗测量通常都是相对开路电位进行的，而电极反应在自然电位下同时具有阴阳极两个反应，所以阻抗谱反映的是两个电极反应的频谱特征，即混合电位下的阻抗谱，当没有状态变量时，电化学阻抗谱只有一个时间常数，当有一个状态变量影

响电极反应速率时，电化学阻抗谱会出现两个时间常数。电极所处的电位不同，测得的电化学阻抗谱必然不同，电化学阻抗谱与电位必须一一对应。不过在某些情况下，需要研究单一阳极反应特征，就必须将研究电极的电位极化（弱极化区）到不同的阳极电位下进行阻抗测量，以抑制阴极反应，这就是所谓的直流偏压下的阻抗测试。为了研究不同极化条件下的电化学阻抗谱，可以先测定极化曲线，在电化学反应控制区（Tafel 区）、混合控制区和扩散控制区各选取若干确定的电位值，然后在相应电位下测定电化学阻抗，进而可以通过电化学阻抗谱研究电极在不同极化条件下的电极行为。这种测试方法对研究钝化膜的临界破裂电位下的电化学阻抗特征尤为重要，它能提供点蚀诱发期的重要特征，另外在研究缓蚀剂的阳极脱附行为时也十分重要。在阴极保护研究中，可以测量不同阴极保护电位下的电化学阻抗，进而评价不同阴极保护电位对金属腐蚀过程的影响和判断阴极保护效率。对于普通活化控制的金属腐蚀体系，电化学阻抗谱测量过程中通常施加的是幅值为 $5\sim10\mathrm{mV}$ 的正弦交流电压。而在测量高阻电化学体系，如有机涂层，可以适当提高施加的正弦交流电压，一般幅值在 $20\sim50\mathrm{mV}$，以提高测量结果的稳定性。这是因为有机涂层可以看成一个线性元件，涂层覆盖的金属电极的线性响应区要比裸金属电极宽，施加的电位幅值高一些也可避免或减小因腐蚀电位漂移而对测量带来的误差，同时也可提高测量的信噪比。

5.10.2 电化学阻抗谱分析思路

电化学阻抗是一种研究电极反应动力学和电极界面现象的重要的电化学方法，测量电化学阻抗得到的阻抗谱是解析电化学反应机理的重要工具。由于电化学阻抗谱是一种频域测量方法，以测量得到的频率很宽的阻抗谱来研究电极系统，因而能够得到比其他常规的电化学方法更多的动力学信息和电极界面结构的信息。根据测量得到的阻抗谱图，确定电化学阻抗谱的等效电路和数学模型，与其他电化学方法相结合揭示电极反应动力学过程及其机理。根据建立的合理的数学模型或等效电路，通过拟合电化学阻抗谱获得数学模型或等效电路中相关元件的参数值。目前，大多数条件下都是采用等效电路的方法处理和分析实验获得的电化学阻抗谱，利用等效电路对电化学阻抗谱进行拟合获得相关电化学参数。对电化学阻抗谱的解析是一个十分复杂的过程，这不单是一个曲线拟合的问题，事实上，对于同一阻抗谱，可以选择多个等效电路来进行拟合，而且曲线吻合得相当好。如采用图 5.29 中具有两个时间常数的三个等效电路对图 5.30 所示电化学阻抗谱拟合均能得到很好的拟合结果，考虑到弥散效应，图 5.29 中等效电路模型中电容元件 C 全部用常相位角元件 Q 替代。但是，这就带来了另外一个问题：哪一个等效电路符合实际情况，这其实也是最关键的问题。

在确定等效电路时需要综合多方面的信息，在考虑阻抗谱的特征基础上，对阻抗谱进行分解，逐个求解阻抗谱中各个时间常数所对应的等效元件的参数值，在各部分阻抗谱求解和扣除过程中建立起等效电路的具体形式。如首先观察测量得到的阻抗谱高频区和低频区的图形，如果 Nyquist 图在高频区出现半圆或者压扁的半圆，说明电化学活化是电极反应的控制步骤；而在低频区如果出现一条直线，则说明电极反应受到扩散控制。另外，如果在第一象限低频区出现第二个容抗弧或者在第四象限出现低频感抗弧，则表明电极表面有物质吸附，这种吸附的物质可能来自测试溶液也可能是电极反应中间产物。

由于电化学阻抗谱数据拟合过程的复杂性，阻抗拟合过程中所选用的等效电路模型必须符合电极界面结构、电极过程特征和阻抗响应三方面的信息，确定的等效电路必须经过多方面的检验。需要说明的是，在确定电化学阻抗谱所使用的等效电路模型时，需要有相当丰富的电化学知识作为基础，同时需要对所研究电极反应体系有比较深刻的认识，这样才能得到更加准确的等效电路模型。而且在复杂的情况下，单纯依赖电化学阻抗是难以解决问题的，需要辅助其他的稳态或暂态测量方法，如利用动电位极化曲线法测定塔菲尔斜率，利用旋转环盘电极检测出电极反应的中间产物，利用光谱电化学法鉴定反应中间体等。

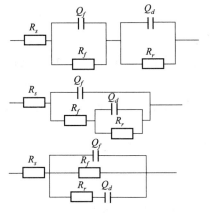

图 5.29　具有两个时间常数的等效电路

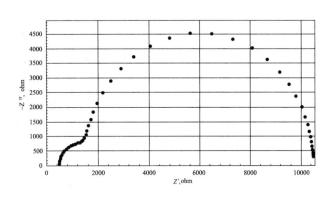

图 5.30　具有两个容抗弧的电化学阻抗谱图

在确定拟合阻抗谱所用的等效电路模型后，下一步就是利用电化学分析软件拟合从而获得等效电路中所包含的元件的电化学参数数值。拟合结果误差要小，而且拟合的数据和原始阻抗数据重合度好。除此之外，还要重视对拟合结果的验证。(1) 基于基尔霍夫电压和电流定量验证等效电路与电极界面结构及电极过程的一致性，等效电路中电压电流的分布要符合电极界面结构和电极反应过程的实际情况；(2) 拟合结果中所有参数的数值大小及变化趋势合理，如，一般溶液电阻 R_s 变化不大，微分电容、常相位角元件、弥散系数 n 等的数值大小均在合理范围区间，由扩散元件 Warburg 阻抗计算扩散系数 D 与文献资料中相对应的测试介质中扩散系数进行对比；(3) 等效电路中涉及扩散元件的，需要明确扩散粒子的种类和对应的子过程；(4) 阻抗拟合结果要与其他实验结果能够相互验证，如与动电位极化曲线测量结果变化规律一致。

5.11
电化学阻抗在金属腐蚀研究中的应用

5.11.1　金属腐蚀行为

大多数条件下金属腐蚀是一个电化学过程，电化学腐蚀是阴阳极共轭体系电极反应的结果，利用电化学阻抗可以研究金属的腐蚀过程和腐蚀机理。如图 5.31 所示为模拟海水测试介质中有无微生物条件下 X80 管线钢电极阻抗随时间的变化，所用微生物以无机 CO_2 作为碳源，故测试介质中预先通入 CO_2 气体 1h。从图 5.31(a) 可以看出，在空白无菌测试体系，X80 管线钢电极阻抗随着时间的增加而逐渐增加，在第 10 天时阻抗达到最大值，然后随时间的增加，阻抗下降。阻抗的变化表明，在第 10 天之前，X80 管线钢电极的腐蚀是随着时间的增加而逐渐减轻的，10 天后其腐蚀进一步加剧。所以通过阻抗随着时间的变化，可以判断金属腐蚀随着时间的变化规律。而且在测试初期，Nyquist 图在低频区出现了感抗，说明初始阶段有物质吸附在电极表面，很有可能是因为 CO_2 腐蚀过程中产生的中间产物吸附。随着时间的增加，低频感抗弧逐渐消失，表现出容抗弧的形式，即电化学活化控制，这说明电极反应过程随着时间的变化也发生了改变，也就是说金属腐蚀过程中电极表面状态会随着时间而发生改变。而且容抗弧表现出一个压扁半圆的形状，从拟合结果（表 5.1）来看弥散系数 n 值小于 1，说明电极表面的粗糙度增加。而电极表面粗糙度的增加很明显是因为金属的腐蚀，进而引起上述讨论的半圆旋转现象。由图 5.31（b）可以看出，Bode 图中模值随频率的变化规律与上述讨论的活化控制体系的模值随频率的变化规律类似，进一步说明电极反应是一个活化控制过程。在中频区出现一个明显的相位角峰，说明电极反应体系只有一个时间常数的存在，且中频区的时间常数是由电极活化过程引起的。

而在含有细菌 *Pseudomonas stutzeri* 的腐蚀测试体系中涉及微生物腐蚀，微生物腐蚀是一个电化学过程，微生物可以通过与金属材料及环境的相互作用加速或者抑制金属腐蚀，在微生物腐蚀过程中微生物通过直接和间接的作用影响金属的腐蚀行为。自然环境中并不是所有微生物都会加速金属腐蚀，部分微生物可以在材料表面形成一层致密的矿化产物膜，从而抑制金属的腐蚀。*P. stutzeri* 是一种抑制腐蚀的微生物，从图 5.31 可以看出，和无菌空白相比，含有细菌 *P. stutzeri* 的测试体系电化学阻抗谱发生了明显的变化。从 Nyquist 图看出，含有 *P. stutzeri* 的测试体系阻抗明显大于空白体系，直接说明了 *P. stutzeri* 对金属腐蚀的抑制作用，而且 Nyquist 图也发生了半圆旋转现象，说明有弥散效应。从弥散系数（n_2）可以看出，随着测试时间的增加，弥散系数的数值也在增加，这说明电极表面的粗糙度减小，这是由 *P. stutzeri* 在电极表面形成了一层致密的生物矿化膜导致的。完整的生物矿化膜的形成是一个过程，需要一定的时间积累。所以一开始不均匀的生物矿化膜的形成导致了较强的弥散效应，后期完整致密均匀的保护性生物矿化膜减弱了弥散效应。从图 5.31（d）中的 Bode 图也可以看出，在 7 天之前是一个时间常数，而在 7 天之后（包括 7 天）在低频区又出现了一个非常明显的时间常数。*P. stutzeri* 的测试体系两个时间常数的出现表明了电极表面一层致密的生物矿化膜的形成。

根据图 5.31 中阻抗谱的形状结合对微生物腐蚀过程的理解，采用了图 5.32 中的三个等效电路对测得的阻抗谱进行了拟合，拟合所得的参数结果如表 5.1 所示。通常可以利用 R_f 与 R_r 之和，即（$R_f + R_r$）来定量分析和比较金属的腐蚀速率。（$R_f + R_r$）与腐蚀速率成反比，即（$R_f + R_r$）值越大，则金属的腐蚀速率越小。由表 5.1 可以看出，在含有 *P. stutzeri* 的测试体系中（$R_f + R_r$）值明显大于空白无菌测试体系，进一步说明了 *P. stutzeri* 在模拟海水的测试介质中可以抑制金属的腐蚀，导致金属腐蚀速率的降低。通过电化学阻抗谱讨论金属腐蚀过程和机理是非常方便的，对等效电路的正确选择以及电化学阻抗谱的正确解析是理解金属腐蚀过程的关键，需要结合其他测试手段，如失重、生物矿化膜 SEM 形貌、去除腐蚀产物后的 SEM 或者 3D 腐蚀形貌、XRD、XPS 等，才能得到更加准确的电化学腐蚀信息。对于微生物腐蚀来说，对微生物的表征和分析是必不可少的，如采用基因鉴定可以知道微生物的种属类型，通过染色利用荧光显微镜可以观察到试样表面活的和死的微生物分布状况，微生物的生长代谢和活性研究也是必不可少的。

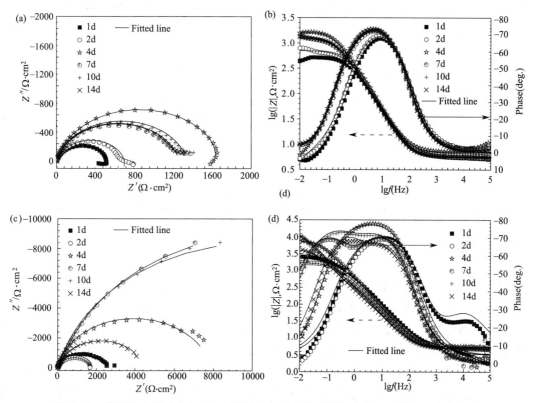

图 5.31　模拟海水测试介质中不同测试条件下 X80 管线钢电极阻抗随时间的变化：
（a）和（b）无菌空白对照；（c）和（d）细菌 *Pseudomonas stutzeri* 初始浓度为 10^7 cells/mL

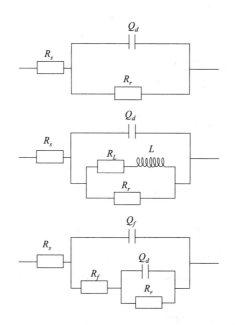

图 5.32　拟合图 5.31 中不同测试体系中电化学阻抗谱所用的等效电路

表 5.1 图 5.31 中不同测试体系中电化学阻抗谱拟合结果

测试体系	t/d	R_s/(Ω·cm²)	Q_f/(Ω·cm²)	n_1	R_f/(Ω·cm²)	Q_d/(μF·cm²)	n_2	R_r/(Ω·cm²)	R_L/(Ω·cm²)	L/(H/cm²)
无菌空白对照	1	5.43	—	—	—	195.76	0.87	535.4	1822	19176
	2	5.53	—	—	—	187.64	0.87	705.2	1296	85035
	4	7.02	—	—	—	192.33	0.89	1706	8670	195490
	7	5.60	—	—	—	220.39	0.88	1257		
	10	5.62	—	—	—	228.88	0.89	1337		
	14	5.64	—	—	—	244.52	0.89	1255		
细菌	1	1.54	3.84	0.71	5.02	57.56	0.87	2634		
	2	4.81	—	—	—	89.35	0.83	1728		
	4	5.53	—	—	—	114.63	0.89	7860		
	7	5.39	150.64	0.87	851.70	86.05	0.85	21958		
	10	4.89	180.76	0.86	1726	49.55	0.92	19041		
	14	4.88	167.46	0.84	582.50	161.73	0.95	3930		

5.11.2 缓蚀剂缓蚀行为

缓蚀剂是指以适当的浓度和形式存在于环境（介质）中并且可以防止或减缓金属材料腐蚀的化学物质或复合物，缓蚀剂也称腐蚀抑制剂。缓蚀剂的使用量很小（0.1%～1%），却具有非常好的缓蚀效果，这种保护金属的方法称作缓蚀剂保护。缓蚀剂广泛应用于工业环境中提高工业设备的使用寿命，一般会对金属/溶液界面的溶液侧作用来影响腐蚀的电化学反应过程。利用电化学阻抗谱研究缓蚀剂的缓蚀行为和计算缓蚀剂的缓蚀效率是一种普遍使用的方法。首先选择合适的等效电路对测量得到的阻抗谱进行拟合，得到电化学参数，然后通过获得的电化学参数值来计算缓蚀剂的缓蚀效率，如：

$$\eta = \frac{(R_p - R_p^0) \times 100\%}{R_p} \tag{5-77}$$

式中，η 是缓蚀效率；R_p 是膜电阻 R_f 和电子转移电阻 R_r 之和，并表示加入缓蚀剂之后的 $R_f + R_r$；R_p^0 是加入缓蚀剂之前的 $R_f + R_r$。

常用的用于评价缓蚀剂吸附类型的模型包括 Langmuir 等温吸附模型和 Temkin 等温吸附模型。如果吸附剂在能量上是均质的（所有吸附位点均等），则会产生 Langmuir 等温吸附，这时缓蚀剂的吸附热与覆盖率无关，Langmuir 等温吸附为：

$$\frac{\theta}{1-\theta} = KC \tag{5-78}$$

式中，θ 是浓度为 C 的缓蚀剂在金属电极表面覆盖的表面积分数，即缓蚀剂的缓蚀效率；K 为吸附常数。

Langmuir 等温吸附模型假设缓蚀剂的吸附热 ΔH_{ads} 与分子间的作用力无关，即与分子覆盖率 θ 无关。考虑到吸附热 ΔH_{ads} 以及电极电位对缓蚀剂吸附的影响，在 Langmuir 等温吸附模型基础上提出了 Temkin 等温吸模型，表征缓蚀剂的覆盖率与缓蚀剂浓度和电极电位之间的关系，即为：

$$\theta = \frac{2.303RT}{\gamma}\lg K + \frac{2.303RT}{\gamma}\lg C + \frac{zFE}{\gamma} \tag{5-79}$$

式中，γ 是 Temkin 参数；z 是转移电荷数；F 是法拉第常数；E 是电极电位。

图 5.33 为饱和 CO_2 模拟油田产出水测试介质中含有不同类型缓蚀剂且有无磁场耦合条件下的电化学体系电化学阻抗谱，加入三种缓蚀剂咪唑啉衍生物（ID）、月桂酸（DA）和十二胺（DL）之后，容抗弧的半径均增加，表明这三种缓蚀剂都具有良好的缓蚀效果，从 Bode 图上很明显观察到两个时间常数的存在，这也表明了缓蚀剂在电极表面的吸附。有机类缓蚀剂在电极表面的单分子吸附就可以起到良好的缓蚀效果，而且吸附类型以化学吸附为主。三种缓蚀剂中，咪唑啉衍生物是中性分子不带电荷，月桂酸带负电荷，而十二胺带正电荷，磁场的存在对带有电荷的缓蚀剂影响较大。对于咪唑啉衍生物缓蚀剂，磁场和缓蚀剂共存可以提高缓蚀剂的缓蚀效率，但磁场方向对缓蚀剂缓蚀行为影响较小。而对于带有电荷的月桂酸和十二胺缓蚀剂，磁场方向对缓蚀剂的缓蚀行为和缓蚀效率有较大的影响。以十二胺为例，磁场方向发生反转之前十二胺缓蚀效率很低，且低于无磁场条件下的缓蚀效率，但是当磁场发生反转之后，十二胺的缓蚀效率显著上升，如图 5.33(j) 所示。这也说明，对于带有电荷的缓蚀剂，磁场方向施加不对的条件下反而会降低缓蚀剂的缓蚀效率，此时在磁场作用力的条件下缓蚀剂无法在电极表面良好地吸附。而当施加的磁场方向合适时，在磁场作用力条件下可以显著提高缓蚀剂在电极表面的覆盖率和吸附能，进而显著提高缓蚀剂的缓蚀效率。从这个案例分析结果也可以看出，利用电化学阻抗研究缓蚀剂的缓蚀行为和定量分析缓蚀剂的缓蚀效率是非常方便的，而且得到的结果是非常可靠的，对于分析缓蚀剂的缓蚀机理起到了不可替代的作用。

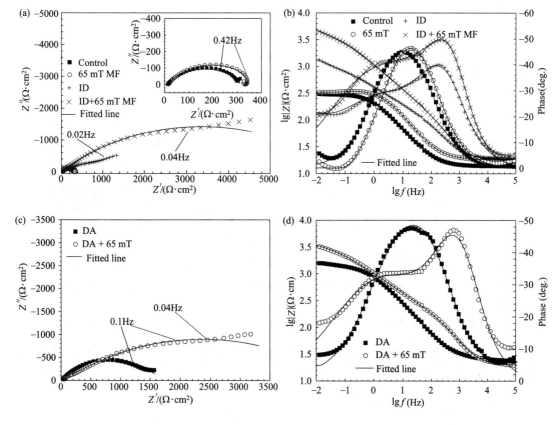

图 5.33

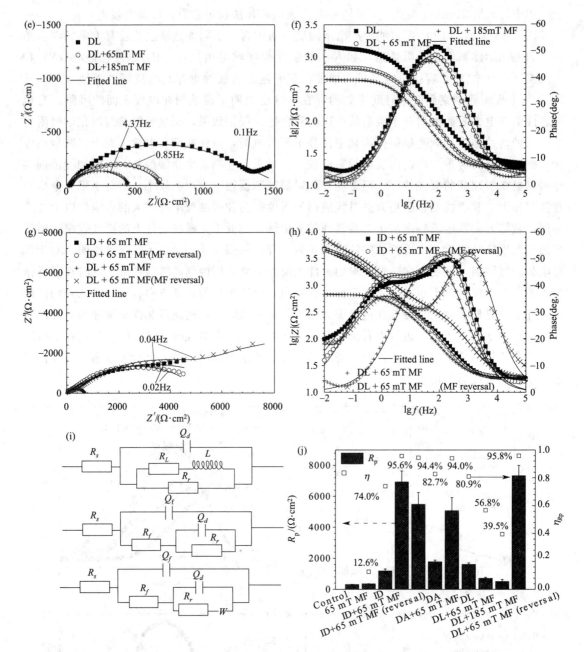

图 5.33 饱和 CO₂ 模拟油田产出水测试介质中含有不同类型缓蚀剂且有无磁场耦合条件下的
电化学体系电化学阻抗谱、拟合阻抗谱所用的等效电路和阻抗谱拟合结果：（a）和（b）咪唑啉
衍生物 ID；（c）和（d）月桂酸 DA；（e）和（f）十二胺 DL；（g）和（h）磁场方向对缓蚀剂
缓蚀行为的影响；（i）拟合所有阻抗谱所用的等效电路模型；（j）阻抗拟合结果和缓蚀剂缓蚀效率

5.11.3 有机涂层

随着电化学阻抗测量技术的快速发展，在 20 世纪 80 年代，国际上就开始采用电化学阻抗方法来研究涂层抗腐蚀性能和涂层失效机制。利用电化学阻抗方法可以在很宽的频率范围

对涂层体系进行测量,因此根据频率区间的差异可以分别获得涂层电容 C_c、涂层电阻 R_c 以及涂层下金属发生腐蚀后的电子转移电阻 R_r 和双电层电容 C_d 等影响涂层性能的参数信息。电化学阻抗测量采用的是小振幅的正弦交流激励信号,在测量过程中不会对涂层体系产生破化性干扰,从而可以反复连续测量,适用于长期监测涂层的服役性能,从而揭示长周期涂层服役失效的动力学过程。利用电化学阻抗谱测量涂层体系,一方面通过等效电路拟合可以得到涂层体系随时间的演化破坏规律,另一方面通过拟合得到的电化学参数数值定量分析和评价涂层的服役性能。

在测量涂层体系电化学阻抗谱的过程中,电化学阻抗谱图的变化有的源自涂层自身性质的变化,有的则源自涂层结构、涂层与金属基底界面结构的改变,在不同的测试时间范围内,需要采用不同的等效电路模型进行解析。需要说明的是在测量高阻有机涂层的阻抗时,只有当腐蚀介质通过涂层缺陷渗透到金属基体后才会出现由金属腐蚀引发的法拉第阻抗,其他多数涉及的是非法拉第阻抗。

为了研究涂层的长期服役性能,需要对涂层体系进行长时间反复的电化学阻抗测量,涂层体系在不同的测试时间阶段表现出不同的阻抗特征,现在分几种典型情况讨论有机涂层的电化学阻抗谱特征。

(1) 有机涂层浸泡初期涂层体系的电化学阻抗谱

有机涂层通过阻止或者延缓腐蚀介质渗入基体金属达到保护金属免受腐蚀的目的,常用的有机涂层如环氧树脂、聚氨酯等难免会有缺陷,腐蚀介质可以通过涂层缺陷处缓慢从外向内渗透。只要腐蚀介质还没有渗透到金属基体,涂层仍然可以看成一个隔绝层,起到隔离腐蚀介质的作用,把腐蚀介质从开始向涂层渗透直到未渗透到涂层/金属界面的时间称作为浸泡初期。浸泡初期,涂层相当于一个电阻值非常大而电容值非常小的隔绝层,所以其阻抗模值在低频区非常大,相位角在很宽的范围内接近 $-90°$,其电化学测试体系可以用如图 5.34 所示的等效电路模型来拟合。

因为,涂层电阻和涂层电容二者是并联关系,故由二者组成的复合元件的阻抗主要显示阻抗小的那个元件的阻抗特征。因此,当电容值很小而电阻值很大时,涂层相当于一个纯电容。所以,浸泡初期涂层体系相当于一个纯电容,随着腐蚀介质向涂层内缓慢渗透,涂层电容 C_c 随浸泡时间而增加,涂层电阻 R_c 则随浸泡时间而下降。引起这种变化的原因是腐蚀介质的渗入,与组成有机涂层的组分和涂层中空泡缺陷等相比,腐蚀介质具有较大的介电常数和较小的电阻值。而涂层电容与介电常数呈正相关关系,因此,随着腐蚀介质的渗入,涂

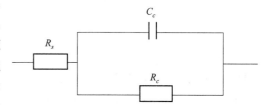

图 5.34　有机涂层测试体系浸泡初期电化学
阻抗拟合所用的等效电路

层电阻和电容均会发生明显的变化。既然腐蚀介质的渗入可以改变涂层电阻和电容,反过来也可以通过涂层电阻和电容的变化来研究腐蚀介质在有机涂层内的渗入过程。由于浸泡初期涂层体系相当于一个“纯电容”,求解涂层电阻会有较大的误差,而涂层电容可以较准确地估算。通过图 5.34 等效电路对浸泡初期的电化学阻抗谱进行拟合即可得到涂层电容随浸泡时间的变化规律,进而可以评估腐蚀介质在涂层中渗透程度。

（2）有机涂层浸泡中期涂层体系的电化学阻抗谱

有机涂层浸泡中期，随着腐蚀介质渗透到涂层/金属界面后，满足了金属发生腐蚀的条件，在金属/涂层界面形成了腐蚀微电池，因此涂层体系测量得到的电化学阻抗谱具有两个时间常数，一个是由涂层引起的，另一个是由金属腐蚀导致的，此时涂层表面还没有出现肉眼可观察到的宏观小孔。把阻抗谱出现两个时间常数但涂层表面尚未形成宏观小孔的时间范围称为浸泡中期。

浸泡中期的涂层体系的电化学阻抗谱的高频区的时间常数源自涂层电容和涂层电阻，而低频区的时间常数则源自金属/涂层界面起泡部分的双电层电容以及金属腐蚀过程中的电子转移电阻。如果涂层本身的充放电过程与金属的腐蚀过程都不受传质过程的影响，涂层浸泡中期电化学阻抗谱可以采用图 5.35 中所示的两个时间常数的等效电路进行拟合。对于图 5.35(a) 所示的等效电路适合拟合大多数涂层体系的电化学阻抗，此时腐蚀介质是通过涂层表面的微孔缺陷渗入到金属/涂层界面的，界面区的腐蚀也是局部的且与微孔缺陷相对应。也就是说图 5.35(a) 所示的等效电路适用于腐蚀介质不均匀渗透的涂层体系。在一些情况下，如果腐蚀介质是均匀地渗入金属/涂层界面且界面的腐蚀电池是均匀分布的，这种情况用图 5.35(b) 所示的两个时间常数的等效电路拟合是比较合适的。如，富锌涂层电化学阻抗谱就可以采用图 5.35(b) 所示等效电路进行拟合。这是因为富锌涂层中锌的含量很高（大于 90%），包含锌的有机树脂含量少，只是薄薄地包裹着锌，此时腐蚀介质很容易达到锌/有机涂层界面，引起锌的腐蚀反应。

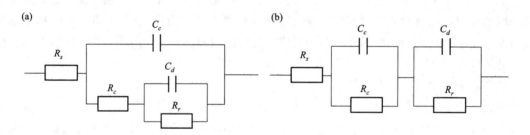

图 5.35　用于拟合有机涂层浸泡中期电化学阻抗谱包含有两个时间常数的等效电路

目前商业化普遍使用的有机涂层中均含有颜料、填料等添加物，有的有机涂层中还专门添加阻挡溶液渗入的片状物，如石墨烯、玻璃鳞片、氮化硼等。由于大量颜填料的阻挡作用，腐蚀介质在向涂层内部渗透过程中就会遇到困难，这就是通常所说的迷宫效应或者切向扩散。此时，由于腐蚀介质的渗入较困难，参与界面腐蚀反

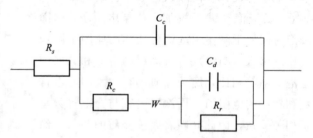

图 5.36　用于拟合具有 Warburg 阻抗特征且含两个时间常数阻抗谱的等效电路

应的反应粒子的传质过程就可能是个慢步骤，电化学阻抗谱中往往会出现扩散过程引起的阻抗。因为扩散阻抗出现在涂层内部，此时扩散阻抗对金属电化学腐蚀过程影响较小，因此采用图 5.36 所示的等效电路进行拟合是比较合适的。

（3）有机涂层浸泡后期涂层体系的电化学阻抗谱

随着涂层浸泡时间的进一步增加，涂层表面出现了肉眼可见的锈点或宏观小孔，把有机涂层浸泡而出现锈点之后的时间范围称为浸泡后期。随着宏观孔的形成，原本存在于有机涂层中的浓度梯度消失，另在界面区因基体金属的腐蚀反应加快而形成新的浓度梯度层，扩散层出现在电极附近。此时新的

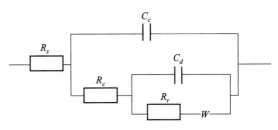

图 5.37 具有 Warburg 阻抗特征且含两个时间常数阻抗谱的等效电路

扩散控制影响了金属腐蚀的电化学过程，因此采用图 5.37 所示的等效电路拟合获得的电化学阻抗谱是合适和合理的。

随着浸泡时间的再一次增加，此时涂层下金属发生了严重的腐蚀，涂层已经失去了阻挡保护作用，阻抗谱的特征主要由金属的电化学腐蚀过程控制。此时，往往能够得到具有一个时间常数且包含 Warburg 阻抗特征的阻抗谱。因为涂层已经丧失了作用，因此可采用如图 5.38 所示等效电路拟合得到的电化学阻抗谱。

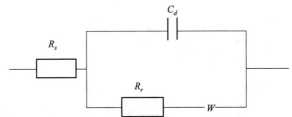

图 5.38 涂层浸泡后期具有一个时间常数且包含 Warburg 阻抗特征的阻抗谱拟合所用等效电路

思考题

（1）电化学阻抗的测试原理及 EIS 测量的基本条件是什么？

（2）计算和推导电阻极化、电化学极化、浓差极化及混合条件下的电化学阻抗。

（3）如何通过电化学阻抗谱判断浓差极化？

（4）阻抗实验注意点和阻抗谱分析思路是什么？

（5）电化学阻抗的应用范围有哪些？

（6）如何利用电化学阻抗计算所需电化学参数？

第六章

局部腐蚀电化学测试技术

局部腐蚀是造成工程结构材料腐蚀失效的关键原因之一，如何对局部腐蚀实施精准测试是一个难点，局部腐蚀测试对认识材料局部腐蚀过程和机制发挥着重要的作用，局部腐蚀测试也是腐蚀测试技术中的重点内容。电化学测量技术可以实现材料局部腐蚀原位研究，为认识材料局部腐蚀的萌生、生长和进一步扩展过程奠定了良好的基础。随着电化学测试技术的快速发展，可用于局部腐蚀测试的电化学测试技术包括：电化学噪声、微区电化学扫描探针技术、扫描电化学显微镜以及丝束电极测量技术。电化学噪声是一种原位研究局部腐蚀行为和机制的测量技术，近年来发展很快，在腐蚀测试中有着越来越多的应用，难点是其数据的解析。微区电化学扫描探针技术和扫描电化学显微镜可以实现原位微观尺度局部腐蚀测量，对设备有着较高的要求。丝束电极测量技术是通过多根（通常 100 根左右）丝状电极耦合，分别测量单根电极的电位电流，再把所有数据耦合在一起评估材料局部腐蚀行为，是一种介于微观和宏观的局部腐蚀电化学测试技术，近年来也有广泛的应用。本章重点围绕着上述几种电化学测量技术进行介绍。

6.1
电化学噪声

6.1.1 电化学噪声定义

电化学噪声（Electrochemical noise，EN）是指电化学动力系统演化过程中，其电学状态参量（如：电极电位、外测电流密度等）的随机非平衡波动现象。所谓的波动是由电极与电解质界面上发生的不可逆的电化学反应造成的电极表面电位电流的自发变化。产生电化学噪声的因素很多，常见的有金属腐蚀过程中局部阴阳极反应活性的变化、电化学成核和生长、环境温度的改变、腐蚀电极表面钝化膜的破坏与修复、扩散层厚度的变化、表面膜层的剥离以及电极表面气泡的产生等。电化学噪声技术作为一门新兴的测试技术在腐蚀科学领域受到了广泛的关注，近年来在研究金属局部腐蚀行为和机理上发挥着关键作用。如，利用电化学噪声研究点蚀过程中亚稳态蚀点萌发、长大或消亡机制，借助噪声电阻和形核速率等统计参数可以计算腐蚀速率和局部腐蚀指数。在点蚀成长过程中，不同材料、不同介质甚至是腐蚀的不同阶段，电化学噪声的时域特征都存在较大的差异，对这些差异性的精细分析可以揭示不同测试体系金属的腐蚀机理。

与传统的腐蚀电化学测量技术（如失重法、动电位极化曲线、恒电位/电流法和电化学阻抗谱等）相比，电化学噪声技术具有很多优点：①电化学噪声是一种原位无损的监测技术，在测量过程中无须对被测电极施加可能改变腐蚀电极腐蚀过程的外界扰动；②电化学噪声测量时间短，能够快速地测量金属腐蚀速率；③电化学噪声测量无须预先建立待测体系的电极过程模型，即可研究所测电化学体系电极腐蚀机理，在一定程度上避免了电化学阻抗测量中一个阻抗谱可能对应多个等效电路的弊端；④电化学噪声属于直流暂态测试技术，对被测腐蚀体系的稳定性没有要求，无须满足阻纳测量的四个基本条件，因此其适用性更广；⑤电化学噪声检测设备简单，可以实现远距离监测，非常适用于现场工况条件下的腐蚀监测。

6.1.2 电化学噪声分类

根据所检测到的电学信号（电流或电压信号）的不同，可将电化学噪声分为电流噪声和电位噪声，根据噪声的来源不同又可将其分为热噪声、散粒效应和闪烁噪声。

（1）热噪声

热噪声是由自由电子的随机热运动引起的，是最常见的一类噪声。电子的随机热运动带来一个大小和方向都不确定的随机电流，它们流过导体则产生随机的电压波动。但在没有外加电场存在的情况下，这些随机波动信号的净结果为零。1928 年贝尔实验室的 J. B. Johnson 首先对热噪声进行了详细的实验研究，所以热噪声又称为约翰逊噪声。之后，H. Nyquist 根据热力学原理在理论上对其进行了大量探讨。实验与理论结果表明，电阻中热噪声电压的均方值 $E\left[V_N^2\right]$ 正比于其本身的阻值大小（R）及体系的绝对温度（T）。

$$E[V_N^2] = 4K_B T R \Delta\nu \tag{6-1}$$

式中，V_N 是噪声电位值；$\Delta\nu$ 是频带宽；K_B 是 Boltzmann 常数，$K_B = 1.38 \times 10^{-23} \text{J/K}$。上式在直到 10^{13}Hz 频率范围内都有效，超过此频率范围后量子力学效应开始起作用，此时，功率谱将按量子理论预测的规律而衰减。

热噪声的谱功率密度一般很小，例如 $1\text{M}\Omega$ 的电阻在室温 298K 时所产生的热噪声的谱功率密度的最大值仅为 $0.0169\mu\text{V}^2/\text{Hz}$。因此，一般情况下，在电化学噪声的测量过程中热噪声的影响可以忽略不计。热噪声值决定了待测体系的待测噪声的下限值，因此当后者小于监测电路的热噪声时，就必须采用前置信号放大器对被测体系的被测信号进行放大处理。

（2）散粒噪声

散粒噪声是由形成电流的载流子的分散性造成的，在低频和中频下，散粒噪声与频率无关（白噪声），高频时，散粒噪声谱变得与频率有关。在电化学研究中，当电流流过被测体系时，如果被测体系的局部平衡仍没有被破坏，此时被测体系的散粒效应噪声可以忽略不计。然而，在实际工作中，特别是当被测体系为腐蚀体系时，由于腐蚀电极存在着局部阴阳极反应，整个腐蚀电极的 Gibbs 自由能 ΔG 为：

$$\Delta G = -(E_a + E_c)zF = -E_{外侧}zF \tag{6-2}$$

式中，E_a 和 E_c 为局部阴阳极的电极电位；$E_{外侧}$ 为被测电极的外侧电极电位；z 为局部阴阳极反应所交换的电子数；F 为 Faraday 常数。

由式(6-2) 可以看出，即使 $E_{外侧}$ 或流过被测体系的电流很小甚至为零，腐蚀电极的散粒效应噪声也绝不能忽略不计。Schottky 于 1918 年研究此类噪声时，用子弹射入靶子时所产生的噪声命名，因此，它又称为散弹噪声或颗粒噪声。散粒噪声类似于温控二极管中由阴极发射而到达阳极的电子在阳极所产生的噪声，Schottky 从理论上证明了该噪声符合下列公式：

$$E[I_N^2] = 2eI_0\Delta\nu \tag{6-3}$$

式中，e 为电子电荷，等于 $1.59 \times 10^{-19}\text{C}$；$I_0$ 为平均电流。在电化学研究中，e 应该用 q 代替，而 q 是远大于电子电荷的电量。式(6-3) 在频率小于 100MHz 的范围内成立。

热噪声和散粒噪声均为高斯型白噪声，它们主要影响频域谱中功率密度谱（PSD）曲线的水平部分。功率谱是功率密度谱函数的简称，定义为单位频带内的信号功率，表示信号功率随频率的变化情况，即信号功率在频域的分布状况。

（3）闪烁噪声

由器件的局部起伏（如光电阴极表面的局部不均）引起发射电子的缓慢随机起伏，这种变化通常出现在较低的频率上（频率上限约 500 Hz），此种噪声称闪烁噪声（Flicker noise）。闪烁噪声又称为 $1/f^\alpha$ 噪声，α 一般为 1、2、4，也有取 6 或更大值的情况。与散粒噪声相同，它与流过被测体系的电流有关、与腐蚀电极的局部阴阳极反应有关。所不同的是引起散粒噪声的局部阴阳极反应所产生的能量耗散掉了，且 $E_{外侧}$ 表现为零或稳定值，而对应于闪烁噪声的 $E_{外侧}$ 则表现为具有各种瞬态过程的变量。局部腐蚀（如点蚀）能显著地改变腐蚀电极上局部微区的阳极反应电阻值，从而导致 E_a 的剧烈变化。因此，当电极发生局部腐蚀时，如果在开路电位下测定腐蚀电极的电化学噪声，则电极电位会发生负移之后伴随着电极局部腐蚀部位的修复而正移。如果在恒压情况下测定，则在电流-时间曲线上有一个正的脉冲尖峰。

电化学体系中闪烁噪声的产生机理迄今能为大多数人接受的只有钝化膜破坏/修复假说，该假说认为，钝化膜本身就是一种半导体，其中必然存在着位错、缺陷、晶体不均匀及其它一些与表面状态有关的不规则因素，从而导致通过这层膜的阳极腐蚀电流的随机非平衡波动，于是导致电化学体系中产生了类似半导体中 $1/f^\alpha$ 噪声。闪烁噪声主要影响频域谱中 SPD 曲线的高频（线性）倾斜部分。

6.1.3 电化学噪声测定

根据测量信号与装置的差异，电化学噪声测试方法可分为控制电流法、控制电位法、三电极电位电流噪声独立测量、电位电流噪声同时相关测量等。当在开路电位下测定电化学噪声时，检测系统一般采用双电极体系，它又可以分为两种方式：同种电极系统和异种电极系统。

（1）控制电流法

在恒电流或开路电势下测量研究电极表面电位随时间的变化，装置简单，适合长时间测量，不会丢失直流段信号。缺点：测量灵敏度低，不适用于小振幅噪声，需引入外电路信号，主要用于电沉积领域。

（2）控制电位法

恒电位时测量研究电极与对电极之间的电流，通常在开路电位下测量，装置简单，适合长时间测量，不会丢失直流段信号。缺点：测量灵敏度低，不适用于小振幅噪声，需引入外电路信号。

（3）三电极电位电流噪声独立测量

三电极两回路电化学测量体系，采用参比电极测量工作电极 WE1 的电位噪声，工作电极 WE2 为对电极测量电流噪声。优点：灵敏度高，自动抑制信号偏离，只记录变化部分。缺点：丢失噪声信号直流部分，电流电位信号独立，无法关联研究。

（4）电位电流噪声同时相关测量

电位电流噪声同时相关测量是目前电化学噪声最常用的测量方法，灵敏度高，自动抑制信号偏离，可得到关联的电流电势噪声。

测试系统应置于屏蔽箱中，以减少外界干扰，应采用无信号漂移的低噪声前置放大器，特别是其本身的闪烁噪声应该很小，否则将极大程度地限制仪器在低频部分的分辨能力。电化学噪声测量过程中，通常采用高通滤波器来增加噪声的测量精度。

传统测试方法一般采用异种电极系统，即研究电极、对电极和参比电极材料都不同。例如，工作电极为研究电极，对电极为大面积铂片，参比电极为饱和甘汞电极（SCE）。两个电极一般为异种材料，它们之间的相互极化作用会影响电极表面的电化学反应。同种电极测试系统是近年才发展起来的，它的研究电极与参比电极均为被研究的材料，目前绝大多数电化学噪声测量均采用同种工作电极。电极面积影响噪声电阻，采用具有不同研究面积的同种电极系统测定体系的电化学噪声时有利于获取电极过程的机理，但是测试时需选取合适的取样频率。

6.1.4 电化学噪声的分析

6.1.4.1 频域分析

电化学噪声技术发展的初期主要采用频谱变换的方法处理噪声数据，优点：评价指标简化、人为因素低、便于计算机识别和检测。频谱变换首先是将电流或电位随时间变化的规律（时域谱）转变为功率密度谱（PSD）曲线（频域谱），如图 6.1 所示。然后，根据 PSD 曲线的水平部分的高度（白噪声水平）、曲线转折点的频率（转折频率）、曲线倾斜部分的斜率和曲线没入基底水平的频率（截止频率）等 SPD 曲线的特征参数表征噪声的特性，探寻电极过程的规律。所谓频域分析，是指将电化学噪声信号利用数学转换工具从时域转换到频域，也就是将其时间函数转换为电化噪声谱，习惯上变换为功率密度谱（Power spectral density，PSD）曲线，也就是我们通

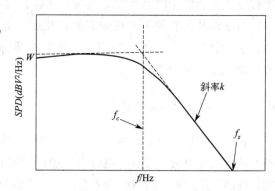

图 6.1 典型的功率密度谱曲线图及其特征参数

常所说的功率谱。常见的时频转换技术主要有：快速傅立叶变换（Fast Fourier transform，FFT）和最大熵值法（Maximum entropy method，MEM）、离散小波变换（Discrete wavelet transform，DWT）和 Hilbert-Huang 变换（Hilbert-huang transform，HHT）。实验所测得的电化学噪声的原始数据由电化学噪声真实信号和直流漂移信号（Direct current drift，DC-Drift）组成，即：

$$V_i = V_{i,noise} + V_{i,DC} \tag{6-4}$$

式中，V_i 为测量得到的噪声原始数据；$V_{i,noise}$ 为真实噪声数据；$V_{i,DC}$ 为噪声的直流漂移数据。

因此，在对电化学噪声数据进行分析前必须去除直流漂移，否则 PSD 曲线上的各个特征将变得模糊不清，影响实验结果的准确性。去除电化学噪声的直流漂移本质上是一种高通（High pass）滤波过程，即对一定频率以下的低频信号进行滤除，从而达到去除伪信号的目的，而去除电化学噪声直流漂移的关键则在于选择一个合适的滤波窗口。

（1）快速傅立叶变换（FFT）

傅立叶变换是时频变换最常用的方法，快速傅里叶变换是由 Cooky 和 Tukey 在 1965 年提出的，对于 N 点有限长时间序列 $x(n)$（即 x_1、$x_2 \cdots$，x_i，$\cdots$，x_N），其离散傅里叶变换为：

$$X(k) = DFT\{x(n)\} = \sum_{n=0}^{N-1} x(n) W_N^{nk}, k = 0, 1, \cdots, N-1 \qquad (6-5)$$

其中，$W_N^{nk} = e^{-\frac{i2\pi}{N}}$。

从式 (6-5) 可以看出，计算每一个 $X(k)$ 需要有 N 次复乘以及 $(N-1)$ 次复加，故整个运算共需要 N^2 次复乘和 $N(N-1)$ 次复加。快速傅里叶变换算法的基本原理就是把一个 N（通常设 $N = 2^l$，l 为整数）点 DFT 分解成两个 $N/2$ 点 DFT，再把 $N/2$ 点 DFT 分解成 $N/4$ 点 DFT，再分解成 $N/8$ 点 DFT，一直分解到两点的 DFT 为止。这种 N 为 2 的整数幂的 FFT 也称为基$-$2FFT，可以使原有 DFT 的计算量显著减少。对于蝶形快速傅里叶算法，实现 DFT 的过程示意如下。

把 $x(n)$ 序列分成两个 $N/2$ 点序列，即偶数点和奇数点数列，则式 (6-5) 可以转换为：

$$\begin{aligned}
X(k) &= \sum_{n\text{为偶数}} x(n) W_N^{nk} + \sum_{n\text{为奇数}} x(n) W_N^{nk} = \sum_{r=0}^{\frac{N}{2}-1} x(2r) W_N^{2rk} + \sum_{r=0}^{\frac{N}{2}-1} x(2r+1) W_N^{(2r+1)k} \\
&= \sum_{r=0}^{\frac{N}{2}-1} x(2r) W_{\frac{N}{2}}^{rk} + W_N^k \sum_{r=0}^{\frac{N}{2}-1} x(2r+1) W_{\frac{N}{2}}^{rk} = \sum_{r=0}^{\frac{N}{2}-1} x(2r) W_N^{2rk} + \sum_{r=0}^{\frac{N}{2}-1} x(2r+1) W_N^k W_N^{2rk} \\
&= G(k) + W_N^k H(k)
\end{aligned} \qquad (6-6)$$

其中，$r = 1, 2, 3, \cdots, N/2-1$，$G(k)$ 和 $H(k)$ 只有 $N/2$ 个点，所以应利用 $G(k)$ 和 $H(k)$ 的两个周期，同时由于 W_N^{nk} 的对称性，就可以通过迭代计算出 $x(n)$ 的傅里叶变换 $X(k)$。其对应的频率范围 $0 \sim [(N-1)/N]\Delta t$，N 为采样点数，Δt 为采样间隔。

时域信号 $x(n)$ 经过上述 FFT 转换后，可得到四个特征参数值，即频率 f，实部 a、虚部 b 以及相位角 θ，频率和模值（模值 $M = \sqrt{a^2 + b^2}$）是重点关注参数。同时还可得到相应的噪声总能量 E、频谱 $s(\omega)$、能量密度频谱 $P(\omega)$ 和功率密度谱（PSD），即：

$$E = \int_0^T |x(n)|^2 \mathrm{d}t \qquad (6-7)$$

$$s(\omega) = 2 \int_0^{+\infty} x(n) e^{-j\omega} \mathrm{d}t \qquad (6-8)$$

$$P(\omega) = |s(\omega)|^2 \qquad (6-9)$$

$$PSD = 2 \lim_{T \to \infty} \frac{N(T) |s(\omega)|^2}{T} \qquad (6-10)$$

式中，$|x(n)|^2$ 为噪声的能量密度；T 为采样时间；$N(T)$ 为 T 时间内噪声信号（电位和电流）脉冲的个数。对于有限能力的信号，在不失普遍性的条件下，归一化总能量为 1，而许多信号的能力是无限的，此时通过限制过程进行处理。

信号的总能量与计算方法无关，因此如果单位频率内的能量密度为 $|s(\omega)|^2$，则总的能量 E 应该是 $|s(\omega)|^2$ 在整个频率范围内的积分，而且就等于直接由时间波形计算得到的信号的总能量，即：

$$E = \int_0^T |x(n)|^2 \mathrm{d}t = \int_{\omega_{min}}^{\omega_{max}} |s(\omega)|^2 \mathrm{d}\omega \qquad (6-11)$$

通常认为孔核和晶核的发生是一个 Poisson 随机过程，若 λ 为试样面积为定值 $S(\mathrm{m}^2)$ 时的 Poisson 过程的强度因子，则在 T 时间内，试样表面出现的孔核（晶核）数的数学期望

值为 $N(T) = \lambda ST$，代入式(6-10)可得：

$$PSD = \lim_{T \to \infty} \lambda SP(\omega) \tag{6-12}$$

根据信号瞬变过程的不同特征，$s(t)$ 有不同的表达形式，从而得到具有不同噪声指数 α 的 $1/f^\alpha$ 噪声。转换后的 PSD 谱的频率范围是 $(1/N)\Delta t \sim (1/2)\Delta t$，用 dB （decibel）来描述谱密度。在金属腐蚀过程中噪声所研究的是电位/电流波动的大小，因此，在 PSD 曲线中纵坐标用的是噪声幅度而不是噪声能量。根据物理学上分贝（decibel）的定义，噪声幅度分贝通常用下式表示：

$$dB = -20\lg\left[M_n / M_{(N-1)/2}\right] \tag{6-13}$$

其中，M_n 为第 n 点的模值，$n = 1, 2, 3, \cdots, (N-1)/2$；$M_{(N-1)/2}$ 为第 $(N-1)/2$ 点的模值。

通过式(6-13)计算得到的 PSD 曲线的 dB 变化范围是 $-80 \sim 0$。横坐标频率 f 数值范围与选定的点数有关，采用对数刻度。研究表明，电势噪声的高频线性段的斜率小于 $-20dB/decade$ 甚至小于 $-40dB/decade$ 时，电极表面发生的是均匀腐蚀，当其斜率不小于 $-20dB/decade$ 时，则更多的可能是发生了局部腐蚀。因此，一般而言，PSD 曲线高频段倾斜段坡度大（变化快），则电极表面可能处于钝化状态或均匀腐蚀；倾斜段坡度小（变化慢），则电极表面趋于局部腐蚀。但是 PSD 曲线的特征参数并不能在整个腐蚀过程中很好地描述腐蚀过程的规律。

（2）最大熵值法（MEM）

MEM 频谱分析法是 J. P. Burg 于 1967 年提出来的，之后 R. T. Lacoss 等又从数学的角度对它进行了详细的讨论，MEM 频谱分析法相对于其它频谱分析法（如 FFT）具有很多优点：①对于某一特定的时间序列而言，MEM 在时间（空间）域上具有较高的分辨率；②MEM 特别适用于分析有限时间序列的特征，无须假定该时间序列是周期性的或假定有限时间序列之外的所有数据均为零；③相对于 FFT，MEM 可以在很大程度上减小因没有对连续时间序列进行平均而引起的 FFT 分析误差。

根据 MEM 的原理，某一有限时间序列的功率 $P(f)$ 为：

$$P(f) = \frac{p_m \Delta t}{E\Gamma^* \Gamma E^*} \tag{6-14}$$

其中，列矩阵 $\Gamma = col(1 r_{m1} r_{m2} \cdots r_{mi} \cdots r_{mm})$，列矩阵 $\Gamma^* = col(1 - r_{m1} - r_{m2} \cdots - r_{mi} \cdots - r_{mm})$，$\Delta t$ 为采样周期 [采样频率为 $f = 1/\Delta t$，$-1/(2\Delta t) \leqslant f \leqslant 1/(2\Delta t)$]，矩阵 $E = col[1 e^{j\lambda} e^{j2\lambda} \cdots e^{j\lambda(N-1)}]$，$p_m$ 和 r_i 由式 $R\Gamma^* = P$ 通过逐步增加矩阵维数（从 $m-1 \to m$）迭代得到。P 为列矩阵 $P = col(p_m\,0\,0\,0\,0\,0)$，R 为过程的 $N \times N$ 自相关矩阵。当 $m = 0$ 时，p_0 为：

$$p_0 \approx \frac{1}{N} + \sum_{i=1}^{N} x_i^2 \tag{6-15}$$

为了得到式 $R\Gamma^* = P$ 的唯一解，必须将 $m = 0 \to m = 1$ 的两点预测误差滤波 $(1, -r_{11})$ 的滤波器的正向滤波和逆向滤波的输出功率的数学平均值 π_1（相对于 r_{11}）确定为最小。

$$\pi_1 = \frac{1}{2(N-1)} \cdot \sum_{i=1}^{N-1}\left[(x_i - r_{11}x_{i+1})^2 + (x_{i+1} - r_{11}x_i)^2\right] \tag{6-16}$$

从而得到预测误差滤波系数 r_{11}，即：

$$r_{11} = 2 \sum_{i=1}^{N-1} x_i x_{i+1} / \sum_{i=1}^{N-1} (x_i^2 + x_{i+1}^2) \tag{6-17}$$

同理，对于 $m-1 \rightarrow m$ 的迭代，其 $m+1$ 预测误差滤波的输出功率的数据平均值 π_m 和预测误差系数 r_{mk} 分别为：

$$\pi_m = \frac{1}{2(N-1)} \sum_{i=1}^{m} \left\{ \left[\left(x_i - \sum_{k=1}^{m} r_{mk} x_{i+k} \right)^2 \right] + \left[\left(x_{i+m} - \sum_{k=1}^{m} r_{mk} x_{i+m-k} \right)^2 \right] \right\} \tag{6-18}$$

$$r_{mk} = r_{(m-1)k} - r_{mm} r_{(m-1)(m-k)} \quad (k=1,2,\cdots,m-1) \tag{6-19}$$

当 $k>m$ 时，如果设定 $r_{m_l} = -1$ 和 $r_{mk} = 0$，则式（6-18）对所有 m 值均成立，此时可得：

$$r_{mm} = 2 \sum_{t=1}^{N-m} (b_{mt} b'_{mt}) / \sum_{t=1}^{N-m} (b_{mt}^2 + b'^2_{mt}) \tag{6-20}$$

其中，

$$b_{mt} = \sum_{k=0}^{m} r_{(m-1)k} x_{t+k} = \sum_{k=0}^{m} r_{(m-1)(m-k)} x_{t+m-k} \tag{6-21}$$

$$b'_{mt} = \sum_{k=0}^{m} r_{(m-1)k} x_{t+m-k} = \sum_{k=0}^{m} r_{(m-1)(m-k)} x_{t+k} \tag{6-22}$$

求出 r_{mk} 后，将式（6-19）代入式 $R\Gamma^* = P$ 可以求出 p_m。通过对式（6-21）进行一系列运算后，得到最大熵值法（MEM）计算功率密度谱 $PSD \left[\Psi(f) \right]$ 的估算表达式即为：

$$\left[\Psi(f) \right] = \frac{2\sigma_m^2 \Delta t}{\left| 1 + \sum_{k=1}^{M} a_m(k) \exp(-2j\pi f k \Delta t) \right|^2} \tag{6-23}$$

其中，

$$\sigma_m^2 = \left(\frac{1}{N} \sum_{i=1}^{M} |X_i|^2 \right) \times \prod_{K=1}^{M} (1 - |\gamma_k|^2) \tag{6-24}$$

式（6-23）和式（6-24）中，σ_m^2 是平均平方预测误差；M 是预测误差滤波长度；$a_m(k)$ 是使用 Burg 法计算得到的自回归参数；f 是频率；Δt 是时间间隔；X_i 是随机信号（$i=0$，$1,\cdots,N-1$）；N 是样本数（通常为 1024 的倍数）；γ_k 是预测误差系数。

使用 MEM 计算 PSD，首先必须决定预测误差滤波长度 M，但是 M 的大小是不确定的，根据不同的 M 值可以获得不同的 PSD 结果。当 M 值过大或者过小时，获得的结果偏差最大，一般 M 值为 50。

谱噪声电阻（Spectral Noise Impedance，R_{sn}^0）是利用频域分析技术处理电化学噪声数据时引入的一个新的统计概念，分别测定相同电极体系的电位和电流噪声后，将其分别进行时频转换，得到相应于每一个频率下的谱噪声响应 R_{sn}（Spectral Noise Response）：

$$R_{sn(f)} = \left| \frac{V_{fft(f)}}{I_{fft(f)}} \right|^{1/2} \tag{6-25}$$

而谱噪声电阻 R_{sn}^0 被定义为 R_{sn} 在频率趋于零时的极限值，即为：

$$R_{sn}^0 = \lim_{f \to 0} R_{sn(f)} \tag{6-26}$$

一般认为 R_{sn}^0 的大小正比于电极反应电阻 R_p。

（3）离散小波变换（DWT）

采用 FFT 处理包含非稳定的暂态信号电化学噪声数据，往往存在很大的分析误差。1982 年，法国地球物理学家 Morlet 等最早引入小波（Wavelet）概念于信号分析中，对信号进行分解，用于分析地震波的局部性质。随后，小波分析被广泛应用于电化学噪声研究中。小波分析的核心在于用基本函数 $\psi(n)$（母波）和 $\phi(n)$（父波）的线性组合来表示时间序列的噪声信号 $x_n = (1,2,\cdots,N)$，利用快速小波变换（Fast wavelet transform，FWT）算法对电化学噪声信号进行逐层滤波分析，其中 FWT 算法包括低通滤波（L）、高通滤波（H）和下取样（$\downarrow 2$）3 个步骤。离散小波变换（Discrete wavelet transform，DWT）实际上是对连续小波变换的尺度、位移按照 2 的幂次进行离散化得到的，所以也称为二进制小波变换。离散小波变换是将原信号 $s(n)$ 表达为尺度函数 $\phi(n)$（Scaling function，亦作父小波），与小波函数 $\psi(n)$（Wavelet function，亦作母小波）的线性组合，如下式：

$$s(n) = \sum_k cA_{J,k} \phi_{J,k}(n) + \sum_{j=1}^{J} \sum_k cD_{j,k} \psi_{j,k}(n) \tag{6-27}$$

其中，$cA_{J,k} = \langle s(n), \phi_{J,k}(n) \rangle, cD_{j,k} = \langle s(n), \psi_{j,k}(n) \rangle$。

DWT 分解如图 6.2 所示，原始信号 $s(n)$ 经过逐层分解为高频细节信号 cD_j 与低频平滑信号 cA_j，原始信号 $s(n)$ 的总能量 E 为所有数据点的平方和，其中 N 为 $s(n)$ 总点数，表达式为：

$$E = \sum_{n=1}^{N} x_n^2 \tag{6-28}$$

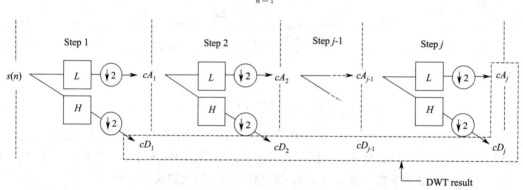

图 6.2　DWT 分解示意图

再求出各尺度下细节信号的平方和，代表该尺度的能量，将其比上总能量 E，可得各尺度 j 下能量之比 E_d^j：

$$E_d^j = \frac{1}{E} \sum_{k=1}^{N/2^j} (cD_{j,k})^2 \tag{6-29}$$

最后，将各尺度的能量之比绘制，则得到所谓的能量密度图（Energy distribution plot，EDP），EDP 能够详细地展示小波分析的结果。EDP 给出了每一小波系数占整个腐蚀过程的相对能量，相对能量越大，说明该分层小波系数所对应的腐蚀事件在整个腐蚀过程中所占的比重越大。注意到，$s(n)$ 每经过一次分解，源数据 $s(n)$ 的采样频率 f_s 则减半，因此尺度 j 越大，分解得到的信号频率则越低，因而小波系数 cD_j 的频率因子 f_j 可按下式计算：

$$f_j = f_s \times 2^{-j} \tag{6-30}$$

由于 f_j 与源数据采样频率 f_s 相关，因此在绘制 EDP 图谱时其横轴还应注明或直接采用频率因子表示，而不是仅用晶胞（Crystals）作为横轴。晶胞的概念来自电化学噪声数据的 FWT 分析，在 FWT 分析过程中，采用 db4 Mallat 金字塔算法，噪声数据被分解为 9 个晶胞，分别为 D_1，D_2，…，D_8 和 S_8。其中，S_8 代表噪声数据的整体信号。通过小波变换后，可以得到电化学噪声的时频相平面图。需要说明的是，不同研究报道的电化学噪声源数据的采样频率并不一致，通常在 2～20Hz 的采样频率区间内。有的研究工作直接以晶胞为依据将腐蚀过程描述为 D1-D3 为活化控制，D4-D6 为混合控制，而 D7-D8 为扩散控制等。

由于源数据采样频率不同，EDP 各晶胞所代表物理意义也会产生偏差。

从式（6-27）中可以看出，通过小波系数与对应尺度的小波函数相乘并加和，可重构原始信号 $s(n)$。图 6.3 所示为基于 DWT 的基线漂移消除示例，源函数采样频率为 5Hz，小波函数为 db4 小波，分解层数为 8 层，基线为 cA_8 重构信号，令平滑系数 cA_8 全为常数且等于源信号均值，再按照式（6-27）进行重构即可实现低频漂移消除。cA_8 的频率因子小于 0.0195Hz，因此低于该频率的低频信号将被屏蔽，由此可见，与多项式拟合相比，基于 DWT 的基线移除物理意义更为明确，仅需确定小波名称与分解层数即可得到统一的平稳信号。

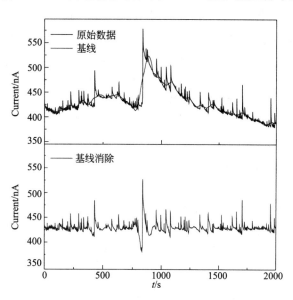

图 6.3　基于 DWT 的基线漂移消除示意图

（4）Hilbert-Huang 变换（HHT）

20 世纪初德国数学家 Hilbert 提出 Hilbert 变换，它能将实信号 $s(t)$ 表示为它的解析信号 $z(t)=s(t)+i\tilde{s}(t)$，进而得到信号的瞬时频率，广泛应用于非平稳信号的分析。但并非任意 $s(t)$ 经 Hilbert 变换后都能得到正确的瞬时频率，1998 年华裔科学家黄鄂对其进行了改进，即对信号 $s(t)$ 进行前置转化，称为经验模态分解（EMD），形成了 Hilbert-Huang 变换（HHT）。其基本假设是任何非线性、非稳态的信号都是由若干固有模式的振荡信号相互叠加组成的。它的分析过程分为经验模态分解（Empirical mode decomposition，EMD）和 Hilbert 转换（Hilbert transform，HT）两个步骤。

HHT 的核心在于经验模态分解 EMD 算法，用于求取本质模态函数 IMF，满足以下两个条件即可称作 IMF：①局部极大值以及局部极小值的数目之和必须与零交越点的数目相等或是最多只能差 1；②在任何时间点，

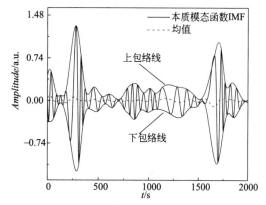

图 6.4　本质模态函数 IMF 及其上下包络线实例

局部最大值所定义的上包络线与局部极小值所定义的下包络线节点的平均值要接近为零。因此，一个函数若属于 IMF，代表其波形局部对称于零平均值。类似于弦波，但是 IMF 其周期与振幅可以不固定，如图 6.4 所示。

EMD 的计算流程如图 6.5。首先找出源数据 $s(t)$ 所有局部极大值点，利用三次样条线连接得到上包络线，同理连接所有局部极小值点，得下包络线。求出上下包络线的均线 $m_1(t)$。显然 $m_1(t)$ 可视为 $s(t)$ 中心基线，将 $s(t)$ 减去 $m_1(t)$，可获得分量 $h_1(t) = s(t) - m_1(t)$。第一次分解得到的 $h_1(t)$，应基本沿零线对称，但尚未严格达到 IMF 条件，因此将 $h_1(t)$ 返回再做包络处理，循环 k 次，即 $h_k(t) = h_{k-1}(t) - m_k(t)$，直至 $h_k(t)$ 满足 IMF 条件，方可取得第一个 IMF 分量 $c_1(t) = h_k(t)$，它代表了源数据 $s(t)$ 中最高频率的分量。

将 $s(t)$ 减去 $c_1(t)$ 得到剩余量 $r_1(t)$，再将 $r_1(t)$ 当作新的源数据重复上述过程，求得下一层 IMF 分量 $c_2(t)$ 及剩余量 $r_2(t)$，如此循环 n 次，即 $r_n(t) = r_{n-1}(t) - c_n(t)$。直至 $r_n(t)$ 为单调函数无需分解，EMD 分解结束。最终，$s(t)$ 可表示为所有 IMF 分量的总和及一个趋势量 $r_n(t)$，即：

$$s(t) = \sum_{j=1}^{n} c_j(t) + r_n(t) \quad (6\text{-}31)$$

所有的 IMF 分量需要逐一进行 Hilbert 变换：

$$\tilde{c}_n(t) = \frac{1}{\pi} P \int_{-\infty}^{+\infty} \frac{c_n(\tau)}{t - \tau} \mathrm{d}\tau \quad (6\text{-}32)$$

式中，P 为 Cauchy 主值，形成的解析信号为 $z_n(t) = c_n(t) + i\tilde{c}_n(t)$，表示为极坐标形式，即：

$$z_n(t) = a_n(t) \mathrm{e}^{i\theta_n(t)} \quad (6\text{-}33)$$

其中，i 为虚部，瞬时幅值 $a_n(t) = \sqrt{c_n(t)^2 + \tilde{c}_n(t)^2}$，瞬时相位 $\theta_n(t) = \arctan\left[\dfrac{\tilde{c}_n(t)}{c_n(t)}\right]$，

而瞬时频率 $\omega_n(t) = \dfrac{\mathrm{d}\theta_n(t)}{\mathrm{d}t}$。

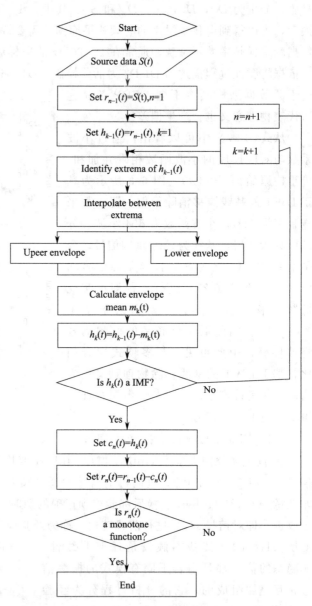

图 6.5 EMD 分解示意图

结合式(6-31)，源数据 $s(t)$ 可表示为如下形式：

$$s(t) = Re \left[\sum_{j=1}^{n} a_n(t) e^{i \int \omega_j(t) \mathrm{d}t} \right] \qquad (6\text{-}34)$$

其中，Re 代表复数量的实部值，这里忽略了式(6-31) 中的剩余趋势量 $r_n(t)$。

如此，源数据被表示为幅值 $a(t)$ ~频率 $\omega_n(t)$ ~时间 t 的分布，称为 Hilbert 谱。对于整个 HHT 过程，利用 EMD 分解，可将 $s(t)$ 分解为 n 个 IMF 分量 $c_n(t)$，n 条 IMF 分量可得到 n 个 $a(t)$ 与 $\omega_n(t)$，构成 n 个三维数组 $\{a(t),(t),t\}$，空间上可表示 n 条三维曲线，即 IMF 分量的每个时间点上，有与之对应的瞬时幅值及瞬时频率。那么 $s(t)$ 时频转换就表示为由这 n 个三维数组构成的集合。

利用 Hilbert 谱，同样可以获得类似能量分布的 PSD 谱，称为 Hilbert 边际谱（MS）。将幅值 $a(t)$ 表示为频率和时间为自变量的函数 $a(\omega,t)$，将其沿时间积分，得到 Hilbert 边际谱，如下式：

$$a(\omega) = \int_{-\infty}^{+\infty} a(\omega,t) \, \mathrm{d}t \qquad (6\text{-}35)$$

式(6-35) 是边际谱理论表述，对实测数据处理时，是将所有三维数组 $\{a(t),(t),t\}$ 中具有相同频率 $\omega_n(t)$ 的数据点归类，再将这些数据点中的幅值量 $a(t)$ 在一定时间段内累加起来，就得到该时间段内，幅值 a 在频域上的累积量分布。

通过 Hilbert-Huang 变换后，原始电化学噪声信号被表示为一个时间-频率-能量的三维分布图。由于 Hilbert-Huang 转换不是建立在 FT 的基础上，因此不受测不准原理的制约，可对电化学噪声信号同时进行高分辨率的时域和频域分析。另外，Hilbert-Huang 转换通过经验模态分解得到的经验模态函数反映了原始信号的固有属性，信号分解具有自适应性，避免了小波分析中由小波基函数选取不当引起的分析偏差。作为一种针对非线性、非平稳信号的数据处理方法，Hilbert-Huang 变换被认为是信号分析领域的一项重大突破，已在信号滤波、故障诊断、医学、水声工程、地震信号分析、语音识别、图像处理等领域得到了应用。

HHT 与 DWT 针对亚稳态与稳态点蚀发展中的电位及电流噪声数据的分解如图 6.6 所示，原始信号绘制于 Y-Z 平面以便观察。图 6.6(a) 为噪声电流的 HHT 时频图，原信号在 500~1500s 区间，存在 3 个幅值较大且寿命较长（>50s）的主峰，但在主峰衰减过程中，出现了许多寿命短、幅值小的次生噪声峰，这与点蚀生长会促进蚀点周边亚稳态点蚀的形核机理有关。图 6.6(a) 中，HHT 能将电流噪声信号中低频与高频信号并存的特征展示出来，如在 0~500s 的一簇噪声峰，无明显的低频漂移，因此在频域 10^{-2}~10^{-3}Hz 区间内无峰出现。而在 1000~1500s 区间，主噪声峰与次噪声峰的并存，使 HHT 的低频区出现较大的平台，同时显示出噪声信号具有较多的高频成分。图 6.6(c) 显示了电位噪声峰经 HHT 变换后的幅值时频图，可以看出电位峰的幅值为 20~40mV，且周期达到数百秒。电位噪声主峰在频域上与电流噪声主峰具有一致性，均位于 10^{-2}~10^{-3}Hz 间，但电位曲线上并没有相应的高频次生噪声峰。

利用小波系数 cD_j 重构了原始电位与电流噪声信号，图 6.6(b) 为 DWT 变换后，各层小波细节系数 cD_j 与母小波函数相乘后的重构模值图，可见 DWT 在整体上对原始信号也能较好分离，但 DWT 的频率分辨率较低，仅相当于其分解层数 j（$j=12$）。随着分解层数的

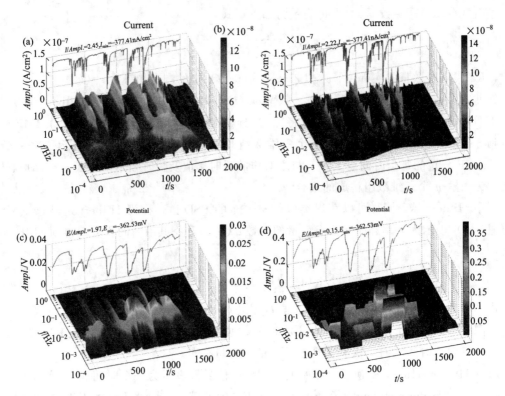

图 6.6　HHT 与 DWT 分别对稳态点蚀噪声曲线进行时频转换后谱图：（a）基于 HHT 的
稳态点蚀电流光谱；（b）基于 DWT 的稳态点蚀电流光谱；（c）基于 HHT 的稳态点蚀电位光谱；
（d）基于 DWT 的稳态点蚀电位光谱

提高，低频细节系数在时间上的分辨率也呈 2^{-j} 降低，如图 6.6(d) 所示。可以看到，随着分解层数提高，细节系数的采样点数按 2^{-j} 规则衰减。例如，当 DWT 分解层数为 10 层时，采样频率为 $f_j = 0.0097\,\mathrm{Hz}$，总长 2 万点的原始噪声信号，可用 20 个点代表，使噪声信号的分辨率下降，这一点在 HHT 边际谱与小波变换 EDP 的对比时更为明显。

此外，DWT 变换的核心是母小波函数的选择，通常会根据源信号特征来选择最相似的母小波，一旦确定，在整个分解和重构的过程中都无法更换。对于非平稳噪声信号，由于噪声信号的时变性特征，单一母小波函数不可能在源信号的任何时域均保证最佳匹配，有可能该母函数在全局最优，但在局部区域却并不合适，这就导致由 DWT 计算的 EDP 也会随母小波的不同而呈现差异，使 DWT 的分析结果具有不确定性。

6.1.4.2　时域分析

由于仪器的缺陷（采样点数少、采样频率低等）和时频转换技术本身的不足（如：转换过程中某些有用信息的丢失），难以得到确切的电极反应速率等。一方面迫使电化学工作者不断探索新的数据处理手段，以便利用电化学噪声频域分析的优势来研究电极过程机理。另一方面又将人们的注意力部分转移到时域谱的分析上，从最原始的数据中归纳出电极过程的一级信息。在电化学噪声时域分析中，标准偏差（Standard Deviation）S、噪声电阻（Noise resistance）R_n 和点蚀指标（Pitting index）PI 等是最常用的几个基本概念，它们也是评价腐蚀类型与腐蚀速率大小的依据。

（1）标准偏差

标准偏差又分为电流和电位的标准偏差两种，它们分别与电极过程中电流或电位的瞬时（离散）值和平均值所构成的偏差成正比，即：

$$S = \sqrt{\sum_{i=1}^{n} \left[x_i - \sum_{i=1}^{n} \frac{x_i}{n} \right]^2 / (n-1)} \tag{6-36}$$

式中，x_i 为实测电流或电位的瞬态值；n 为采样点数。

随着腐蚀速率的增加，电流噪声的标准偏差 S_I 增加，而电位噪声的标准偏差 S_V 减少。

（2）点蚀指标

点蚀指标 PI 定义为电流噪声的标准偏差 S_I 与电流的均方根（Root Mean Square）I_{RMS} 的比值，即：

$$PI = S_I / I_{RMS} \tag{6-37}$$

一般认为，PI 接近 1.0 时，表明孔蚀的产生；当 PI 值处于 0.1～1.0 之间时，预示着局部腐蚀的发生；PI 值接近于零则意味着电极表面出现均匀腐蚀或保持钝化状态。

（3）噪声电阻

噪声电阻 R_n 定义为电位噪声与电流噪声的标准偏差比值，即：

$$R_n = S_V / S_I \tag{6-38}$$

在实际测量过程中，为满足稳态条件，R_n 计算前需要将电位噪声与电流噪声进行低频直流漂移消除，传统的多项式拟合法任意性较强不易统一，采用小波分解的办法消除低频分量则相对容易控制，可靠度更高。噪声电阻 R_n 与谱噪声电阻 R_{sn} 之间存在着内在的联系。

（4）Hurst 指数（H）

Hurst 指数（H）以英国水文学家 E. H. Hurst 命名，起初被用来分析水库与河流之间的进出流量，后来被广泛用于各行各业的分形分析，用于判断时间序列数据遵从随机游走还是有偏的随机游走过程。时间序列的极差 $R_{(t,s)}$ 与标准偏差 $S_{(t,s)}$ 之间存在着下列关系：

$$R_{(t,s)} / S_{(t,s)} = S^H, 0 < H < 1 \tag{6-39}$$

式中，下标 t 为选定的取样时间；s 为时间序列的随机步长（某种微观长度）；H 为 Hurst 指数。

H 与闪烁噪声 $1/f^\alpha$ 的噪声指数 α 之间存在着 $\alpha = 2H + 1$ 的函数关系，H 的大小反映了时间序列变化的趋势。通常，当 $H > 1/2$ 时，时间序列的变化具有持久性；而当 $H < 1/2$ 时，时间序列的变化具有反持久性；当 $H = 1/2$ 时，时间序列的变化表现为白噪声且增量是平稳的（在频域分析中，H 也可以由频域谱求出）。

另外，根据分形理论可知，时间序列的局部分维 D_{fl} 与 Hurst 指数 H 之间存在关联关系，即：$D_{fl} = 2H(0 < H < 1)$。D_{fl} 越大，特别是系统的局部分维 D_{fl} 与系统的拓扑维数 D_t 之差（$D_{fl} - D_t$）越大，则系统的非规则性越强，说明电极过程进行得越剧烈。

（5）非对称度 S_k 和突出度 K_u

非对称度 S_k 是信号分布对称性的一种量度，它的定义如下：

$$S_k = \frac{1}{(N-1)S^3} \sum_{i=1}^{N} (I_i - I_{mean})^3 \tag{6-40}$$

S_k 指明了信号变化的方向及信号瞬变过程所跨越的时间长度。如果信号时间序列包含了一些变化快且变化幅值大的尖峰信号、则 S_k 的方向正好与信号尖峰的方向相反；如果信号峰的持续时间长，则信号的平均值朝着尖峰信号的大小方向移动，因此 S_k 值减小；$S_k = 0$，则表明信号时间序列在信号平均值周围对称分布。

突出度 K_u 值给出了信号在平均值周围分布范围的宽窄、指明了信号峰的数目多少及瞬变信号变化的剧烈程度。$K_u > 0$ 表明信号时间序列是多峰分布的，$K_u = 0$ 或 $K_u < 0$ 则表明信号在平均值周围很窄的范围内分布；当时间序列服从 Gaussian 分布时，$K_u = 3$。如果 $K_u > 3$，则信号的分布峰比 Gaussian 分布峰尖窄，反之亦然。K_u 可通过下式计算：

$$K_u = \frac{1}{(N-1)S^4} \sum_{i=1}^{N} (I_i - I_{mean})^4 \qquad (6-41)$$

（6）亚稳态蚀点形核速率

将亚稳态噪声峰数在一定时间 t 内进行统计，如果在时间 t 内噪声峰个数为 m，则形核速率如下式：

$$\lambda = m/t \qquad (6-42)$$

形核速率统计，通常采用的峰检测窗口为 5s，峰高阈值为 10%，即峰高值不低于最高峰值的 10% 才可被统计为峰，或指定具体的峰高值为基准，可设定电流峰高大于 10nA 为峰。形核速率的原始定义未考虑面积因素，实验表明，亚稳态峰产生的频次与电极面积呈正比，采用单位面积下的形核速率更利于标准化比较。

（7）积分峰电量统计

积分峰电量与亚稳态蚀点的溶解体积有一定的正比例关系，将亚稳态电流峰去除基底电流 I_b 后沿时间积分，即可获得亚稳态峰的积分峰电量 Q_{pit}：

$$Q_{pit} = \int_{t_i}^{t_d} (I(t) - I_b) \, \mathrm{d}t \qquad (6-43)$$

其中，t_i 与 t_d 分别代表亚稳态峰萌发与消亡的时间点，如图 6.7 所示，而 t_p 则代表电流取得峰值的时间点。

对电流 $I(t)$ 的计算，整个过程可采用分段函数进行数学表达，即：

$$I(t) = I_b + \exp\left(\frac{t-t_i}{\tau_1}\right) - 1, t < t_p \qquad (6-44)$$

$$I(t) = I_b + I(t_p) \exp\left(-\frac{t-t_p}{\tau_2}\right), t \geq t_p \qquad (6-45)$$

其中，τ_1、τ_2 为亚稳态电流峰上升与修复的时间常数。

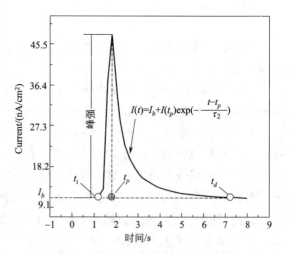

图 6.7　亚稳态电流峰电量分析示意图

时间常数可通过指数拟合电流峰衰减曲线得到，也可以通过积分电量直接估算，将式（6-44）积分，可得：

$$Q_{pit}\left|\begin{matrix}t_d\\t_p\end{matrix}=I(t_p)\times\frac{1}{\tau_2}\exp\left(-\frac{t-t_p}{\tau_2}\right)\right|\begin{matrix}t_d\\t_p\end{matrix} \tag{6-46}$$

由于定义 $I(t_d)=I_b$，因此 $\exp\left(-\dfrac{t_d-t_p}{\tau_2}\right)\approx0$，故式(6-46)可简化为：

$$\tau_2=\frac{Q_{pit}\left|\begin{matrix}t_d\\t_p\end{matrix}\right.}{I(t_p)} \tag{6-47}$$

由此可以看出，自峰值点后的积分电量比上峰高即可直接求出时间常数 τ_2，这种估算方法在进行大量峰电量统计时，比逐一进行峰曲线拟合更为高效。

积分峰电量可根据法拉第定律折算为基体金属溶解的体积，将蚀孔假定为理想半球形，可得到蚀孔半径 r_{pit}，即为：

$$r_{pit}=\left[\left(\frac{3W}{2nFz\rho}\right)Q_{pit}\right]^{1/3} \tag{6-48}$$

式中，W 为原子量；z 为金属溶解的化合价；F 为 Faraday 常数；ρ 为金属的密度。

6.1.5 电化学噪声技术应用

电化学噪声技术在腐蚀测量和腐蚀监检测领域有着广泛的应用，主要有：①腐蚀类型的判断；②ECN 判断点蚀的特征；③材料应力腐蚀和裂蚀等局部腐蚀的 ECN 特征；④材料腐蚀 ECN 研究的数据量化处理；⑤涂层性能评价；⑥缓蚀剂筛选等。现主要讨论基于 ECN 的腐蚀类型的判断。

通过对比稳态、亚稳态和钝化态体系的电化学噪声特征，可以发现，基于 ECN 判断腐蚀类型，关键在于电位与电流信号在频域上的分布特征。以 HHT 边际谱为基础，用 $\sum C_H$ 与 $\sum C_L$ 分别代表电流峰在边际谱上的高频区（$10^{-2}\sim10^{-1}$ Hz）与低频区（$10^{-3}\sim10^{-2}$ Hz）的幅值和。因为亚稳态体系电流噪声峰在高频区幅值较大而低频区幅值较小，则高低频电流幅值比 $\sum C_H/\sum C_L>1$，而钝化态和稳态点蚀生长体系的电流噪声 $\sum C_H/\sum C_L<1$。同样的，对电位噪声峰的边际谱以相同方式求得 $\sum P_H$ 与 $\sum P_L$，由于亚稳态电位峰时间常数大，而使信号主峰向低频区移动，其电位幅值比 $\sum P_H/\sum P_L$ 并不大。根据亚稳态峰在 HHT 边际谱上的分布特点，董泽华和石维等提出了使用 PF（Pitting Factor）指数来表征亚稳态点蚀倾向，如式(6-49)，并将 3 类特征峰的相关系数计算值列于表 6.1。

$$PF=\frac{\sum C_H}{\sum C_L}\times\frac{\sum P_L}{\sum P_H}\times\frac{f_C}{f_P} \tag{6-49}$$

式中，f_C 与 f_P 分别为电流与电位在 MS 上最概然区间的中心频率，如图 6.8、图 6.9 中所示阴影区为最概然区间（占 40%～45% 总面积的频率区间）。最概然区间的算法为，先求得 MS 在频域内的总面积，以一个频率窗口扫描整个频域，并计算窗口内面积与总面积之比，若扫描后未发现任一频率窗口内面积达到总面积 40% 以上，则逐渐加宽窗口再次扫描，当计算到窗口内面积首次达到总面积 40% 以上时，该频率窗口宽度最窄，其所在的中心频率也最具代表性，定义为最概然区间。

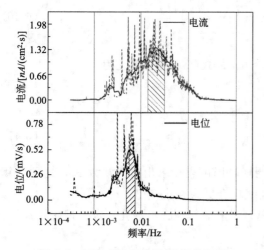

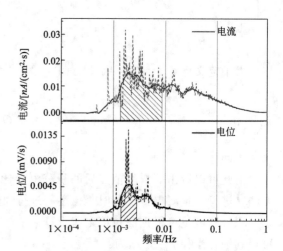

图6.8 亚稳态噪声信号 HHT 边际谱　　　图6.9 钝化态体系噪声信号 HHT 边际谱

表6.1　局部腐蚀类型判定指数 *PF* 的取值范围

腐蚀类型	C_H/C_L	P_H/P_L	f_C/f_P	PF	典型 PF
钝态	0.73	0.15	1.35	6.60	5~7
亚稳态点蚀	5.26	0.41	3.72	46.41	>8
稳态点蚀	0.82	0.2	1.14	4.74	1~5

事实上，*PF* 中前两项，电位与电流的比值关系可表示为谱噪声电阻形式：

$$\frac{\dfrac{\sum P_L}{\sum C_L}}{\dfrac{\sum P_H}{\sum C_H}} = R_L/R_H \tag{6-50}$$

其中，R_L 为低频区谱噪声电阻，R_H 为高频区谱噪声电阻，根据 RC 并联电路的阻抗表达式 $|Z(\omega)|$，$R_L/R_H = \sqrt{\dfrac{1+(\omega_H R_r C_{dl})^2}{1+(\omega_L R_r C_{dl})^2}}$，当频率 ω_L 较小时，分母近似为 1，则 $R_L/R_H = \sqrt{1+(\omega_H \tau)^2}$，其中 $\tau = R_r C_d$。噪声电流峰与亚稳态点蚀事件的萌发和消亡同步，其时间常数与点蚀的时间常数 $R_{pit} C_{pit}$ 相关，而电位峰的恢复却与钝化膜的时间常数 $R_r C_d$ 有关，由于亚稳态点蚀的出现具有随机性，因此噪声电流与噪声电位响应之间并不符合电化学阻抗的因果性和稳定性要求。*PF* 的计算引入了频率比因子 f_C/f_P，这个因子仅在电位与电流噪声的 HHT 时频谱上有明显频差时，才会取较高值，因而该因子的引入可提高 *PF* 对亚稳态点蚀判别的灵敏度。

PF 值偏重于腐蚀形态的识别，而对于金属腐蚀程度的判断，可采用谱噪声电阻 $R_{sn}(f)$ 来计算（f 代表频率），由于 $R_{sn}(f)$ 频谱与电化学阻抗谱的特性一致，其频谱图与 Bode 图也较为近似。图 6.10 为电极处于不同腐蚀状态时的 R_{sn} 频域图。可见，当电极处于稳定点蚀阶段，$R_{sn}(f \rightarrow 0)$ 为 50~100kΩ·cm^2。当处于钝化态时，$R_{sn}(f \rightarrow 0) = 500$~700kΩ·cm^2。然而，当钝态电极开始萌发亚稳态点蚀时，其 $R_{sn}(f)$ 相对完全钝态电极的下降幅度并不明显，说明亚稳态蚀点对电极阻抗特性影响较小，单纯依靠 $R_{sn}(f)$ 并不

能判断金属是处于亚稳态点蚀萌发期还是钝化态。钝态金属的 PF 值较小，而亚稳态点蚀萌发期的 PF 值较大，可见结合 R_{sn} 和 PF 值的综合判据，可较好地判断金属的腐蚀类型与腐蚀程度。

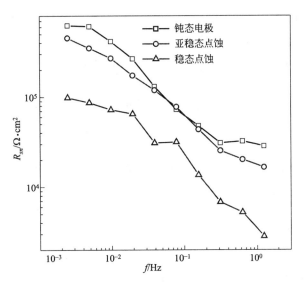

图 6.10　处于不同腐蚀状态时的 Q345B 碳钢电极的谱噪声电阻 R_{sn} 曲线

　　电化学噪声是研究腐蚀过程尤其是局部腐蚀机制的一种重要工具，并且相对于其它传统电化学方法和现代物理研究手段具有无可比拟的优良特性。但是其也存在一些缺点，如：仅用于监测腐蚀机理的变化，不能给出动力学信息与扩散步骤信息；电化学噪声来源广泛，但产生机理不明确；电化学信号与电极反应过程尚无可靠的一一对应关系；噪声处理各种方法得到的结果相差较大。寻求更先进的且得到普遍认可的数据解析方法是未来电化学噪声技术发展的一个重要方向。

6.2
微区电化学扫描探针技术

　　传统的电化学测试技术（如电化学阻抗、动电位极化曲线、线性极化电阻等）无法直观得到金属局部腐蚀信息，微区电化学扫描探针技术克服了传统电化学测试技术在局部腐蚀研究中的不足，对局部腐蚀具有极高的灵敏度，可以直观地观察到局部腐蚀的产生、发展和扩展过程。因此，近年来微区电化学扫描探针技术在局部腐蚀机理研究中发挥着重要的作用，而且得到了广泛的应用。目前，普遍使用的微区电化学扫描探针技术主要包括三个部分，即扫描振动参比电极技术（Scanning vibrating electrode technique，SVET）、扫描开尔文探针（Scanning Kelvin Probe，SKP）和局部电化学阻抗谱（Localized electrochemical impedance spectroscopy，LEIS）。SVET、SKP 和 LEIS 各自具有不同的特点和应用场景范围，现分别讨论。

6.2.1　扫描振动参比电极技术（SVET）

（1）SVET 测量原理

SVET 最初被应用于生物技术领域，通过振动探针可以测量生物系统内涉及细胞分化、形态发生、组织再生与电生理现象的离子电流，20 世纪 70 年代 SVET 作为一种测量技术引入到腐蚀研究中，尤其在微观尺度的腐蚀行为和机制研究中 SVET 发挥着重要的作用。SVET 的测量原理来源于电极表面的电化学反应，SVET 测量是一种无损测试，扫描振动电极与样品不接触，但是可以测量局部电流随位置的变化，是一种先进的微区测量技术。当金属电极浸泡在测试腐蚀介质中，电极表面将形成腐蚀微电池，从而发生电化学反应。在发生电化学反应过程中，由于阴阳极反应位于不同的位置，各区域反应速率、离子性质及分布差异会形成离子浓度梯度，产生电势。SVET 通过微探针对电极表面进行扫描，通过测量不同点的电势差，从而获得电极表面电流的分布。

SVET 测量原理如图 6.11 所示，SVET 进行测量时，两个微电极中一个分别测量电极表面所有点的电势差，另一个作为参比电极，通过欧姆定律将测量得到的电位信号转化为电流信号。假设测试介质中浓度分布均匀且为电中性，反应电流 i 为：

$$i = \frac{\Delta E}{R_\Omega + R_a + R_c} \tag{6-51}$$

式中，ΔE 为阴阳极电位差；R_Ω 为溶液电阻；R_a 为阳极反应电阻；R_c 为阴极反应电阻。

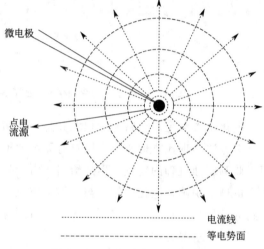

微电极

点电流源

------------ 电流线
------------ 等电势面

图 6.11　SVET 测量原理示意图

SVET 测量过程中扫描振动电极检测到的交流电压与平行于电极振动方向的电位梯度成正比，因此测量得到的电压与电极振动方向的电流密度呈正比。位于 (x, y, z) 处的电位梯度可由下式计算：

$$F = \frac{dE}{dz} = \frac{iZ}{2\pi k (x^2 + y^2 + z^2)^{1.5}} \tag{6-52}$$

式中，F 为电位梯度；k 为测试介质电导率；i 为电流密度。

SVET 主要由双恒电位仪、锁相放大器、计算机、扫描振动电极等组成，在测量过程中通过电极振动，将测得的电位梯度信号转变为与电极振动具有相同频率的交流信号，再由锁相放大器进行过滤，消除扫描过程中的噪声，从而有效提高检测灵敏度。SVET 测试系统工作特点主要包括：①非接触测量，不干扰测定体系；②对界面区状态的变化敏感，如材料表面和表面膜元素分布、应力分布、界面区化学分布、电化学分布的变化；③可测定金属、绝缘膜下金属和半导体的电位分布；④可测量 $10^{-12} \sim 10^{-15}$ A 数量级的极弱交流信号，要求测定装置必须有很高的抗干扰能力；⑤可原位检测样品微区电化学和样品表面变化过程。

（2）SVET 在腐蚀研究中的应用

SVET 因其高灵敏度、非破坏性、可进行电化学活性测量以及在测试介质中可原位测量等优点，在金属材料局部腐蚀（如电偶腐蚀、点蚀、缝隙腐蚀、应力腐蚀开裂等）机理研究、缓蚀剂的缓蚀机理和性能评价、涂层的自修复以及耐蚀材料的耐蚀机理研究等方面具有广泛的应用前景。在金属局部腐蚀研究方面，以点蚀为例，在点蚀严重区域，通过 SVET 扫描可以发现一个和点蚀相对应的阳极电流密度峰值，通过电极电流密度峰值结合研究电流密度区域面积可以判断点蚀的发展过程和影响因素。对于钝性材料，如不锈钢和铝合金，在点蚀早期萌生和生长规律研究中 SVET 也能发挥重要作用，点蚀早期萌生和生长规律很难通过常规的分析和测试手段得到，但是 SVET 灵敏度非常高，可以清楚地观察到点蚀的萌生位置，通过阳极电流的变化分析点蚀的生长规律。在缓蚀剂的缓蚀机理和性能评价方面，通过 SVET 测量可以清晰分辨出有无缓蚀剂条件下电极表面阴阳极电流分布的差异。通常缓蚀剂的加入可以显著降低金属的腐蚀速率，所以通过研究电流的变化就可以计算出缓蚀剂的缓蚀效率，进而评价缓蚀剂的缓蚀性能。虽然缓蚀剂可以很好地抑制金属的均匀腐蚀，但是在缓蚀剂存在条件下金属材料表面依然可能发生局部腐蚀，所以通过加入缓蚀剂之后 SVET 测量得到的电流分布图可以非常方便地判断缓蚀剂对金属局部腐蚀行为的影响，以及局部腐蚀程度。利用 SVET 研究涂层的自修复功能也是一个非常好的方法，通过 SVET 测量得到的电流分布图很容易判断涂层在局部破损区域的修复能力和效果。

SVET 在溶液中金属局部腐蚀研究中发挥着重要的作用，但是目前 SVET 仍然存在着一些缺点。首先，SVET 作为一种先进的腐蚀测量技术，其发展还不完善，还需要进一步发展；其次，SVET 测量的准确性与振动电极和被测电极表面距离有关，振动电极和被测电极表面距离在实际测量过程中很难完全定量控制。因此，通常将 SVET 与其他腐蚀测试技术联用，从而得到更加完整的腐蚀信息。

6.2.2 扫描开尔文（Kelvin）探针 (SKP)

（1）SKP 测量原理

开尔文探针技术在 1898 年首先由 Kelvin 提出，随后经其完善，最初目的是获得两金属电子功函数的差，后来 Zisam 于 1932 年进一步完善与发展使其更加精准，可以用来测量表面物理接触中的电位差，使之成为一种有效的测量方法。该方法广泛地应用于金属材料的腐蚀、涂层防护性能研究等领域。SKP 技术也是一种无接触、无破坏性、可原位测量的技术，SKP 测量得到的是待测材料与探针之间的功函差，而功函差与电极材料表面状况有线性关系，从而使得 SKP 在腐蚀防护研究中发挥着重要作用。

SKP 是用一个振动电容探针，在半接触工作模式下采用二次扫描技术测量样品表面形貌和表面电势差信息。第一次扫描时，探针在外界的激励下产生周期性机械共振，在半接触模式下测量所得到的样品表面形貌信号被储存起来；第二次扫描时，依据第一次测量储存的形貌信号为基础，把探针从原来位置提高到一定高度，典型的数值为 5~50 nm，沿着第一次测量的轨迹进行表面电势的测量。表面电势的测量采用补偿归零技术，探针探头与工作电极之间组成平板电容器，电容器的电容值由下式求得：

$$C = \varepsilon\varepsilon_0 \frac{A}{d + \Delta d \sin(\omega t)} \tag{6-53}$$

式中，ε 为电介质的介电常数；ε_0 为电场常数；d 为振动探针与工作电极之间的稳定距离；Δd 为振动电极的振动振幅；ω 为振动频率；A 为参比电极探头的面积。

当电极振动时，电容随时间的周期变化产生位移电流 i，$i = dQ/dt$，其中，Q 为两电极表面产生的电荷量，即为

$$Q = \Delta\psi_{\text{probe}}^{EI} C \tag{6-54}$$

输出电流 i 可以由工作电极与参比电极的电位差 $\Delta\psi_{\text{probe}}^{EI}$ 和它们间电容 C 求得，即：

$$i = \Delta\psi_{\text{probe}}^{EI} \frac{dC}{dt} \tag{6-55}$$

如果给回路加一个外加电压 U_{ext}，输出电流值就改由如下方程求得：

$$i = (\Delta\psi_{\text{probe}}^{EI} - U_{\text{ext}}) \frac{dC}{dt} \tag{6-56}$$

当输出电流值 $i = 0$ 时，$\Delta\psi_{\text{probe}}^{EI} = U_{\text{ext}}$，即可由此时的 U_{ext} 求出工作电极与参比电极的电位差 $\Delta\psi_{\text{probe}}^{EI}$。金属/液膜体系的金属腐蚀电位 E_{corr} 与测量的 Kelvin 电位之间呈线性关系，即为：

$$E_{\text{corr}} = -\Delta\psi_{\text{probe}}^{EI} + 常数 \tag{6-57}$$

（2）SKP 在腐蚀研究中的应用

20 世纪 80 年代，Stramann 等将这项技术应用到大气腐蚀的研究中。目前，SKP 能够在气相环境中测量得到电极在极薄液膜下的腐蚀电位，在金属材料大气腐蚀与控制研究中有着广泛的应用。SKP 技术的主要应用领域主要包括：薄液膜（$2 \sim 3000 \mu m$）金属的电化学腐蚀行为、材料大气腐蚀行为、气相环境金属局部腐蚀行为、气相环境金属渗氢行为、涂层失效行为与涂层性能评价、气相缓蚀剂性能和作用机理、金属表面成膜行为、金属表面电化学均一性检测等。

SKP 测量装置主要由电解池、振动探针、振动器、可调压直流电源、锁相放大器、前置放大器、功率放大器、信号发生器和计算机等组成。SKP 测量技术有着非接触性、不干扰测定体系、探针对界面区状态变化敏感以及能及时反馈体系的微区信息变化等优点，能够有效观察不同位置的腐蚀电位和反应活性的差异，对于研究气相环境中局部腐蚀的萌生、扩展具有重要意义。SKP 也存在一定的缺陷，通过开尔文探针得到的电位极值区域与实际反应最快区域可能不完全吻合，即测量值与实际情况存在偏差。另外，SKP 技术易受实验环境影响，在使用该项技术时，应考虑干扰因素对测量结果的影响，并结合其他测试手段（如原位 AFM 等）进行综合测试。

6.2.3 局部电化学阻抗谱 (LEIS)

传统的电化学阻抗（EIS）给出的是电极界面的平均信息，通过 EIS 不能直接识别出金属的局部腐蚀信息，LEIS 则可以获得金属局部腐蚀信息。LEIS 可以测量电极表面某点在不同频率下的阻抗响应，LEIS 的测量原理同传统 EIS 类似，通常采用两电极体系，将尖端微米级的 Pt 探针置于试样上方，对工作电极施加一个微小的交流扰动电压，从而获得对应的交变电流。通过使用两个铂微电极确定金属电极表面上局部溶液交流电流密度来测量局部阻抗，从而获得点对点局部阻抗测量。

通过两个铂微电极之间的电压，由欧姆定律可得局部交流电流密度 i_{local}，即为：

$$i_{\text{local}} = \frac{kV_{\text{probe}}}{d} \tag{6-58}$$

式中，k 为测试介质的电导率；d 为两个铂微电极之间的距离；V_{probe} 为两个铂微电极之间的电压。

进而通过阻抗的定义可得局部阻抗值，即为：

$$Z_{local} = \frac{V_{applied}}{i_{local}} \tag{6-59}$$

其中，$V_{applied}$ 为对工作电极施加一个微小的交流扰动电压。

LEIS 测量装置主要由恒电位仪、锁相放大器、控制系统、电解池和计算机等组成，工作时调节微探针与样品间的距离和位置，恒电位向系统提供微扰电压，同时将得到的信号经锁相放大器进入计算机自动进行分析处理。LEIS 测量可以得到阻抗的三维分布图，通过 LEIS 可以精确确定电极材料表面局部区域固/液界面的阻抗行为及相应参数，如金属材料局部腐蚀速率等。因此，LEIS 在局部腐蚀研究、缓蚀剂的缓蚀行为和缓蚀性能评价、有机涂层的保护性能研究等方面发挥着重要的作用。尤其是在有机涂层研究领域，LEIS 采用的是交流信号，能够直接地得到涂层表面是否存在缺陷，可以直接测量在不同测试时间范围内涂层缺陷处的阻抗的变化，进而评估涂层局部腐蚀破损和缺陷对涂层防护性能的影响。

SVET、SKP 和 LEIS 等技术在腐蚀研究尤其是局部腐蚀研究、缓蚀剂缓蚀行为和机理、涂层性能等方面发挥着重要的作用。但是在实际测量过程中还要注意以下几点：①样品表面要平整，粗糙度不能太大，测试样品安装到电解池中并调整水平，要使用水平仪校正；②腐蚀样品尤其是碳钢腐蚀速率很快，关注腐蚀产物对测试的影响；③钝性金属点蚀发生具有随机性，注意选择测量范围，控制测量时间；④测试过程中要观察针尖与样品距离，避免撞针，探针针尖到样品的距离大约为 $100\mu m$，探针针尖应该精确定位于 XY 平面上；⑤操作时应该特别小心，避免探针针尖碰触到样品，任何碰撞都极容易损坏探针针尖，从而导致测量出现较大的误差；⑥当探针靠近样品表面时，应该逐渐降低手动控制中的步长和速度设置值，以免撞针；⑦不要晃动桌面，避免晃动对测试信号的影响。

6.3 丝束电极

丝束电极（Wire Beam Electrode，WBE）又被称作阵列电极技术，是一种介于常规电化学方法和微区电化学技术之间的测试技术。WBE 由 (x, y) 阵列分布的多个丝状电极组成，相邻丝状电极距离很小，可以等同为较大面积的片状电极。在实际测量过程中，通常采用 100 根阵列电极，如图 6.12 所示。扫描采用丝束电极测试仪进行表面电位/电流扫描，该仪器内置 10×10 阵列 Autoswitch 电路（图 6.12），由微机控制循环测量各金属丝的开路电位以及偶接电流，电极扫描间隔通常设定为 6 s，因此，每 20min 就可进行一次电极表面电位与电流的全扫描。表面电位扫描通过 Autoswitch 逐一测量 WBE 阵列中单根丝电极 W_j（$j = 1 \sim 100$）相对饱和甘汞参比电极 SCE 的开路电位（测量前单电极需断开与主阵列的电连接，时间为 6s，以反映该电极的真实开路电位），表面电流扫描则通过零阻电流计测量任一单电极（图 6.12）与其余 99 根相互短接的金属丝所形成的整体（记为 W_R）之间的偶接电流。仪器可切换为外接模式，将工作电极 W_j 引出并与电化学工作站联用，可测定任一指定单金属丝的阻抗谱或其它电化学参数。WBE 测量技术具有几个特点：①可提供电极在时间上和空间上的原位腐蚀电位和耦合电流信号；②可提供电极内部局部腐蚀发生的相关信息，有助于研究局部腐蚀机理；③可与传统电化学测试技术相结合，提供具有空间分布特征的电化学信息等。

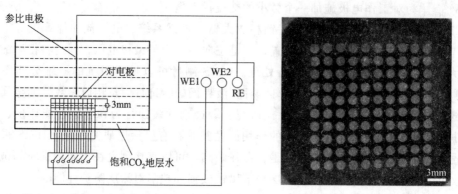

图 6.12　饱和 CO_2 地层水介质中沉积物下丝束电极测试示意图和丝束电极形貌图

WBE 是多电极耦合系统，所有金属丝电极短接于一起时，其电化学行为可视为一整体电极，此时的开路电位称为整体电位，即所有单电极的电偶电位 E_g。WBE 的第 j 根单电极和所有剩余电极（均相互短接）分别用 W_j 和 W_R 表示，W_j 和 W_R 的阳极电流分别为 $I_{j,a}$，$I_{R,a}$，阴极电流分别为 $I_{j,c}$，$I_{R,c}$ 表示。由共轭体系腐蚀极化动力学方程可得：

$$I_{j,a} = I_{j,\mathrm{corr}} \exp\left(\frac{E_{j,g} - E_{j,\mathrm{corr}}}{\beta_{j,a}}\right) \tag{6-60}$$

$$I_{j,c} = I_{j,\mathrm{corr}} \exp\left(-\frac{E_{j,g} - E_{j,\mathrm{corr}}}{\beta_{j,c}}\right) \tag{6-61}$$

式中，$I_{j,\mathrm{corr}}$ 为单电极 W_j 的自腐蚀电流；$E_{j,\mathrm{corr}}$ 为 W_j 的开路电位；$\beta_{j,a}$ 和 $\beta_{j,c}$ 分别为 W_j 的阳极和阴极 Tafel 斜率；$E_{j,g}$ 为 W_j 与 W_R 耦合时各自的电位。

此时，由 W_j 流出的电流即流向 W_R 的净电流，表示为：

$$I_{j,g} = I_{j,a} - I_{j,c} \tag{6-62}$$

根据电路理论，WBE 电极表面的净电流应为 0，即：

$$\sum_{j=1}^{100} I_{j,g} = \sum_{j=1}^{100} (|I_{j,a}| - |I_{j,c}|) = 0 \tag{6-63}$$

将式(6-61) 代入式(6-62) 可得到 W_j 的阳极溶解电流 $I_{j,a}$，即为：

$$I_{j,a} = \frac{I_{j,g}}{1 - \exp\left(-\dfrac{E_{j,g} - E_{\mathrm{corr}}}{B_j}\right)} \tag{6-64}$$

其中，$B_j = \dfrac{\beta_{j,a}\beta_{j,c}}{\beta_{j,a} + \beta_{j,c}}$。

活性腐蚀时假定 Stern-Geary 系数 B 值为 18mV，若 $E_{j,g} - E_{\mathrm{corr}} > 40$mV 时，则 $I_{j,g} = 0.9 I_{j,a}$，当 E_g 与 E_{corr} 相差越大时，则 $I_{j,g}$ 越接近于 $I_{j,a}$。实验表明，钝化体系发生点蚀时，蚀点处电位 $E_{j,\mathrm{corr}}$ 与 $E_{j,g}$ 之差能达 $40 \sim 100$mV，故可用偶接电流 $I_{j,g}$ 来近似代表 W_j

单电极的阳极溶解电流 $I_{j,a}$。而 WBE 表面的阳极耦合电流密度的均值则可用来表征全面腐蚀，记为 i_{ave}，即为：

$$i_{ave} = \sum_{j=1}^{N_a} I_{j,g} / S \qquad (6\text{-}65)$$

式中，N_a 代表 WBE 中偶接电流为阳极的单电极数，即仅统计电流为阳极的单电极；S 代表 WBE 的总面积。i_{ave} 越大，表明电极表面腐蚀区域分布越广泛。

式（6-64）中所采用的丝束电极电位为 $E_{j,g}$，而非整体电位 E_g，当 W_j 与 W_R 之间有偶接电流流过时，会由于溶液电阻 R_s 而形成 IR 降，即 $E_{R,g} - E_{j,g} = I_{j,g}R$，不过通常溶液电阻 R_s 较小时，$E_{R,g}$、$E_{j,g}$ 均接近整体电位 E_g。

采用丝束电极技术可以测量表面各个部位的电化学信息的分布以及变化，体现了电极以及溶液的电化学不均一性质，为局部腐蚀机制研究提供了一个良好的方法。该技术近年来已成功应用于微生物腐蚀、金属缝隙腐蚀、混凝土局部腐蚀等诸多局部腐蚀研究领域，并取得很大进展。如图 6.13（a）所示，在空白对照条件下高强 7075 铝合金丝束电极表现为小阴极大阳极的形式，小阴极大阳极表面铝合金腐蚀在模拟海水介质中以均匀腐蚀为主。而在含有霉菌 EPS 的测试介质中，可以观察到大阴极小阳极的存在，而大阴极小阳极说明铝合金在含有霉菌 EPS 的模拟海水介质中，表面发生了明显的局部腐蚀。WBE 技术在分析金属局部腐蚀机制中发挥着重要的作用，与其他腐蚀测试技术联用能够得到更加准确的电化学信息。

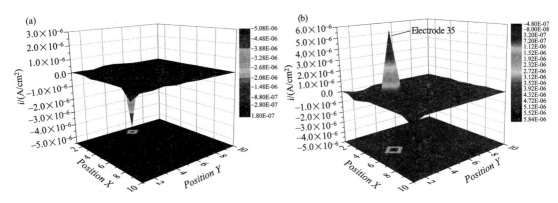

图 6.13　模拟海水介质中测试 3h 后有无霉菌胞外聚合物条件下的高强 7075 铝合金丝束电极（10×10）扫描结果：（a）空白对照；（b）80mg/L 霉菌胞外聚合物（EPS）

6.4
扫描电化学显微镜

扫描电化学显微镜（Scanning Electrochemical Microscopy，SECM）是一种测量样品在溶液中局部电化学活性的扫描探针技术，20 世纪 80 年代，由 A. J. Bard 等人提出，是基于超微电极（UME）及扫描隧道显微镜（STM）的发展而产生出来的一种分辨率介于普通光学显微镜与 STM 之间的电化学现场检测新技术。与 STM 和 AFM 技术不同，SECM 基于电化学原理工作，可测量微区内物质氧化或还原所给出的法拉第电流。SECM 测量的信号取决于超微电极（探针）和样品之间的距离。扫描电化学显微镜利用这种现象来描绘样品的电化学活性和形貌。驱动超微电极在靠近样品处进行扫描，样品可以是导体、绝缘体或半导体，从而获得对应的微区电化学和形貌信息，SECM 可达到的最高分辨率约为几十纳米，其分辨率与超微电极的制作水平有关。

6.4.1 SECM 工作原理

SECM 工作原理如图 6.14 所示，探针（UMDE）与基底同时浸入含有电活性物质 O 的溶液中，在探针上施加电位（E_T）使之发生还原反应。当探针靠近导电基底时，其电位控制在氧化电位，则基底产物可扩散回探针表面使探针电流增大，探针离样品的距离越近，电流就越大，这个过程则被称为正反馈。当探针靠近绝缘基底表面时，本体溶液中 O 组分向探针的扩散受到基底的阻碍，故探针电流减小，且越接近样品，电流 i_T 越小，这个过程常被称作负反馈。

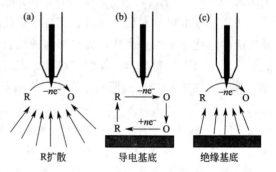

图 6.14　SECM 工作原理示意图：
（a）探针远离基底时反应物的扩散情况；
（b）探针接近导电基底时反应物的扩散情况；
（c）探针接近绝缘基底时反应物的扩散情况

通常 SECM 工作时采用电流法。固定探针与基底间距对基底进行二维扫描时，探针上电流变化将提供基底的形貌和相应的电化学信息。SECM 也可工作于恒电流状态，即恒定探针电流，检测探针 z 位置变化以实现成像过程。SECM 的分辨率主要取决于探针的尺寸和形状及探针与基底间距（d），能够做出小而平的超微盘电极是提高分辨率的关键所在，且足够小的 d 与探针半径 a 能够较快获得探针稳态电流，同时要求绝缘层要薄，减小探针周围的归一化屏蔽层尺寸 RG（RG＝r/a，r 为探头绝缘层半径和电极半径之和）值，以获得更大的探针电流响应，尽可能保持探针端面与基底的平行，以正确反映基底形貌信息。

在 SECM 测量过程中，探针在已知电位下偏压，保持在样品附近以测量由于电化学活性物质（氧化还原介质）在间隙中扩散并在 UME 处被还原或氧化而产生的法拉第电流。测得的法拉第电流反映了样品的电化学活性。在最简单的 SECM 反馈模式中，样品在开路电位（OCP）下保持无偏压。SECM 的 UME 探针是该技术的关键工作原理，在 SECM 中，通常使用 $25\,\mu m$ 或更小的直径。当使用 UME 时，会发生半球向电极的扩散，并且探针在电解质中测得的稳态电流由氧化还原物质向 UME 探针的扩散确定，即为：

$$i_{T,\infty} = 4nFC_0^* D_0 a \tag{6-66}$$

式中，F 为法拉第常数；C_0^* 是溶液本体中 R 的浓度；D_0 是扩散系数；a 是探针半径。该方程表明，测量电流与氧化还原介质的浓度直接相关。

当偏压的 UME 探针与绝缘样品接近时，出现负反馈，氧化还原介质向探针的扩散受阻，如图 6.14（c）所示。这导致探针测得的氧化还原介质浓度较低，因此测得的电流比溶液中的电流低。当 SECM 探针位于导电样品上方时，样品充当双极性电极，即使没有偏压，也可以循环探针下方区域的氧化还原介质，如图 6.14(b) 所示，并且局部达到能斯特平衡电位。这种介质循环导致探针检测到的介质浓度局部增加，进而导致测量电流增加。随着探针到绝缘样品间隙的减小，介质扩散受阻的程度增加，这导致绝缘体上探针到样品的距离减小时，电流的绝对值减小。另一方面，随着探针到导电样品间隙的减小，来自样品的正反馈增加，导致导体上探针到样品的距离减小时，电流的绝对值增加。

6.4.2 SECM 在腐蚀研究中的应用

SECM 最初被用于电极与电解质间界面的研究，如：探测表面形貌图，对材料进行微加工，进行电化学动力学研究。后者又包括探测电极的反应活性、异相电子转移动力学、半导体的氧化还原过程、聚合物修饰电极形成过程的研究等。SECM 还可以用于绝缘体的吸附/脱附现象和溶解过程的研究等。近年来，SECM 在电化学腐蚀研究中也有广泛应用。利用 SECM 可以原位研究金属材料表面转化膜成膜过程中反应活性的变化，通过 SECM 成像可以直接观察到转化处理一定时间后，材料表面变得更加均匀，转化膜促进材料表面均匀化分布。SECM 还可应用于钝性金属材料（如不锈钢）的局部腐蚀、孔蚀的局部成核和钝化膜的缺陷等研究，揭示钝性金属材料局部腐蚀机制。在涂层防护性能和机制方面，通过 SECM 成像技术研究缺陷有机涂层的界面行为，采用 SECM 的反馈模式可以原位研究不同阴离子导致的腐蚀表面形貌，观察到氯离子引起的金属/涂层鼓泡的形成和生长及早期失效过程。

 思考题

（1）电化学噪声数据处理的方法有哪些？各有什么特点？

（2）电化学噪声测试技术有哪些应用？如何利用电化学噪声技术对材料局部腐蚀的形成和发展过程作定性定量分析？

（3）微区电化学测量技术如 SVET、SKP、LEIS 和 SECM 各有什么特点？它们在腐蚀测试中的应用范围是什么？

（4）如何通过丝束电极技术定性和定量分析和评价材料局部腐蚀？

第七章

腐蚀测试技术实验案例

7.1
基础腐蚀实验

实验一　腐蚀失重法测定腐蚀速率

一、实验目的

（1）掌握失重法测定金属材料腐蚀速率的基本原理和方法。

（2）熟悉腐蚀产物膜的去除方法和腐蚀实验的基本过程。

（3）用失重法测定碳钢在稀硫酸中的腐蚀速率。

二、实验原理

失重法又称质量损失法，金属试样在一定条件（温度、压力等）下于腐蚀介质中腐蚀一定时间后取出，去除表面腐蚀产物后利用 0.1mg 分析天平称取试样的终态质量，根据实验前后样品质量计算得出由腐蚀造成的试样质量损失，进而计算出样品的腐蚀速率。失重法计算金属样品腐蚀速率是最为准确的一种方法，在腐蚀科学研究中得到了广泛应用。

清除试样表面腐蚀产物的方法分为机械法、化学法、电解法。机械法用毛刷、砂纸等擦拭后用水冲洗，需避免损伤金属基体。化学方法采用含有缓蚀剂的酸洗剂，具有溶解快、空白失重小、操作简单等优点。

对于失重法，可由式（1）计算腐蚀速率：

$$V_W = \frac{M_0 - M_1}{St} \tag{1}$$

式中，V_W 是金属的腐蚀速率，$g/(m^2 \cdot h)$；M_0 是试样腐蚀前的质量，g；M_1 是腐蚀实验后去除腐蚀产物之后试样的质量，g；S 是试样暴露在腐蚀环境中的表面积，m^2；t 是试样腐蚀实验的时间，h。

也可采用式（2）计算得到以腐蚀深度为指标的金属腐蚀速度。

$$CR = \frac{8.76 \times 10^4 \times (M_0 - M_1)}{St\rho} \tag{2}$$

式中，CR 是腐蚀速率，mm/y；M_0 是试片的初始质量，g；M_1 是清除腐蚀产物后的试片质量，g；S 是试片的表面积，cm^2；t 是腐蚀实验时间，h；ρ 是金属材料的密度，g/m^3。

本实验是碳钢在敞开的酸溶液中的全浸实验，用失重法测定其腐蚀速率。金属在酸中的腐蚀是电化学腐蚀。

（1）当酸是非氧化性酸时的阴、阳极反应为：

阳极反应：$$Fe \longrightarrow Fe^{2+} + 2e^-$$
阴极反应：$$2H^+ + 2e^- \longrightarrow H_2$$

(2) 当酸是氧化性酸时，氧参与了金属腐蚀的阴极反应，阴、阳极反应为：
阳极反应：$$Fe \longrightarrow Fe^{2+} + 2e^-$$
阴极反应：$$2H^+ + 2e^- \longrightarrow H_2$$
$$O_2 + 4H^+ + 4e^- \longrightarrow 2H_2O$$

需要说明的是，也可将本实验中的腐蚀介质硫酸溶液换成其他测试介质，如模拟海水、土壤溶液、油气田地层水等，测量金属试样在不同腐蚀介质中的腐蚀速率。考虑到测试介质腐蚀性的差异，腐蚀失重测试时间要视具体情况而定，不能太短，可适当延长，以提高测试结果的准确性。

三、实验材料和仪器

(1) 实验材料

碳钢试样（尺寸为 50mm×13mm×1.5mm）6个，浓硫酸。

(2) 实验仪器

预磨机1套，万分之一电子分析天平，温度计等。

四、实验步骤

(1) 配制稀硫酸溶液：用浓硫酸和蒸馏水配制质量分数为5％和10％稀硫酸各500mL待用。

(2) 试样表面处理：试样表面状态要求均一、光洁，需要进行表面处理。采用不同型号砂纸（200♯、600♯、800♯和1200♯）对金属试样逐级打磨，以达到要求的光洁度。平行试样的表面状态要保持一致，打磨时保持试样划痕一致。

(3) 打号码：试样标记，可用钢号码打印编号。

(4) 量尺寸：用游标卡尺测量试样的长、宽、厚和小孔直径，计算暴露表面积。

(5) 清洗去油：将试样表面残屑除尽，用浸丙酮的棉花球擦拭，除去表面油污，再用无水乙醇清洗脱水，滤纸吸干，最后用氮气干燥。清洗后的试样不能再用手拿取，以免污染试样，需放在干净的滤纸上，用木头镊子拿取。

(6) 称初重：干燥后的试样用分析天平称取初重 M_0，准确到 0.1mg。

(7) 浸入实验溶液：取2个500mL广口瓶，分别加入400mL 5％和10％稀硫酸，试样称重后立即穿上塑料线，浸入实验溶液内（记下浸入时间）。每种实验溶液内挂3块平行试样。注意试样不能彼此接触，也不能与容器接触，试样浸入深度应大致相同。观察并记录试样浸入溶液后发生的现象。

(8) 实验时间：由于碳钢在不同浓度硫酸溶液中的腐蚀速率相差很大，不同体系的实验时间应根据具体情况确定，本次实验2个小时即可。

(9) 清除腐蚀产物：取出试样前应仔细观察试样表面和溶液的变化。取出试样（记下时间）后观察试样表面腐蚀产物的形态和分布。将试样放在自来水流下冲洗，用毛刷刷去疏松的腐蚀产物，再次观察试样表面状态。将试样用酸洗剂去除残余的腐蚀产物。去除腐蚀产物的操作应进行多次,以达到恒重(两次称重差别小于 0.5mg),并由空白试样确定金属基体的损失。

(10)实验结束后,关好仪器设备,打扫卫生。

五、实验结果处理

按表1进行实验数据的记录,计算材料的腐蚀速率。

表1 失重法实验数据记录表

室　温:_____;气　压:_____;浸入时间:_____;
取出时间:_____;试样材料:_____;介质成分:_____。

项目		试样编号		
		1	2	3
试样尺寸	长度/cm			
	宽度/cm			
	厚度/cm			
	小孔直径/cm			
	表面积/cm²			
试样质量	腐蚀前M_0/g			
	腐蚀后M_1　一次去膜/g			
	二次去膜/g			
	质量损失M_0-M_1/g			
腐蚀速度	V_W/[g/(m²·h)]			

在腐蚀实验中,腐蚀介质和试样表面往往存在不均匀性,这就使得实验数据的分散性比较大,所以通常要求采用3～5个平行试样。腐蚀失重测试实例如图1所示。

六、思考题

(1)分析失重法测定金属腐蚀速率的优缺点。

(2)分析失重法测定金属腐蚀速率的误差来源。

(3)测定金属材料的腐蚀速率还有哪些其他的方法?

(4)试样腐蚀后的形貌和溶液有什么变化?描述腐蚀产物的形态、颜色、分布以及与金属试样表面的附着情况。

(5)碳钢在硫酸溶液中的腐蚀有何特点?

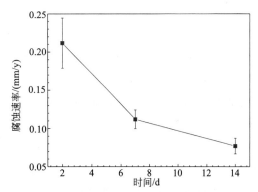

图1　在含有硫酸盐还原菌的测试介质中由失重计算得到的 X80 钢腐蚀速率随时间变化图

实验二　电阻法测定金属腐蚀速率

一、实验目的

(1) 掌握电阻法测定金属腐蚀速率的基本原理和操作步骤。

(2) 熟练采用电阻法测定碳钢试样在稀硫酸溶液中的腐蚀速率。

(3) 了解电阻法测定金属腐蚀在腐蚀监检测中的应用。

二、实验原理

金属材料的电阻，取决于金属本身的化学成分、组织结构和几何形状等因素。因此，当腐蚀影响了实验材料的组织结构、长度和横截面积时，均会使材料的电阻发生改变。电阻法测定金属材料的腐蚀速率，是根据金属试样由于腐蚀作用会使横截面积减小，从而导致电阻增大的原理，进而通过测量腐蚀过程中金属电阻的变化求出金属的腐蚀量和腐蚀速率。

在某一恒定温度下，根据电阻定律，导体的电阻 R 与其长度 L 成正比，与其横截面积 S 成反比，即为：

$$R = \rho \frac{L}{S} \tag{1}$$

式中，ρ 为材料的电阻率。

假定腐蚀实验前后试样长度的变化忽略不计，如果初始截面积和电阻分别为 S_0 和 R_0；在经过时间 t 的腐蚀实验之后，试样的截面积和电阻变化为 S_t 和 R_t，则有：

$$\frac{R_0}{R_t} = \frac{S_t}{S_0} \tag{2}$$

令 $\Delta R = R_t - R_0$，$\Delta S = S_0 - S_t$，可得：

$$\frac{\Delta R}{R_t} = \frac{\Delta S}{S_0} \tag{3}$$

对不同形状的试样，可根据式(2) 和式(3) 推导出均匀腐蚀条件下的试样腐蚀速率。

(1) 丝状试样：截面如图 1(a) 所示；r_0 为试样的原始半径（mm），r_t 为腐蚀实验进行了时间 t 的半径（mm），则腐蚀深度 $d = r_0 - r_t$，$S_0 = \pi r_0^2$，$S_t = \pi r_t^2$ 代入式(2) 可得到试样的腐蚀深度：

$$d = r_0 - r_t = r_0 \left(1 - \sqrt{\frac{R_0}{R_t}} \right) \tag{4}$$

用腐蚀深度除以腐蚀时间 t(h)，可以得到腐蚀速率 v_R（mm/y）：

$$v_R = \frac{r_0}{t} \left(1 - \sqrt{\frac{R_0}{R_t}} \right) \times 8760 \tag{5}$$

(2) 片状试样：其截面如图 1(b) 所示，a、b 分别为试样的原始宽度和厚度（mm），d 为腐蚀深度。用 a、b、d 计算出 ΔS 和 S_0，并代入式(3)：

$$d = \frac{1}{4} \left[(a+b) - \sqrt{(a+b)^2 - 4ab \frac{\Delta R}{R_t}} \right] \tag{6}$$

腐蚀深度 d 除以实验时间 t(h)，即可求得腐蚀速率 v_R(mm/y)：

$$v_R = \frac{(a+b) - \sqrt{(a+b)^2 - 4ab\dfrac{\Delta R}{R_t}}}{t} \times 2190 \tag{7}$$

使用电阻法测定腐蚀速率时，不受腐蚀介质的限制，无论是气相或液相，导电或不导电均可使用。测量时无需取出试样和清除腐蚀产物，可实现实时、原位测量，因此可用于腐蚀监控。

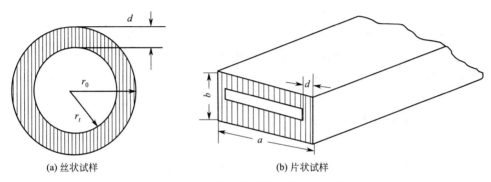

图 1　不同形状试样腐蚀后的截面变化

通常，腐蚀试样的电阻值很小，一般为 0.2Ω 左右；经腐蚀后，电阻变化的绝对值更小。因此，必须采用更加精密的仪表及测量方法，通常采用电桥法。图 2 为电阻测量的单电桥法和双电桥法的原理图，其中 R_x 为待测腐蚀试样，$R_补$ 和 R_N 分别为两种方法中的温度补偿试样。

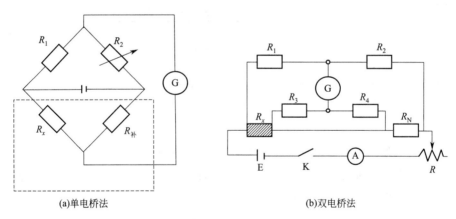

图 2　用电桥法测量电阻的原理图

三、实验材料和仪器

（1）实验材料

碳钢试样（尺寸为 $\phi 10\text{mm} \times 120\text{mm}$）3 个，5％稀硫酸溶液。

（2）实验仪器

电阻法测定腐蚀速率装置 1 套，试样打磨、清洗、干燥、测量用品 1 套，螺旋测微器 1 把等。

四、实验步骤

（1）在进行实验之前，试样经过 $200 \sim 1200 \sharp$ 砂纸依次预磨，以除去表面残留的腐蚀产物和污垢，然后在乙醇和丙酮中超声清洗，并进行编号。

（2）用螺旋测微器准确测量试样的初始尺寸 r_0（测量三次，取其平均值），并用 DMR-5 型微欧仪测量试样的初始电阻 R_0（测量三次，取平均值）。

（3）试样两端和电阻测量夹具用环氧树脂密封。并调节恒温水槽使水浴温度恒定于 $35\,℃ \pm 0.1\,℃$。

（4）将试样放入 5% 稀硫酸中进行腐蚀实验，每隔 20min 取出试样，用乙醇或丙酮对试样进行超声清洗，吹干，测量试样腐蚀后的电阻 R_1（测量三次，取平均值）。读取室温 t，由式（8）计算试样在 $35\,℃$ 介质中的电阻 R_t。

$$R_t = R_1[1 + 0.00625(35 - t)] \tag{8}$$

（5）再次将试样放入 5% 的稀硫酸中进行腐蚀实验，记录试样入槽的时间，持续进行测量（$2 \sim 3h$），直至实验结束。

（6）所有实验平行做 3 次，实验结束关好仪器设备，打扫卫生。

五、实验结果处理

按表 1 进行实验数据的记录，进而计算材料的腐蚀速率。

表 1　电阻法实验数据记录

室　　温：＿＿＿＿＿＿＿＿＿；气　　压：＿＿＿＿＿＿＿＿＿；浸入时间：＿＿＿＿＿＿＿＿＿；
取出时间：＿＿＿＿＿＿＿＿＿；试样材料：＿＿＿＿＿＿＿＿＿；介质成分：＿＿＿＿＿＿＿＿＿。

时间 t /min	试样的初始半径 r_0/mm	试样的初始电阻 R_0/μΩ	实验后的电阻 R_t/μΩ	腐蚀深度 x/μm	腐蚀速率 v_R /(mm/a)

六、思考题

（1）简述用电阻法测量金属材料腐蚀速率的优点及应用。

（2）根据图 1(b)，如果片状试样的 $a \geqslant b$，并且 $b \geqslant d$，试推导电阻法求腐蚀速率的近似关系式，把实验测得的数值代入该式进行计算，并加以比较。

实验三　电化学腐蚀体系开路电位（自腐蚀电位）测试

一、实验目的

（1）掌握开路电位的基本概念、意义及主要影响因素。

（2）熟悉参比电极的工作原理和影响参比电极工作的因素。

（3）掌握和熟练电化学工作站的操作流程。

二、实验原理

金属腐蚀多属于电化学反应过程，腐蚀测试体系的电化学测量如下：①对待测试样焊接导线后采用环氧树脂进行密封处理，制作工作电极；②根据研究内容和目的配制腐蚀测试溶液；③依据腐蚀介质中的离子及 pH 值选择合适的参比电极及盐桥；④以金属试样作为工作电极，以惰性材料 Pt 电极或碳棒作为对电极，以饱和甘汞电极或者银-氯化银电极作为参比电极，构建三电极体系，将三电极体系放置于电解池中合适的位置；⑤将三电极分别与电化学工作站相连接，打开电化学工作站选择开路电位模块；⑥将测试的曲线导出并作图分析，图中应标明所使用的参比电极。

电极的绝对电位是无法测量的，只能测量相对电位。在实际研究中，测量电极电位时需测量该电极组成的原电池的电动势，可以使用高阻抗的电压表或电位差计来计量，作为参考对象的电极称为参比电极，如标准氢电极、饱和甘汞电极、银-氯化银电极等，该电池的电动势为：

$$E = \varphi_{待测} - \varphi_{参比} \tag{1}$$

在该实验中，采用饱和甘汞电极为参比电极，以碳钢作为工作电极，测量其在模拟海水介质中开路电位随时间的变化，从热力学角度分析碳钢在模拟海水中的腐蚀规律。

三、实验材料和仪器

（1）实验材料

碳钢电极，3.5％NaCl 溶液（模拟海水介质）。

（2）实验仪器

电化学工作站一台，饱和甘汞电极，砂纸，电解池 1 个、烧杯 2 个、恒温水浴锅 1 台、计时器等。

四、实验步骤

（1）将碳钢电极采用 200～1200♯砂纸依次预磨，打磨后的碳钢电极依次使用丙酮、无水乙醇清洗，氮气吹干。

（2）在电解池中加入 150mL 3.5％NaCl 溶液，将饱和甘汞电极插入电解池中并固定好，将待测电极与电化学工作站连接好，碳钢电极为工作电极，饱和甘汞电极为参比电极。

（3）设置水浴温度为 25℃。在上述测量条件下，电化学工作站选取开路电位模块对待测样品进行电化学测试，测试时间为 30min。

（4）将电解池放入 45℃和 60℃水浴锅中，再重复步骤（1）～（3），测试温度对开路电位的影响。控制测试温度为 25℃，搅拌速度为 100r/min，测试静态和动态条件下开路电位。调整测试介质为 1％NaCl 溶液，测试温度为 25℃，测试不同盐浓度对开路电位的影响。

（5）所有实验平行做 3～5 次，实验结束后清洗电极和电解池，关好仪器设备，打扫卫生。

五、实验结果处理

（1）记录实验过程中环境参数。

试样材料：_____；介质成分：_____；介质温度：
_____。

（2）导出所测的不同条件下的开路电位原始数据，采用 origin 作图。

（3）对所得不同条件下开路电位随时间的变化进行分析，从热力学的角度阐明环境因素对金属腐蚀的影响规律。

六、思考题

（1）开路电位在测试过程中会产生上升或者下降的波动意味着什么？原因是什么？

（2）不同环境因素是如何影响开路电位随时间变化的？原因是什么？

（3）如何通过开路电位的大小判断碳钢在不同腐蚀条件下的腐蚀倾向？

实验四　电化学阻抗测试

一、实验目的

（1）熟悉电化学抗阻的基本概念，掌握交流阻抗的原理与测试方法。

（2）掌握电化学阻抗拟合的方法和原则，学会正确选用等效电路图。

（3）根据拟合得到的电化学参数，学会利用电化学阻抗定量和定性金属腐蚀行为和机制。

（4）掌握电化学工作站的操作方法。

二、实验原理

电化学阻抗测试方法是一种暂态电化学技术，以小幅度的正弦波电流（压）施加于工作电极上，测量相应的电压（流）变化，根据两者的幅值比和相位差求得阻抗。

电化学测量系统一般包括三部分：电解池、控制电极极化的装置和阻抗测定装置。测定阻抗的装置中，根据不同的测试方法，电极系统除采用经典的三电极外，也可以采用双电极。实验过程中，工作电极为金属试样（如碳钢），参比电极为饱和甘汞电极或银-氯化银电极，辅助电极采用惰性铂电极或石墨电极。交流电流由交流信号发生器经限流电阻 R_w 和标准电阻 R 加到电解池中的工作电极和辅助电极上，并使工作电极的电位极化 5mV 左右（图 1）。示波器的 X 轴输入端连接工作电极，Y 轴输入端连接电流采样电阻 R 的两端。读取示波器上的 $2E_m$、$2U_m$ 和 $2E_{U=0}$ 的值按式（1）和式（2）计算该频率下的阻抗实部和虚部。改变信号发生器的频率（一般改变的幅度为 3~6 个数量级），依频率递变顺序，连接复数阻抗平面内各阻抗点，从而得到复数阻抗图。由复数平面图求出腐蚀体系的阻抗参数 R_p、C_d 及 R，最后应用线性极化公式 $i_{corr}=B/R_p$，计算出体系的腐蚀速率。

$$Z_{R_e}=|Z|\cos\theta=\frac{R}{U_m}\sqrt{E_m^2-E_{U=0}^2} \tag{1}$$

$$Z_{I_m}=|Z|\sin\theta=\frac{RE_{U=0}}{U_m} \tag{2}$$

需要说明的是，实际测量得到的电化学阻抗数据通过相应软件根据等效电流可以直接拟合得到所需的电化学参数，而不需要自己手动计算。

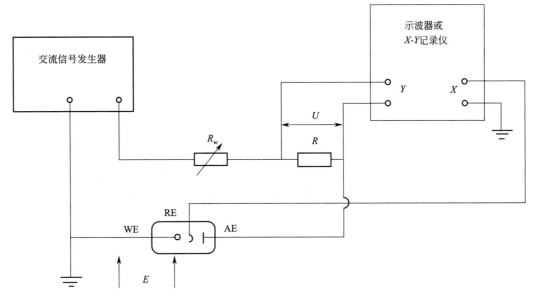

图 1　交流阻抗的实验装置示意图

三、实验材料和仪器

（1）实验材料

Q235 碳钢电极（试样为直径 10mm、高度为 10mm 的圆柱）。

（2）实验仪器

电化学工作站一台，铂电极和饱和甘汞电极各 1 支，鲁金毛细管一个，电解池 1 个，烧杯若干。

四、实验步骤

（1）将碳钢电极采用 200～1200♯砂纸依次预磨，打磨后的碳钢电极依次使用丙酮、无水乙醇清洗，氮气吹干，呈镜面。

（2）在电解池中加入 150mL 3.5％NaCl 溶液，将工作电极、饱和甘汞电极、铂电极插入电解池中并固定好，将待测电极与电化学工作站连接好。

（3）打开电化学工作站软件，首先选择开路电位模块，进行开路电位测试，开路电位稳定通常需要半个小时左右，开路电位稳定后开始进行电化学阻抗测试。

（4）在电化学工作站软件上选择电化学阻抗模块，设置测试参数，交流电位幅值为 10mV，频率范围为 $10^{5}\sim10^{-2}$ Hz，工作电极面积为 0.785cm^{2}，测试温度为 25℃。

（5）设置好参数后，进行电化学阻抗测试，大概需要 20min。

（6）电化学阻抗测试完成之后，重复步骤（1）～（5）三到五次，提高实验结果的准确性。

（7）导出所有电化学阻抗数据进行数据处理。

（8）实验结束后，取出试样，清洗电极和电解池，关好仪器设备，打扫卫生。

五、实验结果处理

（1）记录实验条件

腐蚀介质：_____；温度：_____。

（2）利用 origin 作图，采用合适的等效电路拟合得到相应的电化学关键参数。

（3）对所得电化学参数进行整理，计算实验误差，分析金属腐蚀行为和机制。

六、思考题

（1）进行电化学阻抗测试时，为什么要求交流电位信号幅值要小于 10mV？

（2）电化学阻抗在实际测量时，为什么会出现圆心下沉或半圆压扁的现象？

（3）电化学阻抗拟合得到的电化学参数对应的物理意义是什么？与金属腐蚀有什么关系？

（4）同一组电化学阻抗谱可以采用多个等效电路进行拟合，如何根据电极反应体系选用等效电路图？

实验五　动电位极化曲线测量

一、实验目的

（1）掌握动电位极化曲线的测试原理和方法。

（2）掌握动电位极化曲线进行 Tafel 拟合的方法，了解 Tafel 拟合的原理和限定条件。

（3）掌握动电位极化曲线与电化学阻抗的区别和联系，以及如何利用动电位极化曲线和拟合得到的电化学参数分析金属腐蚀。

（4）进一步熟悉电化学工作站的使用方法和操作流程。

二、实验原理

金属腐蚀时，金属表面有两个电极反应，即金属表面发生溶解被氧化和溶液中的去极化剂在金属表面被还原，这两个电极反应的平衡电位不同，腐蚀体系实际上是阳极和阴极反应共同作用的结果。在阴极和阳极相互耦合时，由于相互极化，它们将偏离各自的平衡电位而相向极化到一个共同的电位 φ_{corr}，称作混合电位。相互极化过程中，阳极电位升高，阴极电位降低。腐蚀达到稳定状态后，电极表面没有电荷积累，其带电状况不随时间变化，电极电位也不随时间而变，此时对应的混合电位又称为稳定电位或腐蚀电位，对应的电流密度为腐蚀电流密度 i_{corr}。腐蚀共轭体系动力学方程是测量金属腐蚀稳态极化曲线的基础，如下所示：

$$i_a = i_{corr}(e^{\frac{\Delta\varphi_a}{\beta_a}} - e^{\frac{-\Delta\varphi_a}{\beta_c}}) \tag{1}$$

$$i_c = i_{corr}(e^{\frac{-\Delta\varphi_c}{\beta_c}} - e^{\frac{\Delta\varphi_c}{\beta_a}}) \tag{2}$$

测量稳态极化曲线时，按照自变量控制方式可分为控制电位法（Potentiostatic Method）和控制电流法（Galvanostatic Method）两类。控制电位法是指在恒电位电路或恒电位仪的保证下，控制研究电极的电势按预定的规律变化，不受电极系统发生反应而引起的阻抗变化的影响，同时测量相应电流的方法。控制电流法是指在恒电流电路或恒电流仪的保证下，控制研究电极的极化电流按预定的规律变化，不受电极系统发生反应而引起的阻抗变化的影响，同时记录相应的电极电位的方法。控制电位法和控制电流法各有其特点和适用范围，要根据具体情况选用。对于单调函数的极化曲线，在没有出现平台或极值的情况下，即一个电流密度只对应一个电位，或者一个电位只对应一个电流密度的情况，控制电流法与控制电位法可得到同样的稳态极化曲线，在这种情况下用哪种方法都行。当极化曲线中存在电流平台或电流极大值时，只能用控制电位法。控制电位法较控制电流法而言应用更为广泛。控制电位连续扫描测定得到的极化曲线称为动电位极化曲线，本次实验以恒电位法测定金属的稳态极化曲线。

动电位扫描法中加到恒电位仪上的基准电压随时间呈线性变化，因此研究电极的电位也随时间呈线性变化。即

$$\frac{dE}{dt} = 常数 \tag{3}$$

为了测得"稳态"的 E-i 曲线，电位扫描的速率不宜过快。但若电位扫描速率过低，则为测得整条 E-i 曲线所需要的时间太长，工作电极的表面状态变化可能很大。一般采用 $0.1 \sim 1 \mathrm{mV/s}$ 的电位扫描速率进行测量，可以认为是稳态测量。动电位扫描法的应用很广，可以测定阴/阳极极化曲线、阴极电沉积析出电位、孔蚀特征电位、E-pH 图等。

动电位扫描可分为单程扫描和多程扫描。单程扫描的 E-t 关系如图 1。单程扫描中的单程波主要用于稳态阳极或阴极极化曲线的测定；单周期三角波主要用于研究表面膜的性质以及各种局部腐蚀。

多程扫描即循环三角波扫描，也称循环伏安法。多程扫描的 E-t 关系如图 2，主要用于研究暂态过程，一般来说快速扫描多采用此方式。

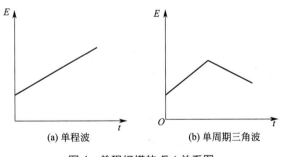

(a) 单程波   (b) 单周期三角波

图 1 单程扫描的 E-t 关系图

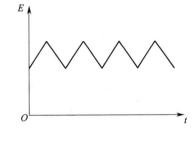

图 2 多程扫描的 E-t 关系

三、实验材料和仪器

（1）实验材料

Q235 碳钢电极（试样为直径 10mm、高度为 10mm 的圆柱）。

（2）实验仪器

电化学工作站一台,铂电极和参比电极各 1 支,电解池 1 个,烧杯若干。

四、实验步骤

(1) 将碳钢电极采用 200~1200♯砂纸依次预磨,打磨后的碳钢电极依次使用丙酮、无水乙醇清洗,氮气吹干,呈镜面。

(2) 在电解池中加入 150mL 3.5%NaCl 溶液,将工作电极、饱和甘汞电极、铂电极插入电解池中并固定好,将待测电极与电化学工作站连接好。

(3) 打开电化学工作站软件,首先选择开路电位模块,进行开路电位测试,开路电位稳定通常需要半个小时,在开路电位达到稳定之后(2min 内电极电位变化不超过 1mV 即可认为已达到稳定),开始进行动电位极化曲线测试。

(4) 在电化学工作站软件上选择动电位极化曲线测试模块,设置测试参数,工作电极面积为 $0.785cm^2$,材料密度为 $7.85g/cm^3$,扫描速率为 0.5mV/s,测试温度为 25℃,电位扫描范围相对开路电位±200mV(扫描速率和电位扫描范围可视实际测试情况而定)。以 CS350 电化学工作站为例,打开软件,依次选择菜单栏里的"测试方法-稳态极化-动电位扫描",在弹出的参数设置页面设置好文件存储路径及文件名,然后在测试参数中设置初始电位 −0.2V,在初始电位下拉菜单里选择"相对于开路电位"。设置终止电位 0.2V,在终止电位下拉菜单里选择"相对于开路电位"。设置扫描速率为 0.5mV/s。

(5) 设置好参数后,进行动电位极化曲线测试,通常需要 20~30min。

(6) 电化学阻抗测试完成之后,重复步骤(1)~(5)三到五次,提高实验结果的准确性。

(7) 所有极化曲线测试完成之后,导出数据进行处理。

(8) 实验结束后,取出试样,观察试样的表面状态,清洗电极和电解池,关好仪器设备,打扫卫生。

五、实验结果处理

(1) 记录实验条件

介质成分_____;试样材料_____;实验温度_____;试样暴露面积_____;参比电极_____;自腐蚀电位 E_{corr}_____。

(2) 利用 origin 作图,采用 Tafel 方程对测量得到的所有动电位极化曲线数据进行拟合,得到相应的电化学关键参数。

(3) 整理所得电化学参数填入表 1,计算实验误差,分析金属腐蚀行为和机制。

表 1 不同动电位极化曲线拟合电化学参数

编号	β_a/(V/s)	β_c/(V/s)	E_{corr}/V	i_{corr}/(A/cm²)	腐蚀速率/(mm/y)
1					
2					
3					
4					
5					

六、思考题

(1) 动电位极化曲线测试过程中如何确定扫描速率和扫描范围，有何依据？电化学参数的选择会对测试结果有何影响？

(2) 如何通过动电位极化曲线判断阴阳极反应的类型和特点？如何确定电极反应的控制步骤？

(3) 动电位极化曲线可以定量分析金属腐蚀过程，和其他测试方法相比有何优缺点？

(4) 采用 Tafel 方法拟合动电位极化曲线的原理是什么？有何注意事项？

(5) 哪些环境因素会对动电位极化曲线测试结果有较大影响？本实验的误差来源有哪些？

实验六　钝性金属钝化性能和参数电化学测试

一、实验目的

(1) 掌握稳态恒电位法测金属极化曲线的基本原理和测试方法。

(2) 熟悉极化曲线的应用和意义。

(3) 熟悉金属钝化现象及金属活化钝化转变过程。

二、实验原理

由于电流通过电极而导致电极电势偏离平衡值的现象称为电极的极化。描述电流密度与电极电势之间关系的曲线称作极化曲线。如图 1 所示为可钝化金属的阳极极化曲线。金属的阳极过程是指金属作为阳极时在一定的外电势下发生的阳极溶解过程，

$$M \longrightarrow M^{n+} + ne^- \tag{1}$$

此过程只有在电极电势正于其热力学电势时才能发生。阳极的溶解速率随电位变正而逐渐增大，这是正常的阳极溶出，但当阳极电势正到某一数值时其溶解速率达到最大值，此后阳极溶解速率随电势变正反而大幅度降低，这种现象称为金属的钝化现象。

控制电位法是控制被测电极的电位，测定相应不同电位下的电流密度。图 1 是恒电位法测得的典型的阳极极化曲线。当电位从 A 点逐渐正向移动到 B 点时，电流也随之增加，当电位过 B 点以后，电流反而急剧减小，这是因为在金属表面生成了一层高电阻、耐腐蚀的钝化膜。电位继续增加，电流减小到 C。在 C 点之后，电位若继续升高，金属进入钝化稳定区，电流基本不变，此时的电流称为维钝电流

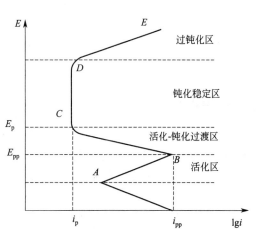

图 1　可钝化金属的阳极极化曲线

i_p。当电位增加到 D 点以后，金属进入了过钝化状态，电流又重新增大。AB 段为活化区，BC 段为活化-钝化过渡区，CD 段为钝化稳定区，D 点以后为过钝化区。B 点对应的电流密度叫致钝电流密度 i_{pp}，C 或 D 点对应的电流密度叫维钝电流密度 i_p。

在实际测量中，常用的控制电位测量方法有以下两种。

静态法：将电极电势恒定在某一数值，测定相应的稳定电流值，如此逐点测量一系列各个电极电势下的稳定电流值，以获得完整的极化曲线。对某些体系，达到稳态需要很长时间，人们往往自行规定电位恒定的时间。

动态法：控制电极电位以较慢的速率连续地改变（扫描），并测量对应电位下的瞬时电流值，以瞬时电流值与对应的电极电位作图，获得极化曲线。一般来说，电极表面建立稳态的速率越慢，电位扫描速率也应越慢。因此对不同的电极体系，扫描速率也不相同。为测得稳定的极化曲线，人们通常依次减小扫描速率测定若干条极化曲线，当测至极化曲线不再明显变化时，可确定此扫描速率下测得的极化曲线即为稳态极化曲线。

通过控制电位法测定极化曲线获得致钝电流密度、维钝电流密度和钝化区的电位范围，可以判定金属在电解质溶液中采取阳极保护的可能性。金属作为阳极，通过致钝电流使之钝化，再用维钝电流去保护其表面的钝化膜，通过阳极保护大大降低金属的腐蚀速率。另一方面，控制电位极化法也是重要的研究腐蚀电流瞬态演化和亚稳态点蚀形态的电化学方法。通过施加一个恒电位，检测电流随时间的变化曲线。通过统计的方法获得亚稳态点蚀坑的孕育期、生长时间、再钝化时间、峰值电流和再钝化速度等参数，用于研究亚稳态点蚀的萌生、生长和再钝化行为。

三、实验材料和仪器

（1）实验材料

316L 不锈钢（试样尺寸为直径 10mm、高度为 10mm 的圆柱。制作电极的步骤为：316L 不锈钢除油、除锈、吹干后，一端使用焊锡与铜导线焊接后引出，留出 78.5mm² 作为工作面，其余部分使用环氧树脂密封），乙醇，丙酮。

（2）实验仪器

饱和甘汞电极，铂电极，盐桥（如饱和氯化钾溶液），电解池，碳化硅砂纸，电化学工作站，金相试样抛磨机。

四、实验步骤

（1）电极处理：所有 316L 不锈钢电极留出的工作面均用 200～1200＃砂纸逐级打磨至镜面光亮，最后用丙酮和无水乙醇依次清洗电极表面残留污垢，然后氮气吹干待用。

（2）将 3.5％氯化钠溶液倒入电解池，安装好工作电极、参比电极（饱和甘汞电极）、辅助电极（铂电极），并与电化学工作站相连，如图 2 所示。

（3）打开电化学工作站，点击测试方法→稳态极化 →开路电位；创建新数据文件，点击浏览按钮，弹出打开文件对话框来建立新文件，设置实验参数，点击开始监测开路电位至稳定（试样在溶液中浸泡约 30min，电极电位基

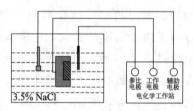

图 2　恒电位极化测试示意图

本达到稳定；2min内开路电位变化不超过1mV即可认为稳定。），停止测试。

（4）阴极极化：打开电化学工作站，点击测试方法→稳态极化→恒电位极化；创建新数据文件，点击浏览按钮，弹出打开文件对话框来建立新文件，设置实验参数。点击开始，监测极化电流随时间的变化关系。每次减少10mV，直至200mV。

（5）阳极极化：打开电化学工作站，点击测试方法→稳态极化→恒电位极化；创建新数据文件，点击浏览按钮，弹出打开文件对话框来建立新文件，设置实验参数。点击开始，监测极化电流随时间的变化关系。每次减少10mV，直至做出完整的极化曲线。

（6）测试完成之后，重复步骤（1）～（5）三到五次，以提高实验结果的准确性。

（7）导出所有数据进行数据处理。

（8）实验结束后，取出试样，清洗电极和电解池，关好仪器设备，打扫卫生。

五、实验结果处理

（1）记录实验条件

介质成分_____；试样材料_____；实验温度_____；
试样暴露面积_____；参比电极_____；自腐蚀电位 E_{corr}_____。

（2）静态法测试数据记录（表1）：

表1 实验数据记录表

编号	E /(V vs. SCE)	i /(A/cm^2)	编号	E /(V vs. SCE)	i /(A/cm^2)	编号	E /(V vs. SCE)	i /(A/cm^2)

（3）以 $\lg i$ 为横坐标，E 为纵坐标，绘制 316L 不锈钢在 3.5%氯化钠溶液中的极化曲线。

（4）讨论所得实验结果及曲线的意义，指出活化区、活化-钝化过渡区、钝化稳定区、过钝化区，标出致钝电流密度、维钝电流密度等。

六、思考题

（1）为什么测定可钝化金属的阳极极化曲线时要选择控制电位法？

（2）分析所测得的阳极极化曲线上各段和各特征点的物理意义。

（3）阳极极化曲线对实施阳极保护有什么指导意义。

实验七 线性极化电阻测试

一、实验目的

（1）掌握使用线性极化电阻测试获得腐蚀电流密度和金属腐蚀速率的原理。

（2）掌握不同金属在腐蚀介质中的腐蚀速率的测量方法。

（3）了解线性极化电阻测试方法的应用范围。

二、实验原理

从广义上来说，某一电位下的极化电阻是极化曲线在该电位处切线的斜率。从狭义来说，腐蚀金属电极的极化曲线在腐蚀电位 E_{corr} 处切线的斜率称为该腐蚀金属电极的极化电阻。在极化值 ΔE 很小时，极化曲线总是近似地表现为直线的形式，在这样的极化区域内进行的极化测量就是线性极化测量，由测量结果可以得到极化电阻的近似值，一般称为线性极化电阻。极化电阻与线性极化电阻接近的程度与线性极化电阻的测量方式、极化曲线的形状和做线性近似处理的 ΔE 值范围有关。如果电极反应由活化控制，则该反应的电流与外加的电位服从 Tafel（塔菲尔）关系，极化电阻与腐蚀电流密度 i_{corr} 之间呈反比。

对于活化控制的腐蚀体系，Stern（斯特恩）和 Geary（盖里）经理论推导，发现极化阻力与腐蚀电流间存在如下关系：

$$i = i_{corr} \left\{ \exp\left[\frac{2.303(E - E_{corr})}{\beta_a}\right] - \exp\left[\frac{2.303(E_{corr} - E)}{\beta_c}\right] \right\} \tag{1}$$

通过微分和适当的数学处理可得：

$$R_p = \left(\frac{\Delta E}{\Delta i}\right)_{E_{corr}} = \frac{1}{i_{corr}} \times \frac{\beta_a \times \beta_c}{2.303(\beta_a + \beta_c)} \tag{2}$$

式中，R_p 为极化电阻，$\Omega \cdot cm^2$；ΔE 为极化电位，V；Δi 为极化电流密度，A/cm^2；β_a 和 β_c 分别为阳极和阴极塔菲尔常数；E_{corr} 为金属的自腐蚀电位，V。

在电化学测量的每个时刻，i_{corr}、β_a 和 β_c 都是定值。显然在 E-i 极化曲线上，在腐蚀电位附近（<10mV）存在一段近似线性区，即 ΔE 和 Δi 呈线性关系，此直线的斜率 $\left(\frac{\Delta E}{\Delta i}\right)_{E_{corr}}$ 即为极化电阻，即：

$$R_p = \left(\frac{\Delta E}{\Delta i}\right)_{E_{corr}} \tag{3}$$

R_p 恒等于腐蚀电位附近极化曲线线性段的斜率。

令 $B = \frac{\beta_a \times \beta_c}{2.303(\beta_a + \beta_c)}$，则有

$$R_p = \frac{B}{i_{corr}} \tag{4}$$

$$i_{corr} = \frac{B}{R_p} \tag{5}$$

式（5）即为线性极化方程式，极化电阻 R_p 与腐蚀电流密度 i_{corr} 之间呈反比。将体系的塔菲尔常数 β_a、β_c 和实验测得的 R_p 代入式（2），可计算腐蚀电流密度 i_{corr} 值。对于大多数体系，可以认为腐蚀过程中的 β_a 和 β_c 总是不变的，确定 β_a、β_c 的方法如下：

（1）极化曲线法：在极化曲线的塔菲尔直线段通过直线的斜率求 β_a、β_c。

（2）根据电极过程动力学原理，由 $\beta_a = \frac{2.303RT}{(1-\alpha)n_a F}$ 和 $\beta_c = \frac{2.303RT}{\alpha n_c F}$ 公式求 β_a、β_c。该法的关键是要正确选择 α 值（α 为 $0 \sim 1$ 的数值），需掌握体系的电化学特征，如析氢反应，

在 20℃各种金属上反应 α 约为 0.5，所以 β_c 在 0.1~0.12V 之间。

（3）查表或估计 β_a、β_c 值。针对一些常见的腐蚀体系，已有许多文献资料，可以查表。注意使用相同的腐蚀体系、相同的实验条件和相同的测试方法得到的数据，才能尽量减小误差。

在腐蚀体系中，腐蚀电流密度 i_{corr} 表示在单位时间内，金属样品单位面积通过的电量（C）。根据法拉第定律，得到按质量损失法计算的金属腐蚀速率 $v_w[g/(m^2 \cdot h)]$：

$$v_w = \frac{i_{corr}}{F} \times \frac{A}{m} \times 10^4 = \frac{373 \times A \times i_{corr}}{m} \tag{6}$$

式中，A 为金属的摩尔质量；m 为金属离子的价数；F 为法拉第常数，26.8A·h。

三、实验材料和仪器

（1）实验材料

Q235 碳钢、7075 铝合金和 316L 不锈钢（试样尺寸为直径 10mm、高度 10mm 的圆柱，金属试样均需除油、除锈、吹干后，一端使用焊锡与铜导线焊接后引出，留出 78.5mm^2 作为工作面，其余部分使用环氧树脂密封），乙醇，丙酮。

（2）实验仪器

饱和甘汞电极，铂电极，盐桥（如饱和氯化钾溶液），三室电解槽，碳化硅砂纸，电化学工作站和金相试样抛磨机。

四、实验步骤

（1）电极处理：所有金属试样留出的工作面均用 400♯、800♯、1000♯ 和 1200♯ 砂纸逐级打磨至镜面光亮，最后用丙酮和无水乙醇依次清洗电极表面残留污垢，吹干待用。

（2）将 3.5%氯化钠溶液倒入电解池，安装好工作电极（Q235 碳钢）、参比电极（饱和甘汞电极）、辅助电极（铂电极），将三电极与电化学工作站相连，如图 1 所示。

（3）打开电化学工作站，打开测试软件，测定工作电极的开路电位（试样在溶液中浸泡约 30min，电极电位基本达到稳定；2min 内开路电位变化不超过 1mV 即可认为稳定）。点击测试方法→稳态极化 →开路电位；创建新数据文件，点击浏览按钮，弹出打开文件对话框来建立新文件，设置实验参数，点击开始监测开路电位至稳定，停止测试。

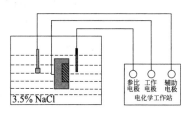

图 1　三电极体系电化学测试示意图

（4）点击测试方法→稳态极化→动电位扫描；创建新数据文件，点击浏览按钮，弹出打开文件对话框来建立新文件，设置实验参数。设置初始电位 $-0.01V$，在初始电位下拉菜单里选择相对开路电位。设置终止电位 $0.01V$，在终止电位下拉菜单里选择相对开路电位。设置扫描速度为 $0.2mV/s$，点击开始，确定进入实验。观察测试进度为 100% 后，电位扫描结束，取出工作电极，观察试样表面状态。

（5）将 7075 铝合金和 316L 不锈钢依次作为工作电极，重复以上测试步骤。

（6）每个试样测试三到五次，以提高实验结果的准确性。

（7）导出所有数据进行数据处理。

（8）实验结束后，取出试样，清洗电极和电解池，关好仪器设备，打扫卫生。

五、实验结果记录与处理

（1）记录实验条件

介质成分_____；试样材料_____；实验温度_____；
试样暴露面积_____；参比电极_____；自腐蚀电位 E_{corr} _____。

（2）绘制 Q235 碳钢、7075 铝合金和 316L 不锈钢试样在 3.5％氯化钠溶液中的极化曲线；并由线性极化曲线的斜率求出各试样的极化电阻 R_p，再求出试样的自腐蚀电流密度和腐蚀速率，完成表 1。

表 1　线性极化电阻拟合电化学参数

试样	$\Delta E/mV$	$\Delta i/(A/cm^2)$	$R_p/\Omega \cdot cm^2$	$i_{corr}/(A/cm^2)$	$v_w/g/(m^2 \cdot h)$
Q235 碳钢-1#					
Q235 碳钢-2#					
Q235 碳钢-3#					
7075 铝合金-1#					
7075 铝合金-2#					
7075 铝合金-3#					
316L 不锈钢-1#					
316L 不锈钢-2#					
316L 不锈钢-3#					

六、思考题

（1）简述线性极化电阻法测金属腐蚀速率的基本原理。
（2）分析影响线性极化电阻法测定金属腐蚀速率准确性的因素。
（3）简述线性极化电阻测试方法的优点和意义。
（4）线性极化电阻测试方法在腐蚀科学研究中有哪些应用？

实验八　不锈钢点蚀测试和评价

一、实验目的

（1）掌握钝性金属材料发生点蚀的原因、机制和关键影响因素。
（2）掌握不锈钢点蚀性能的测试和评价方法。
（3）了解不锈钢点蚀的危害以及不锈钢点蚀的控制方法。

二、实验原理

局部腐蚀是指金属表面上各个部分的腐蚀程度存在明显差异的腐蚀情况，特别是指金属表面上一小部分表面区域的腐蚀速率和腐蚀深度远大于整个表面上平均值的腐蚀情况。有两种类型的局部腐蚀情况。第一种类型是：金属表面上绝大部分处于钝化状态，腐蚀速率小到几乎可以忽略不计，但在有限的很小的表面区域，腐蚀速率则很高，这是典型的局部腐蚀，如钝性金属表面的点蚀（小孔腐蚀）、缝隙腐蚀以及某些情况下应力腐蚀尖端处的腐蚀等。第二种类型是：整个金属表面上都发生明显的腐蚀，但腐蚀分布不均匀，如果差异比较大，部分金属表面上显示出明显的腐蚀深度，也被称为局部腐蚀。

点蚀也称小孔腐蚀，是一种典型的局部腐蚀，是指在金属表面的局部出现向深处发展的腐蚀小孔，其余地区不腐蚀或腐蚀很轻微的腐蚀现象。在钝态金属（如不锈钢、铝和铝合金、钛和钛合金等）表面发生的点蚀不仅具有腐蚀破坏高度集中的典型局部腐蚀特征，而且是实践中最常遇到的局部腐蚀类型。碳钢在表面氧化膜或锈层有空隙的情况下，在腐蚀性环境中（如含氯离子）也会发生点蚀现象。金属发生点蚀时，具有以下特征：蚀孔小（一般直径只有数十微米）且深（深度等于或大于孔径），在金属表面的分布有些较分散、有些较密集，孔口多数有腐蚀产物覆盖。

点蚀的发生是自催化过程，存在诱导期、孕育期和发展期。对于钝性金属，在小孔腐蚀诱导期：首先 Cl^- 等侵蚀性离子在金属表面不均匀吸附，改变了吸附所在位置钝化膜的成分与性质，使该处钝化膜的离子电导和钝化膜的溶解速率远大于没有 Cl^- 吸附的表面，形成小孔腐蚀的活性位点，称为孔核。孔核存在临界半径，当孔核半径小于临界半径时，孔核可能再钝化；当孔核半径生长大于临界半径时，孔核会继续发展形成真正的腐蚀孔。并不是每个形核点都会发展为点蚀，点蚀形核后经历的随机的生长和消亡即是点蚀生长的孕育期。小孔腐蚀进入发展阶段，孔底部的金属表面就比孔外部的表面低凹，孔内的溶液就会发生很大的变化，主要表现为 pH 值降低和阴离子富集。阳极溶解产物金属离子的水解使得孔内 H^+ 的浓度增高，而溶液中腐蚀性离子（如 Cl^-）的电迁移过程则使得孔内溶液中阴离子的浓度增高，形成自催化体系，点蚀便以不断增长的速度向金属纵深发展，如图 1 所示。

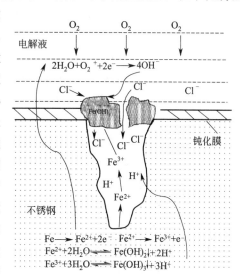

图 1　不锈钢点蚀示意图

点蚀通常沿着重力方向生长，多数点蚀从金属表面向下发展和生长，少数在垂直表面上发生，却很少发生在朝下的表面上。点蚀容易造成腐蚀穿孔，在石油、化工、核电等领域容易造成火灾、爆炸等灾难。点蚀敏感性的实验评定方法可分为化学浸泡和电化学测试两大类。化学浸泡法是指材料在自然状态受到化学介质的作用而诱发点蚀的实验方法，最常见的是用于检验不锈钢和镍基合金点蚀性能的三氯化铁试验法。电化学测试法主要通过测量金属的阳极极化曲线确定点蚀电位 E_b 和保护电位 E_{pr}，从而评价材料的点蚀敏感性。

防止点蚀的方法，主要有采用电化学保护法使金属材料的电位低于点蚀电位；采用缓蚀剂保护；降低有害阴离子和氧化剂浓度并保持均匀；避免缝隙腐蚀存在；对溶液进行搅拌等。

本实验采用化学浸泡法评价不锈钢的点蚀敏感性，并利用蚀孔的标准样图判断其点蚀程度。

三、实验材料和仪器

（1）实验材料

316L 不锈钢［试样尺寸为 50mm×25mm×（2～5）mm］，6%$FeCl_3$ 溶液，乙醇，丙酮，$FeCl_3 \cdot 6H_2O$。

（2）实验仪器

电化学工作站，金相显微镜，恒温水浴槽，超声清洗仪，温度计，量筒，烧杯，镊子，硬尼龙毛刷等。

四、实验步骤

（1）电极处理：所有金属试样留出的工作面均用 400♯、800♯、1000♯ 和 1200♯ 砂纸逐级打磨至镜面光亮，最后用丙酮和无水乙醇依次清洗电极表面残留污垢，然后吹干待用。

（2）实验前，用精确到 0.1mg 的天平称重试样；并用游标卡尺测量试样的尺寸，计算试样的总面积及实验有效工作面积。

（3）配制 0.05mol/L 盐酸溶液，再将 $FeCl_3 \cdot 6H_2O$ 溶于 0.05mol/L 盐酸溶液中配制 6%$FeCl_3$ 溶液。

（4）将 6%$FeCl_3$ 溶液倒入烧杯中，实验溶液量以每平方厘米试样不少于 20mL 为准；并把烧杯放到恒温槽中，加热至实验温度（35±1）℃或（50±1）℃。

（5）将试样放于玻璃烧杯中的玻璃管支架上，然后进行连续 24h 的浸泡实验。实验过程中，在烧杯上盖上表面皿防止实验溶液蒸发。

（6）实验结束取出试样，在流水下用硬尼龙毛刷清除腐蚀产物，超声清洗半小时，干燥后称重。

（7）用金相显微镜观察试样表面点蚀孔的分布、密度、形状、尺寸和深度等，必要时可拍照。

（8）利用电化学工作站测定不同温度条件下（35℃ 和 50℃）316L 不锈钢动电位极化曲线，确定不锈钢的点蚀电位和保护电位等相关电化学参数。

（9）所有实验平行做 3～5 次，保证实验结果可靠性，记录实验数据。

（10）实验结束后，取出试样，整理实验台面，打扫卫生。

五、实验结果与处理

（1）根据浸泡实验前后试样的质量，按腐蚀率＝$(m_0 - m_1)/(St)$ 计算材料的腐蚀率［g/(m²·h)］，m_0、m_1、S、t 分别为试样实验前质量、实验后质量、总面积和实验时间。

（2）测量点蚀深度时，可采用带有刻度微调的金相显微镜

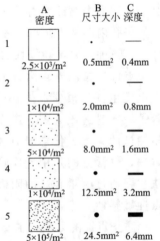

图 2　点蚀特征的标准样图

（50～500 倍，分别在孔底和表面聚焦，其读数差即为点蚀深度）。应测量足够多的蚀孔，以确定最大点蚀深度。也可直接采用 3D 超景深显微镜进行蚀孔的形状和深度测量。在低放大倍数（如 20 倍）下数出试样表面上的蚀孔数，以确定点蚀平均密度，操作中可用带网格的透明纸盖在表面上，分别数出每一格中的蚀孔数，直至数完整个表面。根据观察和测试结果，按照图 2 和图 3 对不锈钢材料的蚀孔特征进行分级。

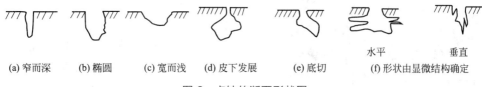

图 3　点蚀的断面形状图

（3）由测得的点蚀深度，按"点蚀系数＝最大腐蚀深度/平均腐蚀深度"计算出点蚀系数。其中平均腐蚀深度根据腐蚀失重计算得到，最大腐蚀深度由最大孔深或十个最深孔的平均深度得到。

（4）导出 316L 不锈钢极化曲线，给出不锈钢的点蚀电位和保护电位等相关电化学参数，分析温度对不锈钢点蚀相关电化学参数的影响。

六、思考题

（1）简述不锈钢的点蚀机理并分析合金元素、热处理和表面状态对不锈钢点蚀性能的影响。

（2）在点蚀的化学浸泡法中，对测试溶液的要求有哪些？

（3）环境因素是如何影响不锈钢点蚀相关电化学参数的？根据点蚀电化学参数给出控制点蚀的方法。

实验九　不锈钢晶间腐蚀实验

一、实验目的

（1）掌握不锈钢发生晶间腐蚀的原因、危害和机制。
（2）掌握不锈钢晶间腐蚀实验方法和评定过程。
（3）进一步认识金属局部腐蚀类型，了解局部腐蚀的破坏性。

二、实验原理

晶间腐蚀是一种常见的局部腐蚀，是指金属材料在特定的腐蚀介质中沿着金属的晶粒边界或它的临近区域发生的腐蚀。晶间腐蚀从金属表面开始，沿着晶界向内部发展，使晶粒间的结合力显著减弱，材料的强度下降，直至整个金属由于晶界破坏而完全丧失强度，而表面仍保持一定的金属光泽，不易观察到被破坏的迹象。所以晶间腐蚀的隐蔽性强，突发性破坏概率大，是一种具有严重危害性的局部腐蚀，通常发生于黄铜、硬铝合金和一些不锈钢、镍基合金中。

晶间腐蚀的发生必须满足一定的条件。一是晶粒和晶界区的组织不同、化学成分不同等导致的电化学性质存在显著差异，这便具有发生晶间腐蚀的倾向。二是晶粒和晶界的差异要在适当的环境下才能显露出来，如晶粒处于钝化，晶界区发生活性溶解腐蚀。总之，当某种介质与金属共同决定的电位条件下，晶界的溶解电流密度远大于晶粒本身的溶解电流密度时，便可发生晶间腐蚀，如图 1 为不锈钢晶间腐蚀形貌图。

图 1 不锈钢晶间腐蚀形貌

（1）晶间腐蚀理论

现代晶间腐蚀理论，主要有贫铬理论、第二相析出理论和晶界吸附理论。①贫铬理论是目前最广泛接受的理论，最早在奥氏体不锈钢中发现，主要是指由于碳化物在晶界上选择性析出，导致晶界附近区域铬比例降低至不锈钢钝化所需的最低值以下，导致晶界附近区域不足以形成保护性良好的钝化膜，从而引起晶间腐蚀。以奥氏体不锈钢为例，在氧化性或弱氧化性介质中发生晶间腐蚀多数是由于热处理不当。经过固溶处理的奥氏体不锈钢在 450～900℃ 温度范围保温或缓慢冷却处理时就会在一定的腐蚀性介质中呈现晶间腐蚀敏感性，这个温度范围称为敏化温度。此时，碳倾向于与铬及铁结合形成复杂的碳化物 $(Cr、Fe)_{23}C_6$，从过饱和的奥氏体中析出而分布在晶界上。$(Cr、Fe)_{23}C_6$ 含铬较晶粒高，因此其析出必然使周围晶界区消耗大量的铬，加之碳在奥氏体中的扩散速率远大于铬，从而使晶界处铬的消耗不能通过晶粒中铬的扩散得到及时补充，其结果是晶界附近形成贫铬区（图 2），贫铬区含铬量低于不锈钢表面形成耐蚀钝化膜所需

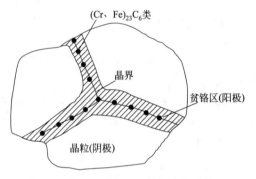

图 2 $(Cr、Fe)_{23}C_6$ 的析出与贫铬区

要的最低含铬量（12％Cr），因而钝态受到破坏。晶粒与晶界及其附近区域构成大阴极（钝化）和小阳极（活化）的微电池，从而加速了晶界区的腐蚀。②晶界 σ 相析出导致晶间腐蚀是最具代表性的第二相析出理论，可解释低碳或超低碳不锈钢晶间腐蚀敏感性。在特定热处理条件下（Fe、Cr 金属间化合物）沿晶界析出 σ 引起晶间腐蚀。③晶界吸附理论主要是由于晶界吸附杂质（硫、磷等），进一步降低晶界耐腐蚀性，在腐蚀环境中，沿晶界产生电化学侵蚀，造成晶界吸附性溶解。

（2）提高奥氏体不锈钢耐晶间腐蚀能力的方法

由于奥氏体不锈钢的晶间腐蚀是由晶界出现贫铬区而引起的，控制晶间腐蚀可从控制碳化物在晶界上的沉淀来考虑。总体说来，有以下几种方法：

① 重新固溶处理，即将不锈钢材料再次加热到 1050～1100℃，使沉淀的 $(Cr、Fe)_{23}C_6$ 重新溶解，然后淬火防止其再次沉淀。

② 采用超低碳不锈钢，即将 18-8 型奥氏体不锈钢的碳含量降至 0.03％ 以下，以减少晶界处碳化物析出量，从而防止发生晶间腐蚀。这类钢被称为超低碳不锈钢，常见的有 00Cr18Ni10 等。

③ 稳定化处理，即在 18-8 型奥氏体不锈钢中加入足量的比铬更易形成碳化物的钛或铌，钛或铌的碳化物较难溶于奥氏体中，所以在敏化温度范围内加热时，不会在腐蚀性介质中产生晶间腐蚀。按原子量计算，钛或铌的加入量分别为钢中碳含量的 4～8 倍。

(3) 晶间腐蚀的实验方法

从原理上来说，晶间腐蚀的各种评价方法都是通过选择合适的化学浸蚀条件和电化学腐蚀条件使晶界区以比晶粒更快的腐蚀速率进行腐蚀或促使位于晶界区的沉淀发生择优腐蚀。这些方法可以分为化学浸泡法和电化学法。材料的电学行为除取决于它本身的化学成分和组织外，还取决于介质的氧化还原能力。因此，晶蚀实验所用溶液的选取原则是：应能保证晶粒处于钝化状态，同时又要使具有晶间腐蚀倾向材料的晶界处于活化状态，这样才能保证在不发生均匀腐蚀的情况下，仅在晶界处腐蚀，显示出材料的晶间腐蚀倾向。

常见的化学浸泡法有 65%硝酸法、硝酸-氢氟酸法、硫酸-硫酸铁法、硫酸-硫酸铜法等（见 GB/T 4334—2008）；电化学法，常用 10%草酸电解浸蚀法、动电位再活化法、恒电位法和扫描参比电极法等方法。

在本实验中采用草酸电解浸蚀法测定不锈钢的晶间腐蚀。草酸电解浸蚀实验的腐蚀电位大于 2.00V，在这种条件下，晶粒边界上的碳化物至少比晶粒本体的溶解速度快一个数量级，这样就可以在显微镜下观察到"沟状"的组织结构（即腐蚀沟）。

三、实验材料和仪器

(1) 实验材料

经 1100℃固溶处理的 1Cr18Ni9 不锈钢试样，1100℃固溶＋650℃、2h 敏化处理的 1Cr18Ni9 和 1Cr18Ni9Ti 不锈钢试样及 1100℃固溶＋880℃、6h 稳定化处理的 1Cr18Ni9Ti 不锈钢试样四种，试样尺寸为 40mm×20mm×2mm。

(2) 实验仪器

直流稳压电源，电流表和变阻器，金相显微镜，50mL 烧杯，导线若干。

四、实验步骤

(1) 电极处理：所有试样均用 400♯、800♯、1000♯和 1200♯砂纸逐级打磨至镜面光亮，然后用丙酮和无水乙醇依次清洗电极表面残留污垢，然后吹干待用。

(2) 溶液配制：将 100g 草酸溶解于 900mL 蒸馏水中，配制 10%草酸溶液。

(3) 以浸蚀试样为阳极，不锈钢杯或表面积较大的不锈钢片作为阴极，加入 100～120mL 10%草酸溶液，按照图 3 接通电路。

(4) 合上电路开关，调节电源旋钮，电流密度为 1A/cm²，电解时间为 90s。

(5) 电解浸蚀结束后，用流水洗净试样，干燥。用金相显微镜观察试样浸蚀表面，放大倍数为 200～500 倍。按照表 1 判定组织类别。

(6) 更换试样，重复步骤(3)～(5)，每个试样测定

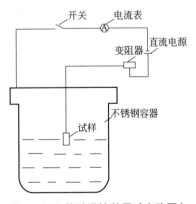

图 3　10%草酸浸蚀装置（电路图）

3～5 次，记录实验数据。

（7）实验结束后，关好仪器设备，清洗样品，打扫卫生。

表 1　试样晶间腐蚀倾向的等级评定的标准

等级	组织特征
一级	晶界没有腐蚀沟
二级	晶界有腐蚀沟,但没有一个晶粒被腐蚀沟包围
三级	晶界有腐蚀沟,个别晶粒被腐蚀沟包围
四级	晶界有腐蚀沟,大部分晶粒被腐蚀沟包围

五、实验结果处理

（1）根据金相显微镜观察到的试样腐蚀形貌，绘制金相显微组织图。

（2）根据表 1 评定四种试样的晶间腐蚀倾向。

六、思考题

（1）四种试样的晶间腐蚀倾向有何不同，为什么？根据实验结果，简述不锈钢的晶间腐蚀机理和防治方法。

（2）讨论草酸电解浸蚀实验和化学浸泡实验方法的关系，并分析各种不锈钢晶间腐蚀实验方法的优缺点和适用范围。

（3）不锈钢晶间腐蚀有哪些危害？

实验十　碳钢应力腐蚀开裂测试

一、实验目的

（1）熟悉慢应变速率应力腐蚀实验机的结构、实验原理和操作方法。

（2）掌握应力腐蚀开裂的概念、产生条件、机理和评价方法。

（3）测定低碳钢在硝酸铵溶液中的应力腐蚀开裂敏感性，并观察应力腐蚀开裂的形貌。

二、实验原理

应力腐蚀开裂（Stress Corrosion Cracking，SCC）是指材料或零件在应力（大多数为拉应力，个别有压应力）和特定腐蚀环境的共同作用下所产生的一种低应力脆性开裂现象，对腐蚀环境具有一定的环境敏感性，虽然这个过程不会引起材料的显著损失，但会使局部产生微裂纹，最终导致材料的机械性能明显损失。应力腐蚀的发生具有明显的不可预测性，破坏效果也十分严重，同时腐蚀环境，也呈现出多样性和复杂性。根据环境 pH 可将其分为碱性环境、近中性环境和酸性环境。从环境介质看，每一种金属或合金只有在特定的介质中才会发生应力腐蚀。

应力腐蚀开裂的实验方法，根据应力加载方式不同，可分为恒变形实验、恒载荷实验、断裂力学实验及慢应变速率拉伸实验。试样可分为光滑试样、缺口试样和预裂纹试样。加载方式、试样尺寸等因素对应力腐蚀的诱发、扩展速率、断裂寿命及临界应力等都会产生影响。恒载荷实验与恒变形实验具有测试周期过长、数据分散性大的缺点。慢应变速率拉伸实验（Slow Strain Rate Test，SSRT）是根据应力腐蚀的机理设计的加速实验方法，是一种应用于快速选材、判断不同合金成分和不同结构等对应力腐蚀的敏感性或对各类电化学参数的影响等的实验室方法。应力的作用是提高应变速率，控制 SCC 裂纹发生和扩展的参数是应变速率而不是应力本身，一般发生应力腐蚀的应变速率为 $10^{-4} \sim 10^{-7}\ \mathrm{s}^{-1}$，拉伸试样可用光滑试样，也可用缺口试样和预裂纹试样。

实验时，将试样放入不同温度、电极电位、溶液 pH 的化学介质中，在慢应变速率拉伸实验机上，以给定的应变速率进行动态拉伸实验，并同时连续记录载荷（应力）和时间（应变）的变化曲线，直到试样被缓慢拉断。实验完成后，可根据下述指标来评定材料在特定介质中应力腐蚀的敏感性。

（1）断口分析

① 试样断裂后，用肉眼或低倍显微镜观察试样主断裂面附近是否有二次裂纹产生，有二次裂纹则表示对 SCC 敏感。

② 看断口的形貌特征，若表现出明显的脆性断裂（断口平齐光亮，与正应力垂直，没有明显的颈缩），则对 SCC 敏感。对大多数材料，在惰性介质中拉断后将获得韧窝断口，但在应力腐蚀介质中拉断后往往获得脆性断口。

（2）对比分析

将暴露在腐蚀介质中和暴露在惰性介质（真空、干燥空气、硅油等）中相同试样的慢应变速率实验结果进行对比，如图 1 所示。得到应力腐蚀敏感性指数 I_{SCC}。I_{SCC} 越大（0 到 1 之间），应力腐蚀敏感性越显著，一般认为 $I_{\mathrm{SCC}} > 5\%$ 时材料-腐蚀介质系统具有应力腐蚀敏感性。

$$I_{\mathrm{SCC}} = 1 - \frac{A_{腐}}{A_{惰}} \times 100\% \qquad (1)$$

式中，$A_{腐}$ 为试样在腐蚀介质中进行慢应变速率拉伸实验得到的参数；$A_{惰}$ 为相同试样在惰性介质中进行相同实验得到的对比参数。其中 A 可以是：①断裂时间 t；②承受的最大应力 σ 或最大载荷 F；③断面收缩率 Ψ 或延伸率 δ；④标准应力-应变曲线所包围的面积 S；⑤断面中，应力腐蚀破坏所占的百分数。

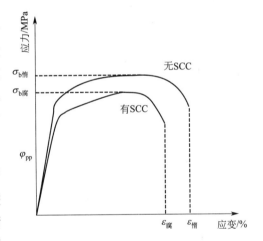

图 1　试样在腐蚀介质和惰性介质中的应力-应变曲线

三、实验材料与仪器

（1）实验材料

Q235 低碳钢拉伸试样（试样的形状和尺寸如图 2。其中工作段尺寸为 20mm×4mm×2mm，非工作段的表面利用 704 硅橡胶密封）。

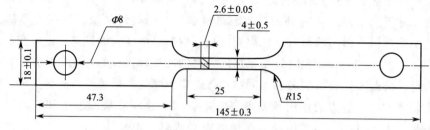

图 2　应力腐蚀开裂试样的形状和尺寸

（2）实验仪器

计算机控制慢应变速率应力腐蚀实验机，游标卡尺；扫描电子显微镜；金相显微镜。

四、实验步骤

（1）电极处理：所有试样均用 400♯、800♯、1000♯ 和 1200♯ 砂纸逐级打磨至镜面光亮，然后用丙酮和无水乙醇依次清洗电极表面残留污垢，然后吹干待用。

（2）用游标卡尺测量工作部位的宽度和厚度，测量三个位置，取其平均值。

（3）将拉伸试样装卡在应力腐蚀实验机上，然后倒入 20% NH_4NO_3 溶液，在室温条件下稳定 30min。

（4）启动慢应变速率应力腐蚀实验机，以给定的应变速率进行动态拉伸试验，同时连续记录拉伸过程中的应力-应变曲线，直到试样被拉断。

（5）利用游标卡尺测量断后试样的标距长度和截面积，计算材料的延伸率 δ 和断面收缩率 ψ。

（6）利用扫描电子显微镜，观察拉伸断口的微观形貌，分析其断裂机理。

（7）使用 40% NH_4NO_3 溶液作为实验介质，重复上述步骤（2）～步骤（5）。

（8）使用惰性（大气）介质作为实验介质，重复上述步骤（2）～步骤（5）。

（9）所有实验平行做 3～5 次，实验结束后清洗电极，关好仪器设备，打扫卫生。

五、实验结果处理

（1）利用惰性介质、20% NH_4NO_3 溶液、40% NH_4NO_3 溶液中的应力-应变曲线，记录不同条件下的断裂应力、断裂时间 t 和静力韧性（应力-应变曲线下的面积），并计算应力腐蚀开裂的各敏感性系数 I_σ、I_t 和 I_S。

（2）利用惰性介质、20% NH_4NO_3 溶液、40% NH_4NO_3 溶液中材料的延伸率 δ 和断面收缩率 ψ，计算低碳钢在 NH_4NO_3 溶液中的塑性损失 I_δ 和 I_ψ。

（3）将实验数据利用 Origin 作图，完成实验报告。

六、实验注意事项

（1）慢应变速率应力腐蚀实验机的应变速率范围常在 $10^{-8} \sim 10^{-4}$ s^{-1} 之间；对本实验体系，可根据实验机的不同选择 $10^{-7} \sim 10^{-6}$ s^{-1}，以增大应力腐蚀开裂的敏感性。

（2）试样的工作段应全部浸入介质中，以避免气液交界处的界面腐蚀。

（3）试样在装卡和拉伸过程中，应保证试样承受的是纯拉伸应力，而不存在弯曲应力或扭转应力。

（4）在对断后试样进行断口形貌观察前，需要对试样进行清洗以除去腐蚀产物，但清洗过程不应损坏试样的断口形貌和表面状态。

七、思考题

（1）与恒载荷、恒应变实验相比，慢应变速率拉伸实验方法具有哪些优缺点？利用慢应变速率拉伸实验评价应力腐蚀开裂敏感性的指标有哪些？

（2）低碳钢产生应力腐蚀的敏感介质有哪些？分析低碳钢在 NH_4NO_3 溶液中发生应力腐蚀开裂的裂纹扩展途径和断裂机理。

（3）在应力腐蚀开裂实验中，除可用光滑试样外，还可采用缺口试样和预裂纹试样。试分析采用缺口试样和预裂纹试样的优缺点。

（4）影响应力腐蚀开裂敏感性的因素有哪些？如何提高材料的抗应力腐蚀开裂能力？

实验十一　金属缝隙腐蚀测试

一、实验目的

（1）熟悉研究缝隙腐蚀实验方法和缝隙腐蚀产生和发展的影响因素。
（2）掌握缝隙腐蚀的概念、产生条件、机理。

二、实验原理

缝隙腐蚀是在电解质溶液（特别是含有 Cl^- 等卤素离子的介质）中，在金属与金属或金属与非金属表面之间狭窄的缝隙内，溶液的移动受到阻滞，当缝隙内溶液中的氧耗尽后，氯离子从缝隙外向缝隙内迁移，金属氯化物的水解酸化过程发生，导致钝化膜破裂而产生局部腐蚀。缝隙腐蚀通常发生在法兰连接面、双金属复合管焊缝处和管道螺纹连接处等接触面上。一旦腐蚀介质渗入缝隙内，缝隙内外的腐蚀介质存在很大的差异，导致缝隙内外的金属阴阳极分离，从而在短时间内破坏金属的结构。缝隙腐蚀的影响因素主要分为内因和外因两个方面：内因主要与钢的自身属性有关；外因为缝隙的尺寸、pH 值、温度、溶解氧含量、Cl^- 浓度等。

临界缝隙溶液理论和 IR 降理论是普遍接受的两种缝隙腐蚀机理。临界缝隙溶液理论可分为前期和后期：在前期，缝隙内外溶液组成相同，金属的阳极溶解过程和氧气的阴极还原过程同时在缝隙内外进行。但由于缝隙的存在限制了氧气从缝隙外扩散到缝隙内，导致缝隙内阴极还原过程消耗的氧气得不到补充。而缝隙外由于氧浓度较高，金属表面发生阴阳极分离，缝隙内外构成氧浓差电池，缝隙内为阳极，缝隙外为阴极：

阳极：
$$2Fe \longrightarrow 2Fe^{2+} + 4e^-$$
(1)

阴极：
$$O_2 + 2H_2O + 4e^- \longrightarrow 4OH^-$$
(2)

在后期，是闭塞电池的自催化效应，缝隙内金属不断溶解产生金属离子，但是由于缝隙的存在限制了金属离子的传质过程，使其不断地在缝隙内聚集。基于电中性原则，缝隙外的氯离子不断地向缝隙内迁移，导致缝隙内阴离子不断富集。同时大量金属阳离子发生水解反应产生氢离子，导致缝隙内 pH 降低。由此逐渐形成缝隙腐蚀的自催化过程，缝隙腐蚀不断得到发展。

IR 降理论认为缝隙内外金属的 IR 降是诱发缝隙腐蚀的关键因素。由于缝隙的存在，缝隙内的阴极还原物种得不到及时补充，缝隙内外金属发生阴阳极分离。缝隙内的阳极电流会通过狭窄的缝隙口流向缝隙外。同时，缝隙内由于存在较大的溶液电阻，将产生较大的 IR 降。当 IR 降足够大而使得缝隙内的电位降低到极化曲线的活化区时，便引发缝隙腐蚀，而此时缝隙外的金属仍然处于钝化状态。与临界缝隙溶液理论不同的是，IR 降理论主要针对极化曲线上存在活化/钝化转变区域的钝态金属的缝隙腐蚀研究。

模拟缝隙腐蚀测量的方法主要分为浸泡实验和电化学实验两大类。浸泡实验法中有三氧化铁实验，多缝隙试样实验，临界缝隙腐蚀温度实验，活性炭加速实验等。电化学测试法中有临界（再钝化）电位测试法，去钝化 pH 值比较法，稳态 pH 值与去钝化 pH 值比较法等。

三、实验材料与仪器

（1）实验材料

Fe-Cr-Mo 系铁素体不锈钢［设计成分为 25Cr-XMo，$X=0$、2、4、6；试样尺寸为 $30\text{mm}\times30\text{mm}\times(2\sim8)\text{mm}$，中心有 $\phi8\text{mm}$ 的孔；试样需除油、除锈、吹干后，一端使用焊锡与铜导线焊接后引出，留出工作面，其余部分使用环氧树脂密封］，乙醇，丙酮等。

（2）实验仪器

电化学工作站，金相试样抛磨机，聚四氟乙烯垫片，缝隙夹具，饱和甘汞电极，铂电极，盐桥（如饱和氯化钾溶液），三室电解槽，碳化硅砂纸。

四、实验步骤

（1）电极处理：所有试样均用 400♯、800♯、1000♯ 和 1200♯ 砂纸逐级打磨至镜面光亮，然后用丙酮和无水乙醇依次清洗电极表面残留污垢，然后吹干待用。

（2）根据图 1 装配缝隙腐蚀试样。

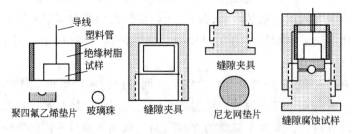

图 1　电化学测试法及缝隙装置

（3）将 3.5% 氯化钠溶液倒入电解槽，安装好工作电极（不锈钢电极）、参比电极（饱和甘汞电极）、辅助电极（铂电极），并与电化学工作站相连；

（4）浸泡 1h 后，测试开路电位（E_{corr}），作为该试样的第一预选电位 E1：打开电化学工作站，点击测试方法→稳态极化→开路电位；创建新数据文件，点击浏览按钮，弹出打开文件对话框来建立新文件，设置实验参数，点击开始监测开路电位至稳定（试样在溶液中浸泡约 30min，电极电位基本达到稳定；2min 内开路电位变化不超过 1mV 即可认为达到稳定）；停止测试。

（5）再钝化电位测试：打开电化学工作站，点击测试方法→稳态极化→恒电位极化；创建新数据文件，点击浏览按钮，弹出打开文件对话框来建立新文件，设置实验参数，在 800mV(vs SCE) 激发局部腐蚀。点击开始，监测极化电流随时间的变化关系，电流密度达 $500\mu A/cm^2$ 时，即将电位降到预选电位 E_1，保持 15min，记录再钝化电流，如果稳定维持钝态电位、则再以 800mV 激发 20s，再下降到第二预选电位 E_2(E_2 正于 E_1 50mV)，多次反复，直到测得某一预选电位，电流不能维持稳定而升高时，则前一电位为该试样的再钝化电位。假如在 800mV(vs SCE) 电流很小或随时间下降，那么就维持 15min，如果仍不发生腐蚀，则认为其再钝化电位正于 800mV(vs SCE)。

（6）所有实验平行做 3~5 次，保证实验结果可靠性，记录实验数据。

（7）实验结束后，取出试样，整理实验台。关好仪器设备，打扫卫生。

五、实验结果处理

大气压：_____；室温：_____；电极面积：_____。

（1）测试数据记录（表 1）：

表 1 实验数据记录表

金属试样	电化学测试结果/mV(vs SCE)		结果评定
	E_{corr}	E_{rp}	
25Cr			
25Cr-2Mo			
25Cr-4Mo			
25Cr-6Mo			

（2）将缝隙腐蚀试样恒定在不同电位时的电流密度随时间变化作图。

（3）分析测试数据，判断试样是否发生缝隙腐蚀。为什么？

六、思考题

（1）缝隙腐蚀与点蚀的区别是什么？二者腐蚀行为和机制有何差异？

（2）简述影响缝隙腐蚀的因素，这些因素如何影响缝隙腐蚀发展过程？

（3）缝隙腐蚀的防护措施有哪些？

（4）开展缝隙腐蚀测试和研究中的注意事项有哪些？如何提高实验测量结果的准确性？

实验十二　金属电偶腐蚀测试

一、实验目的

（1）了解电偶腐蚀测试的原理。

（2）掌握使用零电阻电流表测定电偶电流的方法。

（3）测定铝-铜、铝-铅、铝-石墨、铝-锌、铝-碳钢和铝-不锈钢在 3.5％氯化钠溶液中的电偶电流，并排出电位序。

二、实验原理

当异种金属彼此接触或通过其他导体连通并处于同一腐蚀介质中时，由于它们的自腐蚀电位存在一定的差异，就会造成腐蚀电位低的金属腐蚀速率加快，腐蚀电位高的金属腐蚀速率减慢，这种现象就是电偶腐蚀，也称接触腐蚀。但在实际腐蚀环境中，当同一种金属表面的不同部位处于不同状态（如被腐蚀产物、泥沙等沉积物覆盖的表面和裸金属表面）时，腐蚀电位往往也是不同的，也存在电偶效应。测量短路条件下偶合电极两端电流（电偶电流）的数值，就可以判断金属耐腐蚀的性能。

腐蚀电池的三个主要过程构成了发生电偶腐蚀的三个必备条件，即：

（1）异种金属之间存在一定的电位差。电位差是形成电偶腐蚀的驱动力，电位差的大小决定了电偶腐蚀倾向的大小，电位差越大，其电偶腐蚀倾向越大，电偶腐蚀敏感性越大。

（2）异种材料同处于电解质环境中，如海洋环境中，一般指富含 Cl^- 的海水。

（3）异种材料发生电性连接，存在电子通道。电偶腐蚀需要异种金属经导线连接或直接接触后形成电子通道，为电子的转移提供通道。

电偶电流与电偶对中阳极金属的真实溶解速度之间的定量关系比较复杂（它与不同金属间的电位差、未偶合时的腐蚀速率、塔菲尔常数和阴阳极面积比等因素有关），但可以有如下的基本关系。

对于活化控制的腐蚀体系，Stern 和 Geary 进行理论推导，得到如下方程：

$$i = i_{corr} \left\{ \exp\left[\frac{2.303(E - E_{corr})}{\beta_a} \right] - \exp\left[\frac{2.303(E_{corr} - E)}{\beta_c} \right] \right\} \tag{1}$$

式中，E_{corr}、i_{corr} 分别为偶合电极中阳极金属未形成电偶对时的自腐蚀电位（V）和自腐蚀电流密度（A/cm^2）；E 是极化电位；β_a 和 β_c 分别为偶合电极中阳极金属上局部阳极和局部阴极反应的塔菲尔常数。

如果该金属与电位较正的另一个金属形成电偶对，则这个电位较负的金属将被阳极极化，电位将正向移到电偶电位 E_g，它的溶解电流将由 i_{corr} 增加到 i_a^A：

$$i_a^A = i_{corr} \exp\left[\frac{2.303(E_g - E_{corr})}{\beta_a} \right] \tag{2}$$

电偶电流 i_g 实际上是电偶电位 E_g 处电偶对阳极金属上局部阳极电流 i_a^A 和局部阴极电流 i_c^A 之差：

$$i_g = i_a^A{}_{E_g} - i_c^A{}_{E_g} = i_a^A - i_{corr} \exp\left[\frac{2.303(E_{corr} - E_g)}{\beta_c} \right] \tag{3}$$

由式（3），可以获得两种极限情况：

① 形成电偶对后，若阳极极化很大（即 $E_g \gg E_{corr}$），则有 $i_g = i_a^A$，这种情况下，电偶电流等于偶合电极中金属阳极的溶解电流。

② 形成电偶对后，若阳极极化很小（即 $E_g \approx E_{corr}$），则 $i_g = i_a^A - i_{corr}$，这种情况下，电偶电流等于偶合电极阳极在偶合前后的溶解电流之差。

由以上讨论可知，直接将电偶电流看作电偶对中阳极金属的溶解速度，数值会不同程度地偏低。因此，如果需要求出真实的溶解速度，对电偶电流 i_g 进行修正是必要的。在测量方面，电偶电流不能用普通的安培表进行测量，要采用零电阻安培表来测试。

三、实验材料和仪器

（1）实验材料

纯铜、铅、锌、石墨、Q235 碳钢、18-8 不锈钢和纯铝（试样尺寸为 $10mm \times 10mm \times 3mm$，金属试样均需除油、除锈、吹干后，一端使用焊锡与铜导线焊接后引出，留出 $100mm^2$ 作为工作面，其余部分使用环氧树脂密封），乙醇，丙酮。

（2）实验仪器

电化学工作站，金相试样抛磨机，饱和甘汞电极，铂电极，盐桥（如饱和氯化钾溶液），三室电解槽，碳化硅砂纸。

四、实验步骤

（1）电极处理：所有金属试样留出的工作面均用 400♯、800♯、1000♯ 和 1200♯ 砂纸逐级打磨至镜面光亮，最后用丙酮和无水乙醇依次清洗电极表面残留污垢，然后吹干待用。

（2）将 3.5％氯化钠溶液倒入电解槽，分别将铝与铜、铝与铅、铝与石墨、铝与锌、铝与碳钢、铝与不锈钢等所组成的电偶对安装于电解槽中。电偶对的试样应尽量靠近，把饱和甘汞电极安装于两试样之间，便于测定偶合前后的各电位值。

（3）将铝试样设置为工作电极Ⅰ，并与电化学工作站连接；将铜、铅、锌、石墨、碳钢或不锈钢依次设为工作电极Ⅱ，与接地的辅助电极夹连接；饱和甘汞电极接参比电极，如图 1。

（4）用电化学工作站测量各电极偶合前的电极电位 E_a 和 E_c，及两电极未偶合时的相对电位差：打开电化学工作站，打开测试软件，测定工作电极的开路电位（试样在溶液中浸泡约 30min，电极电位基本达到稳定；2min 内开路电位变化不超过 10mV 即可认为达到稳定）。点击测试方法→稳态极化→开路电位；创建新数据文件，点击浏览按钮，弹出打开文件对话框来建立新文件，设置实验参数，点击开始监测开路电位至稳定，停止测试。

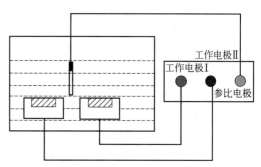

图 1　电偶腐蚀测试示意图

（5）待电极的自腐蚀电位趋于稳定后，打开控制软件，选择电化学噪声功能，此时软件窗口将显示电偶电位 E_g 和电偶电流 i_g，电流计计数为正表示研究电极引线所接的工作电极Ⅰ为阳极，接地线连接的工作电极Ⅱ为阴极，电流计计数为负与此相反。在窗口中设置好监测时间和数据采集速率，单击确定进入实验，测定电偶对的电偶电流 i_g 随时间的变化情况。

（6）更换电偶对，按上述步骤测定各电偶对电偶电流。所有实验平行做 3～5 次。

（7）实验结束后清洗电极，关好仪器设备，打扫卫生。

五、实验结果记录与处理

（1）根据测试的数据文件，在表 1 和表 2 中记录电偶腐蚀实验的实验数据

大气压：＿＿＿＿＿＿＿＿＿；室温：＿＿＿＿＿＿＿＿＿。

表 1　电偶对材质和尺寸参数

试样材料	试样尺寸/cm	试样暴露面积/cm²
铜		
铝		
石墨		
锌		
碳钢		
不锈钢		
铝		

表 2　电偶腐蚀实验数据表

电偶对名称	电极电位/mV			电偶间相对电位差/mV	时间	电偶电流i_g/A
	阳极E_a	阴极E_c	电偶电位E_g			
铝-铜						
铝-铅						
铝-石墨						
铝-锌						
铝-碳钢						
铝-不锈钢						

（2）在同一张直角坐标纸上绘出各组电偶电流 i_g 对时间的关系曲线。

（3）将各组电偶电流 i_g 除以铝的电极表面积，排出上述各种材料在 3.5% 氯化钠溶液中的电位序并查阅文献数据做比较。

六、思考题

（1）为什么不能用普通电流表来测试电偶腐蚀电流？

（2）电偶电流的数值受哪些因素影响？

（3）根据本实验结果，你认为是否能用所测得的电偶电流来表示电偶对中阳极金属的溶解速度？为什么？

（4）简述其他电偶腐蚀实验方法。

实验十三　金属腐蚀疲劳实验

一、实验目的

（1）认识腐蚀疲劳对工程装备和结构物的潜在危害。

（2）熟悉疲劳实验机的结构、工作原理和操作方法。

（3）掌握腐蚀疲劳的概念、产生条件、机理和评价方法。

（4）学会独立设计腐蚀疲劳实验，锻炼思考和动手能力。

二、实验原理

材料在交变应力或脉冲应力与腐蚀介质环境协同、交互作用下，工程结构或构件因开裂或断裂提前失效的现象称为腐蚀疲劳。在交变载荷下首先在表面发生疲劳损伤，在连续的腐蚀环境作用下最终发生断裂或泄漏。对应力腐蚀敏感或不敏感的材料都可能发生腐蚀疲劳，因此没有一种金属或合金能抗腐蚀疲劳。腐蚀疲劳裂纹通常为穿晶型。

通常，可以将干燥、纯净的空气或实验室大气环境视为"惰性"介质，把空气中的疲劳看成"纯"疲劳，并把空气中的疲劳数据当作研究腐蚀疲劳的对比依据。一般来说，腐蚀疲劳的腐蚀介质是指除空气以外的腐蚀环境。腐蚀疲劳除具有常规疲劳的特点外，由于受腐蚀性环境的侵蚀，是一个很复杂的材料或构件失效现象，影响因素众多，包括材料、环境、应力、时间、温度等，其中任何一个因素的变化都会影响腐蚀疲劳性能。腐蚀疲劳损伤的特征之一表现为：材料或机体抗疲劳性能的降低。在相同的应力水平，尤其在接近空气疲劳极限的情况下，腐蚀疲劳寿命远较一般疲劳寿命短，往往要缩短许多倍。腐蚀疲劳的另一特征是它的性能与循环加载的频率和波形强烈有关；而在常规疲劳中，应力交变频率和波形对疲劳性能影响较小。此外，在腐蚀疲劳时，腐蚀介质对试件表面微观几何特征以及机械应力集中不敏感或较少敏感。腐蚀疲劳在宏观上也表现出与常规疲劳不同的特征。在腐蚀疲劳条件下，往往同时有多条腐蚀裂纹形成，并沿垂直于拉应力的方向扩展。而在空气中，这样的疲劳裂纹往往只有一条。

腐蚀疲劳是疲劳损伤和腐蚀损伤的耦合效应，其产生的可能机理如下。

①蚀孔应力集中理论，由于电化学腐蚀产生蚀孔造成应力集中，并在拉应力的作用下发生滑移，产生滑移平台，露出的材料表面发生溶解。在压应力作用下发生逆向滑移，从而形成裂纹源，在交变应力的作用下裂纹不断扩展。②滑移带优先溶解理论，滑移带产生穿晶裂纹的主要原因是变形后金属为阳性，未变形区为阴极，因而裂尖的变形金属在电化学和交变应力的作用下，优先溶解并导致裂纹的扩展。即在交变应力下改变了结构的不均匀性，从而产生了电化学的不均匀性，为腐蚀创造了有利的条件。③保护膜破裂理论，对易钝化的金属，循环应力作用使表面钝化膜遭到破坏，滑移台阶处形成无膜的微小阳极区，在四周大面积有膜覆盖的阴极区作用下，阳极区快速溶解，直到膜重新修复为止，重复以上滑移-膜破-溶解-成膜的过程，便逐步形成腐蚀疲劳裂纹；④吸附理论，金属与环境界面吸附了活性物质，使金属表面能降低，从而改变了金属的机械性能，氢脆是吸附理论的典型例子。

在循环载荷和腐蚀环境共同作用下，腐蚀疲劳损伤在构件内逐渐积累，达到某一临界值时，形成初始微疲劳裂纹。然后，初始微疲劳裂纹在循环应力和腐蚀环境共同作用下逐步扩展，即发生亚临界扩展。当裂纹长度达到其临界裂纹长度时，难以承受外载，裂纹发生快速扩展，导致断裂。因此，光滑试件的腐蚀疲劳过程包括微裂纹形成、亚临界扩展、快速扩展和断裂等过程。在工程应用中，能保证构件在腐蚀疲劳条件下安全工作的时间是裂纹的形成阶段和裂纹的亚临界扩展阶段，分别对应腐蚀疲劳裂纹的形成（或起始）寿命 N_i 和裂纹的扩展寿命 N_p。因此，考虑短裂纹的扩展寿命 N_s，工程构件的腐蚀疲劳总寿命 N_f 可表示为：

$$N_f = N_i + N_p + N_s \tag{1}$$

对含有裂纹式缺陷的构件，其腐蚀疲劳总寿命即为腐蚀疲劳裂纹的扩展寿命。

可通过测定材料的腐蚀疲劳寿命曲线、材料的腐蚀疲劳临界应力场强度因子范围和材料的疲劳裂纹扩展速度等研究材料腐蚀疲劳性能和机理。实验方法有单轴拉压加载法、反复弯曲加载法、旋转弯曲加载法、扭转弯曲加载法等，实验结果通常用腐蚀疲劳寿命曲线来表示。

三、实验材料与仪器

（1）实验材料

铝合金拉伸试样［圆棒试样的形状和尺寸（单位为 mm）如图 1。非工作段的表面利用 704 硅橡胶密封］。

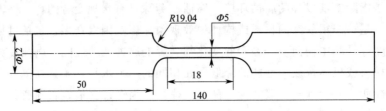

图 1 轴向应力疲劳试样的形状和尺寸

（2）实验仪器

疲劳实验机，扫描电子显微镜，金相试样抛磨机。

四、实验步骤

（1）电极处理：所有试样均用 400♯、800♯、1000♯ 和 1200♯ 砂纸逐级打磨至镜面光亮，然后用丙酮和无水乙醇依次清洗电极表面残留污垢，然后吹干待用。

（2）将拉伸试样装卡在疲劳实验机上，然后倒入 3.5％氯化钠溶液，如图 2。

（3）疲劳极限的测定：根据升降法测定材料的疲劳极限。有效试样数为 15 根左右，一般光滑试样的应力增量选择在预计疲劳极限的 5％以内。应使第一根试样的实验应力水平略高于预计疲劳极限。根据上一根的实验结果（失效或通过）决定下一根试样的实验应力水平（降低或升高）直至完成全部实验。对第一次出现相反结果以前的实验数据，如在以后实验数据的波动范围之内则有效。升降的应力水平数一般为 4 级左右。

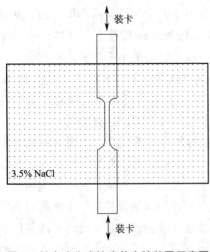

图 2 轴向应力腐蚀疲劳实验装置示意图

（4）参数设置：在电脑界面设置实验参数，如动载荷、频率、循环次数、试样工作部分的直径和横截面积等。

（5）施加动载荷：所施加的动载荷一般为对称循环应力，波形为正弦波。

（6）终止实验：在规定循环应力下，通常一直连续实验至试样失效或达到规定循环次数。

（7）计算疲劳极限：将出现第一对相反结果以前的数据舍弃。

$$\sigma_D = \frac{1}{n} \sum_{i=1}^{m} V_i \sigma_i \qquad (2)$$

式中，n 为有效实验总次数；m 为升降应力水平级数；σ_i 为第 i 级应力水平；V_i 为在第 i 级应力水平下的实验次数。

（8）$S\text{-}N$ 曲线的测定：用成组法测定二参数 $S\text{-}N$ 曲线。选取 3～5 级高应力水平下的成组疲劳实验测定。每级应力水平测试 3～5 个试样的数据，计算其中值（即存活率为 50%）疲劳寿命。将得到的 3～5 级中值疲劳寿命，拟合得到 $S\text{-}N$ 曲线的有限寿命区域。

（9）实验中观察腐蚀疲劳现象，实验结束后，将试样工作段截取下来，使用去离子水、乙醇洗净吹干，使用扫描电子显微镜观察断口形貌。

（10）重复步骤（3）～（5），测定试样在空气中的疲劳曲线。

（11）所有实验平行做 3～5 次，实验结束后清洗电极，关好仪器设备，打扫卫生。

五、实验结果处理

（1）$S\text{-}N$ 曲线绘制：将升降法测得的条件疲劳极限数据点和成组法测得的有限疲劳寿命数据点合并在一起，以实验应力为纵坐标，以疲劳寿命为横坐标得到 $S\text{-}N$ 曲线（50%存活率），并给出 $S\text{-}N$ 曲线的表达式。

成组法中值对数疲劳寿命 X 按下式计算：

$$X = \lg N_{50} = \frac{1}{n} \sum_{i=1}^{n} \lg N_i \qquad (3)$$

式中，N_i 为一组实验中第 i 个试样的疲劳寿命；n 为一组试样的总数；N_{50} 为具有 50%存活率的疲劳寿命即中值疲劳寿命。

对数疲劳寿命标准差 S 按下式计算：

$$S = \sqrt{\frac{n \sum_{i=1}^{n} (\lg N_i)^2 - \left(\sum_{i=1}^{n} \lg N_i \right)^2}{n(n-1)}} \qquad (4)$$

（2）分析对比实验结果，讨论试样在空气和 3.5%氯化钠溶液中的耐疲劳性能。

六、思考题

（1）简述腐蚀疲劳与应力腐蚀的区别。

（2）简述腐蚀疲劳的机理和特点。

（3）影响腐蚀疲劳的因素有哪些？如何提高材料的抗腐蚀疲劳的能力？

实验十四　中性盐雾腐蚀加速实验

一、实验目的

（1）掌握中性盐雾腐蚀加速实验的基本原理。

（2）了解盐雾腐蚀实验箱的结构与使用方法。

（3）掌握中性盐雾气氛中表征金属腐蚀的实验方法。

二、实验原理

盐雾是指大气中由含盐微小液滴所构成的弥散系统，是人工环境三防系列中的一种。大气中的盐雾对军用装备和其他各种产品都有较大的破坏作用，主要表现在腐蚀效应、电气效应和物理效应等方面。盐雾实验是加速模拟大气盐雾环境的实验室环境实验方法，是评价涂镀层的防腐性能、军用装备和其他各种产品的耐盐雾性能的常用的方法，也是军用装备、电工电子产品、涂料等产品防腐性能鉴定和产品符合性检验的方法之一。盐雾实验结果的判定方法有：评级判定法、称重判定法、腐蚀物出现判定法、腐蚀数据统计分析法。盐雾实验分为天然盐雾环境暴露腐蚀和人工模拟盐雾环境加速腐蚀。天然盐雾环境暴露腐蚀是指将材料直接暴露在沿海地区或者其他高盐地区大气中进行的腐蚀实验。这种实验的优点是能够准确地反映该地区的天然大气环境对材料造成的腐蚀破坏，但存在实验周期长的缺点，其腐蚀实验过程可能需要数年时间。人工模拟盐雾环境加速腐蚀是指利用配制好的盐溶液在盐雾实验箱内人为地制造出盐雾环境来，进而对放置在实验箱内的腐蚀样品进行盐雾腐蚀性能的测试。实验箱内盐雾环境的盐分浓度是天然环境中浓度含量的几倍到几十倍，样品的腐蚀速度加快，耗费的时间少。但人工模拟盐雾环境实验无法还原自然环境中的降水、沙尘、暴晒、昼夜更替和四季变化等因素的影响，因此人工模拟盐雾环境实验并不能完全取代天然盐雾环境暴露实验。

人工模拟盐雾实验时，将一定形状和大小的试样暴露于盐雾实验箱中，喷入经雾化的实验溶液，细雾在自重作用下均匀地沉降在试样表面。试样在盐雾箱内的位置，应使其主要暴露表面与垂直方向呈 $15°\sim30°$。试样间的距离应使盐雾能自由沉降在所有试样上，且试样表面的盐水溶液不应滴落在任何其他试样上，试样间不构成任何空间屏蔽作用，互不接触且保持彼此间电绝缘，试样与支架也须保持电绝缘，且在结构上不产生任何缝隙。人工模拟盐雾实验又包括中性盐雾实验、醋酸盐雾实验、铜盐加速醋酸盐雾实验、交变盐雾实验。中性盐雾实验（NSS 实验）是出现最早、目前应用领域最广的一种加速腐蚀实验方法。它采用 pH 值调至中性范围（6.5～7.2）的 5％氯化钠溶液作为喷雾用的溶液。实验温度均取 $(35\pm1)℃$，要求盐雾的沉降率为 $1.6\sim2.5\text{mL}/(\text{dm}^2\cdot\text{h})$，雾化压缩空气的压力为 $0.7\sim1.8\text{kg/cm}^2$。

三、实验材料与仪器

（1）实验材料

Q235 碳钢试样，氯化钠，盐酸，氢氧化钠，乙醇，丙酮等。

（2）实验仪器

盐雾腐蚀实验箱，金相试样抛磨机，分析天平（0.1mg），精密 pH 试纸，游标卡尺，电吹风。

四、实验步骤

（1）实验液配制：将氯化钠溶于蒸馏水中，配制 5％的氯化钠溶液，用精密 pH 试纸测量溶液 pH，选择盐酸或氢氧化钠调节 pH 为 6.5～7.2。为避免喷嘴堵塞，溶液在使用之前必须过滤。

（2）电极处理：所有试样均用 400♯、800♯、1000♯ 和 1200♯ 砂纸逐级打磨至镜面光亮，然后用丙酮和无水乙醇依次清洗电极表面残留污垢，然后吹干待用。

（3）用分析天平称重并记录试样质量，用游标卡尺测量试样的长、宽、高并记录；称重后对于不需要喷雾的试样表面用油漆、石蜡、环氧树脂等密封保护。

（4）试样用尼龙丝挂在实验架上，放入箱内；注意试样不能相互接触，而且不得与其他任何金属或能引起干扰的物质接触，放的位置应使所有试样能喷上盐雾，试样表面的盐水不能滴在其他试样上。

（5）开始喷雾，选择连续方式，时间由试样的腐蚀程度而定。喷雾结束之后，关闭电源，取出试样。

（6）观察和记录试样腐蚀情况，采用酸洗液、碱洗液、去离子水和乙醇依次清洗试样，清除腐蚀产物，干燥后再用分析天平称重并记录数据。

（7）所有实验平行做 3～5 次，实验结束后清洗试样关好仪器设备，打扫卫生。

五、实验结果处理

（1）将实验数据记录于表 1，并根据式（1）计算 Q235 钢在中性盐雾条件下的腐蚀速率。

$$v_w = \frac{m_0 - m_1}{St} \tag{1}$$

式中，v_w 是金属的腐蚀速率，$g/(m^2 \cdot h)$；S 是试样暴露于盐雾环境中的表面积，m^2；t 是腐蚀实验时间，h；m_0 是试样腐蚀前的质量，g；m_1 是除去腐蚀产物后试样的质量，g。

试样材料：_____；试样密度：_____；喷雾方式：_____；

喷雾温度：_____；放入箱的时间：_____；取出箱的时间：_____。

表 1 实验记录表

试样尺寸(长、宽、高)/mm		
表面积 S/mm^2		
盐雾液的成分及 pH		
试样的质量	腐蚀前 m_0/g	
	除掉腐蚀产物后 m_1/g	
质量损失/g		
腐蚀速度/[g/(m^2·h)]		

（2）比较腐蚀前后试样表面状态的变化。

六、思考题

（1）简述连续喷雾方式和间隔喷雾方式对试样腐蚀速率的影响。

（2）实验过程中试样放置应注意哪些问题？对实验结果有什么影响？

（3）简述不同材料或涂层中性盐雾实验结果的评价标准。

实验十五　乙酸盐雾加速腐蚀实验

一、实验目的

（1）了解乙酸盐雾加速腐蚀实验的基本原理。

（2）了解盐雾腐蚀实验箱的结构与使用方法。

（3）掌握酸性盐雾气氛中表征金属腐蚀的实验方法。

二、实验原理

中性盐雾实验（NSS实验）使用5％NaCl溶液作为实验溶液，pH为6.5～7.2，温度为35℃。中性盐雾实验最早应用于盐雾环境中涂层的可靠性研究，随着中性盐雾实验的逐渐成熟，其逐渐在军工、建筑、汽车等方面得到了有效利用。但对于一些不容易受到腐蚀的元件和金属制品，必然需要更为恶劣的侵蚀环境对其进行加速腐蚀。乙酸和铜加速乙酸盐雾环境下的实验技术方法的出现将盐雾实验环境pH值拓展到3.1～3.3，同时将盐雾环境的温度从35℃左右拓展到50℃。

乙酸盐雾实验（ASS实验）的腐蚀速率比NSS实验快3倍左右，在5％氯化钠溶液中加入冰醋酸，使溶液的pH值降为3.1～3.3，溶液变成酸性，最后形成的盐雾也由中性变成酸性，同时收集的溶液也具有相应pH值，实验温度为（35±1）℃。盐雾的沉降速度应能在每80cm²水平收集面上，使每个收集器在平均运转至少16h的基础上，每小时收集0.75～2.0mL溶液，收集溶液的氯化钠浓度应为（5±1）％（以重量计），雾化压缩空气的压力为0.7～1.7kg/cm²。

实验时样品放置同中性盐雾实验一致，将一定形状和大小的试样暴露于盐雾实验箱中，喷入经雾化的实验溶液，细雾在自重作用下均匀地沉降在试样表面。试样在盐雾箱内的位置，应使其主要暴露表面与垂直方向呈15°～30°。试样间的距离应使盐雾能自由沉降在所有试样上，且试样表面的盐水溶液不滴落在任何其他试样上，试样间不构成任何空间屏蔽作用，互不接触且保持彼此间电绝缘，试样与支架也须保持电绝缘，且在结构上不产生任何缝隙。

三、实验材料与仪器

（1）实验材料

铝合金试样，精密pH试纸，氯化钠，乙酸，乙醇，丙酮等。

（2）实验仪器

盐雾腐蚀实验箱，金相试样抛磨机，扫描电子显微镜，游标卡尺，电吹风，分析天平（0.1mg）。

四、实验步骤

（1）实验液配制：将氯化钠溶于蒸馏水中，配制5％的氯化钠溶液，用精密pH试纸测量溶液 pH，用乙酸调节 pH 为 3.1～3.3。

（2）电极处理：所有试样均用 400♯、800♯、1000♯ 和 1200♯ 砂纸逐级打磨至镜面光亮，然后用丙酮和无水乙醇依次清洗电极表面残留污垢，然后吹干待用。

（3）用分析天平称重并记录试样质量，用游标卡尺测量试样的长、宽、高并记录；称重后对于不需要喷雾的试样表面用油漆、石蜡、环氧树脂等密封保护。

（4）试样用尼龙丝挂在实验架上，放入箱内；注意试样不能相互接触，而且不得与其他任何金属或能引起干扰的物质接触，放的位置应使所有试样能喷上盐雾，且试样表面的盐水不能滴在其他试样上。

（5）开始喷雾，采取连续方式，时间由试样的腐蚀程度而定。喷雾结束之后，关闭电源，取出试样。

（6）观察和记录试样腐蚀情况，采用酸洗液、碱洗液、去离子水和乙醇依次清洗试样，清除腐蚀产物，干燥后再用分析天平称重并记录数据。

（7）使用扫描电子显微镜观察去除腐蚀产物前后试样的表面形貌。

（8）所有实验平行做 3～5 次，实验结束后清洗试样，关好仪器设备，打扫卫生。

五、实验结果处理

（1）将实验数据记录于表 1，并根据式（1）计算铝合金在酸性盐雾条件下的腐蚀速率。

$$v_w = \frac{m_0 - m_1}{St} \tag{1}$$

式中，v_w 是金属的腐蚀速率，$g/(m^2 \cdot h)$；S 是试样暴露于盐雾环境中的表面积，m^2；t 是腐蚀实验时间，h；m_0 是试样腐蚀前的质量，g；m_1 是除去腐蚀产物后试样的质量，g。

试样材料：_____；试样密度：_____；喷雾方式：_____；

喷雾温度：_____；放入箱的时间：_____；取出箱的时间：_____。

表 1　实验记录表

试样尺寸(长、宽、高)/mm		
表面积 S/mm^2		
盐雾液的成分及 pH		
试样的质量	腐蚀前 m_0/g	
	除掉腐蚀产物后 m_1/g	
质量损失/g		
腐蚀速度/[$g/(m^2 \cdot h)$]		

（2）比较腐蚀前后试样表面状态的变化，分析移除腐蚀产物前后试样表面形貌，结合计算得到的腐蚀速率评价铝合金试样在乙酸盐雾环境中耐蚀性。

六、思考题

（1）简述乙酸盐雾加速实验的条件和应用。

（2）实验过程中放置试样应注意哪些问题？对实验结果有什么影响？

（3）简述不同材料或涂层中性盐雾实验结果的评价标准。

实验十六　渗氢实验

一、实验目的

（1）了解氢在金属中的危害。
（2）利用气体容量法测定阴极极化条件下氢在碳钢中的扩散速度。
（3）掌握气体容量法和恒电流实验的方法和技术。

二、实验原理

在金属材料腐蚀、阴极保护、电镀、酸洗等过程中，通常伴随氢的产生。原子态的氢一部分相互结合为氢分子，另一部分则可能从界面上扩散进入金属晶格内部。因浓度梯度的存在，氢原子扩散进金属晶格而达到金属的另一面，部分滞留在金属内部的氢可能在金属晶格的间隙或缺陷处变成氢分子，也可能与金属内部的某些非金属元素如碳、硫等生成气态的 CH_4、H_2S 等气体。气泡的形成会在金属内部产生很大的压力，进而使金属产生氢疱。另外，金属内部的氢也会与金属中的金属元素如稀土或碱金属元素形成氢化物，或与裂纹尖端的位错发生相互作用，从而使材料的塑性降低，产生脆性破坏。

氢在金属中的扩散速度可通过气体容量法和电化学方法来测量。将碳钢试样放入稀硫酸中进行腐蚀，并对试样施加阴极极化时，在试样表面发生如下反应：

$$H^+ + e^- = H \tag{1}$$

反应产生的氢原子一部分结合成氢分子而向上逸出；另一部分则扩散穿过金属。在气体容量法中，通过水准管和量气管测量不同时刻下氢扩散进入试样的体积，从而绘出单位试样表面的渗氢量与时间的关系曲线，进而通过计算曲线的斜率求出氢的扩散速度。其中，为了减少温度对氢气体积的影响，常将不同温度下测得的氢气体积 V_T 按 $V_{293} = 293 \times V_T/T$ 换算成 20℃时的体积进行绘图。

在电化学方法中，氢的扩散速度是通过测量穿过金属的氢原子氧化为氢离子的阳极电流来实现的。电化学方法测量氢扩散速度的装置，如图 1 所示。

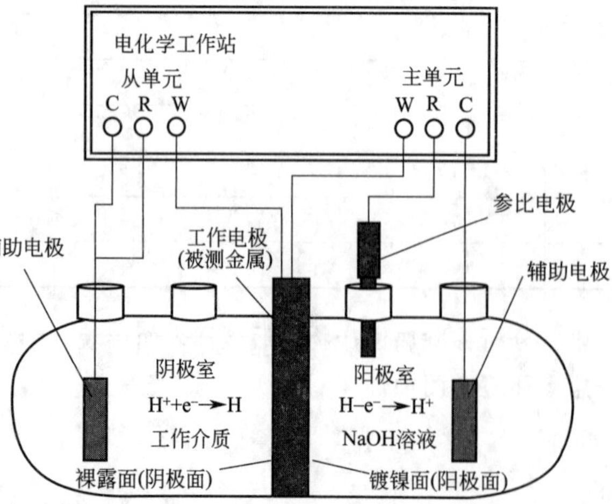

在实验过程中，为了阻止氢原子在金属表面形成氢分子而逸出，常在腐蚀介质中加入 As_2O_3、$HgCl_2$ 等微量物质，以使得试样表面较易吸附氢原子，增大氢原子的浓度，利于氢原子向金属内部扩散。

图 1　电化学方法测量氢扩散速度装置

三、实验材料和仪器

（1）实验材料

Q235 碳钢（尺寸为 120mm×120mm×0.5mm，试样表面依次经过砂纸打磨、除锈和除油处理）。

试液采用浓度为 5mol/L 稀硫酸溶液，并加入 50mg/L As_2O_3。

（2）实验仪器

水准管和带三通活塞的量气管各 1 支，电解池（120mm×120mm）2 个，带导气管的有机玻璃板（110mm×8mm）1 块，钢夹具 1 套，橡胶垫圈 2 片，恒电位仪 1 台、铂电极和饱和甘汞电极各 1 支，液桥、盐桥、温度计各 1 支。

四、实验步骤

（1）将研究电极置于两个电解池之间，并用夹具夹紧，使之不漏气、不漏液。

（2）连接好线路，并检查量气系统的气密性，确保不漏气、不漏液。

（3）在电解槽中注入 800mL 稀硫酸溶液，置"工作选择"于"恒电流"，"电源开关"于"自然"，"电位测量选择"于"参比"，测量试样的腐蚀电位 E_{corr}。

（4）调整"电流量程"，置"电源开关"于"极化"，用"恒电流粗调"和"细调"调节极化电流，对试样施加电流密度为 $i=0.3mA/cm^2$ 的阴极极化电流。同时将水准管与量气管的液面对齐，记录起始读数。

（5）维持恒电流极化，每 15min 读取室温、量气管的液面高度和电位值，并观察实验过程中的现象。

（6）连续测量 90～120min，并在实验结束后观察试样表面的变化。

（7）所有实验平行做 3～5 次，实验结束后清洗电极，关好仪器设备，打扫卫生。

五、实验结果处理

（1）记录实验过程中温度、电极电位和液面高度等数据，并画出单位试样面积的渗氢量与测试时间的曲线，进而求曲线的斜率以获得氢的扩散速度。

（2）将上述所有实验数据进行系统分类整理，利用 Origin 作图，完成实验报告。

六、思考题

（1）氢在金属中的存在方式有哪些？分析产生氢脆的原因。

（2）根据法拉第定律，如何通过电化学方法测定和计算氢在金属中的扩散速度？

实验十七　微生物腐蚀测试

一、实验目的

（1）认识常见的腐蚀性微生物的种类，熟悉它们的生长活性和代谢特点。

（2）认识微生物腐蚀的危害，掌握微生物腐蚀发生的机制。

（3）掌握研究微生物腐蚀常用的测试方法，比较微生物腐蚀和其他电化学腐蚀的异同点。

二、实验原理

微生物和金属材料相互作用会影响材料的腐蚀行为和机制，即微生物腐蚀（Microbiologically Influenced Corrosion，MIC）。统计表明，材料腐蚀导致的经济损失约占 GDP 的 $3\%\sim5\%$，保守估计微生物腐蚀占 20% 以上，海洋环境中微生物腐蚀对整个海洋腐蚀的贡献超过 50%。微生物腐蚀是导致材料服役失效的关键主要原因之一，尤其是在腐蚀性较强的海洋环境中，微生物和其他腐蚀因素相互耦合，将显著加速金属腐蚀速率。

微生物腐蚀的定义：微生物通过自身生命活动及其代谢产物直接和间接地加速或者抑制金属材料腐蚀过程的现象。微生物腐蚀是一个动态的电化学过程，是引起工程材料服役失效的主要原因之一，普遍存在于海洋、土壤、大气及油气田等环境中。

微生物腐蚀行为和机制与微生物的种类密切相关，好氧的铁氧化菌和厌氧的硫酸盐还原菌是目前发现的腐蚀性较强的代表性微生物种类。铁氧化菌是一类以 O_2 作为最终电子受体通过氧化 Fe^{2+} 至 Fe^{3+} 获得能量生长的微生物，在铁氧化菌生物酶催化条件下，其对 Fe^{2+} 的氧化速率远远高于普通的化学氧化。所有的无机能量源中，对于铁氧化菌生理代谢来说，Fe^{2+} 的氧化过程中最终产生的 Gibbs 自由能（ΔG_0）最低，以反应（1）为例，产生的 Gibbs 自由能为 $-109kJ/mol$，ΔG_0 越小，自发反应越容易进行，这也说明铁氧化菌对 Fe^{2+} 的代谢是一个高度自发的过程。铁氧化菌从反应（2）获得的能量是 29kJ/mol，如果 Fe^{3+} 在近中性 pH 值条件下自发地继续反应，生成 $Fe(OH)_3$，铁氧化菌获得的能量会增加一倍。另外，铁氧化菌在 O_2 受扩散控制的氧化还原界面上的 Fe^{2+} 的氧化过程发挥着关键作用，在低氧区，铁氧化菌氧化 1mol Fe^{2+} 获得的能量将增加约 $-90kJ$，氧作为最终的电子受体在整个铁氧化菌代谢过程中也起着非常关键的作用。

$$Fe^{2+} + 0.25O_2 + 2.5H_2O \longrightarrow Fe(OH)_3 + 2H^+ \tag{1}$$

$$Fe^{2+} + 0.25O_2 + H^+ \longrightarrow Fe^{3+} + 0.5H_2O \tag{2}$$

氧的浓度为 $5\sim10\mu mol/L$ 时，铁氧化菌就可以生长得很好。铁氧化菌广泛存在于油气田、弱酸及近中性富铁地下水、深海等环境体系中。铁氧化菌是造成油田管线 MIC 穿孔的主要腐蚀性微生物，以江苏油田为例，在部分油井中铁氧化菌的含量可以达到 $10^7CUF/mL$，近年来油田也从只注重硫酸盐还原菌腐蚀逐渐认识到铁氧化菌腐蚀在管线 MIC 过程起到的作用，铁氧化菌造成的管线腐蚀也得到了越来越多的重视。

反应（3）～（9）代表了铁氧化菌对金属材料的整个腐蚀电化学过程，铁氧化菌从反应（4）获得能量生长，以 O_2 的去极化反应[反应（5）]作为阴极反应。铁氧化菌对金属材料的主要腐蚀产物为铁氧化合物，如 FeOOH、Fe_2O_3 和 Fe_3O_4，主要反应过程见反应（6）～（9）。在整个铁氧化菌腐蚀过程中，金属材料表面同时作为腐蚀反应的阳极和阴极，因为 Fe^0 的氧化通常伴随着金属表面发生的还原反应。Fe^{2+} 与 Fe^0 不同，前者存在于静止的碳钢基体内，而后者可以扩散到流动相当中。这就意味着在铁氧化菌腐蚀过程中，Fe^{2+} 的氧化可能发生在金属表面或者铁氧化菌生物膜内。铁氧化菌通过代谢形成生物膜，可以影响腐蚀阳极和阴极反应，也可以改变钢铁表面的物理化学性质，同时也会对钢铁表面的涂层产生破坏影响。

$$\text{阳极反应：} \qquad Fe \longrightarrow Fe^{2+} + 2e^- \qquad\qquad (3)$$

$$Fe^{2+} \longrightarrow Fe^{3+} + e^- \qquad\qquad (4)$$

$$\text{阴极反应：} \qquad 1/2O_2 + H_2O + 2e^- \longrightarrow 2OH^- \qquad\qquad (5)$$

$$Fe^{2+} + 2OH^- \longrightarrow Fe(OH)_2 \qquad\qquad (6)$$

$$2Fe(OH)_2 + 1/2O_2 \longrightarrow 2FeOOH + H_2O \qquad\qquad (7)$$

$$3Fe(OH)_2 + 1/2O_2 \longrightarrow Fe_3O_4 + 3H_2O \qquad\qquad (8)$$

$$2FeOOH \longrightarrow Fe_2O_3 + H_2O \qquad\qquad (9)$$

硫酸盐还原菌是造成金属腐蚀失效的主要微生物之一，硫酸盐还原菌腐蚀影响因素众多，腐蚀机制较为复杂。目前提出的硫酸盐还原菌腐蚀机制主要有：阴极去极化机理、浓差电池机理、代谢产物机理、膜下酸腐蚀机理、直接电子转移机理等，但是需要指出的是目前还没有一种完整的硫酸盐还原菌腐蚀机制可以阐明所有硫酸盐还原菌导致的腐蚀问题。这里主要介绍比较经典的硫酸盐还原菌阴极去极化腐蚀机理。

1934 年，Von wlzoge Kuehr 和 Van der vluglt 提出了硫酸盐还原菌腐蚀阴极去极化理论，认为金属腐蚀过程中阴极去极化是腐蚀加速的关键步骤，在缺氧的环境中，H_2O 解离产生的 H^+ 与自由电子 e^- 结合形成 H^0，H^0 附着在金属表面，形成一个动态平衡，抑制腐蚀。硫酸盐还原菌利用氢化酶将氢原子从金属表面除去，从而显著促进氢的去极化，阴极反应的加速反过来又会促进阳极金属的溶解，从而显著加速金属的腐蚀速率。

阴极去极化理论涉及很多反应过程，主要反应如下：

$$\text{阳极：} \qquad 4Fe \longrightarrow 4Fe^{2+} + 8e^- \qquad\qquad (10)$$

$$\text{阴极：} \qquad 8H^+ + 8e^- \longrightarrow 8H(\text{吸附于金属表面}) \qquad\qquad (11)$$

$$\text{阴极去极化反应：} \qquad SO_4^{2-} + 8H \longrightarrow S^{2-} + 4H_2O \qquad\qquad (12)$$

$$\text{水的离解：} \qquad 8H_2O \longrightarrow 8H^+ + 8OH^- \qquad\qquad (13)$$

$$\text{腐蚀产物：} \qquad Fe^{2+} + S^{2-} \longrightarrow FeS \qquad\qquad (14)$$

$$3Fe^{2+} + 6OH^- \longrightarrow 3Fe(OH)_2 \qquad\qquad (15)$$

$$\text{总反应：} \qquad 4Fe + SO_4^{2-} + 4H_2O \longrightarrow FeS + 3Fe(OH)_2 + 2OH^- \qquad\qquad (16)$$

阴极去极化理论得到了很多科学家的证实，很多硫酸盐还原菌可以产生氢化酶从而促进阴极氢的去极化，通过气相色谱对硫酸盐还原菌测试介质中的气相成分进行监测发现了大量的氢气。但是需要指出的是并不是所有硫酸盐还原菌都能够产生氢化酶，没有氢化酶的催化作用，硫酸盐还原菌很难促进阴极氢的去极化，这也说明必然存在其他类型的硫酸盐还原菌腐蚀机制。本次实验以好氧的铁氧化菌作为研究对象。

三、实验材料与仪器

（1）实验材料

Q235 碳钢，3.5%氯化钠溶液，丙酮，戊二醛，乙醇，铁氧化菌培养基，碱洗液，酸洗液，铁氧化菌测试瓶。

（2）实验仪器

高温高压灭菌锅，分析天平，电化学工作站，恒温培养箱，荧光显微镜，3D 显微镜，扫描电子显微镜，X射线衍射仪，X射线光电子能谱仪，共焦显微拉曼光谱仪，饱和甘汞电极，铂电极，盐桥。

四、实验步骤

（1）铁氧化菌培养：将铁氧化菌培养基置于高温高压灭菌锅内于121℃灭菌20min，冷却后接种铁氧化菌菌种，在恒温培养箱中于37℃培养。

（2）对实验用到的所有溶液、电解池、电极等进行灭菌处理，可以采用高温高压灭菌锅内于121℃灭菌20min，无法使用高温高压灭菌的装置和材料，如电极，采用紫外辐射灭菌30min以上。

（3）构建实验装置：在电解池内加入3.5％氯化钠溶液并接种10％菌液，将工作电极、参比电极和辅助电极放入电解池内，建立原位电化学测试体系。同时，将用于失重和表面分析的碳钢试样置于另一个同样的电解池内。按照类似的方法构建空白无菌测试体系。需要说明的是，要按照无菌操作步骤在超净台内完成所有实验，避免空气中杂菌的污染，影响实验结果。

（4）电化学测试：对有菌和无菌研究体系，分别选择时间（天）为1、2、4、7、10、14测试开路电位和电化学阻抗，并在第14天测试试样动电位极化曲线。在10mV正弦交流电压下，在$10^5 \sim 0.01$Hz频率范围内进行电化学阻抗测试。动电位极化曲线测试扫描范围为$-350 \sim +350$mV（相对OCP），扫描速率为0.5mV/s。

（5）在实验装置搭建时测试装置中的菌量、溶解氧含量，并在第14天拆除装置时测试并记录菌量与溶解氧含量。拆除装置后取出试样挂片，使用碱洗液和酸洗液清洗表面的腐蚀产物，然后依次用去离子水、丙酮和无水乙醇清洗，氮气中干燥，然后用分析天平称重。使用腐蚀失重法测试试样的腐蚀速率。

（6）将含有生物膜的样品进行染色，通过荧光显微镜观察生物膜样品表面活的和死的细菌分布状况。

（7）通过扫描电子显微镜、X射线衍射仪、X射线光电子能谱仪、共焦显微拉曼光谱仪等对钢筋表面形貌和腐蚀产物结构组成进行分析。在利用扫描电子显微镜观察生物膜形貌之前，要对生物膜样品预处理。首先将生物膜样品浸泡于2％戊二醛溶液固化处理，固化时间4~8h；然后依次采用体积分数为50％、60％、70％、80％、90％和100％的乙醇溶液对生物膜样品进行脱水处理；接着使用高纯氮气吹干待用。生物膜预处理完成之后，要对生物膜样品进行喷金处理，从而提高生物膜的导电性，提高拍照质量。

（8）利用3D显微镜表征试样去除腐蚀产物后的腐蚀形貌，计算局部腐蚀速率，统计点蚀坑密度。

（9）所有实验平行做3~5次，保证实验结果可靠性，记录实验数据。

（10）实验结束后清洗电极，关好仪器设备，打扫卫生。

五、实验结果处理

（1）根据腐蚀失重法计算碳钢试样在有无铁氧化菌存在条件下的腐蚀速率。

（2）对所测定的电化学数据，如自腐蚀电位、电化学阻抗、动电位极化曲线等进行数据处理，尤其是电化学阻抗需要选择合适的等效电路图。

（3）对不同测试条件下试样表面形貌进行比较分析，观察有无细菌存在条件下试样表面的形貌和腐蚀产物结构特点，讨论微生物腐蚀机制。

（4）通过 3D 显微镜对去除试样表面腐蚀产物后的腐蚀形貌进行分析，计算局部腐蚀速率。

（5）比较实验前后菌量与溶解氧含量的变化。

（6）综合所有数据，采用 Origin 作图，完成实验报告，总结碳钢试样在有无微生物存在条件下的腐蚀行为和规律。

六、注意事项

（1）使用高温高压灭菌锅设备时，一定要操作规范，做好安全防护，灭菌结束前不得离开。

（2）严格按照无菌实验操作规范进行实验，避免空气中其他微生物对实验样品的污染。

（3）做好卫生，保持实验桌面仪器设备清洁。

七、思考题

（1）在有无微生物存在条件下，金属材料的腐蚀行为和机制有何差异？原因是什么？

（2）影响微生物腐蚀的因素有哪些？在微生物腐蚀过程中发挥的作用是什么？

（3）是不是所有的微生物都可以加速金属腐蚀？有没有微生物可以抑制金属腐蚀？

（4）微生物腐蚀实验过程中，很容易受到空气中其他微生物的污染，从而影响实验结果，如何避免其他微生物对实验结果的影响？

实验十八　机械应力和物理缝隙耦合作用下金属腐蚀测试

一、实验目的

（1）认识应力腐蚀和缝隙腐蚀对金属的危害。

（2）进一步夯实应力腐蚀和缝隙腐蚀基础理论，比较应力和缝隙双因素耦合作用和单因素作用条件下金属腐蚀行为的差异。

（3）掌握常用应力腐蚀和缝隙腐蚀电化学测试方法，提高实验操作基本技能。

（4）学会根据实验目的设计和完成实验，锻炼思考和动手能力。

二、实验原理

单因素作用下应力腐蚀开裂和缝隙腐蚀原理分别见实验十和实验十一，应力腐蚀开裂和缝隙腐蚀是典型的局部腐蚀类型，破坏性非常大。如果将机械应力和物理缝隙两个因素耦合起来，此时二者之间的耦合作用会对金属材料的腐蚀起到显著的促进作用。工程结构材料在应力和缝隙耦合作用条件下服役的案例很多，而且已经造成了严重的后果。如，油气田工业中井下油管都是通过接箍以螺纹的形式相互连接的，而管道螺纹连接处往往由于台阶面的腐蚀导致腐蚀性介质渗入，从而在螺纹连接处发生严重的缝隙腐蚀。与此同时，管道螺纹连接处也承受着由管道重力所产生的巨大机械拉应力作用。因此，油气田井下管道螺纹连接处往往在应力与缝隙的耦合作用下产生严重的腐蚀问题。

油气田环境中经常存在着大量的 CO_2，这也会导致严重的 CO_2 腐蚀问题。腐蚀介质中通常包含有一定浓度的有机酸，有机酸的存在在金属材料腐蚀过程中也能起到明显的促进作用，乙酸是一种典型的有机酸。在含乙酸的 CO_2 饱和溶液中，碳钢的局部腐蚀应该是由缝隙内外或点蚀坑内外溶液中阴极反应物质的浓度差异引起的，缝隙内缺少的阴极反应物质促使金属腐蚀电位负移，从而使缝隙内外金属之间形成电偶腐蚀效应，缝隙内金属作为阳极被加速腐蚀。在耦合机械应力的作用条件下，缝隙腐蚀的发生和发展速度都将发生变化，以加速缝隙腐蚀为主。反过来，缝隙的存在导致局部阳极的快速溶解，阳极溶解区域可以作为裂纹源，导致应力腐蚀敏感性增加，从而促进应力腐蚀开裂裂纹的产生和扩展。

本次实验模拟油气田实际腐蚀环境，选择含有一定浓度乙酸的 CO_2 饱和介质作为测试溶液，测试机械应力和物理缝隙耦合作用下工程结构材料普遍使用的碳钢的腐蚀行为。

三、实验材料和仪器

（1）实验材料

实验材料为 N80 碳钢（图 1 为恒载荷实验拉伸试样示意图，根据 GB/T 15970.6—2007 标准制备，拉伸试样留出 $0.8cm^2$ 或 $1.6cm^2$ 的工作面积，其余的部分用绝缘清漆密封。在测试之前，所有的试样依次使用 400♯、800♯、1200♯ 砂纸打磨，然后用丙酮和无水乙醇清洗）。

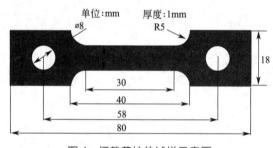

图 1 恒载荷拉伸试样示意图

本实验中，测试介质为 3% NaCl ＋ 600mg/L HAc 溶液，在测试之前，预先向溶液中通纯度为 99.9% 的二氧化碳气体 4h，使测试介质 CO_2 浓度达到饱和。为了保持溶液处于 CO_2 饱和的状态，测试过程中不断地向测试体系通入二氧化碳，流量为 20mL/min。实验在常压室温 25℃ 条件下进行。

（2）实验仪器

电化学工作站，扫描电子显微镜，X 射线衍射仪，X 射线光电子能谱仪，共焦显微拉曼光谱仪，3D 显微镜，饱和甘汞电极，铂电极，盐桥。

四、实验步骤

（1）原位电化学测试体系的设计和构建：图 2 为应力和缝隙共存条件下缝隙内外电极原位电化学测试装置示意图。在实验过程中，通过压缩已知弹簧系数的弹簧施加拉应力。实验中，通过使用 $300\mu m$ 的聚四氟乙烯垫片来控制缝隙的大小。试样的工作面积一半位于缝隙内，另一半位于缝隙外。当测量缝隙内一半金属的电化学腐蚀行为时，使用内置的参比电极和辅助电极。当测量缝隙外一半金属的电化学腐蚀行为时，使用外置的参比电极和辅助电极。

（2）电化学测试电极示意图：图 3 为缝隙内外电化学测试（含电偶电流测试）实验装置示

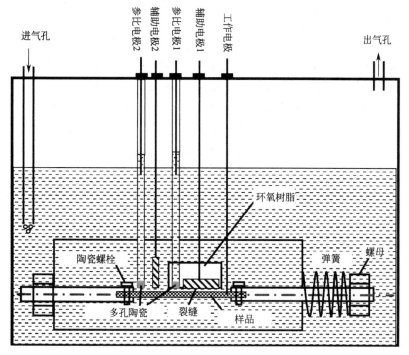

图2　应力和缝隙共存条件下测试装置示意图

意图。在实验过程中，使用面积相同的两个拉伸试样，其中一个试样（WE1）暴露面积位于缝隙内并且施加不同的应力，另一个试样（WE2）暴露于缝隙外（即无缝隙），不施加应力。通过此装置设计，可以完成自腐蚀电位、电化学阻抗、动电位极化曲线和电偶电流测试。

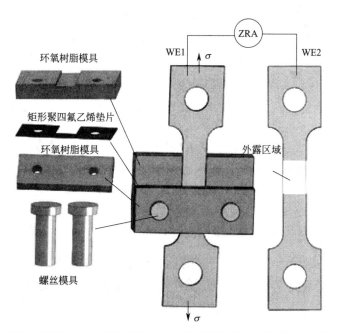

图3　缝隙内外电化学测试（含电偶电流测试）实验装置示意图

（3）电化学测试：电化学阻抗谱在开路电位下测试，外加正弦波扰动电压幅值为

10mV。测试频率范围为 10kHz~0.01Hz，每 10 倍频采集 10 个数据点。利用零电阻电流计测量 WE1 和 WE2 之间的电偶电流。

（4）SSRT 测试：图 1 为满拉伸试样示意图，没有缝隙的试样，预留工作面积为 0.6cm^2；有缝隙的试样预留工作面积为 1.2cm^2，其中一半工作面积位于缝隙内，另一半工作面积位于缝隙外，其余的部分用绝缘清漆密封，缝隙大小为 300μm。利用应力腐蚀实验机分别对有缝隙和无缝隙试样进行 SSRT 实验，应变速率为 $1\times10^{-6}s^{-1}$。

（5）形貌观察：N80 碳钢在不同外加应力条件下腐蚀之后，将拉伸试样从夹具中取下，用去离子水冲洗金属表面，冷风吹干。采用扫描电子显微镜（SEM）对不同外加应力条件下的腐蚀表面形貌进行表征。N80 碳钢在缝隙和应力共存条件下腐蚀之后，采用数码相机对腐蚀之后的试样进行宏观表征，之后去除金属表面的腐蚀产物，使用 3D 显微镜表征腐蚀之后缝隙口的腐蚀轮廓。

（6）利用 X 射线衍射仪、X 射线光电子能谱仪、共焦显微拉曼光谱仪等对表面腐蚀产物结构组分进行分析。

（7）所有实验平行做 3~5 次，记录实验数据。

（8）实验结束后清洗电极，关好仪器设备，打扫卫生。

五、实验结果处理

（1）对所测定的电化学数据，如自腐蚀电位、电化学阻抗、动电位极化曲线等进行数据处理，尤其是电化学阻抗需要选择合适的等效电路图。电化学阻抗和动电位极化曲线分别使用 ZViev2 和 CView2 软件拟合。

（2）对不同测试条件下试样表面形貌进行比较分析，观察应力和缝隙耦合存在条件下试样表面的形貌和腐蚀产物结构特点，讨论应力和缝隙耦合腐蚀机制。

（3）通过 3D 显微镜对去除试样表面腐蚀产物后的腐蚀形貌进行分析，定量计算局部腐蚀速率，基于统计学原理计算点蚀坑密度。

（4）综合所有数据，采用 Origin 作图，完成实验报告，

六、思考题

（1）应力和缝隙耦合和单因素相比是否会加速金属腐蚀？原因是什么？

（2）如何设计应力和缝隙耦合条件下的原位电化学腐蚀测试装置？

（3）实际工况环境中，哪些工程材料在何种服役条件下会发生应力、缝隙耦合腐蚀？

（4）如何避免或抑制应力、缝隙耦合条件下金属材料的腐蚀？

实验十九　微生物、应力耦合腐蚀实验

一、实验目的

（1）认识微生物及应力耦合作用在金属腐蚀中的行为和机制。

（2）明确微生物因素和机械因素耦合对金属腐蚀加速的潜在影响过程。

（3）进一步夯实无菌操作技术，提升无菌操作能力。

（4）掌握常见的腐蚀性微生物的培养方法和生长特性。

二、实验原理

微生物和应力腐蚀的原理分别见实验十七和实验十。作为结构材料，金属材料在服役过程中必然承受力的作用，应力腐蚀开裂也是造成装备失效的主要原因之一。应力有的来源于外部环境，有的来源于金属材料内部。由此，可以看出金属材料的应力腐蚀问题是一个普遍存在而且受到广泛关注的问题。材料的应力腐蚀与环境密不可分，管线钢的应力腐蚀敏感性与土壤环境有关，酸性环境中的析氢反应促进了应力腐蚀过程。和常压环境相比，深海环境中由于溶解氧浓度的减少，阴极反应会逐渐由吸氧反应向析氢反应转变，析氢反应可以导致氢致开裂。

微生物普遍存在于各种自然环境中，近年来研究发现越来越多的材料腐蚀涉及微生物，微生物的存在通常是以加速金属材料腐蚀为主。而且，已经明确微生物可以和应力协同加速金属腐蚀，促进微裂纹的产生进而加速局部腐蚀。以腐蚀性最强的硫酸盐还原菌为例，硫酸盐还原菌生长代谢过程中会产生氢，明显地加速氢的渗透，从而加速氢致开裂，这也是造成金属材料局部腐蚀失效的主要原因之一。另外，微生物可以显著促进金属材料的局部腐蚀，局部腐蚀是微生物腐蚀的典型特征之一，而局部腐蚀可以作为裂纹源，从而促进应力腐蚀开裂。因此，实际环境中金属材料的腐蚀多是多因素耦合的结果。因此研究金属在应力、微生物共存环境中的腐蚀行为和机理有助于认识材料的腐蚀过程，为材料腐蚀防护奠定理论基础。本次实验基于海洋环境中铝合金材料遇到的应力微生物耦合腐蚀问题进行腐蚀测试，选择霉菌作为代表性腐蚀性微生物。采用平板计数法对浮游孢子数进行计数，具体操作方法是：将移液枪枪头、生理盐水、固体培养基以及若干 10mL 离心管进行高压蒸汽灭菌。灭菌锅冷却后，在离心管中分别倒入 9mL 生理盐水并编号，然后用移液枪吸取 1mL 液体培养基到 1 号离心管中，充分摇匀之后再换新的移液枪头吸取 1 号离心管菌液 1mL 到 2 号离心管中，摇匀，依次接种稀释到 4 号离心管中，就得到了稀释 10 倍、100 倍、1000 倍、10000 倍的菌液。然后分别从离心管中吸取 $10\mu L$ 滴到固体培养基上，用涂布器将菌液在平板上涂布均匀，然后放入培养箱培养 24h 左右（具体时间视菌落大小而定）后取出菌落，取平均值，进而换算成孢子菌量。

三、实验材料和仪器

（1）实验材料

本实验选取 7075 铝合金作为实验材料，将铝合金切割成如图 1 所示的形状。用于电化学测试的试样以铜导线焊接并用环氧树脂进行密封，留下 10mm×10mm 的工作面积。实验分为无菌对照组和接种细菌实验组。所有试样在实验前经过 180 目、400 目和 1000 目金相砂纸打磨以去除表面污垢及氧化物，随后用去离子水和无水乙

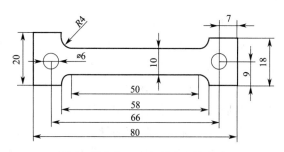

图 1　微生物、应力耦合腐蚀实验试样示意图（单位：mm）

醇清洗，干燥后备用，进行实验前用丙酮和无水乙醇清洗试样以去除表面油污。为避免环境中的其他微生物干扰，所有试样去除油污后浸泡在 2％的戊二醛溶液中 1h 进行灭菌处理，用无菌去离子水冲洗后在紫外灯下照射 30min 以完全杀灭细菌。

（2）实验仪器

高温高压灭菌锅，分析天平，电化学工作站，恒温培养箱，饱和甘汞电极，铂电极，盐桥，计算机控制慢应变应力腐蚀实验机，游标卡尺，扫描电子显微镜，X 射线衍射仪，X 射线光电子能谱仪，共焦显微拉曼光谱仪，3D 显微镜，金相显微镜等。

四、实验步骤

（1）霉菌的培养和活化：选用马铃薯葡萄糖液体培养基培养霉菌，培养基组分（g/L）为：葡萄糖 20、NaCl 30、马铃薯浸汁 200。固体培养基是在马铃薯液体培养基中加入 2％的琼脂。在 121℃下灭菌 20min 以上，冷却后用于霉菌活化和培养。菌种活化的具体操作如下：取出冰箱保存备用的霉菌菌种，在无菌环境中用接种针接种到灭菌培养基中，放进 37℃的培养箱里培养。

（2）灭菌：本实验主要使用了高压蒸汽灭菌和紫外灯灭菌两种灭菌法。对于玻璃容器、霉菌培养基、测试介质以及其他耐高温高压设备采用高压蒸汽灭菌。对于 7075 铝合金试样和塑料制品等不耐高温高压的实验器材，采用紫外灯灭菌 30min 以上。

（3）建立原位电化学测试装置：以 3.5％ NaCl 溶液作为腐蚀测试介质，接种 10％的活化 1～2d 的霉菌菌种，以拉伸铝合金试样作为工作电极，铂电极和饱和甘汞电极作为辅助电极和参比电极，建立应力作用条件下的含有微生物的原位电化学测试装置，应力来源为慢应变应力腐蚀实验机。施加应力大小视具体情况而定，小于试样的最大应力屈服强度。以空白无菌测试体系作为空白对照。

（4）电化学测试：对有菌和无菌研究体系，分别选择 1 天、2 天、4 天、7 天、10 天、14 天测试开路电位和电化学阻抗，并在第 14 天测试试样动电位极化曲线。在 10mV 的正弦交流电压下，在 $10^5 \sim 0.01$Hz 的频率范围内进行电化学阻抗测试。动电位极化曲线测试扫描范围为 $-350 \sim +350$mV（相对 OCP），扫描速率为 0.5mV/s。

（5）在实验装置搭建时测试装置中的菌量、溶解氧含量，并在第 14 天拆除装置时测试并记录菌量与溶解氧含量。拆除装置后取出试样，清洗表面的腐蚀产物，然后依次用去离子水、丙酮和无水乙醇清洗，氮气中干燥，然后用分析天平称重。使用腐蚀失重法测试试样的腐蚀速率。

（6）通过扫描电子显微镜、X 射线衍射仪、X 射线光电子能谱仪、共焦显微拉曼光谱仪等对金属表面形貌和腐蚀产物结构组成进行分析。在利用扫描电子显微镜观察生物膜形貌之前，要对生物膜样品预处理。首先将生物膜样品浸泡于 2％戊二醛溶液固化处理，固化时间 4～8h；然后依次采用体积分数为 50％、60％、70％、80％、90％和 100％的乙醇溶液对生物膜样品脱水处理；接着使用高纯氮气吹干待用。生物膜预处理完成之后，要对生物膜样品喷金处理，从而提高生物膜的导电性，提高拍照质量。

（7）利用 3D 显微镜表征试样去除腐蚀产物后的腐蚀形貌，计算局部腐蚀速率，统计点蚀坑密度。

（8）所有实验平行做 3～5 次，保证实验结果可靠性，记录实验数据。

（9）实验结束后清洗电极，关好仪器设备，打扫卫生。

五、实验结果处理

（1）利用涂布平板法对实验前后浮游和固着霉菌孢子浓度做定量分析。

（2）根据腐蚀失重法计算铝合金试样在有无霉菌存在条件下的腐蚀速率。

（3）对所测定的电化学数据，如自腐蚀电位、电化学阻抗、动电位极化曲线等进行数据处理，尤其是电化学阻抗需要选择合适的等效电路图。

（4）对不同测试条件下试样表面形貌进行比较分析，观察应力作用下有无霉菌存在条件下试样表面的形貌和腐蚀产物结构特点，讨论微生物和应力耦合腐蚀机制。

（5）通过 3D 显微镜对去除试样表面腐蚀产物后的腐蚀形貌进行分析，定量计算局部腐蚀速率。

（6）综合所有数据，采用 Origin 作图，完成实验报告，总结铝合金试样在微生物和应力耦合条件下的腐蚀行为和规律。

六、思考题

（1）霉菌的生长代谢活性有哪些特点？真菌对金属材料的腐蚀和细菌相比有什么特点？

（2）微生物和应力耦合后和单因素相比是否会加速金属腐蚀？原因是什么？

（3）如何设计微生物和应力耦合条件下的原位电化学腐蚀测试装置？

（4）实际工况环境中，哪些工程材料在何种服役条件下会发生微生物和应力耦合腐蚀？

（5）如何避免或抑制微生物和应力耦合条件下金属材料的腐蚀？

实验二十　微生物、缝隙耦合腐蚀实验

一、实验目的

（1）掌握微生物和缝隙耦合作用金属材料腐蚀测试装置的设计和应用。

（2）认识硫酸盐还原菌的生长和代谢活性，并掌握厌氧菌的培养方法。

（3）掌握微生物和缝隙腐蚀机理，认识微生物和缝隙耦合加速金属腐蚀原理。

二、实验原理

微生物和缝隙单因素作用条件下金属材料的腐蚀原理见实验十七和实验十一。缝隙腐蚀是工业界非常常见的一种局部腐蚀，也是造成管线穿孔的主要原因之一，其中包括孕育、开始和发展三个阶段，这三个阶段的发展速度又取决于缝隙的几何尺寸（缝隙宽度、缝隙深度及缝隙内外面积比）和环境条件（溶解氧浓度、pH 值、Cl$^-$ 浓度等）。目前，缝隙腐蚀的机制主要包括临界缝隙溶液理论和 IR 降理论，这两种理论分别源于缝隙内外溶液组成的差异和缝隙内外的电位差。但是这两种理论都没有考虑微生物，微生物的大小通常为数个微米，很容易进入缝隙内部，参与缝隙内的腐蚀过程。

在实际应用过程中，管线钢表面涂层不可避免地会产生剥离等缺陷，电解质的渗入降低了涂层的附着能力。阴极电流被涂层屏蔽阻碍其进入剥离涂层下的管线表面，降低了阴极保护效果。在海上油气田中，厌氧硫酸盐还原菌（SRB）是导致钢材腐蚀的腐蚀细菌之一。

本实验采用矩形缝隙装置，对装置缝隙内的 X80 钢电位及溶液 pH 值的变化进行测量。研究阴极极化条件下 X80 管线钢在 $0.1mol/L\ NaHCO_3 + Na_2SO_4 + NaCl$ 溶液中有/无 SRB 介质中缝隙腐蚀行为。通过对缝隙装置在有无 SRB 介质中的电极电位进行观察，来评价 X80 钢在介质中的电化学行为。以有无 SRB 的电位时间曲线及 pH-时间曲线，得到 SRB 对金属腐蚀行为的影响。配合阴极极化条件下的电化学阻抗谱，获得丰富的溶液界面反应信息，如溶液电阻、界面电容等，并由阻抗复数平面图或 Bode 图推测出等效电路，从而推测出材料与环境的相互作用机制、电荷传递等符合实际界面过程的信息。通过 Tafel 曲线得到有无 SRB 的腐蚀机理、控制因素及腐蚀速度。借助腐蚀表面形貌的分析，直观了解不同阴极极化条件下的腐蚀过程。

SRB 菌量的测定采用绝迹稀释法测量最大可能菌量法（MPN），即将若干列装有 9mL 生理盐水的大试管和未装生理盐水的小试管（大试管和小试管均已经经过高温蒸汽消毒）平行排列，每排一只大试管和三只小试管，共排列 6~9 列。用消毒过的移液管移取待测菌量的菌液，在第一排的四只试管中各注入 1mL，用灭菌橡皮塞塞住大试管口，摇匀，再从第一排的大试管中各取出 1mL 含菌的生理盐水，同样分别向第二排的四只试管中各注入 1mL。依次进行上述操作，直至最后一排。取走大试管，用无菌培养基注满各小试管（约 10mL），盖上橡皮塞，放入 37℃的恒温箱中培养，连续观察并记录结果和现象。凡试管变黑者为阳性反应，表明细菌生长，记为"＋"，反之，不变黑者为阴性，记为"－"。这些试管至少在恒温培养箱中放置三周。根据 SRB 的生长指标表（表 1），可得到最大可能菌量。

表 1 SRB 生长指标（三管平行法）

生长指标	菌数（cells/mL）	生长指标	菌数（cells/mL）	生长指标	菌数（cells/mL）
000	0.0	201	1.4	302	6.5
001	0.3	202	2.0	310	4.5
010	0.3	210	1.5	311	7.5
011	0.6	211	2.0	312	11.5
020	0.6	212	3.0	313	16.0
100	0.4	220	2.0	320	9.5
101	0.7	221	3.0	321	15.0
102	1.1	222	3.5	322	20.0
110	0.7	223	4.0	323	30.0
111	1.1	230	3.0	330	25.0
120	1.1	231	3.5	331	45.0
121	1.5	232	4.0	332	110.0
130	1.6	300	2.5	333	140.0
200	0.9	301	4.0	/	/

表中"生长指标"项，是指从三管全为阴性反应的稀释度往前连续三个稀释度变黑的管数。例如若测定菌量时稀释了 10 级，且每级变黑的瓶数从第一级开始计数结果如下：3333332310，则从上表中可查得指标为 231 时的系数为 3.5，而前面变黑的管数为 6，代表的最大可能菌量为 $3.5×10^6$ 个/mL。

三、实验材料和仪器

（1）实验材料

缝隙腐蚀装置用 290mm×75mm×7.5mm 的有机玻璃板模拟涂层与 290mm×75mm×4mm 的 X80 钢板组成的缝隙腐蚀电池，装置如图 1 所示。在有机玻璃板的一端，上方装一个同样材质的水槽用来盛装本体溶液，其下方的位置开一个 34mm×15.5mm×7.5mm 的孔作为涂层破损点（漏点），在距漏点 50mm、100mm、150mm、200mm 及 250mm 处平行开两排直径为 2mm 的孔。一行用来测不同点位的 pH 值，另一行用 Luggin 毛细盐桥测试系统测量 X80 钢缝隙内不同距离处的电位，辅助电极为铂电极。所有试样在实验前经过 400 目、800 目和 1200 目金相砂纸打磨以去除表面污垢及氧化物，随后用去离子水和无水乙醇清洗，干燥后备用。将 X80 钢板上四周放置厚度约为 0.55mm 的矩形塑料环，将其与放置在上方的有机玻璃板黏合，实验前表面用无水乙醇进行消毒，再放入无菌操作箱中用紫外灯照射 15min 杀菌。

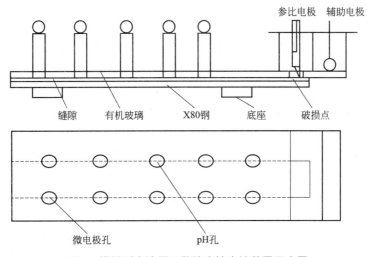

图 1　模拟剥离涂层下缝隙腐蚀电池装置示意图

（2）实验仪器

高温高压灭菌锅，分析天平，电化学工作站，恒温培养箱，电子显微镜、X 射线衍射仪，X 射线光电子能谱仪，共焦显微拉曼光谱仪，3D 显微镜，饱和甘汞电极，铂电极，盐桥。

四、实验步骤

（1）SRB 的培养和活化：使用液体培养基活化培养细菌时，灭菌后的培养基倒入经消毒的 100mL 的细口瓶中，加入消毒后的培养基至瓶口，使加塞后塞子底部正好与液面相切，以保证液面上部没有空气。将此加满培养基的菌液置于 37℃ 的恒温箱中培养，如瓶内菌液变成黑色，即为所需要的具有相当活性的菌液。若不变黑色，则仍需按上述操作再接种一次，即从没变黑的菌液中，取出 20mL 倒入另一经消毒的 100mL 锥形瓶中，加入在 37℃ 保存的 SRB 培养基至瓶口。然后再在 37℃ 培养箱中培养至溶液变黑色，则再接种一次。经过三次接种后菌液仍没变黑色，则需要重新更换菌种。活化成功后的菌液可以放入冰箱中保存，留作以后的实验使用。

（2）灭菌：本实验主要使用了高压蒸汽灭菌和紫外灯灭菌两种灭菌法。对于玻璃容器、SRB 培养基、测试介质以及其他耐高温高压设备采用高压蒸汽灭菌。对于金属试样和塑料制品等不耐高温高压的实验器材，应用紫外灯灭菌 30min 以上。

（3）建立原位电化学测试装置：以 3.5% NaCl 溶液作为腐蚀测试介质，接种 10% 的活化 1～2d 的 SRB 菌种，以 X80 钢作为工作电极，铂电极和饱和甘汞电极作为辅助电极和参比电极，建立如图 1 所示微生物缝隙耦合条件下的原位电化学测试装置，以空白无菌测试体系为空白对照。

（4）电化学测试：对有菌和无菌研究体系，分别选择 1 天、2 天、4 天、7 天、10 天、14 天测试开路电位和电化学阻抗，并在第 14 天测试试样动电位极化曲线。在 10mV 的正弦交流电压下，在 10^5～0.01Hz 的频率范围内进行电化学阻抗测试。动电位极化曲线测试扫描范围为 -350～$+350$mV（相对 OCP），扫描速率为 0.5mV/s。

（5）电位及 pH 值：本实验所需阴极极化条件用恒电位/恒电流仪完成。将其电位给定，连接相应三电极的导线，调试至所需的电位。缝隙腐蚀实验过程中每天用万用表测试 X80 钢板电位，用 pH 计测试缝隙内各距离处的 pH 值。将缝隙内各点的溶液取出 1mL，pH 计测试部分完全浸入溶液，随后进行读数，读数稳定后记录数据。

（6）实验结束后，拆除装置取出试样，使用碱洗液和酸洗液清洗表面的腐蚀产物，然后依次用去离子水、丙酮和无水乙醇清洗，氮气中干燥，然后用分析天平称重。使用腐蚀失重法测试试样的腐蚀速率。

（7）通过扫描电子显微镜、X 射线衍射仪、X 射线光电子能谱仪、共焦显微拉曼光谱仪等对金属试样表面形貌和腐蚀产物结构组成进行分析。在利用扫描电子显微镜观察生物膜形貌之前，要对生物膜样品进行预处理。首先将生物膜样品浸泡于 2% 戊二醛溶液固化处理，固化时间 4～8h；然后依次采用体积分数为 50%、60%、70%、80%、90% 和 100% 的乙醇溶液对生物膜样品脱水处理；接着使用高纯氮气吹干待用。生物膜预处理完成之后，要对生物膜样品进行喷金处理，从而提高生物膜的导电性，提高拍照质量。

（8）利用 3D 显微镜表征试样去除腐蚀产物后的腐蚀形貌，计算局部腐蚀速率，统计点蚀坑密度。

（9）所有实验平行做 3～5 次，保证实验结果可靠性，记录实验数据。

（10）实验结束后清洗电极，关好仪器设备，打扫卫生。

五、实验结果处理

（1）根据腐蚀失重法计算金属试样在有无 SRB 存在条件下由缝隙导致的腐蚀速率。

（2）对所测定的电化学数据，如自腐蚀电位、电化学阻抗、动电位极化曲线等进行数据处理，尤其是电化学阻抗需要选择合适的等效电路图。

（3）对不同测试条件下试样表面形貌进行比较分析，观察有微生物和缝隙耦合存在条件下试样表面的形貌和腐蚀产物结构特点，讨论微生物和缝隙耦合腐蚀机制。

（4）通过 3D 显微镜对去除试样表面腐蚀产物后的腐蚀形貌进行分析，定量计算局部腐蚀速率，统计点蚀坑密度。

（5）记录缝隙内各点的电位和 pH 值。

（6）综合所有数据，采用 Origin 作图，完成实验报告，总结碳钢试样在有无微生物存在条件下的腐蚀行为和规律。

六、思考题

（1）SRB 的生长代谢活性有哪些特点？SRB 对金属腐蚀典型的机制是什么？

（2）微生物和缝隙耦合后和单因素相比是否会加速金属腐蚀？原因是什么？

（3）如何设计微生物和缝隙耦合条件下的原位电化学腐蚀测试装置？

（4）实际工况环境中，哪些工程材料在何种服役条件下会发生微生物和缝隙耦合的腐蚀？

（5）如何避免或抑制微生物和缝隙耦合条件下金属材料的腐蚀？

实验二十一　电化学噪声测试

一、实验目的

（1）掌握电化学噪声的测试原理和测试方法。

（2）学会电化学噪声的数据处理和分析，认识电化学噪声在电化学腐蚀研究中的应用。

二、实验原理

电化学噪声（Electrochemical Noise，EN）是指电化学动力系统演化过程中，其电学状态参量（如电极电位、外测电流密度等）的随机非平衡波动现象。所谓的波动是由电极与电解质界面上发生的不可逆的电化学反应而造成的电极表面电位电流的自发变化。电化学噪声技术近年来在研究金属局部腐蚀行为和机理上发挥着关键作用。通过电化学噪声测量和电化学噪声数据的解析，可以研究点蚀过程中亚稳态蚀点萌发、长大或消亡机制，借助噪声电阻和形核速率等统计参数，还可以计算腐蚀速率和局部腐蚀指数。电化学噪声测试原理见第六章。

电化学噪声测量技术的难点是数据的解析，电化学噪声数据处理过程中需要用到时频转换技术，常见的时频转换技术主要有：快速傅立叶变换（Fast Fourier Transform，FFT）和最大熵值法（Maximum Entropy Method，MEM）、快速小波变换（Fast Wavelets Transform，FWT）和 Hilbert-Huang 变换（Hilbert-Huang Transform，HHT），目前以小波变换和 Hilbert-Huang 变换应用最为广泛。在电化学噪声时域分析中，标准偏差（Standard Deviation）S、噪声电阻（Noise Resistance）R_n、点蚀指标（Pitting Index）PI 和积分峰电量等是最常用的几个基本概念，它们也是评价腐蚀类型与腐蚀速率的依据。

三、实验材料和仪器

（1）实验材料

本实验采用钝性 7075 铝合金材料，试样尺寸为 $10mm \times 10mm \times 5mm$，将铜导线的一端与试样焊接。使用环氧树脂将试样密封，预留 $1cm^2$ 工作面积。测试表面依次使用 400♯、800♯、1200♯ 的砂纸打磨，并使用去离子水和无水乙醇冲洗，吹干备用。

（2）实验仪器

电解池，电化学噪声测试仪（或者具有电化学噪声模块的电化学工作站）。

四、实验步骤

（1）准备测试介质 3.5% NaCl 溶液。

（2）搭建三电极电化学测试体系，电化学噪声测试采用同种材料分别做工作电极和辅助电极，即工作电极和辅助电极均为 7075 铝合金，采用饱和甘汞电极作为参比电极，参比电极位于两个工作电极之间。

（3）电化学噪声测试利用电化学工作站的电化学噪声测试模块，实验温度为 25℃，数据采样频率为 5Hz，设置好实验参数后开始测量，同步记录电流噪声和电位噪声的数据，测试时间为 2h（具体情况视实际情况而定）。

（4）实验平行做 3～5 次，记录实验数据。

（5）实验结束后清洗电极，关好仪器设备，打扫卫生。

五、实验结果处理

（1）记录测量数据，并用 Origin 软件作图。

（2）通过电化学噪声数据计算噪声电阻、点蚀指标、亚稳态蚀点形核速率、积分峰电量等参数，对噪声数据进行时域处理。

（3）采用小波变换或者 Hilbert-Huang 变换技术对所测的电化学噪声数据进行时频转换，即将电化学噪声信号利用数学转换工具从时域转换到频域。对时频转换后谱图进行分析，讨论铝合金亚稳态蚀点萌发、长大或消亡机制。

（4）综合所有数据，采用 Origin 作图，完成实验报告。

六、思考题

（1）常用电化学噪声时频转换技术有哪些？原理是什么？

（2）通过电化学噪声数据可以得到哪些重要的腐蚀信息？研究金属材料局部腐蚀的电化学测试技术有哪些？

（3）电化学噪声测试的技术难点是什么？如何利用电化学噪声更加准确地分析金属材料的腐蚀过程？

实验二十二　低温高压深海腐蚀模拟实验

一、实验目的

（1）了解深海环境和深海腐蚀的特点，认识深海腐蚀的危害，掌握深海腐蚀机制和影响深海腐蚀的关键因素。

（2）掌握在实验室模拟深海环境研究深海金属腐蚀行为的方法。

（3）掌握高压釜的使用方法。

二、实验原理

国际上对深海的定义是 200m 以下水深的海域，在海洋环境中，海水深度每下降 10m，静水压就增加 1 个大气压。深海具有高压、底层水流速缓慢、无光、水温低、盐度高、氧含量较低、沉积物多等特点。与浅海相比，深海环境中静水压力、温度、盐度、溶解氧浓度和 pH 值等因素随着海水深度的变化而发生变化，这些因素对海洋工程材料腐蚀行为的影响机制错综复杂，也必然导致其在深海环境条件下的腐蚀行为与浅海存在显著差异。

深海是一种十分复杂苛刻的环境，由于高静水压力、低温、盐度、氧含量等因素的存在，对于长期服役于深海环境中材料的性能要求要远远高于陆地和浅海环境中的材料。深海环境中金属材料的腐蚀以电化学腐蚀为主，在较高的静水压力下，金属材料的腐蚀敏感性提高。随着静水压力的增加，由于电化学腐蚀与弹性应力的相互作用，材料表面点蚀坑生长速率增加，相邻点蚀坑的结合率也相应提高。因此，静水压力越大，材料的腐蚀速率越大。根据季节和位置的不同，海水的温度会随深度的变化而不规则地降低，而深海的温度大约为 3℃。深海腐蚀中溶解氧浓度作为主导因素，水温是主要影响因素，温度对深海材料腐蚀的影响仅次于溶解氧，是影响深海环境腐蚀的重要因素之一。当氧浓度较低时，析氢腐蚀也有可能发生。

巨大的静水压力条件下，工程结构（如深海油气集输管线）表面涂层更容易剥落，从而使涂层的保护性能下降，进而引发腐蚀问题。涂层的剥离极易引发涂层下的缝隙腐蚀，缝隙腐蚀又是加速金属材料局部腐蚀的主要原因之一。因此，深海环境中金属材料的腐蚀与防护是值得深入关心的科学问题。目前，国内外受限于研究技术以及对深海认识的不足，深海腐蚀研究报道相对较少。本次实验通过高压釜模拟深海低温高压的环境，测试深海环境中金属材料的腐蚀行为，探讨深海环境中金属材料的腐蚀机制。

三、实验材料和仪器

（1）实验材料

本实验采用 X80 管线钢作为实验材料，用于电化学测量的试样尺寸为 $10mm \times 10mm \times 5mm$，预留 $1cm^2$ 工作面积。用于失重和表面分析的试样尺寸为：$50mm \times 30mm \times 15mm$。

（2）实验仪器

电化学工作站，可控温高压反应釜，分析天平，3D 显微镜，扫描电子显微镜，X 射线衍射仪，X 射线光电子能谱仪，Ag/AgCl 参比电极，铂电极。

四、实验步骤

（1）对实验用到的所有金属材料依次使用 400♯、600♯、800♯、1000♯、1200♯的砂纸打磨，并使用去离子水和无水乙醇冲洗，氮气吹干备用。

（2）腐蚀测试体系的建立：选取 X80 钢试样，测试介质为 3.5% NaCl 溶液，实验温度为 3℃，高压釜中压力设定为 5MPa（模拟水深为 500m），建立原位电化学测试体系。电化学和失重测试时间均设定为 3d（具体测试时间视实际情况而定）。

（3）电化学测试：高压反应釜中，参比电极是 Ag/AgCl 电极，辅助电极为铂电极，实验开始先进行开路电位测试，待 X80 钢电极自腐蚀电位稳定（一般至少需 1～2h），开始测量电化学阻抗。电化学阻抗谱测量过程中施加正弦波电压激励信号，振幅为 10mV，扫描频率范围为 100kHz～0.01Hz。腐蚀实验结束时进行动电位极化曲线测量，动电位极化曲线扫描速率设为 0.5mV/s，扫描区间为 −0.3V～0.3V（vs. OCP）。

（4）失重测试：实验结束之后，拆除装置后取出试样挂片，使用碱洗液和酸洗液清洗表面的腐蚀产物，然后依次用去离子水、丙酮和无水乙醇清洗，氮气中干燥，然后用分析天平称重，使用腐蚀失重法测试试样的腐蚀速率。

（5）表面形貌分析测试：通过扫描电子显微镜、X 射线衍射仪、X 射线光电子能谱仪、共焦显微拉曼光谱仪等对试样表面形貌和腐蚀产物结构组成进行分析。利用 3D 显微镜表征试样去除腐蚀产物后的腐蚀形貌，计算局部腐蚀速率，统计点蚀坑密度。

（6）设定高压釜压力为 10MPa（模拟水深为 1000m），重复步骤（2）～（5）。

（7）设定高压釜压力为 15MPa（模拟水深为 1500m），重复步骤（2）～（5）。

（8）所有实验平行做 3～5 次，保证实验结果可靠性，记录实验数据。

（9）实验结束后清洗电极，关好仪器设备，打扫卫生。

五、实验结果处理

（1）根据腐蚀失重法计算 X80 钢试样在不同静水压力条件下的腐蚀速率。

（2）对所测定的电化学数据，如自腐蚀电位、电化学阻抗、动电位极化曲线等进行数据处理，尤其是电化学阻抗需要选择合适的等效电路图。

（3）对不同测试条件下试样表面形貌进行比较分析，观察不同静水压力条件下试样表面的形貌和腐蚀产物结构特点，讨论深海腐蚀机制。

（4）通过 3D 显微镜观察试样表面去除腐蚀产物后的腐蚀形貌，定量计算局部腐蚀速率。

（5）综合所有数据，采用 Origin 作图，完成实验报告，总结 X80 钢在不同静水压力条件下的腐蚀行为和规律。

六、注意事项

（1）使用高压设备的时候，一定要操作规范，做好安全防护，实验不结束不得离开。

（2）观察高压釜内静水压力的变化，避免压力出现波动，影响实验结果。

七、思考题

（1）深海环境和表层海水相比有哪些独特的特性？这些因素是如何影响金属腐蚀的？

（2）深海环境中的腐蚀和其他环境相比有何特点？静水压力的增加与金属腐蚀速率之间有无定性和定量关系？

（3）针对深海腐蚀问题，如何控制深海腐蚀提高工程装备的服役寿命？

（4）使用高压釜进行腐蚀测试实验时的注意事项有哪些？

7.2

微区腐蚀测试实验

实验二十三　基于微区扫描振动参比电极技术的局部腐蚀测试

一、实验目的

(1) 掌握扫描振动参比电极的测量原理。
(2) 学会正确熟练操作扫描振动参比电极测试仪器。
(3) 掌握金属材料局部腐蚀的电化学测量方法。

二、实验原理

微区扫描振动参比电极技术测试原理见第六章，克服了传统电化学测试技术在局部腐蚀研究中的不足，对局部腐蚀具有极高的灵敏度，可以直观观察到局部腐蚀的发生、发展和扩展过程。目前普遍使用的微区电化学扫描探针技术主要包括三个部分，即扫描振动参比电极技术（Scanning Vibrating Electrode Technique，SVET）、扫描开尔文（Kelvin）探针（Scanning Kelvin Probe，SKP）和局部电化学阻抗谱（Localized Electrochemical Impedance Spectroscopy，LEIS）。SVET 和 LEIS 适用于溶液介质中局部腐蚀测量，而 SKP 适用于大气环境中薄液膜腐蚀测试。

本次实验主要围绕着 SVET 展开，使用 SVET 进行测量时，两个微电极中的一个微电极分别测量电极表面所有点的电势差，另一个作为参比电极，通过欧姆定律将测量得到的电位信号转化为电流信号。在腐蚀金属的表面，氧化和还原反应常常在各自不同的区域发生。在这些区域中，各自的反应性质、反应速率、离子的形成以及在溶液中的分布不同，这些都将造成离子浓度梯度，从而形成电势。如图 1 所示为局部腐蚀时，产生的阴阳极以及等电势面和电流线。中心长方形区域代表阳极，其余区域代表阴极。通过测量不同点的电势差，获得表面的电流分布图。

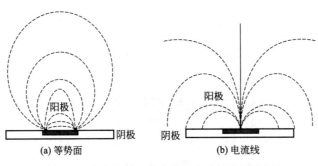

图 1　局部腐蚀单元等电势面和电流线示意图

三、实验材料和仪器

（1）实验材料

X80 管线钢

（2）实验仪器

SVET 装置（由双恒电位仪、锁相放大器、电解池和计算机等组成，如图 2 所示）。

图 2 SVET 装置实物图

四、实验步骤

（1）对实验用到的 X80 钢电极依次使用 400♯、600♯、800♯、1000♯、1200♯ 的砂纸打磨，并使用去离子水和无水乙醇冲洗，氮气吹干备用。

（2）将准备好的 X80 钢电极样品置于电解池中，并使其保持水平状态（需要使用水平测量仪），否则容易撞针。

（3）往电解池中添加 3.5% NaCl 溶液，测试前使用电导计测量其电导率。

（4）将 SVET 探针装到静电计上。

（5）将恒电流仪与电解池中的电极连接。

（6）设置恒电流仪使其输出恒定电流 $-10\mu A$。

（7）在 VersaSCAN 软件中通过手动操作使 SVET 探针针尖定位于金属测试样品上方约 $100\mu m$ 的位置。探针应该准确定位在 XY 平面上。操作时应该特别小心，避免探针针尖触碰到样品。任何碰撞都极容易损坏探针针尖。但需要说明的是，这个技术操作成功的关键是探针与样品的距离尽可能地小。从几何角度考虑，这将直接影响到此技术的空间分辨率。

（8）在 VersaSCAN 软件中选择菜单选项"File"，然后选择"New Project"。在"Project"里已经预先创建了一个实验。插入一个 Scanning Vibrating Electrode Technique（SVET）步骤。

（9）这里会显示一个 SVET 步骤的文件设置窗口。如果 SVET 的探针已经定位于金属的上面，通过设置参数将会开始一个以初始位置为中心，面积为 4mm×3mm 的面扫描。

（10）这时需要对实验进行设置。由于此时探针定位于金属上面且施加了电流，在探针下面应该可以测量到最大的信号。注意这里需要将参比相位调整到最佳值。使用 Auto 设置选择一个能获得最大正值信号的参比相位。

（11）可以看到"Measurement"窗口中输入控制的电压信号。如果信号较弱或者没有信号，需检查下列可能的原因：①探针没有定位于 SVET 测试样品金属的 XY 平面中心上面；②探针与样品距离太大，最佳距离是 $100\mu m$；③电解池接线不正确，$-10\mu A$ 电流没有流过样品；④电解液没有全部覆盖电极；⑤电解液的电导率小于 $150\mu s$ 量级；⑥静电计过载。

（12）选择"Run"。探针会沿 X 轴移动$-2mm$、沿 Y 轴移动$-1.5mm$，然后开始 $4mm\times3mm$ 的面扫描。当每一行完成后，数据会在线图以及面图上显示。测试时间约为 1h（具体测试时间视实际情况而定）。

（13）实验平行做 3～5 次，保证实验结果可靠性，记录和保存实验数据。

（14）实验结束后清洗电极，关好仪器设备，打扫卫生。

五、实验结果处理

将测量数据导出，采用 Origin 作图，完成实验报告，总结 X80 钢在 3.5% NaCl 溶液的局部腐蚀行为和规律。

六、注意事项

（1）电极位置一定处于水平状态。

（2）探针下降的速度一定不能过快，避免连续点击探针下降按钮使下降速度过快从而导致撞针。

（3）探针和电极之间的工作距离不能太小，也不能太大，太小容易撞针，太大则测量精度下降。

七、思考题

（1）微区电化学扫描探针技术包括哪几种微区电化学测量技术？原理是什么？各有何应用？

（2）如何利用 SVET 测量结果评价金属材料的局部腐蚀行为？

（3）如何定性或定量分析金属材料局部腐蚀？

（4）结合 SVET 的测量结果，如何控制金属材料的局部腐蚀？

实验二十四　扫描电化学显微镜测试

一、实验目的

（1）了解和认识扫描电化学显微镜在金属材料腐蚀研究中的应用。

（2）掌握扫描电化学显微镜的测量原理和操作步骤。

（3）进一步认识金属材料局部腐蚀的评价方法。

二、实验原理

电化学显微镜（SECM）测量原理详见第六章，SECM 是一种测量样品在溶液中局部电化学活性的扫描探针技术，微探针在非常靠近基底电极的表面扫描，其氧化还原电流具有反馈的特性，并直接与溶液的组分、微探针和基底表面距离、基底电极表面特性等密切相关。因此，在基底电极表面不同位置上，微探针的法拉第电流图像可表征基底电化学活性分布和电极的表面形貌。SECM 具有多种操作模式，常用的有反馈模式、收集模式、穿透模式、离子转移反馈模式、平衡扰动模式、电位测定模式等。

（1）反馈模式：该模式是 SECM 实验中最常用的操作模式。将探针与基底同时浸入含有电活性物质 R 的溶液中，在探针上施加电位（E_T）使 R 发生氧化反应，即 $R+ne^- \longrightarrow O$（R 表示还原型介质，O 表示被氧化的物质）。当探针靠近导电基底时，在探头上产生的被氧化的物质（O）可以扩散到基底上并能在基底上重新还原成 R，探针离样品的距离越近，电流（i_T）就越大，这种使探针电流（i_T）增大的过程称为正反馈。当探针靠近绝缘基体表面时，探头产生的物质（O）则不能在其表面上发生反应。绝缘体阻碍 R 从本体溶液扩散到探头上，电流 i_T 减小，且越接近样品，i_T 越小，这个过程常被称作负反馈。当探针远离基底时，正负反馈均可忽略。

（2）收集模式：该模式分探头产生/基底收集（TG/SC）和基底产生/探头收集（SG/TC）两种。探头和基底都可作为工作电极，其中一个电极发生反应，另一个对产物进行收集检测。通过测定探头电流和收集效率，可检测基底产物的流量并绘制浓度剖面图。收集模式可研究电活性物质，也可研究非电活性物质。但探头的运动范围不得超出基底的扩散层。

（3）穿透模式：利用非常小的探头穿透微膜结构，当探头穿透膜以后，探头电流会随着探头与膜之间距离的变化而变化，这与反馈模式极为相似。

（4）离子转移反馈模式：通过离子转移使探头上产生反馈电流，主要用来研究界面间的离子转移并获得高分辨率的图像。这种模式可以用来研究许多非电活性物质。

（5）平衡扰动模式：利用探头上的反应快速消耗溶液中的物质，从而干扰基底（通常是界面）的平衡状态。在这一过程中，探头电流对溶液平衡的变化非常敏感，例如，可将其应用于吸附/脱附体系及其它动态平衡体系。另外，对于不能或不适于被穿透的微结构，可采用此模式获得相应的信息。

（6）电位测定模式：应用离子选择性的超微电极作为 SECM 的探头，可以测量各种离子的浓度变化，利用这种变化引起的电位改变获得动力学信息。目前这种模式的应用主要集中在对生物膜和生化过程的研究上。

图 1 为几种操作模式的测试原理示意图。SECM 可以测量探头和基底之间的异相反应动力学过程及本体溶液中的均相反应动力学过程，可以通过反馈电信号描绘基底的表面形貌，常作为生物传感器来研究生化过程，也可用于研究腐蚀和晶体溶解等复杂过程，而且可以对材料进行微米级加工。

三、实验材料和仪器

（1）实验材料

Pt，羟甲基二茂铁溶液。

（2）实验仪器

SECM 装置（包括双恒电位仪、压电控制仪、压电位置仪、电解池和计算机等）。

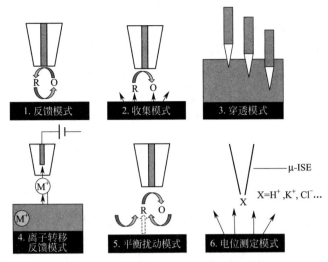

图1　SECM几种操作模式的原理示意图

四、实验步骤

（1）开机，开启恒电位仪和控制器（控制 X、Y、Z 轴），预热 10min。

（2）开启软件，打开程序，点击 find file，选择 amp 2。

（3）创建新文件，点击 create a new file。

（4）装样，将培养皿放在样品台的卡槽上卡住，旋紧两端螺丝固定培养皿，将参比电极和辅助电极插入培养皿中。样品载板固定在样品台，旋紧四角螺丝。

（5）装探针，取出相应探针，固定在燕尾槽。将燕尾槽装在压电陶瓷管上，轻轻旋紧右边旋钮。

（6）连接三电极导线，黑色导线接探针，红色导线接红色接头（参比电极），蓝色导线连蓝色接头（辅助电极）。

（7）粗调探针位置，旋扫描台右边的千分尺。

（8）将配好的羟甲基二茂铁用针管和滤膜过滤，加入 3mL 羟甲基二茂铁到电解池内。

（9）探针逼近样品。

① 加 400mV 氧化电位，选择电流量程为 10nA。

② 移动 Z 轴。右键点击 Z 轴数值进行移动。

③ 找到探针刚触碰溶液的位置，点击 Set origin。进行循环伏安扫描。选择 new，创建新的实验，设置扫描圈数、分段的电压，点击 Stored 添加新的分段。用法拉第网罩住整个实验台，工作电压设为 0，工作窗口选择 CV2 进行扫描。

④ 电压输入 400mV。继续下探针，Tip down 选择第二通道电流 monit 2，速度 $-10\mu m/s$（与探针直径一致，即探针直径/s），判别探针逼近样品设置信号变化 10%。点击 start scan，探针自动向下移动，当逼近样品时自动停止。

⑤ 呈现正反馈现象（即突然上升曲线）表明检测到 Pt 基底。

⑥ 提升探针，横轴 Move Ref，纵轴 ZZ 处提升 15μm。

⑦ 做手动逼近曲线。选择 2D scan，高度选择 Z axis piezo，Speed 选择 1/10 探针

直径/s～1/40 探针直径/s，点击 Relax piezo 回零，点击 Start scan，时刻关注拐点出现并立刻点击 Stop，探针到达样品表面。

（10）浸泡 30min 后开始测试，横轴 Move Ref，纵轴 piezo 提升 $5\mu m$，选择 Fast 3D scan，选择模式 Imon-2，Y width 选择 0，samples 选择 2，X width 小于 $100\mu m$，根据需要选择 samples，Slope 选择 0，Step time 选择 50，进行清零设置之后，点击 Reset，选择 Y width，X samples，Y samples，点击 Start scan 开始扫描。

（11）实验平行做 3～5 次，记录实验数据。

（12）实验结束后清洗试样，关好仪器设备，打扫卫生。

五、实验结果处理

（1）数据保存：选择文件，点击 Replay，导出不同格式文件或点击 E1 proscan，选择 Export 3D Scan，此时会显示文件保存路径，可使用 Gwyddion 软件进行数据处理。

（2）综合所有数据，采用 Origin 作图，完成实验报告。

六、注意事项

（1）电极位置一定处于水平状态。

（2）探针下降的速度不能过快，避免连续点击探针下降按钮使下降速度过快从而导致撞针。

七、思考题

（1）扫描电化学显微镜测量技术有什么特点？
（2）通过扫描电化学显微镜数据可以得到哪些信息？
（3）扫描电化学显微镜在金属腐蚀研究中有哪些应用？
（4）扫描电化学显微镜和微区扫描振动参比电极相比各有何特点？它们的应用范围是否有差异？

实验二十五　丝束电极局部腐蚀测试

一、实验目的

（1）掌握丝束电极电化学测量的基本工作原理。
（2）掌握利用丝束电极研究局部腐蚀的方法。
（3）进一步熟悉金属材料局部腐蚀电化学测量方法。

二、实验原理

丝束电极，又称阵列电极或微阵列电极，是由一系列规则排列的电极丝组成的复合电极，丝束电极电化学测量基本原理见第六章。丝束电极是基于微积分的原理，将一个大面积电极分割成若干个微电极，然后将这些微电极重新组合排列，互相绝缘并进行封装来模拟大面积电极。因此，各个微电极既能相互耦合作为大面积电极使用，给出大面积电极所提供的统计平均信号，又能作为独立的微小探头，分别测试该微小区域的电化学参数，给出大面积电极无法提供的表面参数分布及差异大小等重要信息，从而表征电极表面的电化学不均匀性。利用相应的测控系统对各微小探头上的数据进行采集、处理，即可准确获得电极表面电化学参数信息。

丝束电极是一种介于常规电化学方法和微区电化学技术之间的测试技术，丝束电极技术测量表面各个部位的电化学信息（电位和电流）的分布以及变化，体现了电极以及溶液的电化学不均一性质，为局部腐蚀机制研究提供了一个良好的方法，在研究金属材料局部腐蚀行为和机制发挥着重要的作用。

三、实验材料和仪器

（1）实验材料

丝束电极（包括 100 根直径为 1mm 的 7075 铝合金丝，其实物如图 1 所示）。

（2）实验仪器

电解池，饱和甘汞电极，3D 显微镜。

图 1　丝束电极实物图

四、实验步骤

（1）将丝束电极依次使用 400♯、600♯、800♯、1000♯、1200♯ 的砂纸打磨，并使用去离子水和无水乙醇冲洗，氮气吹干备用。

（2）将配制好的 3.5％ NaCl 溶液导入电解池中，测试溶液介质要没过丝束电极，将参比电极置于丝束电极上方，从而建立丝束电极测试体系。

（3）丝束电极浸泡 1h 后开始测量，采用丝束电极测试仪进行表面电位/电流扫描，该仪器内置 10×10 阵列 Autoswitch 电路，由微机控制循环测量各金属丝的开路电位以及偶接电流，电极扫描间隔设定为 6s，每 20min 进行一次表面电位与电流的全扫描。表面电位扫描通过 Autoswitch 逐一测量 WBE 阵列中单根丝电极相对 SCE 的开路电位（测量前单丝电极需断开与主阵列的电连接 6s，以反映该电极的真实开路电位），表面电流扫描则通过零电阻电流计测量任一单电极与其余 99 根相互短接的金属丝所形成的整体之间的偶接电流。

（4）实验结束后采用 3D 显微镜观察丝束电极表面局部腐蚀形貌。

（5）实验平行 3～5 次，保证实验结果可靠性，记录实验数据。

（6）实验结束后清洗电极，关好仪器设备，打扫卫生。

五、实验结果处理

（1）将测量得到的电位、电流和局部腐蚀形貌数据进行整理，并作比较。

（2）综合所有数据，采用 Origin 作图，完成实验报告，总结铝合金在 3.5％ NaCl 溶液中的局部腐蚀行为和规律。

六、思考题

（1）丝束电极局部腐蚀测量技术的原理是什么？

（2）丝束电极技术在局部腐蚀研究中有哪些应用？如何通过丝束电极电位、电流扫描数据分析金属材料局部腐蚀过程？

（3）和其他局部腐蚀电化学测量技术相比，丝束电极技术研究局部腐蚀的优势与不足有哪些？

（4）如何解决丝束电极技术空间分辨率较低的问题？

实验二十六　金属材料去除腐蚀产物后的三维形貌测试

一、实验目的

（1）了解超景深三维立体显微镜的工作特点。

（2）掌握去除金属材料表面腐蚀产物的方法。

（3）掌握超景深三维立体显微镜在金属材料腐蚀研究中的应用。

二、实验原理

在腐蚀实验中，对试样表面腐蚀形貌的分析是对腐蚀程度与腐蚀行为进行评判的重要测试，除了对表面形貌进行分析外，还要对腐蚀坑的深度等数据进行统计与分析，这就需要用到超景深三维（3D）立体显微镜。超景深三维立体显微镜可以集体式显微镜、工具显微镜与金相显微镜于一体，可以观察传统光学显微镜由于景深不够而不能看到的显微世界。

超景深三维立体显微镜具有独特的环形照明技术，并配有斜照明、透射光和偏振光，能够满足一般的金相照片拍摄、宏观的立体拍摄和非金属材料的拍摄，并且通过快速真实的观测可以实现光学显微系统的 20 倍以上的景深。即便是显微系统无法对准焦点的凹凸的大目标，也可以正确地观察。此外，还可以大幅度削减对焦的观察工时。通过像素平移的方式能够提供超高分辨率的图像，并且具备优良的色彩再现。

除了对表面形貌进行拍摄观察外，超景深三维立体显微镜还可以测试试样表面的景深，在腐蚀实验中，常用来测试腐蚀坑的深度与密度，以此来分析试样的腐蚀程度。而在使用超景深三维立体显微镜对试样进行观察前需要对实验试样进行处理，从而使其便于观察表面形貌。

在腐蚀实验中使用超景深三维立体显微镜观察时需要去除试样表面腐蚀产物的方法见附录五。

三、实验材料与仪器

（1）实验材料

X80 钢试样，3.5％氯化钠溶液，无水乙醇，碱洗液，酸洗液。

（2）实验仪器

超景深三维立体显微镜 1 台（如图 1 所示）。

四、实验步骤

（1）对实验用到的 X80 钢试样依次使用 400♯、600♯、800♯、1000♯、1200♯ 的砂纸打磨，并使用去离子水和无水乙醇冲洗，氮气吹干备用。

（2）将处理后的 X80 钢试样置于 3.5％氯化钠溶液中，测试 3 天后取出。

（3）参照附录五的方法去除表面腐蚀产物，首先使用含有缓蚀剂的酸洗液清洗掉表面腐蚀产物，然后利用含有缓蚀剂的碱洗液中和试样表面的残酸，再使用超纯水清洗，最后使用无水乙醇脱水、氮气干燥保存。

（4）取出清除腐蚀产物后的金属试样，按照操作要求使用超景深三维显微镜观察试样表面形貌，并对其进行拍摄以及测试腐蚀坑深度。

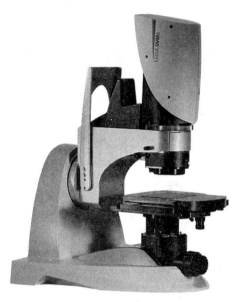

图 1　超景深三维立体显微镜

（5）记录数据，统计腐蚀坑深度与腐蚀坑密度。

（6）实验平行做 3～5 次，保证实验结果可靠性，记录实验数据。

（7）实验结束后清洗电极，关好仪器设备，打扫卫生。

五、实验结果处理

（1）将测量得到的去除腐蚀产物后的 3D 形貌图导出。

（2）根据 3D 形貌图计算最大局部腐蚀坑深度，从而计算金属材料最大局部腐蚀速率。

（3）根据 3D 形貌图计算点蚀坑密度。

（4）综合所有数据列于表 1，完成实验报告，讨论 X80 钢在 3.5％氯化钠溶液中的局部腐蚀行为。

表 1　局部腐蚀速率和点蚀坑统计记录表

室温：＿＿＿＿＿＿；气压：＿＿＿＿＿＿；浸入时间：＿＿＿＿＿＿；
取出时间：＿＿＿＿＿＿；试样材料：＿＿＿＿＿＿；介质成分：＿＿＿＿＿＿；

	试样编号			
	1	2	3	
最大局部腐蚀速率/(mm/y)				
点蚀坑密度/(pits/cm^2)				

六、思考题

（1）使用超景深三维显微镜时的操作注意事项有哪些？

（2）如何利用 3D 形貌图定性和定量分析金属材料腐蚀尤其是局部腐蚀？

（3）和局部腐蚀电化学测量技术相比，通过 3D 形貌图分析材料局部腐蚀信息有哪些优缺点？

实验二十七　金属材料腐蚀产物形貌扫描电镜观察和 EDS 能谱分析

一、实验目的

（1）了解扫描电镜和能谱仪（EDS）的结构和工作原理。
（2）了解扫描电镜的样品制备方法，学会扫描电镜操作。
（3）掌握腐蚀产物表面形貌扫描电镜图片和对应的 EDS 能谱分析方法。

二、实验原理

扫描电子显微镜（SEM）的结构包括电子光学系统、信号收集、图像显示和记录系统、真空系统。扫描电镜由电子枪发射出电子束（直径约 $50\mu m$），在加速电压的作用下经过磁透镜系统汇聚，形成直径为 5nm 的电子束，聚焦在样品表面上，在第二聚光镜和物镜之间偏转线圈的作用下，电子束在样品上做光栅状扫描，电子和样品相互作用产生信号电子。这些信号电子经探测器收集并转换为光子，再经过电信号放大器加以放大处理，最终成像在显示系统上。

试样可为块状或粉末颗粒，成像信号可以是二次电子、背散射电子或吸收电子，二次电子是最主要的成像信号。由电子枪发射的能量为 $5\sim35keV$ 的电子，以其交叉斑作为电子源，经二级聚光镜及物镜的缩小形成具有一定能量、一定束流强度和束斑直径的微细电子束，在扫描线圈驱动下，于试样表面按一定时间、空间顺序做栅网式扫描。聚焦电子束与试样相互作用，产生二次电子发射（以及其他物理信号），二次电子发射量随试样表面形貌而变化。二次电子信号被探测器收集转换成电信号，经放大后输入到显像管栅极，调制与入射电子束同步扫描的显像管亮度，可得到反映试样表面形貌的二次电子像。

对于 EDS 来说，其结构包括探测头、放大器、多道脉冲高度分析器和信号处理和显示系统。EDS 的工作原理为：探头接收特征 X 射线信号并把特征 X 射线光信号转变为具有不同高度的电脉冲信号，然后由放大器放大脉冲信号，接着多道脉冲分析器把不同能量的 X 射线的脉冲信号按不同的高度编入不同的频道，最后在荧光屏上显示谱线并利用计算机进行定性和定量计算。EDS 有以下三种分析模式。

（1）定点分析

将电子探针固定于对样品感兴趣的点或微区进行扫描，记录一条计数随电子能量变化的谱带。经过译谱得知元素的定性分析结果。定点分析是 X 射线成分分析中最主要、最基本的工作，其应用十分广泛，同时也是对样品进行线分析、面分析和定量分析的前提。

（2）线扫描分析

当入射电子束在样品表面沿着选定的直线轨迹（穿越粒子或界面）进行扫描时，使谱仪固定接收某一元素的特征 X 射线信号，即可显示或记录该元素在指定直线上元素的浓度变化曲线。改变谱仪的位置便可以得到另一元素的浓度曲线。通常来说，直接在 SEM 图像上叠加显示扫描轨迹和浓度分布曲线，可以更加直观地表明元素浓度的不均匀性和样品组织形貌之间的关系。其一般应用有：测定材料内部相区或界面上元素的密度或变化；研究扩散现象，在垂直于扩散界面的方向上进行断面线扫描，可以显示浓度与扩散距离的关系；对材料表面化学热处理的渗层组织进行断面线扫描。

（3）元素的面分布分析

电子束在样品上作光栅扫描时，谱仪会固定接收其中某一元素的特征 X 射线信号，并以此调整荧光屏亮度，即可得到该元素的面分布图像，这实际上是扫描电子显微镜的一种成像方式——用特征 X 射线成像。显然图中较亮的区域的特征 X 射线信号强，对应的是该元素含量较高的区域，而较暗的区域则代表特征 X 射线信号弱，此处该元素的含量较少。面扫描图像可以给出元素浓度面分布的不均匀性信息。

在该实验中对样品也有一些要求，样品必须是无毒、无放射性的物质，需干燥脱水处理。对于粉末样品，其量要适合，不能过多；对于块状样品，则需要大小合适，不能过大，并且样品的高度一般限制在 5～10mm。

三、实验材料与仪器

（1）实验材料

X80 管线钢，3.5％氯化钠溶液，导电胶等。

（2）实验仪器

扫描电子显微镜，喷金设备。

四、实验步骤

（1）对实验用到的 X80 钢试样依次使用 400♯、600♯、800♯、1000♯、1200♯的砂纸打磨，并使用去离子水和无水乙醇冲洗，氮气吹干备用。

（2）将处理后的 X80 钢试样置于 3.5％氯化钠溶液中，测试 3d 后取出，使用乙醇脱水，氮气干燥。

（3）样品喷金处理，对于绝缘体或导电性差的材料来说，需要预先在分析表面上镀一层厚度约为 10～20nm 的导电层。否则，在电子束照射到该样品上时，会形成电子堆积，阻挡入射电子束进入和样品内电子射出样品表面。X80 钢试样表面腐蚀产物导电性较差，需要喷金处理，提高表面膜的导电性。

（4）样品喷好金后使用导电胶将样品粘在样品台上，导电胶要与试样表面接触。

（5）仪器开机：①插好电源插头，打开电镜后方空气开关（向上为开），电镜右侧的电源开关拨至"｜"，短暂等待后，EVAC 灯（蓝灯）开始闪烁，隔膜泵启动。真空抽好后EVAC 灯会保持长亮。②启动电脑，启动桌面上的 TM3030 软件，软件自动进行自检，自检完成后，若抽真空仍在进行，会显示抽气的进度条。

（6）进样：①按下抽放气开关（白色按钮），电镜自动开始进气，AIR 灯（黄灯）开始闪烁，软件会显示放气的进度条，放气完成后 AIR 灯会保持长亮。②样品制好后，将样品台与螺纹杆连接好后，调整其高度，使其低于高度杆 1mm 左右。③慢慢拖出样品仓，将样品杆底座插好插孔，慢慢推回样品仓，注意观察样品高度。④再次按下抽放气开关（白色按钮），电镜自动开始抽真空，EVAC 灯（蓝灯）开始闪烁，软件会显示抽气的进度条，抽气完成后 EVAC 灯会保持长亮。

（7）SEM 测试软件操作：①选择加速电压（5kV 或 15kV），点击软件的"Start"按钮，软件自动加高压并进行自动聚焦、自动亮度/对比度调整。②选择"Fast"扫描模式，选择合适的放大倍数，寻找待观察的区域。③在比拍照的倍数略高的倍数下选择"Reduce"扫描模式，图像的中心区域出现小窗口，进行仔细聚焦，点击"Focus"的＋、－号或将光标置于图像上左右拖动聚焦。④退至拍照的倍数，选择"Slow"扫描模式确认图像，必要时调整亮度/对比度。⑤确认是需要的图像后，按 Quick Save 或者 Save 抓拍图像，选择保存路径，保存图像。一般选择 Save，图像分辨率较高。⑥图像抓拍完成后，软件会自动切换至"Freeze"模式，图像不再刷新，如果要测量距离，保持"Freeze"模式，选择 Edit-Date Entry/Measurement，在弹出的小窗口图像中的工具栏选择带字母 L 的箭头标志（内箭头或外箭头），进行测量，点击亮度/对比度图标，可在弹出的新窗口中调整图像的对比度，完成后点 Save 保存新图片或者覆盖原图片。如果需要拍下一张图，继续第 2 步。⑦观察结束后，点"Stop"按钮关闭高压，如果要换样品，进行第 3 步"放样品"，取出样品进行换样，再进行放样品的后续步骤。如果要关机，进行放样品的第 1 步后，进行第 3、4 步，不放入样品，保持空置。

（8）EDS 能谱分析：①从 SEM 测试的第⑤步得到电镜图像后，在所关心的图像区域上选点，或选择矩形区域，以及对整个电镜图片进行能谱分析。②双击谱图横坐标下方出现 Spectrum Energy，可设定能量范围值，使谱峰更漂亮，也可以通过按住鼠标左键来放大及缩小谱峰。建议总计数率达到 20 万个计数（可以通过调整 Live Time 来实现），一般不应小于 10 万个计数。③扫描完成后会自动识别峰，可通过选择显示或去除元素。④鼠标右键点击 File→Export→Export to Word（在 Export 下方选择：Spectrum、Qualitatively Analysis、Image；这样"谱图、能量分析结果、图像"就全包括在同一个"Word"文件当中了）。

（9）关机：①将放大倍数调到最小。②点击"Stop"，关闭电压。③确认 EVAC 灯长亮，关闭电镜软件后，将电镜右侧的电源开关拨至"O"，电镜自动关闭。④将电脑中的图片刻录至光盘中，关闭 EDS 和电脑。

（10）所有实验平行做 3～5 次，记录实验数据。

（11）实验结束后清洗电极、测试装置和相关仪器设备，关好仪器设备，打扫卫生。

五、实验结果处理

（1）导出测量得到的数据。

（2）根据扫描电镜所观察的样品微观形貌图片和 EDS 能谱结果进行定性和定量分析。

（3）讨论金属材料表面腐蚀产物结构和形貌与金属材料腐蚀之间的关系。

（4）综合所有数据，完成实验报告。

六、注意事项

（1）试样样品要脱水干燥。

（2）操作扫描电镜一定严格按照操作步骤和规范进行，注意调整相散。

（3）放置和取出样品一定要小心，避免对电镜的人为损坏。

七、思考题

（1）扫描电镜的成像质量与哪些因素有关？如何提高导电性较差的腐蚀产物膜的拍摄质量？

（2）从腐蚀产物膜的扫描电镜表面形貌图和对应的 EDS 能谱分析结果能得到哪些有用腐蚀信息？这些腐蚀信息在分析腐蚀行为和机制过程中发挥的作用是什么？

（3）扫描电镜在操作时需要注意的关键事项是什么？如何正确处理拍摄样品？

实验二十八　基于电化学原子力显微镜金属材料腐蚀测试

一、实验目的

（1）认识原子力显微镜的结构，熟悉其工作原理。

（2）掌握原子力显微镜的使用方法，以及对样品进行表面形貌表征的方法。

（3）学习电化学原子力显微镜在金属材料腐蚀研究中的应用。

二、实验原理

原子力显微镜（Atomic Force Microscope，AFM）是一种可用来研究包括绝缘体在内的固体材料表面结构的分析仪器。它通过检测待测样品表面和一个微型力敏感元件之间的极微弱的原子间相互作用力来研究物质的表面结构及性质。将一对微弱力极端敏感的微悬臂一端固定，另一端的微小针尖接近样品，这时它将与其相互作用，作用力将使得微悬臂发生形变或运动状态发生变化。扫描样品时，利用传感器检测这些变化，就可获得作用力分布信息，从而以纳米级分辨率获得表面结构信息。

原子力显微镜系统可以分为三个部分，分别为力检测部分、位置检测部分和反馈系统，其原理见图 1。在原子力显微镜系统中，所要检测的力是原子与原子之间的范德华力，这就是原子力显微镜中的力检测部分，使用微悬臂来检测原子之间力的变化量。微悬臂通常由一个 $100\sim500\mu m$ 长和 $500nm\sim5\mu m$ 厚的硅片或氮化硅片制成。微悬臂顶端有一个尖锐针尖，用来检测样品-针尖间的相互作用力。当针尖与样品之间有了作用之后，会使得悬臂摆动，所以当激光照射在微悬臂的末端时，其反射光的位置也会因为悬臂摆动而有所改变，这就造成偏移量的产生，这时

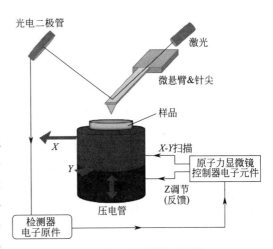

图 1　原子力显微镜原理图

就需要位置检测部分。在整个系统中依靠激光光斑位置检测器将偏移量记录下来并转换成电的信号，以供 SPM 控制器做信号处理。聚焦到微悬臂上面的激光反射到激光位置检测器，

通过对落在检测器四个象限的光强进行计算，可以得到由表面形貌引起的微悬臂形变量大小，从而得到样品表面的不同信息。当信号经由激光检测器取入之后，在反馈系统中会将此信号当作反馈信号，作为内部的调整信号，并驱使通常由压电陶瓷制作的扫描器做适当的移动，以保证样品与针尖保持一定的作用力。

在原子力显微镜系统中，使用微悬臂来感测针尖与样品之间的相互作用，这个作用力会使微悬臂摆动，再利用激光将光照射在微悬臂的末端，当摆动形成时，会使反射光的位置改变而造成偏移量，此时激光检测器会记录此偏移量，也会把此时的信号给反馈系统，以利于系统做适当的调整，最后以影像的方式呈现样品的表面特性。

AFM 有三种不同的工作模式，分别为接触模式、非接触模式和轻敲模式。AFM 以接触模式工作时，针尖始终向样品接触并简单地在表面上移动，针尖-样品间的相互作用力是互相接触原子的电子间存在的库仑排斥力，其大小通常为 $10^{-8} \sim 10^{-11} \mathrm{N}$。接触模式的优点是可产生稳定、高分辨图像；缺点是可能使样品产生相当大的变形，对柔软的样品造成破坏，以及破坏探针，严重影响 AFM 成像质量。AFM 以非接触模式工作时，相互作用力是范德华吸引力，远小于排斥力，微悬臂以共振频率振荡，通过控制微悬臂振幅恒定来获得样品表面信息。非接触模式的优点是对样品无损伤；缺点是分辨率要比接触式的低，气体吸附到样品表面，造成图像数据不稳定和对样品的破坏。轻敲模式介于接触模式和非接触模式之间，AFM 以轻敲模式工作时，其特点是扫描过程中微悬臂也是振荡的并具有比非接触模式更大的振幅（5～100nm），针尖在振荡时间断地与样品接触。此时，分辨率几乎同接触模式一样好，而且接触非常短暂，因此剪切力引起的对样品的破坏几乎完全消失。通过轻敲模式扫描过程中振动微悬臂的相位变化可以检测材料表面组分、黏附性、摩擦、黏弹性和其他性质的变化。

AFM 测量技术具有四个优点，即制样相对简单，多数情况下对样品不破坏；具有高分辨率，三维立体的成像能力；可同时得到尽可能多的信息；操作简单，对附属设备要求低。但 AFM 测量技术也有一些缺点，如：对试样仍有较高要求，特别是平整度；实验结果对针尖有较高的依赖性（针尖效应）；仍然属于表面表征技术，需和其他测试手段结合。

电化学原子力显微镜（ECAFM）是将接触式的原子力显微镜用于电解质溶液研究电极的表面形貌，其力的作用原理与大气中的 AFM 相同。在特殊的电解池上既可固定针尖，又可接入参比电极和对电极。ECAFM 是将电化学分析技术和原子力显微镜技术交叉融合的一种新的纳米测试平台，研究纳米尺度的电极界面电化学反应，可以提供外加电位下溶液中的样品表面信息，包括形貌、表面化学和电化学反应等。ECAFM 在许多研究中都有广泛的应用，如电镀、金属腐蚀与防护、电池反应等，还可用于观察材料表面小分子的吸附，研究电化学沉积膜的形成和性质，测量两表面间的静电力。

三、实验材料与仪器

（1）实验材料

316L 不锈钢，3.5％氯化钠溶液。

（2）实验仪器

电化学原子力显微镜，电化学工作站、电解池、铂电极、铜丝等。

四、实验步骤

（1）电极处理：对实验用到的 316L 不锈钢电极依次使用 400♯、600♯、800♯、1000♯、1200♯ 的砂纸打磨，并使用去离子水和无水乙醇冲洗，氮气吹干备用。

（2）测试装置构建：使用 ECAFM 专用电解池，以 316L 不锈钢作为工作电极，以铂电极作为辅助电极，以铜丝作为参比电极构建原位三电极电化学测试体系，以 3.5% 氯化钠溶液作为测试介质，将 AFM 和电化学联用。

（3）AFM 开机：依次打开电脑、AFM 主机和其他相关控制设备。

（4）安装探针：选择并安装合适的探针和探针夹，安装探针夹到仪器上。

（5）调节激光：将激光打在悬臂前端；调整检测器位置。

（6）启动软件。

（7）在视野中找到探针，在视野中预先找到探针的位置非常重要，若不如此做，可能会发生撞针的情况。

（8）以接触模式扫描图像，设定以下扫描参数：Scan Size 小于 $1\mu m$，X Offset 和 Y Offset 设为 0，Scan Angle 设为 0，点击 Engage 进针，进针结束开始扫图。将 Scan Size 设置成要扫的形貌大小。

（9）图像扫描完成后保存图片，同时电极 Withdraw，退针。此时获得的是未加任何电化学信号样品的表面形貌，即开路电位下的腐蚀形貌图。

（10）重复以上步骤，分别对 316L 不锈钢电极进行阴极极化和阳极极化 10min（具体施加的电极电位和测试时间视实际情况而定），分别测试阴阳极极化条件下不锈钢表面腐蚀形貌，测试阴阳极极化对金属腐蚀的影响。

（11）实验平行做 3~5 次，保证实验结果可靠性。

（12）测试结束，关闭所有 AFM 相关软件和电脑。

（13）清洗电极，打扫卫生。

五、实验结果处理

（1）对实验得到的图像进行处理，计算电极表面粗糙度。

（2）综合所有数据，完成实验报告，讨论不同条件下不锈钢腐蚀行为和机制。

六、注意事项

（1）测试需要样品表面十分平整。

（2）换接触模式的探针时，利用短一点的针较好，所以换针的过程中可以把探针放偏一些，保证短针能在中间，可以良好地反射激光。

（3）在调节光路完毕后，必须把保护盖盖上，减少电磁波的干扰。

（4）利用减震架和关闭日光灯，避免不必要的干扰信号。如果干扰信号仍存在，可以打开低通滤波，适当选择等级（用 1 级、2 级、3 级、4 级）。

（5）在扫描过程中，最好扫描两次，因为第二次对图像有一定的矫正作用。

（6）扫描器的选择和扫描范围：最佳扫描范围是最大扫描范围的十分之一。

七、思考题

（1）原子力显微镜测量的原理是什么？电化学原子力显微镜有哪些特点？

（2）在使用原子力显微镜的过程中如何更好地保护探针？

（3）通过 ECAFM 得到的结果和数据在分析腐蚀行为和讨论腐蚀机制过程中的作用是什么？

（4）AFM 测量和其他测试技术相比有什么优缺点？

7.3
腐蚀控制实验

实验二十九　外加电流阴极保护实验

一、实验目的

（1）认识阴极保护的原理，掌握外加电流进行阴极保护的基本原理。

（2）掌握金属材料阴极极化曲线的测试方法，并对阴极保护的可行性进行判断。

（3）熟悉外加电流阴极保护电化学参数的测定方法。

（4）掌握外加电流阴极保护设计的方法。

二、实验原理

金属腐蚀是金属与周围介质发生化学或电化学反应成为金属化合物而使金属受到破坏的一种现象。阴极保护是一种普遍使用的保护金属材料的方法，阴极保护是将被保护金属阴极极化，使之处于热力学稳定区，从而减轻或防止金属腐蚀的电化学方法。外加电流阴极保护就是向被保护金属结构通以一定的阴极极化电流，使被保护的金属结构电位降至稳定区而得到保护。根据所提供电流的方式不同，可分为牺牲阳极保护法和外加电流保护法。

可以把在电解质溶液中腐蚀着的金属表面，看作短路的双电极腐蚀原电池，如图 1(a) 所示，当腐蚀电池工作时，就产生了腐蚀电流 i_c。将金属设备实施外加电流阴极保护，用导线将金属设备接到外加直流电源的负极上，辅助阳极接到电源的正极上，如图 1(b) 所示。当电路接通后，外加电流由辅助电极经过电解质溶液进入被保护金属，使金属进行阴极极化。

当对系统设备施加阴极保护时，即向设备施加阴极电流使其发生阴极极化，则系统设备的总电位就向负的方向移动，如移至 E_1，这时阴极上的总电流为 l_1，相当于线段 E_1Q（图2），其中一部分电流是外加的，相当于 PQ 段，另一部分电流仍然是由阳极腐蚀而产生的，相当于 E_1P 段，可以看到，这时阳极的腐蚀电流 i'_1 要比原来腐蚀电流 i_{corr} 小，即阳极腐蚀速度降低，得到一定的保护。当外加的电流继续增加时，系统的电位会继续往负的方向移动，当电位达到阳极的平衡电位时，则阳极腐蚀电流等于零，即得到了完全保护，这时阴极电流 i_p（相当于 $E_a^0 R$ 段）全部是外加的电流，这一外加电流称为最小保护电流，所对应的电位称为最小保护电位。要使金属得到完全保护，必须把金属阴极极化到其腐蚀微电池阳极的平衡电位，此时的阴极电流被称为最小阴极保护电流。一般在海水中金属从稳定电位往负的方向极化 $200\sim300\,\mathrm{mV}$，就可以得到完全保护。外加电流阴极保护的保护程度 P 和保护效率 Z 可以通过如下两个方程计算：

$$P=\frac{i_{\mathrm{corr}}-i'_{\mathrm{corr}}}{i_{\mathrm{corr}}}\times100\% \tag{1}$$

$$Z=\frac{i_{\mathrm{corr}}-i'_{\mathrm{corr}}}{i_{\mathrm{app}}}\times100\% \tag{2}$$

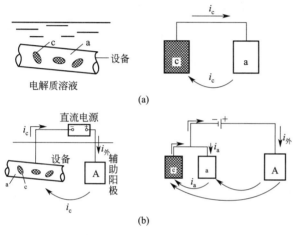

图 1　腐蚀金属及外加电流阴极保护示意图

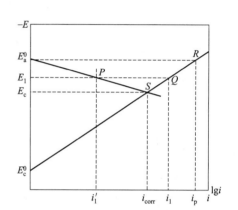

图 2　阴极保护原理腐蚀极化图

图 3 所示为酸性溶液中的外加电流阴极保护，所施加的外加电流 $i_{\mathrm{app}}=4\times10^{-3}\,\mathrm{A/cm^2}$ 使所保护的钢结构在酸溶液中的腐蚀速率降低了 4 个数量级，降低至 $1\mu\mathrm{A/cm^2}$。腐蚀速率降低的程度取决于钢铁的阳极 Tafel 斜率，在该案例中 $\beta_a=0.04\,\mathrm{V/dec}$。理论上所施加的阴极保护电流密度可以是任何值，但实际上（如该案例），$i_{\mathrm{app}}=4\times10^{-3}\,\mathrm{A/cm^2}$ 是一个很大的值，保护 $1\mathrm{m^2}$ 面积的钢结构所需的电流就可达 40A，这对于大型工程构件而言是难以实现的（电源的功率所限），说明在酸性腐蚀介质中虽然阴极保护很有效，但很难实现。因此，大型海洋工程、舰船常用涂层加阴极保护进行联合保护。

外加电流阴极保护系统通常由直流电源、辅助阳极、被保护金属结构物（阴极）、参比电极、检测站、阳极屏、电缆和绝缘装置等组成。外部直流电流由电源（例如整流器）提供，外部直流电流用于阴极极化被保护金属结构物，外加电流阴极保护系统常用于保护裸露和涂层不良的管道，

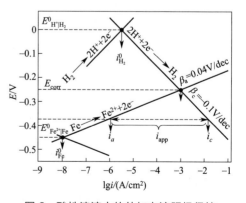

图 3　酸性溶液中的外加电流阴极保护

因为它具有高电流容量。阳极通常由耐蚀、耐磨损、电阻率低、排流量大的材料制成，如含14％硅、碳和石墨的铸铁是用于管道保护的一些常用阳极。所有外加电流 CP 都需要例行维护，因为与常规系统相比，它们涉及电源和更多的电气连接。

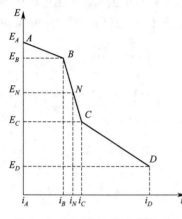

图 4　典型金属材料阴极极化曲线

在本实验中，利用恒电流技术通过测定金属的阴极极化曲线来确定最小保护电流密度和最小保护电位。当被保护金属通以外加阴极电流时阴极电位就向负方向移动，如外加阴极电流由 i_A 增加到 i_B 时电位由 E_A 负移至 E_B，但电位变化幅度不大（图 4）。当外加阴极电流继续增加至 i_C 时，阴极电位由 E_B 突变到 E_C，表明阴极上积累了大量电子，即阴极极化加强了，从而使阴极得到了保护。因此，最小的保护电流可选择在 i_B 与 i_C 之间的 i_N 点，而最小保护电位可选择在 E_B 与 E_C 之间的 E_N 点。如由 i_C 继续增加阴极电流，阴极电位虽继续向负方向移动，但变化率很小。当阴极电位达到 E_D 后，氢的去极化作用加剧，在阴极上析出大量氢气，若表面有涂层存在，会使表面涂层产生阴极剥离破坏。所以采用阴极保护时，最大的阴极保护电位可在 E_C 和 E_D 之间进行选择。

三、实验材料与仪器

（1）实验材料

X80 钢，3.5％氯化钠溶液，不锈钢辅助阳极。

（2）实验仪器

直流电源，电化学工作站，电源开关，可调节电阻，电压表，毫安表，盐桥，Ag/AgCl 电极或饱和甘汞电极，电解池。

阴极保护实验装置如图 5 所示。

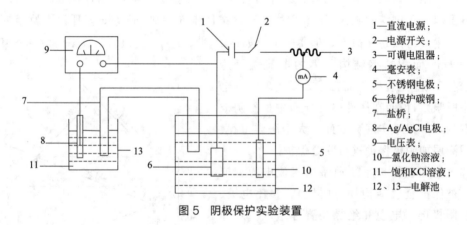

1—直流电源；
2—电源开关；
3—可调电阻器；
4—毫安表；
5—不锈钢电极；
6—待保护碳钢；
7—盐桥；
8—Ag/AgCl电极；
9—电压表；
10—氯化钠溶液；
11—饱和KCl溶液；
12、13—电解池

图 5　阴极保护实验装置

四、实验步骤

（1）电极处理：对实验用到的 X80 钢电极依次使用 400♯、600♯、800♯、1000♯、

1200♯的砂纸打磨，并使用去离子水和无水乙醇冲洗，氮气吹干备用。

（2）按照图 5 连接好电路，向电解池中加入氯化钠溶液，将碳钢试样、辅助电极和 Ag/AgCl 电极放入电解池中。

（3）使用电化学工作站测量 X80 钢电极的自腐蚀电位 E_{corr} 直到达到一个相对稳定的状态（测试时间在 1h 左右）。

（4）自腐蚀电位稳定之后测试 X80 钢的阴极极化曲线，电位范围相对自腐蚀电位 $-500mV$（具体数值视实际情况而定），扫描速度是 $0.5mV/s$。

（5）接通电源，设定阴极保护电位为自腐蚀电位负移 300mV 后的数值，开始阴极保护测试。

（6）通过阴极极化曲线确定最小保护电流和最小保护电位，计算外加电流阴极保护程度和保护效率。

（7）实验平行做 3～5 次，保证实验结果可靠性，记录实验数据。

（8）实验结束后清洗电极，关好仪器设备，打扫卫生。

五、实验结果处理

（1）导出测量得到的电化学数据。

（2）对实验数据进行处理，确定最小保护电流和最小保护电位，计算外加电流阴极保护程度和保护效率。

（3）采用 Origin 作图，完成实验报告，讨论外加电流阴极保护方法的可行性。

六、思考题

（1）外加电流阴极保护的原理是什么？

（2）外加电流阴极保护的基本参数有哪些？如何确定？

（3）外加电流阴极保护在工程装备和结构材料腐蚀控制领域有哪些应用？

（4）使用外加电流阴极保护法的注意事项有哪些？如何提高其保护效率？

（5）对于一个工程结构物，如何合理设计阴极保护方案？

实验三十 牺牲阳极的阴极保护实验

一、实验目的

（1）掌握牺牲阳极法阴极保护的原理。

（2）熟悉牺牲阳极法阴极保护相关参数的测定方法。

（3）掌握牺牲阳极法阴极保护的设计原则。

二、实验原理

阴极保护按提供电流方式的不同，可分为外加电流法阴极保护和牺牲阳极法阴极保护两种，实验二十九重点介绍了外加电流法阴极保护法。根据金属电化学腐蚀原理，电位较低

（负）的铁和电位较高（正）的铜连在一起浸入海水中，电位较低的铁被腐蚀而电位较高的铜得到了保护。若想使铁和铜都不腐蚀，需将一块电位比铜和铁更低的金属锌接到回路中，并串联毫安表（mA）指示电流的大小和方向。所以，进行牺牲阳极法阴极保护时，需要选择一种电极电位比被保护金属更负的活泼金属（铝、镁、锌等），将其与被保护金属放入同一电解质环境并进行外部电连接。这时活泼金属在这个电化学电池中就成了阳极，会被优先腐蚀，其放出的电子使被保护的金属阴极极化，这就抑制了被保护金属的腐蚀，实现了对其的保护，牺牲阳极法阴极保护电化学原理如图 1 所示。

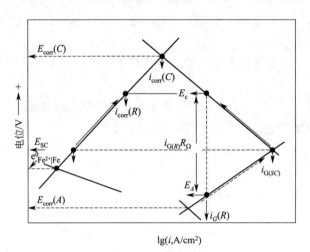

图 1　牺牲阳极法阴极保护电化学原理

　　牺牲阳极法阴极保护基于电偶腐蚀的原理，电偶腐蚀指的是由于腐蚀电位不同，异种金属彼此接触或通过其他导体连通，处于同一介质中，造成异种金属接触部位的局部腐蚀。通过对比可以看出电偶腐蚀与牺牲阳极的阴极保护法原理相同，电偶电流 l_g 表示电偶电位 E_g 处电偶对阳极金属上局部阳极电流 l_a 与局部阴极电流 l_c 之差，用如下公式计算：

$$i_g = i_a - i_{\text{corr}} \exp\left[-\frac{2.303(E_g - E_{\text{corr}})}{\beta_c}\right] \tag{1}$$

　　式中，i_a 为电偶对中阳极金属的真实溶解电流；E_{corr} 和 i_{corr} 分别为电偶对阳极金属的自腐蚀电位和自腐蚀电流；β_c 为阳极金属的阴极塔菲尔常数。

　　对于上式，若 $E_g \gg E_{\text{corr}}$，说明形成电偶对后阳极极化很大，$i_g \approx i_a$，说明此时电偶电流等于电偶对中阳极金属的溶解电流；若 $E_g \approx E_{\text{corr}}$，说明形成电偶对后阳极极化很小，则 $i_g = i_a - i_{\text{corr}}$，此时电偶电流等于电偶对中阳极金属溶解电流的增加量。

　　在扩散控制体系中，电偶对中阳极金属的溶解电流 i_a 与电偶电流 i_g 以及电偶对中阳极金属面积 S_a、阴极金属面积 S_c 的关系如下：

$$i_a = i_g \left(1 + \frac{S_a}{S_c}\right) \tag{2}$$

$$E_g = E_{\text{corr}} + \beta_a \lg \frac{S_a}{S_c} \tag{3}$$

　　关于牺牲阳极的几个重要术语：

　　① 理论发电量

依据法拉第定律，每消耗单位质量牺牲阳极所产生的总电量（库仑）称为理论发电量，常用单位：A·h/kg，理论发电量为：$Q_{Kg}=\dfrac{1000}{M}\times n\times 6.02\times 10^{23}\times 1.6\times 10^{-19}$（库仑）。

② 实际发电量

因为牺牲阳极自身腐蚀等原因，每消耗单位质量牺牲阳极实际向外提供的电量小于其理论发电量，每消耗单位质量牺牲阳极实际向外提供的电量称为实际发电量 Q_r。

③ 电流效率（或发电效率）

电流效率为：$\eta=\dfrac{Q_r}{Q_{Kg}}\times 100\%$。

牺牲阳极的阴极保护法中阳极的选择至关重要，牺牲阳极的性能要求有以下几点：①牺牲阳极须有足够负的稳定电位，即在负荷的情况下，它与被保护金属之间的有效电位差（驱动电位）要大。②牺牲阳极在工作过程中阳极极化率要小，表面不产生高阻抗，溶解均匀。③牺牲阳极材料的理论电容量要大。即单位质量的阳极材料所发生的电量要大，即每产生 $1A·h$ 的电量所溶解的阳极材料的质量要小。④牺牲阳极在工作时的自腐蚀速率（自溶解量）要小，电流效率要高。阳极上阳极反应电流应大部分流到受保护的阴极，少量在阳极上发生阴极反应。⑤牺牲阳极在工作时呈均匀的活化溶解，表面上不沉积难溶的腐蚀产物，使阳极能够长期持续稳定地工作。⑥腐蚀产物，无毒无害，不污染环境。⑦经济性。牺牲阳极的原材料丰富，生产加工容易，价格低廉。提高牺牲阳极法阴极保护的经济性，有利于这种有效的腐蚀控制技术推广应用。

实际工程中牺牲阳极的阴极保护设计步骤：①确定保护面积 A_c，对涂层防护的保护面积，用总面积乘以涂层破损率得到；②确定保护电位；③确定保护电流密度 I_c；④确定所需的总的保护电流值 $I_t=I_c\times A_c$；⑤确定阳极电阻 R_a；⑥计算每块牺牲阳极发出的电流 $I_a=\dfrac{\Delta P_a}{R_a}$；⑦确定阳极的数量及位置分布：$n\geqslant\dfrac{I_t}{I_a}$。

本次实验中被保护材料为 X80 钢，锌为牺牲阳极，通过对钢-锌阳极的电偶电流和电偶电位进行测量并对照 X80 钢的阴极极化曲线来判断牺牲阳极的阴极保护的可能性。

三、实验材料和仪器

（1）实验材料

X80 钢，锌阳极，3.5% NaCl 溶液。

X80 钢和锌阳极的面积比为 10:1、1:1 和 1:10。

（2）实验仪器

电化学工作站，3D 显微镜，Ag/AgCl 电极，铂电极，电解池。

阴极极化曲线的测试装置图以及保护电流和保护电位的测量装置如图 2 和图 3 所示。

四、实验步骤

（1）电极处理：对实验用到的 X80 钢电极依次使用 400♯、600♯、800♯、1000♯、1200♯的砂纸打磨，并使用去离子水和无水乙醇冲洗，氮气吹干备用。

（2）以 Ag/AgCl 为参比电极、X80 钢为工作电极、铂电极为辅助电极，利用电化学工作站首先测定开路电位，待开路电位达到稳定之后（约需 1h）测定 X80 钢在 3.5% NaCl 溶液中的阴极极化曲线，电位范围相对自腐蚀电位 $-500\mathrm{mV}$（具体数值视实际情况而定），扫描速度是 $0.5\mathrm{mV/s}$。

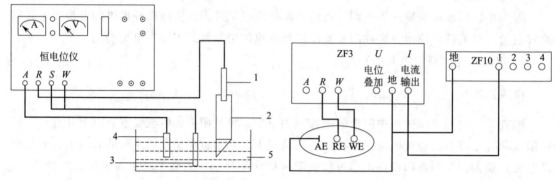

图 2　阴极极化曲线测试装置

图 3　保护电流和保护电位的测量装置

1—参比电极；2—盐桥；

3—X80 钢电极；4—辅助电极；5—氯化钠溶液

（3）以 Ag/AgCl 为参比电极、锌为工作电极，铂电极为辅助电极，按照步骤（2）测定锌的自腐蚀电位和阴极极化曲线。

（4）利用零电阻电流计测定记录 X80 钢和锌电偶对的电偶电位 E_g 和阳极输出电流 i_g 随时间变化曲线。

（5）改变 X80 钢和锌的面积比，重复测量 E_g 和 i_g。

（6）将 X80 钢试样浸泡在 3.5% NaCl 溶液 3 天，计算 X80 钢在自腐蚀状态条件下的腐蚀速率。

（7）将 X80 钢试样与锌阳极耦接后浸泡在 3.5% NaCl 溶液 3 天，测量保护电位和保护电流，计算 X80 钢在牺牲阳极保护条件下的腐蚀速率。

（8）观察牺牲阳极保护前后去除腐蚀产物形貌后的腐蚀 3D 形貌图。

（9）计算锌阳极对 X80 钢的保护效率。

（10）实验平行做 3～5 次，保证实验结果可靠性，记录实验数据。

（11）实验结束后清洗电极，关好仪器设备，打扫卫生。

五、实验结果处理

（1）导出所有测量得到的电化学数据。

（2）整理不同工作面积比下阳极输出电流和电偶电位的变化规律。

（3）计算锌阳极对 X80 钢保护电位和保护电流，计算锌阳极对均匀腐蚀的保护效率。

（4）对比牺牲阳极保护前后去除腐蚀产物形貌后的腐蚀 3D 形貌图，定量计算局部腐蚀速率，计算锌阳极对 X80 钢局部腐蚀的保护效率。

（5）综合所有数据，采用 Origin 作图，完成实验报告，总结牺牲阳极的阴极保护法的原理和测量方法，探讨牺牲阳极法阴极保护的应用前景。

六、思考题

（1）阴、阳极面积比对阳极输出电流和电偶电位的影响是什么？

（2）电偶电位与两电极的自腐蚀电位有何关系？阳极输出电流与牺牲阳极的溶解电流相等吗？为什么？

（3）牺牲阳极的电极电位与阴极保护的效果有何关系？

（4）牺牲阳极的阴极保护法和外加电流的阴极保护法相比有何优势和劣势？各自的特点是什么？对于海洋环境中的舰船来说，如何选择牺牲阳极阴极保护法和外加电流阴极保护法？

实验三十一　阳极保护实验

一、实验目的

（1）掌握阳极保护的基本原理。

（2）测定可钝化金属的阳极极化曲线，判断阳极保护的可能性。

（3）掌握阳极保护参数测定方法。

二、实验原理

阳极保护是在外加的阳极电流下，金属电极电位升高，表面状态迅速发生变化，在表面形成一层保护性的钝化膜，从而导致腐蚀电流密度迅速下降（腐蚀速率显著下降）的保护方法，如图1所示。通过对被保护结构物施加阳极电位或阳极电流，金属材料由活化溶解状态转变为钝态。所以对于具有活化-钝化转变性质的金属/介质体系，都可以使用阳极保护的方法使金属产生钝性并保持，以达到降低腐蚀速率的目的。阳极保护一般用于苛刻的化工服役环境中，如强腐蚀性的酸和碱溶液中，有活化-钝化转变行为的金属（碳钢、不锈钢、钛）。阳极保护已被最广泛地用于保护硫酸中的钢，通过在储罐和 $Hg/HgSO_4$ 参比电极之间施加恒定电势来保护储罐。施加的电压是阴极过电压、阳极过电压和欧姆损耗的总和。控制系统测量储罐和参比电极之间的电势，并将测量值与预设的最佳保护电势值进行比较。接下来，系统将信号发送到电源，以在阴极和槽之间提供所需的保护电位和电流。

阳极保护延长了设备的使用寿命。除了能够将活性钝态金属和合金在酸中的腐蚀速率降低几个数量级之外，它还可以阻碍析氢反应，从而最大限度地减少氢渗透和随后的硬质合金氢脆。由实验极化曲线测量确定自腐蚀电位 E_{corr}、自腐蚀电流密度 i_{corr}、阳极 Tafel 斜率 β_a、维钝电流密

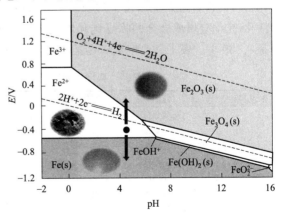

图1　铁-水体系的电位-pH图

度 i_{pp}、维钝电位 E_p，从而可计算出致钝电流密度 i_{crit}，通过实验获得的电位动力学极化曲线确定保护电位。

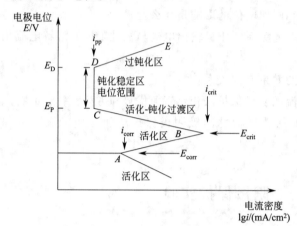

图 2　可钝化金属的阳极极化曲线

图 2 是可钝化金属/介质体系的典型阳极极化曲线，如图 2 所示，阳极极化曲线可以按电位区间分为活化区、活化-钝化过渡区、钝化稳定区以及过钝化区四个阶段。在活化区阶段，阳极电流会随着阳极极化电位的增加而增加到致钝电流密度 i_{crit}。而在活化-钝化过渡区，由于金属表面生成了耐腐蚀的钝化膜，电流开始逐渐降低。当金属进入稳定的钝化区，即使电位继续增高，电流仍维持在一个基本不变、很小的值即维钝电流密度 i_{pp}。当电位继续增大使金属进入过钝化区，电流又随电位的增加而增大，此时金属材料表面钝化膜开始溶解失去保护性，金属腐蚀速率增加。

由此可见，若将被保护的金属作为阳极，通入致钝电流使其钝化，再用维钝电流保护其表面的钝化膜，即可有效降低金属的腐蚀速率。此外，还可以从阳极极化曲线中得到阳极保护的关键参数，包括致钝电位 E_{crit}、致钝电流密度 i_{crit}、致钝电位区间（$E_P \sim E_D$）、维钝电流密度 i_P、起始钝化电位 E_P、过钝化电位 E_D 等。

在阳极保护设计时要求参比电极稳定、不极化，阳极保护常用的参比电极是甘汞电极（$Hg/HgCl_2$）、$Hg/HgSO_4$ 和 $Ag/AgCl$。为了使氢在合金整体中的逸出和渗透最小化，阴极材料必须具有低的氢过电压。阳极保护设计规则：①极化电位应由电位动力学极化曲线确定，必须准确确定保护电位随时间的变化。②避免通过快速改变电位 E 使系统以高速率极化，因为在高极化速率下临界电流密度 i_{crit} 会急剧增加。③阴极在腐蚀性溶液中应是惰性的，并具有电化学稳定性。阴极材料必须具有较低的氢过电压和较小的表面积，以最大限度地减少氢的渗透和脆化。④溶液电阻率应非常低。整个系统的电阻率应由阴极表面积控制。⑤该系统的设计应避免结构中的表面不规则性，这些不规则性可能会导致电流分布不均匀。⑥活化-钝化金属或合金的临界钝化电流密度应该比较低。⑦致钝原则是 i_{crit} 最小，维钝原则是 i_{pp} 最小。表 1 是典型金属在某些腐蚀介质中的阳极保护参数。

表 1　典型金属在某些腐蚀介质中的阳极保护参数

材料	介质	温度/℃	$i_{致钝}$/(A/m²)	$i_{维钝}$/(A/m²)	钝化区电位范围/mV
碳素钢	发烟硫酸	25	26.4	0.038	—
	97%硫酸	49	1.55	0.155	+800 以上
	67%硫酸	27	930	1.55	+1000~+1600
	75%磷酸	24	232	23	+600~+1400
	50%硝酸	30	1500	0.03	+900~+1200
	30%硝酸	25	8000	0.2	+1000~+1400
	25%NH₄OH	室温	2.65	<0.3	−800~+400
	60%NH₄OH	25	40	0.02	+100~+900
	44.2%NaOH	60	2.6	0.045	−700~−800

材料	介质	温度/℃	$i_{致钝}$/(A/m^2)	$i_{维钝}$/(A/m^2)	钝化区电位范围/mV
304SS	80%硝酸	24	0.01	0.001	—
	20%NaOH	24	47	0.1	+50～+350
	LiOH，pH9.5	24	0.2	0.0002	+20～+250
	NH$_4$NO$_3$	24	0.9	0.008	+100～+700
316SS	67%硫酸	93	110	0.009	+100～+600
	115%磷酸	93	1.9	0.0013	+20～+950
铬锰氮钼钢	37%甲酸	沸腾	15	0.1～0.2	+100～+500(Pt 电极)

本实验通过测定 304 不锈钢在 20% NaOH 溶液中的阳极极化曲线，确定致钝电位 E_{crit}、致钝电流密度 i_{crit}、致钝电位区间（E_{pp}～E_D）、维钝电流密度 i_{pp}、起始钝化电位 E_{pp}、过钝化电位 E_D 等参数，开始 304 不锈钢阳极保护实验。

三、实验材料和仪器

（1）实验材料

304 不锈钢，20% NaOH 溶液。

（2）实验仪器

电化学工作站，3D 显微镜，饱和甘汞电极，铂电极，盐桥，电解池。

四、实验步骤

（1）电极处理：对实验用到的 304 不锈钢电极依次使用 400♯、600♯、800♯、1000♯、1200♯砂纸打磨，并使用去离子水和无水乙醇冲洗，氮气吹干备用。

（2）建立三电极原位电化学测试体系，以 304 不锈钢作为工作电极，饱和甘汞电极作为参比电极，铂电极作为辅助电极。

（3）首先开展开路电位测试，待开路电位达到稳定之后（大约 1h），测定 304 不锈钢的阳极极化曲线，电位扫描范围为相对开路电位＋600mV（具体视实际情况而定，要测到过钝化区），扫描速率为 0.5mV/s。

（4）由阳极极化曲线确定阳极保护电化学参数，如致钝电位 E_{crit}、致钝电流密度 i_{crit}、致钝电位区间（E_{pp}～E_D）、维钝电流密度 i_{pp}、起始钝化电位 E_{pp}、过钝化电位 E_D 等参数。

（5）在钝化区选定一固定的阳极极化电位，对 304 不锈钢电极进行阳极极化，测定维钝电流随时间的变化关系，测试时间为 2h（具体时间依据实验而定）。

（6）将裸的 304 不锈钢电极浸泡在 20% NaOH 溶液中 2h。

（7）测试时间结束后，取出阳极保护试样和未进行阳极保护的试样，清除表面的腐蚀产物。

（8）使用 3D 显微镜观察阳极保护试样和未进行阳极保护的试样表面腐蚀状况。

（9）所有实验平行做 3～5 次，保证实验结果可靠性，记录实验数据。

（10）实验结束后清洗电极，关好仪器设备，打扫卫生。

五、实验结果处理

（1）导出 304 不锈钢阳极极化曲线，并利用 Origin 软件作图。

（2）通过 304 不锈钢阳极极化曲线，确定阳极保护电化学参数，如致钝电位 E_{crit}、致钝电流密度 i_{crit}、致钝电位区间（$E_{pp} \sim E_D$）、维钝电流密度 i_{pp}、起始钝化电位 E_{pp}、过钝化电位 E_D 等参数。

（3）通过维钝电流随时间的变化，判断阳极保护性能。

（4）比较阳极保护试样和未进行阳极保护的试样表面 3D 腐蚀状况。

（5）综合所有数据，完成实验报告，总结阳极保护的规律。

六、思考题

（1）电化学阳极保护的原理是什么？阳极保护的基本参数有哪些？

（2）阳极极化曲线各个区间和拐点的意义是什么？如何通过阳极极化曲线获得阳极保护的基本参数以及确定该材料是否适合进行阳极保护？

（3）和其他电化学保护方法相比，阳极保护有何特点？

（4）阳极保护是一种危险性的保护方法吗？为什么？

（5）阳极保护的应用范围有哪些？海洋环境中的工程装备和基础设施（如舰船、海上石油钻井平台、埋地管道等）是否能够采取阳极保护的方法进行腐蚀控制？

实验三十二　缓蚀剂缓蚀性能评价测试

一、实验目的

（1）认识常见的缓蚀剂的类型，了解缓蚀剂在工程环境中的应用场景。

（2）掌握缓蚀剂的缓蚀原理，知道缓蚀剂的分类方法。

（3）掌握缓蚀剂缓蚀性能的评价方法。

（4）学会测定六亚甲基四胺在盐酸溶液中对碳钢的缓蚀效率。

二、实验原理

缓蚀剂是一种以适当的浓度和形式存在于环境介质中，从而防止或减缓金属腐蚀的化学物质或几种化学物质的混合物，它是一种在环境介质中加入很少的量就可以显著抑制金属腐蚀的环境介质添加剂，一般其添加量在万分之几到百分之几之间。正确使用缓蚀剂时有以下特点：①若选取合适的缓蚀剂，仅需很小的用量就可以达到很高的缓蚀效率。②使用缓蚀剂时不需要特殊附加设施，使用简便且见效快。③不会改变金属及设备构件的材料性质和表面的状态，并且由于缓蚀剂的使用量很小，基本不改变环境介质的性质。④缓蚀剂的效果和金属的材料、环境介质种类及工况条件（如温度和流速等）密切相关，因此在应用中有严格的选择性。

在保证有足够的缓蚀效果的条件下，缓蚀剂的用量应该尽可能少，若使用量过大，不仅在经济方面不合算，还有可能改变介质的性质甚至降低缓蚀效果，若用量过少，则可能达不到想要的缓蚀效果。一般在缓蚀剂加入时存在一个临界浓度，在该浓度时缓蚀剂的用量不大，但可以达到很好的缓蚀效果。而待定体系选取缓蚀剂种类及用量时应预先进行评定实验。

　　使用缓蚀剂会阻滞腐蚀的电极过程，降低腐蚀速率，从而改变受阻滞电极过程的极化曲线走向，图1是不同类型缓蚀剂对阴阳极反应阻滞过程示意图，在未加缓蚀剂时，阴阳极的理想极化曲线相交于P_0，腐蚀电流密度为i_0；而加入缓蚀剂后，阴阳极的理想极化曲线则会相交于P点，腐蚀电流密度变为i，i比i_0小很多，这说明缓蚀剂有效减缓了腐蚀。根据缓蚀剂对电极过程阻滞的机理不同，可以将其分为阴极型、阳极型和混合型缓蚀剂。缓蚀剂的分类不同，对金属的保护作用机理也有差异。无机缓蚀剂多会促进金属表面形成一层钝化膜，从而起到对金属材料的保护作用。有机缓蚀剂一般都含有具有孤对电子的杂原子O、N、S、P等，这些原子可以与金属的d空轨道形成配位键，通过化学吸附在金属表面形成一层缓蚀剂吸附膜，从而起到屏障保护作用。缓蚀剂缓蚀能力顺序与O、N、S、P原子的电负性相反，比如与含氮类似有机物相比，含硫有机物缓蚀性能会更好。有机缓蚀剂通常有一个长链疏水基团，可以起到阻碍水中腐蚀性物质向金属表面转移的作用，从而能够比较明显地控制金属的腐蚀过程。

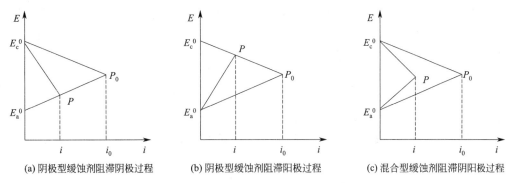

(a) 阴极型缓蚀剂阻滞阴极过程　　(b) 阴极型缓蚀剂阻滞阳极过程　　(c) 混合型缓蚀剂阻滞阴阳极过程

图1　不同类型缓蚀剂的阻滞过程示意图

　　缓蚀剂的缓蚀效率η可由金属的腐蚀速率来计算，腐蚀失重法是一种十分经典的方法，适用于实验室和现场试验，是测量腐蚀速率最可靠的方法之一，同时也是其他金属腐蚀速率测定方法的基础，金属的腐蚀速率和缓蚀剂的缓蚀效率计算方法如下：

$$v_{corr} = \frac{8.76 \times 10^4 \times \Delta m}{\rho A t} \tag{1}$$

　　式中，v_{corr}，Δm，ρ，A和t分别是试样的腐蚀速率（mm/y）、试样失重（g）、试样密度（g/cm^3）、试样腐蚀面积（cm^2）和腐蚀测试时间（h）。

$$\eta(\%) = \frac{v_0 - v}{v_0} \times 100\% \tag{2}$$

　　式中，v和v_0分别表示金属在有缓蚀剂和没有缓蚀剂条件下的腐蚀速率。

　　缓蚀剂的缓蚀行为可以采用电化学方法进行测定，通过电化学阻抗和动电位极化曲线可以快速测得缓蚀剂的缓蚀效率。电化学阻抗的原理在第五章有详细的介绍，通过测量有无缓蚀剂条件下阻抗的大小可以评价缓蚀剂的缓蚀行为和缓蚀效率，即

$$\eta(\%) = \frac{(R_p - R_p^0) \times 100\%}{R_p} \tag{3}$$

　　其中，R_p和R_p^0分别是有缓蚀剂和无缓蚀剂条件下材料的传递电阻（R_{ct}）和膜电阻

（R_f）之和，由拟合电化学阻抗谱获得。

还可以通过动电位极化曲线研究缓蚀剂的缓蚀行为，由动电位极化曲线拟合得到的腐蚀电流密度（i_{corr}）计算材料缓蚀效率（η）的方程如下：

$$\eta(\%) = \frac{(i_{corr}^0 - i_{corr}) \times 100\%}{i_{corr}^0} \tag{4}$$

其中 i_{corr}^0 和 i_{corr} 依次为无缓蚀剂和有缓蚀剂时由极化曲线拟合得到的试样腐蚀电流密度。

与缓蚀剂有关的两个最重要的等温吸附类型即：Langmuir 等温吸附和 Temkin 等温吸附。Langmuir 等温吸附是一种单分子吸附，在 Langmuir 模型中，假定金属表面在任何地方都是均匀的，另外，假设吸附分子之间没有横向相互作用。Langmuir 等温吸附为：

$$\frac{\theta}{1-\theta} = Kc \tag{5}$$

式中，θ 是浓度为 c 的缓蚀剂覆盖的表面积分数；K 为吸附常数。

如果吸附剂在能量上是均质的（所有吸附位点均等），则会产生 Langmuir 等温吸附，这时缓蚀剂的吸附热与覆盖率无关。实际上缓蚀剂的吸附热与覆盖率有相关关系，此时缓蚀剂的吸附类型为 Temkin 等温吸附，即：

$$\theta = \frac{2.303RT}{r} \lg K' + \frac{2.303RT}{r} \lg c \tag{6}$$

式中，r 是 Temkin 参数；K' 为常数。

如果再考虑电极电位这个因素，则吸附率、浓度和电极电位三者之间的关系为：

$$\theta = \frac{2.303RT}{r} \lg K' + \frac{2.303RT}{r} \lg c + \frac{zFE}{r} \tag{7}$$

式中，E 是电极电位；z 是电极反应转移电子数。

本实验中以乌洛托品作为模型缓蚀剂，通过失重法结合电化学方法测定盐酸溶液中乌洛托品对碳钢的缓蚀行为和缓蚀效率。

三、实验材料和仪器

（1）实验材料

X80 钢金属试样，1mol/L 盐酸溶液，乌洛托品，无水乙醇，碱洗液，酸洗液等。

（2）实验仪器

电化学工作站，3D 显微镜，0.1mg 电子天平，饱和甘汞电极，盐桥，对电极，电解池。

四、实验步骤

（1）电极处理：对实验用到的 X80 钢金属试样依次使用 400♯、600♯、800♯、1000♯、1200♯ 的砂纸打磨，并使用去离子水和无水乙醇冲洗，氮气吹干备用。

（2）失重测量：将处理后的 X80 钢金属试样分成 3 个一组，分两组，分别置于有无缓蚀剂的 1mol/L 盐酸溶液中，缓蚀剂浓度为 100mg/L，测试时间为 2h。

（3）试样失重测试结束之后，去除表面腐蚀产物，通过腐蚀前后试样质量差计算试样在有无缓蚀剂条件下的腐蚀速率，通过 3D 显微镜观察有无缓蚀剂条件下的表面腐蚀形貌。

（4）以饱和甘汞电极作为参比电极、X80 钢为工作电极、铂电极为辅助电极构建三电极原位电化学测试体系。

（5）将 1mol/L 盐酸溶液倒入电解池中，首先开始进行测量开路电位，2h 后分别测量电化学阻抗和动电位极化曲线。电化学阻抗的参数交流电位幅值为 10mV，频率范围为 $10^5 \sim 10^{-2} Hz$，工作电极面积为 $1cm^2$。动电位极化曲线的参数为：电位范围相对自腐蚀电位 $\pm 200mV$（具体数值视实际情况而定），扫描速度是 0.5mV/s。

（6）重复步骤（4）结束之后，换新打磨电极分别加入 10 mg/L、20 mg/L、40mg/L、100mg/L、200 mg/L 乌洛托品缓蚀剂，重复步骤（4）。

（7）所有实验平行做 3～5 次，记录实验数据。

（8）实验结束后清洗电极，关好仪器设备，打扫卫生。

五、实验结果与处理

（1）数据记录

试样材料：_____；　　　介质成分：_____；介质温度：_____；

试样暴露面积：_____；参比电极：_____；参比电极电位：_____；

辅助电极：_____；　　　试样自腐蚀电位：_____。

（2）结果处理

① 由失重法得到的腐蚀速率计算缓蚀剂的缓蚀效率。

② 由去除腐蚀产物后的 3D 表面形貌比较缓蚀剂的缓蚀性能，尤其是对局部腐蚀的缓蚀性能。

③ 对所测定的电化学数据，如自腐蚀电位、电化学阻抗、动电位极化曲线等进行数据处理，电化学阻抗需要选择合适的等效电路图，动电位极化曲线采用 Tafel 拟合。利用式（3）和式（4）分别计算不同浓度缓蚀剂的缓蚀效率。

④ 通过动电位极化曲线确定缓蚀杀菌剂的缓释类型。

⑤ 通过不同浓度的缓蚀剂缓蚀效率计算缓蚀剂的吸附类型。

⑥ 比较失重法和电化学方法计算得到的缓蚀效率数值的差异。

⑦ 综合所有数据，采用 Origin 作图，完成实验报告，总结缓蚀剂的缓蚀行为和机理。

六、思考题

（1）缓蚀剂广泛应用各种工业环境中，举例说明缓蚀剂的应用范围和注意事项。

（2）缓蚀剂的缓蚀机理是什么？不同类型的缓蚀剂之间的缓蚀行为和缓蚀机制有何差异？

（3）缓蚀剂的 Langmuir 等温吸附和 Temkin 等温吸附的区别是什么？本次实验用到的乌洛托品缓蚀剂的吸附模型是什么？

（4）失重法和电化学方法评价缓蚀剂缓蚀效率各自的优缺点是什么？如果想快速得到缓蚀剂的缓蚀效率，需要采用什么评价方法？

（5）本实验过程中有哪些误差来源？

（6）在工业环境中，缓蚀剂的缓蚀效果和实验室测试结果相比有明显下降，为什么？

实验三十三　缓蚀杀菌剂抗微生物腐蚀测试

一、实验目的

(1) 掌握通过失重法测定金属腐蚀速率的原理和方法。

(2) 掌握测定缓蚀杀菌剂杀菌效果的原理和方法。

(3) 进一步熟悉缓蚀剂的缓蚀机理。

(4) 评价吡啶硫酮钠在铁氧化菌存在的条件下对碳钢的缓蚀杀菌效果。

二、实验原理

杀菌剂指能够在一定时间内，使某些微生物（细菌、真菌等）的生长或繁殖保持在必要水平以下的化学物质，常用的化学杀菌剂主要分为氧化型杀菌剂和非氧化型杀菌剂。氧化型杀菌剂以强氧化性物质为主，主要有次氯酸盐、Cl_2 以及很多含氯有机聚合物等。非氧化型杀菌剂主要包含季铵盐、季鏻盐等无机盐，以及含杂环、醛类、氰基的有机化合物等。杀菌剂可以与细胞内的酶发生反应，破坏酶的活性，也可以直接作用于细胞膜，从而杀死微生物。化学杀菌剂效果好，但会对环境安全造成巨大的威胁，因此，环境友好型杀菌剂的开发和应用得到重视，环境友好型杀菌剂可以在环境介质中被分解成无毒的物质，从而不会对环境造成破坏。

目前，普遍使用的杀菌剂缺少必要的对金属材料的缓蚀效果，限制了杀菌剂的进一步应用。缓蚀杀菌剂是兼顾缓蚀作用与杀菌作用的化学物质，尤其在应对微生物腐蚀方面具有更为广泛的前景。常用的兼具杀菌、缓蚀功能的药剂包括：季铵盐、季鏻盐、苯扎氯铵、吡啶硫酮类等。缓蚀杀菌剂既要有很强的杀菌能力，又要求对生物膜具有很强的穿透能力，具有杂原子，能够很好地吸附在金属材料表面。而且，缓蚀杀菌剂在金属材料表面吸附成膜的过程要早于微生物的吸附，通常缓蚀剂吸附膜对细菌的吸附有一个明显的抑制作用，此时才能具有更好的缓蚀效果。如果微生物早于缓蚀杀菌剂在金属材料表面吸附，则有可能在金属材料局部依然会发生微生物腐蚀，从而导致金属局部腐蚀的发生。而如果缓蚀杀菌剂的杀菌效果比较好，能够将微生物全部杀死，此时就没有微生物腐蚀了，但是在实际工况环境中，将微生物全部杀死几乎是不可能的。因此，可以看出，缓蚀杀菌剂的杀菌效果一方面取决于其杀菌能力，另一方面取决于缓蚀杀菌剂在金属材料表面的吸附成膜能力。

评价缓蚀杀菌剂的缓蚀杀菌性能分两个方面，首先要先确定其杀菌能力，测定其最小杀菌浓度。对于好氧微生物，最小杀菌浓度的测定可以采用稀释平板法。稀释平板法是在融化的培养基中加入一定浓度的杀菌剂，并制成含有浓度梯度杀菌剂的培养基平面，然后在平面上接种细菌。以细菌的生长速率为指标来评价杀菌剂的杀菌效果。细菌生长速率一般以一定时间内细菌菌落的数量来表示，并且在测定时一定要同时设置空白对照组。一般具体操作如下：

① 将分别盛有 9mL 水的 6 支试管灭菌，并按 10 到 10^6 的顺序进行编号；

② 用移液试管吸取 1mL 培养的菌液，注入 10 倍稀释的试管中，用手指轻压移液管上的橡胶头，吹吸三次，使菌液与水充分混匀；

③ 从 10 倍稀释的试管中吸取 1mL 稀释液，注入 10^2 倍稀释的试管中，重复第二步的混匀操作；依此类推，直到完成最后一支试管的稀释（注意：移液管进行灭菌操作时，试管口和移液管应在离火焰 1～2cm 处）；

④ 将涂布器浸在盛有酒精的烧杯中；

⑤ 取少量菌液（一般为 $10\mu L$）滴加到培养基表面；

⑥ 将涂布器在火焰上灼烧，冷却 8～10s；

⑦ 用涂布器将菌液均匀地涂布在培养基表面，涂布时可转动培养皿，使菌液分布均匀。

缓蚀杀菌剂的缓蚀性能评价方法主要包括失重法和电化学方法，具体见实验三十二，失重法是最准确的方法，电化学方法可以快速测定缓蚀剂的缓蚀效率，研究缓蚀剂的缓蚀行为和机制，二者相互耦合使用较好。

三、实验材料与仪器

（1）实验材料

X80 钢试样，生理盐水，吡啶硫酮钠，丙酮，无水乙醇，琼脂粉，铜绿假单胞菌培养基，铜绿假单胞菌菌液，3.5％ NaCl 溶液。

（2）实验仪器

电化学工作站，0.1mg 电子分析天平，高温高压灭菌锅，3D 显微镜，恒温培养箱，电解池，培养皿，移液枪，饱和甘汞电极，铂电极。

四、实验步骤

（1）对实验用到的 X80 钢电极和金属试样依次使用 400♯、600♯、800♯、1000♯、1200♯砂纸打磨，并使用去离子水和无水乙醇冲洗，氮气吹干备用。

（2）使用 0.1mg 分析天平记录各个金属试样未腐蚀之前的质量。

（3）采用稀释平板法测定吡啶硫酮钠对铜绿假单胞菌的最小杀菌浓度。向铜绿假单胞菌培养基中加入 2％琼脂粉，使用高温高压灭菌锅灭菌后在其凝固前倒入培养皿中，每个培养皿约 30mL，按照实验原理中琼脂平板法的步骤进行实验，采用不同浓度的吡啶硫酮钠（0、10mg/L、20mg/L、40mg/L、60mg/L、80mg/L、100mg/L）作为缓蚀杀菌剂，培养 24h 后观察平板，记录细菌生长情况并计算吡啶硫酮钠的杀菌效率和最低杀菌浓度。

（4）采用高温高压灭菌锅对实验用到的所有能够高温高压灭菌的装置、溶液和材料在 121℃灭菌 20min，其他材料和装置采用紫外辐射灭菌 30min。

（5）在 4 个电解池中加入同样体积的 3.5％ NaCl 溶液，并向其中加入 10％铜绿假单胞菌菌液，初始细菌的浓度控制在 10^6 cells/mL，并向其中加入不同浓度的吡啶硫酮钠（0、10mg/L、40mg/L、100mg/L），每个瓶中悬挂 3 个 X80 试样。14 天后将试样取出，去除试样表面的腐蚀产物，然后依次用去离子水、丙酮和无水乙醇冲洗试样表面，氮气中干燥，称重后计算试样的腐蚀速率与缓蚀效率。

（6）由去除腐蚀产物后的 3D 表面形貌比较缓蚀杀菌剂在铜绿假单胞菌存在条件下的缓蚀性能，尤其是对局部腐蚀的缓蚀性能。

（7）在 4 个电解池中加入同样体积的 3.5% NaCl 溶液，并向其中加入 10% 铜绿假单胞菌菌液，初始细菌的浓度控制在 10^6 cells/mL，并向其中加入不同浓度的吡啶硫酮钠（0、10mg/L、40mg/L、100mg/L），以饱和甘汞电极作为参比电极、X80 钢为工作电极、铂电极为辅助电极构建三电极原位电化学测试体系。

（8）首先测量开路电位，然后测量电化学阻抗，测量时间为 1d、2d、4d、7d、10d 和 14d，在 14d 测完电化学阻抗后开始测量动电位极化曲线。电化学阻抗的参数：交流电位幅值为 10mV，频率范围为 $10^5 \sim 10^{-2}$ Hz，工作电极面积为 $1cm^2$。动电位极化曲线的参数为：电位范围相对自腐蚀电位 ± 200mV（具体数值视实际情况而定），扫描速度是 0.5mV/s。

（9）所有实验平行做 3~5 次，记录实验数据。

（10）实验结束后清洗电极，关好仪器设备，打扫卫生。

五、实验结果与处理

（1）记录不同实验组的细菌在平板上的生长情况，并计算吡啶硫酮钠对铜绿假单胞菌的杀菌效率和最小杀菌浓度。

（2）记录各组的失重数据，计算 X80 钢腐蚀速率与不同浓度缓蚀杀菌剂的缓蚀效率。

（3）由去除腐蚀产物后的 3D 表面形貌比较缓蚀剂的缓蚀性能，尤其是对局部腐蚀的缓蚀性能。

（4）对测定的电化学数据，如自腐蚀电位、电化学阻抗、动电位极化曲线等进行数据处理，电化学阻抗需要选择合适的等效电路图，动电位极化曲线采用 Tafel 拟合，利用电化学参数分别计算不同浓度吡啶硫酮钠的缓蚀效率。

（5）通过动电位极化曲线确定缓蚀杀菌剂的缓释类型。

（6）通过不同浓度的缓蚀剂缓蚀效率计算缓蚀剂的吸附类型。

（7）综合所有数据，采用 Origin 作图，完成实验报告，总结缓蚀杀菌剂在微生物存在条件下的缓蚀行为和机理。

六、注意事项

（1）使用高温高压灭菌锅时，一定要操作规范，做好安全防护，灭菌没有结束之前不得离开。

（2）严格按照无菌实验操作规范进行实验，避免空气中杂菌对实验样品的污染。

（3）保持实验桌面仪器设备清洁。

七、思考题

（1）影响缓蚀杀菌剂的缓蚀、杀菌效果的因素分别有哪些？缓蚀影响因素在微生物存在条件下的作用机理是什么？

（2）缓蚀杀菌剂的缓蚀效果在有无微生物存在条件下发生了什么变化？原因是什么？

（3）缓蚀杀菌剂与缓蚀剂或者杀菌剂相比有何异同点？在油气田工况条件下，该如何选择化学药剂？

（4）本次实验中哪种实验条件下的缓蚀杀菌剂效果最好？为什么？

（5）本实验有哪些误差？

（6）和其他微生物腐蚀控制方法（如抗菌涂层）相比，缓蚀杀菌剂的优缺点是什么？

（7）在工业环境中，缓蚀杀菌剂的缓蚀和杀菌效果和实验室测试结果相比都有明显的下降，这是为什么？如何提高缓蚀杀菌剂的缓蚀和杀菌效果？

实验三十四　缓蚀剂抗金属点蚀行为测试

一、实验目的

（1）了解点蚀形成的原因与机理，掌握金属材料点蚀性能评价的方法。

（2）掌握缓蚀剂抗点蚀的机理。

（3）掌握使用缓蚀剂对点蚀进行抑制的方法。

二、实验原理

金属的腐蚀类型有多种，一般根据腐蚀形式的不同可分为全面腐蚀和局部腐蚀，全面腐蚀指在腐蚀环境中整个金属表面发生的腐蚀，金属表面各个部位的腐蚀速率接近，金属表面均匀腐蚀，并且没有明显的腐蚀形貌差别。而局部腐蚀指在金属表面局部发生的腐蚀，可以通过肉眼或微观观察加以区别，局部腐蚀包括缝隙腐蚀、晶间腐蚀和点蚀等。

点蚀是一种集中于金属表面很小的范围并深入到金属内部的腐蚀形态，特点是蚀孔小而深。蚀孔的最大深度和金属平均腐蚀深度的比值，称为点蚀系数，点蚀系数愈大，点蚀程度愈严重。发生点蚀时金属的损失量很小，即使发生严重的点蚀，金属的失重也很小。点蚀经常发生在具有自钝化性能的金属或合金上，并且在含氯离子的介质中更易发生，如不锈钢、铝和铝合金等在海水中发生的点蚀，碳钢在表面有氧化皮有孔隙的情况下，在含氯离子水中也会出现点蚀。金属表面的电化学不均匀性是导致点蚀发生的重要原因。金属材料的表面或钝化膜等保护层中常显露出某些缺陷或薄弱点（如夹杂物、晶界、位错等处），这些地方容易形成点蚀核心，成为点蚀发生的来源。但是，点蚀的发生位置通常是随机的，并不固定。当金属浸入含有某些活化阴离子（例如氯离子）的溶液中，只要腐蚀电位达到或超过点蚀电位（或称击穿电位），就能产生点蚀。这是由于钝化膜在溶液中处于溶解以及可再度形成的动平衡状态，而溶液中的氯离子等活化阴离子会破坏这种平衡，导致金属的局部表面形成微小蚀点，并发展为点蚀源。例如不锈钢表面的硫化物夹杂物溶解，暴露出钢的新鲜表面，就会形成点蚀源。

点蚀的发展是一个在闭塞区内的自催化过程。在有一定闭塞性的蚀孔内，溶解的金属离子浓度大大增加，为保持电荷平衡，氯离子不断迁入蚀孔，导致氯离子富集。高浓度的金属氯化物水解，产生氢离子，由此造成蚀孔内的强酸性环境，又会进一步加速上述过程。蚀孔内壁处于活化状态，而蚀孔外的金属表面仍呈钝态，由此形成了小阳极/大阴极的活化-钝化电池体系，使点蚀急速发展。点蚀的防护主要有以下几种方法：

① 从材料角度出发，可以选择耐点蚀合金作为设备、部件的制造材料，比如可以使用低碳、超低碳及硫化物杂质低的高纯不锈钢；

② 从工艺角度出发，可以尽量降低介质中的氯离子、溴离子及氧化性金属离子的含量；

③ 还可以通过向实验体系中加入缓蚀剂来预防点蚀的发生；

④ 使用电化学保护的方法也可以抑制点蚀，通常为阴极保护。

缓蚀剂是一种简单经济的预防点蚀的方法，缓蚀剂在金属表面主要有以下作用：

① 缓蚀剂离子或分子很容易在金属材料表面吸附成膜，特别是在金属表面上未受保护的缺陷区域吸附成膜，能够起到很好的缓蚀效果；

② 增加或减少阳极/阴极反应的积累；

③ 降低反应物扩散到金属表面的速度；

④ 减少通过金属表面的电流。

对点蚀的测试方法主要有化学浸泡法、动电位极化曲线、电化学阻抗谱、电化学噪声法等。本实验主要通过化学浸泡法、动电位极化曲线和电化学阻抗谱对不锈钢试样的点蚀进行测试并对缓蚀剂抗点蚀效果进行评价。

三、实验材料与仪器

（1）实验材料

304 不锈钢试样，3.5%氯化钠溶液，缓蚀剂咪唑啉衍生物，无水乙醇，碱洗液，酸洗液等。

（2）实验仪器

饱和甘汞电极，盐桥，铂电极，电化学工作站，3D 显微镜，电解池，扫描电子显微镜。

四、实验步骤

（1）对实验用到的 304 不锈钢电极和金属试样依次使用 400♯、600♯、800♯、1000♯、1200♯砂纸打磨，并使用去离子水和无水乙醇冲洗，氮气吹干备用。

（2）准备六个电解池，将 3.5%氯化钠溶液倒入电解池中，以饱和甘汞电极作为参比电极、304 不锈钢为工作电极、铂电极为辅助电极构成三电极测试体系。检查各接头的连接是否正确，盐桥是否导通。并在其中六个电解池中加入不同浓度的咪唑啉衍生物（0、10mg/L、20mg/L、40mg/L、80mg/L、100mg/L），同时加入裸 304 不锈钢试样用于表面分析。

（3）首先测量开路电位，2h 后分别测量电化学阻抗和动电位极化曲线。电化学阻抗的参数：交流电位幅值为 10mV，频率范围为 $10^5 \sim 10^{-2}$Hz，工作电极面积为 1cm^2。动电位极化曲线的参数为：电位范围相对自腐蚀电位 $-200 \sim +600$mV（具体数值视实际情况而定，要测到超过点蚀电位），电位扫描要回扫，测出保护电位，扫描速度是 0.5mV/s。

（4）测试结束后将表面分析试样取出，去除表面腐蚀产物后干燥，然后利用扫描电子显微镜和 3D 显微镜观察试样表面的点蚀形貌并记录点蚀坑的密度。

（5）所有实验平行做 3～5 次，记录实验数据。

（6）实验结束后清洗电极，关好仪器设备，打扫卫生。

五、实验结果处理

（1）导出不同缓蚀剂浓度下试样的电化学阻抗谱数据，选择合适的等效电路，利用软件进行拟合。

（2）分析测定得到的动电位极化曲线，获得不同浓度缓蚀剂存在条件下的点蚀电位和保护电位等电化学参数，分析缓蚀剂的抗点蚀能力，并确定缓蚀剂的抗点蚀能力与缓蚀剂浓度之间的关系。

（3）通过 SEM 和 3D 腐蚀形貌图片，观察并记录不同缓蚀剂浓度下试样的点蚀坑密度，确定缓蚀剂对点蚀坑密度的影响规律。

（4）绘制不同缓蚀剂浓度下试样点蚀坑密度与缓蚀剂浓度的关系图，分析缓蚀剂浓度对抗点蚀行为的影响。

（5）采用 Origin 作图，完成实验报告，总结缓蚀剂抗点蚀行为和机理。

六、思考题

（1）点蚀的危害是什么？点蚀的形成原因和机制是什么？

（2）有无缓蚀剂时，试样的电化学阻抗谱有何区别？不同浓度缓蚀剂存在条件下，金属试样的电化学阻抗的变化规律是什么？

（3）缓蚀剂能否抑制金属试样点蚀，原因是什么？

（4）缓蚀剂浓度对试样表面点蚀坑密度有何影响？原因是什么？

（5）控制金属材料点蚀的方法除了使用缓蚀剂之外还有哪些方法？这些方法的优缺点是什么？

实验三十五　钢铁的磷化处理实验

一、实验目的

（1）掌握钢铁磷化的成膜机理和防护作用。

（2）认识磷化处理的溶液的配制方法和操作技术。

（3）了解磷化处理的应用领域及实际意义。

二、实验原理

当钢铁零件在含锌、锰、钙或碱金属的磷酸盐溶液中进行化学处理时，其表面形成一层不溶于水的磷酸盐膜的过程，叫磷化处理。形成的磷化膜有两种类型：化学转化型和假化学转化型。

（1）化学转化型磷化膜

使用的化学转化型磷酸盐处理溶液常由碱金属的磷酸盐或焦磷酸盐、六偏磷酸盐、多聚磷酸盐组成。这些盐在工作温度和一定浓度下都不会水解，所以不会存在游离的磷酸。金属在这种溶液中形成转化膜可以认为是基体金属的可控腐蚀并在表面形成腐蚀产物的过程。其反应方程式如下：

$$4Fe+4NaH_2PO_4+3O_2 \longrightarrow 2FePO_4+Fe_2O_3+2Na_2HPO_4+3H_2O \tag{1}$$

化学转化型磷化膜通常由 $FePO_4$ 和 Fe_2O_3 组成，且具有较高的孔隙率，适合作为漆膜的底层。

（2）假化学转化型磷化膜

使用的假化学转化型磷酸盐处理溶液的基本组成为 Zn^{2+}、Mn^{2+}、Fe^{2+} 等金属的磷酸二氢盐，除此之外还有游离的磷酸。在一定温度下，溶液中的组分可以达到如下平衡：

$$4Me^{2+} + 3H_2PO_4^- \longrightarrow MeHPO_4 + Me_3(PO_4)_2 + 5H^+ \tag{2}$$

通过控制溶液中 Me^{2+}、$H_2PO_4^-$、HPO_4^{2-} 以及 H^+ 的浓度就可以在金属表面形成由 $MeHPO_4$ 和 $Me_3(PO_4)_2$ 组成的磷化膜。

而当金属与上述金属磷酸二氢盐接触的过程中，同样会形成 Fe-Zn、Fe-Mn 等的混合磷酸盐膜，其反应如下：

$$Zn(H_2PO_4)_2 \longrightarrow ZnPO_4^- + H_2PO_4^- + 2H^+ \tag{3}$$

$$Fe + 2ZnPO_4^- \longrightarrow FeZn_2(PO_4)_2 + 2e^- \tag{4}$$

按照不同的施工方法可以将钢铁的磷化处理分为浸渍法、喷淋法和浸喷组合法。浸渍法适用于高、中、低温磷化工艺，可处理任何形状的零件，并能得到比较均匀的磷化膜；喷淋法适用于中、低温磷化工艺，可处理大面积工件。按工艺温度可分为高温磷化（90～98℃）、中温磷化（50～70℃）和常温磷化（10～35℃）三种，如表1所示。高温磷化处理的优点是磷化膜的耐蚀性和结合力较好，但加热时间长导致溶液挥发量大，游离酸度不稳定，结晶粗细不均匀。中温磷化的游离酸度较为稳定，易于掌握，磷化时间短，生产效率高，并且磷化膜的耐蚀性与高温磷化基本相同，但其缺点为溶液较为复杂，调整较困难。常温磷化的优点是不需要加热、药品消耗少、溶液稳定，但处理时间较长。

表1　钢铁磷化处理的配方及工艺规范

配方及工艺条件	高温		中温		常温	
	1	2	1	2	1	2
磷酸二氢锰/(g/L)	30～40	-	40	-	40～65	-
磷酸二氢锌/(g/L)	-	30～40	-	30～40	-	50～70
硝酸锌/(g/L)	-	55～65	120	80～100	50～100	80～100
硝酸锰/(g/L)	15～25	-	50	-	-	-
亚硝酸钠/(g/L)	-	-	-	-	-	0.2～1
氧化钠/(g/L)	-	-	-	-	4～8	-
氟化钠/(g/L)	-	-	-	-	3～4.5	-
乙二胺四乙胺/(g/L)	-	-	1～2	-	-	-
游离酸度	3.5～5	6～9	3～7	5～7.5	3～4	4～6
总酸度	36～50	40～58	90～120	60～80	50～90	75～95
温度/℃	94～98	88～95	55～65	60～70	20～30	15～35
时间/min	15～20	8～15	20	10～15	30～45	20～40

由不同的基体和磷化工艺制备的磷化膜外观呈浅灰色至黑灰色，其厚度通常为 1～15μm。磷化膜在空气环境中较为稳定，并且其耐蚀性为钢氧化膜的 2～10 倍。此外，磷化膜还具有多孔性，所以可以通过填充、浸油及涂漆等方法进一步提高其耐蚀性，也可以吸收

油、脂等物质起到润滑的作用。而且磷化膜是电的绝缘体，可以作为绝缘膜使用。由于这些特性，经过磷化处理的钢工件主要用于涂料的底层、金属冷加工的润滑层、金属表面保护层、电机硅钢片的绝缘处理、压铸模具的防粘处理等。

三、实验材料和仪器

（1）实验材料

Q235 碳钢（尺寸为 30mm×20mm×2mm）。

磷化处理配方可在表 1 的高温、中温和常温处理中各选一种。所需化学药品包括磷酸二氢锰、磷酸二氢锌、硝酸锌、硝酸锰、亚硝酸钠、氟化钠、乙二胺四乙胺等。

（2）实验仪器

磁力加热搅拌器，盐雾实验箱，温度计，电吹风和计时器。

四、实验步骤

（1）对 Q235 碳钢试样依次使用 400♯、600♯、800♯、1000♯、1200♯砂纸打磨，并用去离子水和无水乙醇冲洗，氮气吹干备用。

（2）根据实验选取的磷化处理配方计算实验所需的药品用量。将实验所需蒸馏水的 3/4 加入烧杯中，将所需的磷酸二氢锌（锰）、硝酸锰（锌）等药品在搅拌的条件下缓慢加入，待完全溶解后加蒸馏水至所需体积。

（3）在磷化液中加入少量的铁屑可以增加磷化液中铁离子的浓度，直至磷化液的颜色变为稳定的棕绿色或棕黄色为止。通过加入硝酸锌和氧化锌来调整磷化液的游离酸度。

（4）利用磁力加热搅拌器将磷化液加热至工作温度，将处理好的碳钢放入溶液中进行磷化处理，应注意控制工作温度使其处于规定的范围内。

（5）将试样从磷化液中取出，使用清水冲洗后放入 30～50g/L 重铬酸钾溶液中进行填充处理，条件为 90～95℃、20～25min。

（6）将试样从填充溶液中取出，使用清水冲洗干净，用电吹风吹干，观察氧化膜层的颜色和外观。

（7）在磷化膜表面滴加一滴 3％硫酸铜溶液，观察并记录滴液开始变红的时间；或放入 35℃、盐雾沉降量 1～2mL/(h·80cm^2)、试液为 5％NaCl 的盐雾实验箱中进行盐雾实验，记录开始腐蚀的时间，判断不同配方下磷化膜的耐蚀性。

（8）所有实验平行做 3～5 次，保证实验结果可靠性，记录实验数据。

（9）实验结束后清洗电极，关好仪器设备，打扫卫生。

五、实验结果处理

（1）观察记录不同配方下磷化膜的外观特征和质量。

（2）记录磷化膜开始腐蚀的时间，对各种磷化膜的耐蚀性能进行评价。

（3）综合所有数据，完成实验报告，总结钢铁磷化处理的作用机制。

六、思考题

（1）磷化膜的形成机理是什么？不同磷化膜的物相组成和磷化液的组分有什么关系？

(2) 对磷化膜的形成质量产生影响的因素有哪些？这些因素是如何发挥作用的？

(3) 磷化膜的特点和应用领域是什么？

(4) 和其他腐蚀控制方法相比，钢铁的磷化处理有何优缺点？

实验三十六　铝合金阳极氧化实验

一、实验目的

(1) 掌握铝合金阳极氧化的原理和操作方法。

(2) 掌握铝合金阳极氧化的特点和应用领域。

(3) 掌握化学氧化与阳极氧化的相同点与不同点。

二、实验原理

阳极氧化（anodic oxidation），即金属或合金的电化学氧化，在适当的电解液中，以金属为阳极，在外加电流作用下使其表面生成氧化膜，通常针对铝及铝合金。铝及铝合金的阳极氧化可以在不同的电解液中进行，比如酸性液、碱性液、非水溶液等，但主要以酸性电解液为主，如硫酸、铬酸、草酸、硼酸等。

由于铝及铝合金在进行阳极氧化时的电解质是强酸性的，阳极电位较高，所以阳极反应会先进行水的电解，生成氧原子，而生成的氧原子会立即与铝发生反应生成氧化膜。因此，阳极反应为：

$$H_2O \longrightarrow O + 2H^+ + 2e^- \tag{1}$$

$$2Al + 3O \longrightarrow Al_2O_3 \tag{2}$$

阴极主要发生析氢反应，反应为：

$$2H^+ + 2e^- \longrightarrow H_2 \tag{3}$$

与此同时，酸会对铝和生成的氧化膜进行化学溶解，发生如下反应：

$$2Al + 6H^+ \longrightarrow 2Al^{3+} + 3H_2 \tag{4}$$

$$Al_2O_3 + 6H^+ \longrightarrow 2Al^{3+} + 3H_2O \tag{5}$$

从上式可以看出在铝合金阳极氧化过程中，氧化膜的生长和溶解会同时进行，在阳极氧化的不同阶段，两者的速度不同。只有当膜的溶解速度与生长速度相等时，氧化膜的厚度才会达到定值。

铝及铝合金的阳极氧化膜通常呈多孔结构，其厚度为几十至几百微米，不仅具有良好的力学性能和耐蚀性能，而且具有良好的吸附性，十分容易通过着色处理获得不同的颜色。所以铝合金的阳极氧化处理常用于防护层、防护-装饰层、耐磨层、绝缘层、喷漆底层和电镀层。

本实验利用硫酸、铬酸和草酸电解液对铝合金进行阳极氧化处理，然后对各种阳极氧化膜的特点和性能进行对比分析。

(1) 硫酸法阳极氧化

表 1 为典型硫酸法阳极氧化的配方及工艺条件，硫酸阳极氧化具有溶液成分简单、稳

定，可允许杂质含量范围大的特点。与另外两种方法相比，硫酸法的电源能耗少、操作方便、成本低。

表1　典型硫酸法阳极氧化的配方与工艺条件

工艺条件	配方1	配方2	配方3
H_2SO_4/(g/L)	160～200	160～200	100～110
温度/℃	13～26	0～7	13～26
阳极电流密度/(A/cm²)	0.5～2.5	0.5～2.5	1～2
电压/V	12～22	12～22	16～24
时间/min	30～60	30～60	30～60
阴极材料	铝板	铝板	铝板
阴极与阳极面积比	1.5∶1	1.5∶1	1.5∶1
电源	直流电	直流电	交流电

除了松孔度较大的铸件、点焊和铆接件以外，其他几乎所有的铝及铝合金都适用于硫酸法阳极氧化工艺。经过硫酸阳极氧化处理后的氧化膜无色透明，厚度为 $5～20\mu m$，具有较高的硬度和良好的耐蚀耐磨性能，并且具有较强的吸附能力，易于染色。

（2）铬酸法阳极氧化

表2为典型铬酸法阳极氧化的配方和工艺条件。经过铬酸阳极氧化得到的氧化膜具有不透明的灰白色至深灰色的外观，厚度较薄，一般为 $2～5\mu m$，用此方法制备的铝合金仍能保持原来的精度和表面粗糙度，所以该工艺适用于精密零件。但膜层的孔隙率较低，染色较为困难，膜层较软，耐磨性较差。

表2　典型铬酸法阳极氧化的配方与工艺条件

工艺条件	配方1	配方2	配方3
CrO_3/(g/L)	30～40	50～55	95～100
温度/℃	38～42	37～41	35～39
阳极电流密度/(A/cm²)	0.2～0.6	0.3～0.7	0.3～2.5
电压/V	0～40	0～40	0～40
时间/min	60	60	35
阴极材料	铝板或石墨	铝板或石墨	铝板或石墨

与硫酸法阳极氧化相比，铬酸法阳极氧化的溶液成本更高且电能消耗很大，因此在应用上会受到一些限制。

（3）草酸法阳极氧化

表3为典型草酸法阳极氧化的配方和工艺条件。由草酸法阳极氧化得到的氧化膜的厚度较厚，为 $8～20\mu m$，最厚可达到 $60\mu m$，其孔隙率较低，耐蚀性较好且富有弹性，具有良好的绝缘性能。但是该方法的成本较高，为硫酸法阳极氧化的 $3～5$ 倍，并且溶液具有一定的毒性且稳定性较差，因此该方法在应用方面常用于有特殊要求的情况，比如制作电气绝缘保护层、日用品表面装饰等。

表 3   典型草酸法阳极氧化的配方与工艺条件

工艺条件	配方 1	配方 2	配方 3
草酸/(g/L)	27～33	50～100	50
温度/℃	15～21	35	35
阳极电流密度/(A/cm^2)	1～2	2～3	1～2
电压/V	110～120	40～60	30～35
时间/min	120	30～60	30～60
阴极材料	直流	交流	直流

由于铝合金的阳极氧化膜具有多孔的结构并且有较强的吸附性，因此常需要在阳极氧化过后进行着色和封闭处理，使得阳极氧化膜获得各种不同的颜色并提高耐蚀性。通过无机颜料、有机颜料和电解着色对其进行着色，通过沸水、蒸汽、重铬酸盐和水解封闭等方法对其进行封闭。

三、实验材料和仪器

（1）实验材料

纯铝或 Al-Mg 合金（尺寸为 30mm×20mm×2mm），硫酸、铬酸、草酸、盐酸、重铬酸钾等。

（2）实验仪器

铂电极，磁力加热搅拌器，稳压电源，毫安表，毫伏表，可变电阻，扫描电子显微镜，X 射线衍射仪，温度计，烧杯，计时器。

铝合金阳极氧化的实验装置如图 1 所示，铂电极为阴极，铝合金为阳极，两电极之间连有电源、电流表和可变电阻。

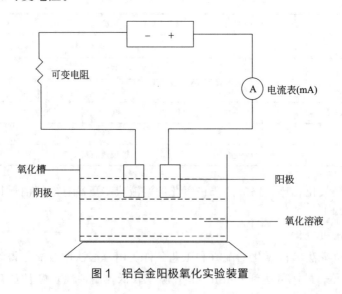

图 1   铝合金阳极氧化实验装置

四、实验步骤

（1）选取表 1、表 2、表 3 中不同的配方，计算实验所需的药品的用量。将实验所需蒸馏水的 3/4 加入烧杯中，将所需的硫酸、铬酸或草酸在搅拌的条件下缓慢加入，搅拌至完全溶解后将蒸馏水加到所需体积。

（2）对实验用到的铝合金试样依次使用 400♯、600♯、800♯、1000♯、1200♯、2000♯砂纸打磨，然后使用三氧化二铝粉进一步打磨，打磨完成之后使用去离子水和无水乙醇冲洗，氮气吹干备用。

（3）将待处理的铝片在室温下放入 $40\sim60g/L$ $Na_3PO_4\cdot12H_2O+8\sim12g/L$ $NaOH+Na_2SiO_3$ 溶液中浸泡 $3\sim5min$ 除油，清水冲洗后在 $40\sim55℃$ 条件下放入 $20\sim35g/L$ $NaOH+20\sim30g/L$ Na_2CO_3 溶液中浸蚀 $0.5\sim3min$，清水冲洗后在室温下放入 $300\sim400g/L$ HNO_3 溶液中进行出光处理 $2min$，再用清水冲洗后待用。

（4）按照图 1 连接好阳极氧化装置，利用恒温加热搅拌器加热至需要的温度；按表 1、表 2、表 3 中的工艺条件调节可变电阻至规定电压和电流密度，对铝片进行阳极氧化处理。

（5）将样品从阳极氧化溶液中取出，清水冲洗、干燥后放入超纯沸水封闭处理 $5\sim30min$。

（6）将样品从沸水中取出，使用清水冲洗干净后用电吹风吹干，使用扫描电镜测量氧化膜的厚度。利用扫描电子显微镜和 X 射线衍射仪观察、测定氧化膜的形貌、成分和物相组成。

（7）将滴液（25mL HCl＋3g $K_2Cr_2O_7$＋75mL H_2O）滴加到氧化膜上，记录滴液变为绿色的时间。

（8）所有实验平行做 $3\sim5$ 次，记录实验数据。

（9）实验结束后清洗试样，关好仪器设备，打扫卫生。

五、实验结果处理

（1）观察比较各种阳极氧化膜的颜色和外观差异，分析形成原因。

（2）观察与测定各种阳极氧化膜的厚度、形貌、成分和结构组成，分析各种阳极氧化膜的成膜机制。

（3）记录滴液变为绿色的时间。

（4）完成实验报告，总结铝合金阳极氧化的工艺流程，确定最佳阳极氧化条件。

六、思考题

（1）铝合金的化学氧化和阳极氧化有什么相同点与不同点？

（2）铝合金阳极氧化的原理是什么？

（3）分析硫酸法阳极氧化、铬酸法阳极氧化和草酸法阳极氧化的特点与异同。

（4）铝合金阳极氧化和其他方法相比有何优缺点？

实验三十七　铝合金微弧氧化实验

一、实验目的

（1）了解微弧氧化技术及其工艺特点。

（2）熟悉微弧氧化实验所用设备及操作方法。

（3）掌握铝合金的微弧氧化原理。

（4）认识铝合金微弧氧化膜层的形貌特点和耐蚀性能，并分析其影响因素。

二、实验原理

（1）微弧氧化原理

微弧氧化（micro-arc oxidation，MAO）也被称为等离子体电解氧化（plasma electro-lytic oxidation，PEO），是从阳极氧化技术的基础上发展而来的，形成的涂层优于阳极氧化。微弧氧化工艺主要依靠电解液与电参数的匹配调节，在弧光放电产生的瞬时高温高压作用下，于铝、镁、钛等阀金属及其合金表面生长出以基体金属氧化物为主并辅以电解液组分的改性陶瓷涂层。

微弧氧化与阳极氧化类似，但它采用更高的电极电位。通电后在工件的表面首先形成一层薄的金属氧化物绝缘膜，随着电压的上升，进入高压火花放电区，金属氧化物膜的薄弱部位率先被击穿，从而发生微等离子体弧光放电。此时形成了瞬时超高温区，金属无定型氧化物在高温、高压的瞬间烧结作用下，转变成陶瓷晶体结构，达到工件表面强化，硬度大幅度提高，耐磨、耐蚀、耐压、绝缘及抗高温冲击特性得到改善。微弧氧化是一种非常环保、高效的表面处理技术，在军工、航空航天、机械制造业等许多领域有着广泛的应用前景。

（2）微弧氧化技术的工艺特点

微弧氧化电解液大多采用碱性溶液，对环境污染小，溶液温度对微弧氧化的影响较小，微弧氧化工艺的设备和流程简单。氧化层为经高温熔化形成的陶瓷膜，具有很高的稳定性。陶瓷膜原位生长，与基体结合牢固、不容易脱落。膜层的热导率小，具有良好的隔热性能。此外，通过改变电解液组成及工艺条件，可调整膜层的微观结构和特征，实现膜层的功能性设计。

（3）微弧氧化膜层的影响因素

由于微弧氧化对工件的前处理要求不苛刻，工件的表面状态对工艺的影响较大。

① 工件材质及表面状态　微弧氧化对铝材要求不高，只要阀金属比例占到40％以上，均可用于微弧氧化，且能得到理想膜层。表面状态一般不需要经过抛光处理，对于粗糙的表面，经过微弧氧化，可修复得平整光滑；对于粗糙度低（即光滑）的表面，则会增加粗糙度。

② 电解液组成　电解液配方的选择，既要维持陶瓷氧化层的电绝缘特性，并使之有利于微弧的产生，又要使微弧氧化的产物尽可能地滞留在材料里。电解液配方不同，氧化如火花放电时火花形成和移动速度、保持连续火花的电位不同；电压、电流行为不同，所得膜层的颜色、质地（如微孔尺寸和粗糙度）、厚度、化学组成及电化学性质等也不同。因此电解液成分的选择至关重要，现在广泛采用的是碱性电解液，研究最多的是碱性硅酸盐溶液，还有铝酸盐、磷酸盐等电解液。此外，电解液的浓度对氧化膜的成膜速率、表面颜色和粗糙度也有重要的影响。

③ 电流密度、氧化电压和氧化时间　微弧氧化过程中的电流密度越大，氧化膜的生长速度越快，膜厚增加，但易出现烧损现象。随着电流密度的增加，击穿电压升高，氧化膜表面粗糙度也增加，同时氧化膜表面的微孔数目减少，微裂纹扩展程度增加。一般认为低氧化电压生成的膜孔径小、孔数多；高氧化电压生成的膜孔径大，孔数少，但成膜速度快。电压

过低，成膜速度小，膜层薄，颜色浅，硬度低；电压过高，易出现膜层局部击穿，对膜耐蚀性不利。随着氧化时间的增加，氧化膜厚度增加，但有极限。同时，氧化时间的增加使得膜表面微孔密度降低，但表面粗糙度变大。氧化时间足够长，当溶解与沉积达到动态平衡时，对膜表面有一定平整作用，膜的表面粗糙度反而会减小。

④ 温度对微弧氧化的影响　微弧氧化与阳极氧化不同，所需温度范围较宽。一般为10～90℃。温度越高，成膜越快，但粗糙度也增加。且温度高时会形成水汽。一般建议在20～60℃。由于微弧氧化以热能形式释放，所以液体温度上升较快，微弧氧化过程须配备容量较大的热交换制冷系统以控制槽液温度。

⑤ 脉冲频率和占空比　电源是微弧氧化工艺的关键设备，电源控制方式有恒流、恒压、恒功率等模式。目前绝大部分微弧氧化工艺都采用恒流控制模式，其次是恒压控制模式。另外，电源的可调整参数还包括脉冲频率、占空比和氧化时间等。

脉冲频率较高时，膜生长速率高，组织中非晶态相比例远远高于低频试样。在高频下，孔径小且分布均匀，整个表面比较平整、致密。而在低频下，微孔孔隙大而深，且试样极易被烧损。氧化膜表面逐渐变粗糙；恒电流、恒电压方式下增大占空比，氧化膜的生长速率增大，恒功率方式下，占空比对氧化膜的生长速率和表面质量的影响不显著。在高频下，占空比越大，陶瓷层表面粗糙度越大；占空比越小，陶瓷层表面粗糙度越小。

微弧氧化技术目前仍存在一些不足之处，如工艺参数和配套设备的研究需进一步完善；氧化电压较常规铝阳极氧化电压高得多，操作时要做好安全保护措施；电解液温度上升较快，需配备较大容量的制冷和热交换设备。

三、实验材料和仪器

（1）实验材料

7075 铝合金（试样尺寸为 25mm×25mm×5mm），铝酸钠，氢氧化钠，四硼酸钠，磷酸钠，氯化钠。

（2）实验仪器

本实验采用的微弧氧化装置由变压器、高压脉冲电源、电解槽、搅拌系统及冷水系统组成。工艺参数为恒流模式，电源正向，电压幅度为 0～750V，负向电压调节范围为 0～250V；正向电流调节范围为 0～30A，负向电流调节范围为 0～30A。另外，脉冲频率、占空比和微弧氧化时间等均可单独调节。其他仪器包括扫描电子显微镜等。

四、实验步骤

（1）试样预处理

对实验用到的所有铝合金金属试样依次使用 400♯、600♯、800♯、1000♯、1200♯砂纸打磨，并使用去离子水和无水乙醇冲洗，氮气吹干备用。

（2）电解液配置

实验选用复合电解液体系，基础电解液为铝酸钠和磷酸钠，并添加一定的氢氧化钠、四硼酸钠和柠檬酸钠；用蒸馏水配制所需浓度的电解液，然后倒入电解槽中备用。

（3）微弧氧化处理

微弧氧化处理过程中，将试样与铝导线螺纹连接，连接处及导线浸入电解液的部分均用环氧树脂封装。试样悬于电解液中，试样底部与四周不能与电解槽接触；接通电源后，输入预定的电参数，开始实验，处理过程中，通过循环水冷却电解液，温度保持在 40℃ 以下，实验结束后，导出实验过程中的电参数数据。关闭电源，取出试样，用蒸馏水冲洗干净后，冷风吹干，装入试样袋。

（4）实验方案

① 电解液配方优化　设定初始电解液组分为铝酸钠、磷酸钠、氢氧化钠、四硼酸钠和柠檬酸钠，其中铝酸钠和磷酸钠为主成膜剂；氢氧化钠既可以调节溶液 pH，也可以促进成膜。四硼酸钠作为添加剂，对膜层的膜厚及耐磨性影响很大；柠檬酸钠可有效地抑制火花放电，使膜层变得均匀、致密，孔径较小。初步选定的电参数为：电流密度 $15A/dm^2$、脉冲频率 500Hz、占空比 40%、时间 15min。

采用五因素四水平正交表（表 1）进行正交实验，以膜层耐腐蚀性能为评价指标，对电解液的配方进行优化，并通过极差分析得出电解液中对腐蚀性能影响较大的因素。选定电解液的最佳成分范围为：铝酸钠 12.5～20g/L、磷酸钠 2.5～10g/L、氢氧化钠 3～6g/L、四硼酸钠 2～3.5g/L、柠檬酸钠 3～4.8g/L。

表 1　电解液配方的正交实验方案与膜层性能

试样序号	铝酸钠/(g/L)	磷酸钠/(g/L)	氢氧化钠/(g/L)	四硼酸钠/(g/L)	柠檬酸钠/(g/L)	腐蚀速率/[g/(m²·h)]	膜层形貌特点
1	12.5	2.5	3.0	2.0	3.0		
2	12.5	5.0	4.0	2.5	3.6		
3	12.5	7.5	5.0	3.0	4.2		
4	12.5	10.0	6.0	6.0	3.0		
5	15.0	2.5	3.0	4.0	3.0		
6	15.0	5.0	4.0	3.0	3.5		
7	15.0	7.5	5.0	6.0	2.0		
8	15.0	10.0	6.0	6.0	2.5		
9	17.5	2.5	3.0	5.0	3.5		
10	17.5	5.0	4.0	6.0	3.5		
11	17.5	7.5	5.0	3.0	2.5		
12	17.5	10.0	6.0	3.0	2.5		
13	20.0	2.5	3.0	6.0	2.5		
14	20.0	5.0	4.0	5.0	2.0		
15	20.0	7.5	5.0	4.0	3.5		
16	20.0	10.0	6.0	3.0	3.0		

② 电参数优化　在优化电解液配方后，采用四因素三水平进行正交实验设计，以膜层的耐蚀性能为评价指标，对电参数进行优化，并通过极差分析得出电解液中对腐蚀性能影响较大的因素。选定电参数：电流密度 15～25A/dm²、脉冲频率 450～550Hz、占空比 35%～45%、微弧氧化时间 10～20min。

（5）膜层性能测试

用扫描电镜观察试样的表面及截面形貌，并通过该设备自带的能谱仪对膜层的成分进行分析。采用全浸实验测试微弧氧化膜层的耐腐蚀性能。将经微弧氧化处理后的试样全浸到 3.5%氯化钠介质中，浸泡一定时间后取出，再放入一定浓度的铬酸溶液中去除试样表面的腐蚀产物，酸洗完成后取出试样并用蒸馏水清洗。用分析天平称量腐蚀后试样的质量，并按 $(m_0-m_1)/(St)$ 计算试样的平均腐蚀速率 $[g/(m^2 \cdot h)]$，其中 S 是试样的表面积（m^2），t 是腐蚀时间（h），m_0 是试样的初始质量（g），m_1 是清除腐蚀产物后试样的质量。

（6）实验平行做 3~5 次，保证实验结果可靠性，记录实验数据。

（7）实验结束后清洗试样，关闭仪器设备，打扫卫生。

五、实验结果处理

（1）测定微弧氧化膜层的表面形貌和腐蚀速率。

（2）利用极差分析方法对实验数据进行极差分析，求得电解液解方和电参数的最佳水平参数及对腐蚀速率影响最大的电解液组分和电参数。

（3）结合微弧氧化膜层的形貌特点，综合分析电解液各组分和电参数对膜层腐蚀速率的影响规律。

（4）综合所有数据，采用 Origin 作图，完成实验报告，总结铝合金阳极氧化陶瓷膜的特性和应用前景。

六、实验注意事项

（1）微弧氧化电源为高压危险仪器，学生应在老师指导下操作，严禁私自使用。

（2）在实验过程中，出现异常现象应先关闭设备电源，设备稳定后取出试样。

（3）实验所需导线浸泡在电解液下的部位，要做绝缘处理。

（4）实验结束后，关闭设备电源及房间水电。

七、思考题

（1）微弧氧化的原理是什么？分析微弧氧化工艺的特点。

（2）和阳极氧化相比，微弧氧化有什么优势？两者之间有什么关系？

（3）阀金属可以通过微弧氧化获得保护性能优异的表面膜，常见的阀金属有哪些？

（4）影响微弧氧化膜层形貌特征和腐蚀性能的主要因素有哪些？

（5）电解液对微弧氧化膜层物相组成和性能有什么影响？为什么？

（6）和其他腐蚀控制方法相比，微弧氧化有什么特点？应用范围有哪些？

实验三十八　钢铁表面电镀锌实验

一、实验目的

（1）认识锌镀层的性质和钢铁材料表面镀锌的方法。

（2）掌握碱性无氰镀锌溶液的配制方法以及电镀操作方法。

（3）熟悉镀锌层的钝化方法。

二、实验原理

镀锌是指在金属、合金或者其它材料的表面镀一层锌以起美观、防锈等作用的表面处理技术。锌的标准电极电位为−0.76V，比铁的电位负，钢铁表面的锌镀层属于阳极性涂层，在腐蚀介质中会对钢铁基体起到电化学保护作用。锌镀层经钝化处理、染色或涂覆护光剂后，能显著提高其防护性和装饰性。电镀锌是应用最早、最广泛的电镀工艺之一，占电镀总产量的60％以上。由于电镀锌具有成本低、抗蚀性好、美观和耐贮存等优点，在机电、轻工、仪器仪表、农机、建筑五金等方面得到广泛的应用。

钢铁材料表面镀锌的方法很多，如电镀、热浸镀、化学镀、热喷涂、化学热处理等，其中以电镀方法应用最为普遍。电镀锌按电解液的性质可分为碱性镀液、中性或弱酸性镀液和酸性镀液等三类，按是否含有氰化物可分为氰化物镀液和无氰镀液。氰化物镀锌电解液为碱性，又可细分为高氰、中氰和微氰三种。氰化物镀液均镀能力好，得到的镀层光滑细致，在生产中被长期采用。但由于氰化物剧毒，对环境污染严重，近年来已趋向于采用微氰、无氰镀锌溶液。无氰镀液分为碱性锌酸盐镀液和硫酸盐镀液（酸性）及氯化钾镀液（微酸性）等。

碱性锌酸盐镀锌是随着人们环保意识的增强而于20世纪60年代后期发展起来的一种镀锌方法。由于其具有镀液成分简单、使用方便、对设备腐蚀小、镀层结晶细致光亮、钝化膜不易变色、废水处理简单等优势而得到广泛应用。典型锌酸盐镀锌的配方与工艺条件如表1所示。

表1 典型锌酸盐镀锌的配方与工艺条件

溶液组成及工艺条件	配方1	配方2	配方3
ZnO/(g/L)	8～12	10～15	10～12
NaOH/(g/L)	100～120	100～130	100～120
DE 添加剂/(mL/L)	4～6	-	4～5
$C_9H_6O_2$/(g/L)	0.4～0.6	-	-
混合光亮剂/(mL/L)	0.5～1	-	-
DPE-Ⅲ添加剂	-	4～6	-
三乙醇胺/(mL/L)	-	12～30	-
KR-7 添加剂/(mL/L)	-	-	1～1.5
温度/℃	10～40	10～40	10～40
阴极电流密度/(A/dm²)	1～2.5	0.5～3	1～4

在碱性锌酸盐镀锌过程中，氧化锌是镀液中的主盐，氧化锌首先与氢氧化钠作用生成 $[Zn(OH)_4]^{2-}$ 配离子，从而提供阴极沉积所需要的锌离子。氢氧化钠是络合剂，作为强电解质，还可以改善电解液的导电性。镀液中的其他组分为添加剂，起到细化晶粒、使镀层平滑光亮、降低内应力等作用。然后 $[Zn(OH)_4]^{2-}$ 配离子通过扩散到达阴极表面附近转化为 $Zn(OH)_2$，$Zn(OH)_2$ 在电极上得到电子还原为金属锌，整个反应过程为：

$$ZnO+2NaOH+H_2O \longrightarrow [Zn(OH)_4]^{2-}+2Na^+ \tag{1}$$

$$[Zn(OH)_4]^{2-} \longrightarrow Zn(OH)_2+2OH^- \tag{2}$$

$$Zn(OH)_2+2e^- \longrightarrow Zn+2OH^- \tag{3}$$

镀锌过程中，锌阳极首先发生电化学溶解形成 Zn^{2+}，接着与 OH^- 配位形成 $[Zn(OH)_4]^{2-}$，其反应式为：

$$Zn \longrightarrow Zn^{2+} + 2e^- \tag{4}$$

$$Zn^{2+} + 4OH^- \longrightarrow [Zn(OH)_4]^{2-} \tag{5}$$

另外，在镀锌过程中还会发生如下阴极和阳极的副反应：

阴极： $$H_2O - 2e^- \longrightarrow H_2 + 2OH^- \tag{6}$$

阳极： $$4OH^- + 4e^- \longrightarrow 2H_2O + O_2 \tag{7}$$

为提高镀锌层的耐蚀性，增加其装饰性，电镀后还需对镀锌层进行除氢（190～220℃、2～3h）、出光（30～50mL/L HNO_3，室温浸泡 3～10s）和钝化处理。在钝化处理方面，过去多采用高浓度铬酸钝化，但随着人们环保意识的增强，目前常用的镀锌层钝化工艺，有彩虹色钝化、白钝化、金黄钝化和黑色钝化等。

钢铁材料表面电镀锌的工艺流程为：化学除油→热水洗→水洗→电解除油→热水洗→水洗→强腐蚀→水洗→电镀锌铁合金→水洗→出光→钝化→水洗→干燥。电镀锌的影响因素包括以下几个部分。①锌含量的影响：锌含量太高，光亮范围窄，容易获得厚的镀层，镀层中铁含量降低；锌含量太低，光亮范围宽，要达到所需的厚度需要较长的时间，镀层中铁含量高。②氢氧化钠的影响：氢氧化钠含量太高时，高温操作容易烧焦；含量太低时，分散能力差。③铁含量的影响：铁含量太高，镀层中铁含量高，钝化膜不亮；铁含量太低，镀层中铁含量低，耐蚀性降低，颜色偏橄榄色。④光亮剂的影响：光亮剂的浓度和组分会影响镀层的脆性、钝化颜色的均匀性等。⑤温度的影响：温度太高，分散能力下降，镀层中铁含量高，耐蚀性降低，钝化膜颜色不均匀，发花；温度太低，高电流密度区烧焦，镀层脆性大，沉积速度慢。⑥阴极移动的影响：必须采用阴极移动。移动太快，高电流密度区镀层粗糙；太慢，可能产生气流，局部无镀层。

三、实验材料和仪器

（1）实验材料

Q235 钢（待镀试件，尺寸为 30mm×20mm×2mm），阳极材料（选用纯锌片，尺寸为 30mm × 20mm × 2mm），ZnO，NaOH，CrO_3，HNO_3，H_2SO_4，$ZnSO_4 \cdot 7H_2O$，CH_3COOH，H_3PO_4，HCl，$AgNO_3$，$CuSO_4 \cdot 5H_2O$，$CH_3COONa \cdot 2H_2O$，DE 添加剂，$C_9H_6O_2$，混合光亮剂，DPE-Ⅲ添加剂，三乙醇胺，KR-7 添加剂等。

（2）实验仪器

稳压电源，毫安表，毫伏表，恒温磁力加热搅拌器，千分尺，0.1mg 电子分析天平，温度计和计时器，烧杯，盐雾实验箱，金相显微镜，扫描电子显微镜；X 射线衍射仪。

四、实验步骤

（1）在进行镀锌前，碳钢和锌片均依次经过切割、除油、除锈、砂纸打磨、清洗、吹干等处理。碳钢试样依次使用 400♯、600♯、800♯、1000♯、1200♯砂纸打磨，并使用去离子水和无水乙醇冲洗，氮气吹干备用。

（2）按表 1 计算所需的化学药品用量，先用计量水的 2/3 溶解 NaOH，再用少量 NaOH 溶液将 ZnO 调成糊状（将 NaOH 溶液加热至 70～80℃，然后将糊状 ZnO 倒入 NaOH 溶液中，直至 ZnO 全部溶解为无色透明）。将计量的添加剂缓慢加入上述溶液中，并加水定容。

（3）用千分尺和分析天平准确测定阴阳极的面积和质量，并根据拟获得的镀锌层厚度、阴极电流密度计算电镀时间和阴极电流。

（4）按图 1 搭好实验装置，连接好所有线路，然后通电后开始电镀。

（5）镀锌结束后，切断电源，取出阴极。用清水冲洗干净、电吹风吹干后，观察镀层的外观形貌，并用千分尺和分析天平准确测量镀层的厚度和质量增加量。

（6）选取一种典型钝化工艺对镀锌层进行钝化处理，观察锌镀层的颜色变化。

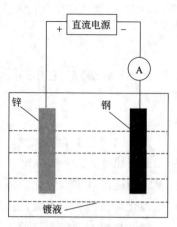

图 1　电镀锌的实验装置图

（7）将钝化后的镀锌试样放入到 35℃、盐雾沉降量 1～2mL/(h・80cm^2)、腐蚀介质为 5% NaCl 的盐雾实验箱中进行盐雾实验，观察并记录镀锌层开始腐蚀的时间，判断镀锌层的耐蚀性。

（8）通过扫描电子显微镜和金相显微镜观察锌镀层的表面形貌，利用 X 射线衍射仪分析锌镀层的组成。

（9）实验平行做 3～5 次，保证实验结果可靠性，记录实验数据。

（10）实验结束后清洗电极，关好仪器设备，打扫卫生。

五、实验结果处理

（1）观察电镀、纯化前后锌镀层的颜色和外观特征。

（2）利用 SEM 和金相显微镜观察锌镀层微观结构，根据 XRD 结果分析其组成。

（3）测量电镀前后碳钢试样的质量变化，计算镀锌层的厚度。

（4）记录盐雾实验过程中镀锌层开始腐蚀的时间，判断镀锌层的耐蚀性。

（5）综合所有数据，完成实验报告。

六、思考题

（1）钢铁材料表面镀锌的目的是什么？从热力学的角度分析锌镀层为什么是一种阳极型镀层？

（2）镀锌的方法有哪些？碱性无氰镀锌有什么优点？

（3）碱性镀锌溶液由哪几部分组成？各自的作用是什么？

（4）镀锌层的钝化处理有哪些方法？各自钝化方法下膜层的耐蚀性如何？

（5）电镀锌的特点是什么？电镀锌的影响因素有哪些？

实验三十九　钢铁材料表面热浸镀锌实验

一、实验目的

（1）掌握钢铁材料表面热浸镀锌的工作原理和操作方法。

（2）利用热浸镀技术在钢铁材料表面制备锌镀层。

（3）掌握锌镀层性能评价方法，能够合理设计评价方案。

二、实验原理

工业中应用最广泛的钢铁材料，在大气、海水、土壤等环境中使用时，均会发生不同程度的腐蚀，热浸镀锌是延缓钢铁材料环境腐蚀的最有效手段之一，热浸镀指将被镀金属材料浸于熔点较低的其他液态金属或合金中进行镀层，被镀的金属材料一般为钢、铸铁及不锈钢等，用于镀层的低熔点金属有锌、铝、铅及其合金（表1）。热浸镀的工艺流程通常包括：工件→脱脂→水洗→酸洗→水洗→浸助镀溶剂→烘干预热→热镀锌→整理→冷却→钝化→漂洗→干燥→检验。

由于锌的电化学特性，对钢基体有牺牲阳极的保护作用，因而热浸镀锌层具有良好的性能，而且价格低廉，因此广泛用作钢材的保护镀层。在钢材热镀锌时，锌液与钢材表面相接触，会发生锌液对钢材的浸润、铁的溶解、铁原子与锌原子间的化学反应及相互扩散等物理化学过程，从而形成由基体依次向外表面的 Γ 相（Fe_3Zn_{10}）、δ_1 相（$FeZn_7$）、ζ 相（$FeZn_{13}$）和 η 相（纯锌）等合金层。从工艺方法看，热镀锌可分为氢气还原法和熔剂法。氢气还原法多用于钢带的连续镀锌，其主要特点是在浸入镀锌锅前需要经过还原炉进行还原以除去钢表面的氧化膜，然后再进行浸镀。而熔剂法主要用于钢丝、钢管和钢结构件的浸镀，其特点是在浸入镀锌锅之前，先在净化的钢表面涂一层熔剂，以保护钢表面不被氧化。按熔剂的处理方式，又可细分为干法和湿法。湿法是将酸洗净的钢材浸涂熔剂后，不经烘干直接浸入熔融金属中热镀，但需在液体的金属表面覆盖一层熔融的熔剂；而干法是在浸涂熔剂后经烘干除去水分，然后再浸镀。由于干法工艺简单、镀层质量好，目前钢结构件热镀锌均采用干法，湿法趋于被淘汰。

表 1　常用热浸镀用溶剂的配方及工艺条件

镀层金属	湿法	干法
锌	（1）NH_4Cl （2）$ZnCl_2 \cdot NH_4Cl$ 复盐 （3）350～450℃熔融状态	（1）10% $ZnCl_2 \cdot 3NH_4Cl$ 溶液 （2）600g/L $ZnCl_2$ +80g/L NH_4Cl（70～80℃浸 1～2min）
铝	（1）40% NaCl + 40% KCl + 12% Na_3AlF_6 + 8% Na_3AlF_6 （2）35% NaCl + 35% KCl + 20% Na_3AlF_6 + 10% Na_3AlF_6（660～700℃熔融状态）	（1）K_2ZrO_6 饱和溶液 （2）5% $Na_2B_4O_7$ +1% NH_4Cl（80～90℃浸 2～3min）
铅	90% $ZnCl_2$ +10% $SnCl_2$（330～350℃熔融状态）	90% $ZnCl_2$ + 10% NH_4Cl 饱和溶液（70～80℃浸 1～2min）
锡	95% $ZnCl_2$ +5% NH_4Cl（230～250℃熔融状态）	90% $ZnCl_2$ + 10% NH_4Cl 饱和溶液（80～100℃浸 1～3min）

热浸镀锌具有很多优点。①使整个钢材表面均受到保护，无论在凹陷处管件内部，或任何其它涂层很难进入的角落，锌均很容易均匀覆盖。②镀锌层的硬度值比钢材还大。最上层的 Γ 相只有 70 DPN 硬度，故易受碰撞而凹入，但下层 ζ 相及 δ 相分别有 179 DPN 及 211 DPN 硬度值，比铁材的 159 DPN 硬度值还高，故其抗冲击及抗磨耗性均相当良好。③在边

角区，锌层往往比其它地方还厚，且有良好的韧性及抗磨性。而其它涂层在此边角处，往往是最薄、最不易施工、最易受伤害处，故常须再维护。④即使受很大的机械伤害或其它原因，造成一小部分锌层脱落，使铁基裸露，此时，周围锌层也会发挥牺牲阳极的功能，来保护此处钢铁，使其不受侵蚀。而其它涂层则刚好相反，锈会马上生成，且迅速蔓延至涂层下面，引起涂层剥落。⑤锌层在大气中的消耗是非常缓慢的，约为钢铁腐蚀速率的 1/17 至 1/18，且是可预估的。其寿命远超过其它任何涂层。⑥镀层寿命在某一特定环境下，主要视镀层厚度而定。而镀层厚度又受钢铁厚度而定，即越厚的钢铁越易得较厚的镀层，故厚的钢铁部位一定也得到较厚的镀层，以保证寿命更长。⑦为达到美观，或在特定严重腐蚀环境使用钢材时，镀锌层可再施以上漆处理，只要漆的系统选用正确、施工容易，其防蚀效果比单独上漆及热浸锌寿命加起来还要好上 1.5～2.5 倍。⑧用锌层来保护钢铁，除了使用热浸镀锌法外，尚有其它数种方法，热浸镀锌法使用最广、防蚀效果最好且经济效益最佳。

热浸镀锌的性能主要从镀锌附着量、均一性和坚实性等方面评估。热浸锌镀层的耐蚀性主要取决于锌层的厚度，故锌层厚度常为主要判定镀锌质量的依据，镀锌层受钢材表面的成分、组织、结构不同而有不同的反应，很难获得完全均一的镀层厚度。所以测附着量绝对不能以单一点（部位）来判定，必须要测其单位面积（m^2）平均附着锌质量（g）才有意义。附着量的测量方法很多，如破坏性的切片金相观测法、酸洗法，非破坏性的膜厚计法、电化学法，常用膜厚计法及酸洗法。热浸镀锌钢铁最易生锈的部位，仍是锌层最薄的地方，故必须测其最薄部位是否符合标准。均一性测试通常采用硫酸铜实验法，但此方法不能用于由锌层和合金层组成的镀锌层。因锌层与合金层在硫酸铜实验液中的溶解速度不同，合金层中也因锌/铁的比例差异而不同。所以，以一定浸渍时间的反复次数来判定均匀性并不是很合理。坚实性就是镀锌层与钢铁密合性，主要要求镀锌构件在整理、搬运、保管及使用中具有不得剥离的性质，一般检验法有锤打法、挤曲法、卷附法等。锤打法是以锤打击试片，检查镀层表面的状态。把试片固定，以 4mm 间隔平行打击 5 点，观察是否剥离。但是，距离角或端 10mm 以内，不得作此实验，同一处不可打击 2 次以上。此法最普遍，适用于锌、铝等皮膜坚实测试，其它方法如挤曲法、卷附法一般很少用。

三、实验材料和仪器

（1）实验材料

Q235 钢（待镀试样，尺寸为 330mm × 20mm × 2mm），纯度为 99.99% 的锌锭，NH_4Cl，$ZnCl_2$ 等。

（2）实验仪器

马弗炉，电热干燥箱，研磨抛光机，金相显微镜，盐雾实验箱，千分尺，分析天平，石墨坩埚，X 射线衍射仪，扫描电子显微镜。

四、实验步骤

（1）在进行热浸镀前，所有试片均依次经过打磨、水砂纸研磨、清洗、吹干等处理。碳钢试样依次使用 400♯、600♯、800♯、1000♯、1200♯砂纸打磨，并使用去离子水和无水乙醇冲洗，氮气吹干备用。

（2）将经过处理的碳钢试样放入 70～80℃的 600g/L $ZnCl_2$ ＋80g/L NH_4Cl 溶液中浸泡

$1\sim2\,\text{min}$，然后放入 $180\sim200^{\circ}\text{C}$ 的电热干燥箱中烘 $10\sim20\,\text{min}$。

（3）将锌锭放入石墨坩埚中，并利用马弗炉加热至 $450\sim470^{\circ}\text{C}$，使锌锭熔化。然后将浸有熔剂的碳钢试样放入石墨坩埚中浸镀 $1\sim10\,\text{min}$。

（4）将浸镀试样取出，并用冷水冷却至室温。利用千分尺和分析天平测量试样浸镀前后的尺寸和质量变化，计算镀锌层的厚度。

（5）对浸镀试样进行封装、研磨、抛光和浸蚀，利用金相显微镜和扫描电子显微镜观察测定试样的剖面形貌、显微组织和成分变化。

（6）利用 X 射线衍射仪测定锌镀层的物相组成。

（7）将热浸锌镀层放入盐雾实验箱中进行盐雾实验，温度为 35°C，盐雾沉降量为 $1\sim2\,\text{mL}/(\text{h}\cdot80\,\text{cm}^2)$，测试介质为 5% NaCl 溶液，观察并记录锌镀层表面开始腐蚀的时间，并比较不同温度、浸镀时间下锌镀层的耐蚀性。

（8）实验平行做 $3\sim5$ 次，保证实验结果可靠性，记录实验数据。

（9）实验结束后清洗试样，关好仪器设备，打扫卫生。

五、实验结果处理

（1）观察热浸镀前后碳钢试样表面颜色和外观特征。

（2）测量热浸镀锌前后试样的质量和尺寸变化，并计算锌镀层的厚度。

（3）测量热浸镀锌的形貌、成分和结构，并分析浸镀温度、时间对镀层形貌、成分结构的影响。

（4）记录盐雾实验过程中镀锌层开始腐蚀的时间，比较不同工艺下镀锌层的耐蚀性。

（5）综合所有数据，完成实验报告，讨论热浸镀锌制备锌镀层实验过程中的关键问题。

六、思考题

（1）钢铁材料表面热浸镀锌的原理是什么？热浸镀锌过程中发生了哪些化学反应？

（2）试从 Fe-Zn 合金相图出发，分析热浸锌镀层的组织变化规律。

（3）在实施热浸镀之前，为什么要对试样进行浸涂熔剂处理？

（4）根据实验结果分析影响热浸锌镀层组织和性能的因素，并考虑如何加以调整。

（5）比较钢铁材料表面电镀锌和热浸镀锌的区别和各自的特点与优势？

（6）和其他腐蚀控制方法相比，金属材料表面镀锌有何优缺点？锌镀层主要应用于哪些环境中？

实验四十　钢铁材料表面化学镀镍实验

一、实验目的

（1）掌握化学镀镍的基本原理、工艺及应用范围。

（2）学会通过化学镀镍技术在钢铁表面制备镍磷合金层。

（3）掌握化学镀 Ni-P 层的结构与性能之间的关系，掌握 Ni-P 镀层的防腐原理。

二、实验原理

在直流电的作用下，电解液中的金属离子还原，并沉积到零件表面形成具有一定性能的金属镀层的过程，称为电镀。而化学镀是一种不使用外电源，只是依靠金属的催化作用，通过可控制的氧化还原反应，使镀液中的金属离子沉积在镀件表面的方法，因而化学镀被称为自催化镀或无电镀。与电镀相比，化学镀有以下特点。①化学镀设备简单，不需外电源，前期处理工艺较简单，只要在温度、pH 值等工艺参数合理的条件下，把待镀零件浸入镀液中即可，在金属和非金属材料上都能进行。②不存在电流分布的问题，均镀能力好。对于形状复杂、有内孔内腔的镀件，镀得均匀，具有仿形镀特点。化学镀本身是一个自催化的氧化还原过程，只要催化基体与溶液接触到就可以施镀，几乎是基体形状的一个复制，达到仿形的程度，不会像电镀一样，出现由于电力线分布不均匀而引起的镀层厚度不均的现象。③可使镀件表面形成任意厚度均匀的镀层。④镀层的空隙率低、致密性好、硬度高、耐蚀和耐磨性好。化学镀的结合力、防腐性能都优于电镀。⑤镀液通过维护调整能反复使用，但使用周期是有限的。⑥化学镀的不足之处是化学镀液中同时存在氧化剂（金属离子）与还原剂，处于热力学不稳定状态，镀液的稳定性差，沉积速度慢，工作温度高。

由于化学镀既可以作为单独的加工工艺来改善材料的表面性能，也可以用来获得非金属材料电镀前的导电层，因而化学镀在电子、石油化工、航空航天、汽车制造、机械等领域有着广泛的应用。目前，工业上应用最多的是化学镀镍和化学镀铜。化学镀镍自 1946 年发明以来，经过几十年的发展已经形成了比较完善的化学镀工艺，按使用的还原剂，可分为次磷酸盐体系、硼氢化物体系、氨基硼烷体系、肼体系、甲醛体系等。其中以次磷酸盐为还原剂的化学镀镍约占化学镀镍量的 99% 以上。

化学镀镍溶液，一般包含镍盐、还原剂、络合剂（配位剂）、缓冲剂、pH 调节剂、稳定剂、加速剂、润滑剂和光亮剂等。其中镍盐是镀层的金属供体，常采用硫酸镍或氯化镍，最常用的还原剂是次磷酸盐，常用的络合剂有乳酸、苹果酸、琥珀酸等。缓冲剂用于防止 pH 发生明显变化，常用的缓冲剂有醋酸钠、硼酸等。稳定剂的作用是控制镍离子的还原和使还原反应只在镀件表面上进行，并使镀液不会自发反应，常用的稳定剂有硫化合物（硫化硫酸盐、硫脲）等。加速剂的作用是提高沉积速度，常用的加速剂有乳酸、醋酸、琥珀酸及它们的盐类和氟化物。为了提高表面的装饰性，还需要添加苯二磺酸钠、硫脲、铜盐等光亮剂和润滑剂。

另外，镀液的 pH 和温度也是化学镀镍的重要工艺参数。按 pH，镀液可分为酸性镀液和碱性镀液。按温度，镀液可分为高温镀液和中低温镀液。其中，中低温镀液比较适合塑料等工件的化学镀镍。化学镀镍的基本原理是以次磷酸盐为还原剂，将镍盐还原成镍，且沉积的镍膜具有自氧化性，从而使得沉积反应能自动进行下去。化学镀镍的具体反应机理里尚无统一认识，如常用的有原子氢理论、氢化物理论和电化学理论等。其中为大多数人接受的是原子氢理论和氢化物理论，对于原子氢理论，其机制为：

（1）在加热过程中，次磷酸盐在水溶液中脱氢，形成亚磷酸根，同时分解析出初生态原子氢［H］。

$$H_2PO_2^- + H_2O \longrightarrow HPO_3^{2-} + H^+ + 2[H] \tag{1}$$

（2）原子氢吸附于催化金属表面使之活化，使溶液中的镍离子还原并沉积在金属表面。

$$Ni^{2+} + 2[H] \longrightarrow Ni + 2H^+ \tag{2}$$

（3）同时原子态氢又与 $HP_2O_2^-$ 反应使磷析出，还有部分原子态氢复合生成氢气逸出，

$$H_2PO_2^- + [H] \longrightarrow H_2O + OH^- + P \tag{3}$$

$$2[H] \longrightarrow H_2 \uparrow \tag{4}$$

（4）镍原子和磷原子共同沉积而形成 Ni-P 镀层。因此，化学镀镍过程的总反应为。

$$Ni^{2+} + H_2PO_2^- + H_2O \longrightarrow HPO_3^{2-} + 3H^+ + Ni \tag{5}$$

常见的中、低温化学镀镍配方和工艺如表 1 所示。

表 1　中、低温化学镀镍工艺

成分和操作条件	配方 1	配方 2	配方 3	配方 4	配方 5
$NiSO_4 \cdot 7H_2O/(g/L)$	—	25	—	25～30	30
$NiCl_2 \cdot 6H_2O/(g/L)$	25～30	—	40～60	—	—
$NaH_2PO_2 \cdot H_2O/(g/L)$	20	25	30～60	25～30	22
$NH_4Cl/(g/L)$	45～50	—	—	—	—
$Na_3C_6H_5O_7 \cdot 2H_2O/(g/L)$	—	—	60～90	—	—
$Na_4P_2O_7 \cdot 10H_2O/(g/L)$	60～70	50	—	30	—
$NaC_2H_3O_2 \cdot 3H_2O/(g/L)$	—	30～50	—	碳酸钠	酒石酸
30%氨水/(g/L)	—	—	—	40～50	钾钠 65
1%琥珀酸乙辛磺酸钠/(滴/L)	7～8	—	—	—	—
$KC_2H_3O_3 \cdot 3H_2O/(g/L)$	—	—	10～30	—	—
pH	9～10	10～11	5～6	9.5～10	8.5～10
温度/℃	70～72	65～70	60～65	45～50	60～65
沉积速度/(μm/h)	20	15	—	10～15	15～20

化学镀镍层的后处理包括去氢、钝化和热处理。去氢处理（150～200℃、1～3h）的目的是消除镀层中的氢和内应力，降低镀层的脆性，提高镀层与基体的结合力。钝化处理（如重铬酸盐处理）可进一步提高镀层的耐蚀性。化学镀镍层常呈非晶态，适宜温度的处理可使镀层发生晶化，并析出 Ni_3P、Ni_2P 和 Ni_5P_2 等过渡相，提高镀层的硬度和耐磨性。

与电镀镍层相比，化学镀镍层有诸多优点。①利用次磷酸钠作为还原剂的化学镀镍过程得到的是 Ni-P 合金，控制镀层中的磷含量可以得到 Ni-P 非晶态结构镀层。镀层致密，孔隙率低，耐腐蚀性能优于电镀镍。②化学镀镍层的镀态硬度为 450～600HV，经过合理的热处理后，可以达到 1000～1100HV，在某些情况下，甚至可以代替硬铬。③据镀层中的含磷量，可以控制镀层为磁性或非磁性。④镀层的摩擦系数低，可以达到无油润滑的状态，润滑性与抗金属磨损性方面也优于电镀。⑤低磷镀层具有良好的可焊性。化学镀镍也存在如下缺点：与电镀镍相比，镀液的组成复杂，某些原材料要求较为苛刻；化学镀的操作比较麻烦，镀覆中必须不断进行分析补加，调整 pH；化学镀溶液本身是一个热力学不稳定体系，容易发生分解；对比电镀，化学镀的镀速慢，大多化学镀的镀速为 10～30μm/h；很多化学镀的工作温度都在 90℃左右，维持这个温度也要消耗大量能源；化学镀层的装饰性不如电镀，光亮性不足。

三、实验材料和仪器

（1）实验材料

Q235 钢（待镀试样，尺寸为 30mm×20mm×2mm），$NiSO_4 \cdot 7H_2O$，$NaH_2PO_2 \cdot H_2O$，$NaC_2H_3O_3 \cdot 3H_2O$，$Na_2C_6H_5O_7 \cdot 2H_2O$，$Na_3C_2H_3O_3$，$C_4H_6O_5$，$C_4H_6O_4$，$C_3H_6O_3$，$C_2H_6O_2$，$NiCl_2 \cdot 6H_2O$，$NH_4Cl$，$Na_3BO_3 \cdot 10H_2O$，$(NH_4)_3C_6H_5O_7 \cdot 10H_2O$，氨水，琥珀酸乙辛磺酸钠，$Na_3C_6H_5O_7 \cdot 2H_2O$。

（2）实验仪器

恒温磁力加热搅拌器，千分尺，分析天平，温度计，计时器，烧杯，盐雾实验箱，金相显微镜，X 射线衍射仪，扫描电子显微镜。

四、实验步骤

（1）样品预处理：在进行化学镀前，所有试片均依次经过切割、除油、除锈、打磨、水砂纸研磨、清洗、吹干等处理。碳钢试样依次使用 400♯、600♯、800♯、1000♯、1200♯砂纸打磨，并使用去离子水和无水乙醇冲洗，氮气吹干备用。

（2）选取合适配方，计算所需的化学药品用量。用三分之一计量量的蒸馏水溶解镍盐，并用适量蒸馏水分别溶解药品。在磁力搅拌下，将络合剂（乳酸、苹果酸、琥珀酸等）和缓冲剂（醋酸钠、硼酸等）溶液相互混合，然后加入镍盐溶液并充分搅拌。在搅拌状态下，加入除还原剂外的其他溶液；接着在剧烈搅拌下，将次磷酸钠（还原剂）加入溶液中。用蒸馏水稀释至规定体积，再用酸或氨水调节至要求的 pH。

（3）将镀液放入恒温水浴中，加热至规定温度。把碳钢试件放入镀液中，一定时间（30min、60min、90min）后取出镀件，用冷水清洗 2min 并吹干。

（4）利用千分尺和分析天平测量施镀前后试样的厚度和质量变化，从而计算镀层的厚度；将施镀后试样的剖面做成金相试样，用金相显微镜测量镀层的厚度。

（5）利用扫描电子显微镜观察和测量镀层的表面形貌和成分；并用 X 射线衍射分析镀层的物相组成。

（6）对化学镀层进行不同温度（200℃、600℃）热处理，然后分别观察和测定镀层的形貌、成分和结构。

（7）将化学镀层放入到盐雾实验箱中进行盐雾实验，温度为 35℃，盐雾沉降量为 $1\sim 2mL/(h \cdot 80cm^2)$，测试介质为 5% NaCl 溶液，观察并记录化学镀镍层开始腐蚀的时间，比较化学镀层的耐蚀性。

（8）实验平行做 3～5 次，保证实验结果可靠性，记录实验数据。

（9）实验结束后清洗试样，关好仪器设备，打扫卫生。

五、实验结果处理

（1）观察碳钢试样化学镀镍前后表面颜色和外观特征。

（2）测量电镀前后化学镀镍层的质量和厚度变化，并计算化学镀镍层的厚度。

（3）测量化学镀镍层的形貌、成分和结构，并分析热处理温度对镀层形貌、成分和结构的影响。

（4）记录盐雾实验过程中镀镍层开始腐蚀的时间，判断镀镍层的耐蚀性。

（5）完成实验报告，讨论化学镀镍性能和其结构之间的关系。

六、思考题

（1）化学镀和电镀相比有何异同点？各自的优势是什么？为什么化学镀不需外加电流就能施镀？

（2）影响化学镀的因素有哪些？

（3）采用何种方法可以提高化学镀镍的质量从而提高其防腐性能？

（4）根据实验结果分析热处理对试样组织和性能的影响规律。

（5）钢铁材料表面化学镀镍的过程中有哪些注意事项？

实验四十一　有机涂层的制备和涂覆实验

一、实验目的

（1）掌握环氧涂料中环氧树脂与固化剂交联反应固化的原理。

（2）认识有机涂料的组成以及涂料各组成对涂料及涂层性能的影响。

（3）掌握涂料的制备工艺以及在金属材料表面涂覆成膜的方法。

二、实验原理

目前，和其他腐蚀控制方法相比，涂装有机涂层是保护金属材料最经济、最有效、最简便而且是广泛应用的金属材料腐蚀控制方法。有机涂层附着在金属表面并与金属紧密结合，能够有效阻止腐蚀介质渗入，隔绝腐蚀环境，延长金属材料的使用寿命，还能够起到装饰作用。有机涂料包括成膜物质（高分子树脂）、颜填料、溶剂、助剂等，其中油料、树脂是主要成膜物质，它们可以单独成膜，也可以黏结颜填料等物质成膜，是涂料的基础；颜填料是次要的成膜物质，不仅使涂层呈现颜色和遮盖力，还可以增加机械强度、耐久性及特种功能如防蚀和防污等。成膜物质是涂料不可缺少的成分。

（1）成膜物质

涂料成膜物质的品种很多，如环氧树脂、聚氨酯、丙烯酸树脂和橡胶等，本实验主要讨论防腐蚀涂料中应用广泛的环氧树脂。环氧树脂是一种高分子聚合物，分子式为 $(C_{11}H_{12}O_3)_n$，是指分子中含有两个以上环氧基团的一类聚合物，它是环氧氯丙烷与双酚 A 或多元醇的缩聚产物。环氧树脂以分子链中含有活泼的环氧基团为特征，环氧基团可以位于分子链的末端、中间或成环状结构。由于分子结构中含有活泼的环氧基团，可与多种类型的固化剂发生交联反应而形成不溶的具有三向网状结构的高聚物。环氧树脂有多种型号，各具不同的性能，其性能可由特性指标确定，环氧当量（或环氧值）是环氧树脂最重要的特性指标，表征树脂分子中环氧基的含量。环氧基是环氧树脂中的活性基团，它的含量直接影响树脂的性质。环氧当量是指含有 1mol 环氧基的环氧树脂的质量，一般用 Q 表示。而环氧值是指 100g 环氧树脂中环氧基的摩尔数，用 E 表示。Q 与 E 的换算关系为 $Q=100/E$。

环氧树脂的固化是通过与固化剂发生交联反应来实现的。在工业上应用最广泛的是将胺加成物作为固化剂。用来计算胺加成物固化剂用量的特性指标为胺值和胺当量。胺值，是指中和 1g 碱性胺加成物所需要的过氯酸所对应的当量氢氧化钾的毫克数。胺当量，是指含有 1mol 氮原子的胺加成物的质量。胺值和胺当量的换算关系为：胺当量＝56100/胺值。

研究表明，胺类固化环氧树脂的机理主要是 N 原子上的活泼氢原子进攻环氧开环。故反应时胺类固化剂与环氧树脂二者的用量主要与环氧基团的数目和活泼氢原子的数目有关。由胺当量计算活泼氢当量，可通过：活泼氢当量＝胺当量×（胺加成物中 N 原子数/胺加成物的活泼氢原子数）实现。若环氧基与活泼氢原子按 1∶1 进行固化反应，环氧树脂与胺类加成物的用量关系可通过下式计算：

$$M = \frac{m \times E \times 561}{\text{胺值}} \times \frac{\text{胺加成物中 N 原子数}}{\text{胺加成物中活泼氢原子数}} \tag{1}$$

式中，m 是环氧树脂的质量；M 是胺类加成物的质量。

通常情况下，胺类加成物主要含有伯胺结构时，上式右侧分式的值取 1/2；胺类加成物中主要含有仲胺时，上式右侧分式的值取 1。通过计算得到的数据大多只作为参考，根据使用量、使用环境和条件并参照实际施工经验最终确定环氧树脂与固化剂二者的用量。

（2）颜填料

颜填料是次要的成膜物质，是构成涂层的重要组分，它离开主要成膜物质不能单独成膜。颜料作为涂料中的着色物质，同时具有遮盖底层，阻挡光线，提高涂层的耐水性、耐气候性，增加成膜强度、硬度、耐磨性，延长涂层使用寿命等作用。颜料是不溶于水的无机物、金属和金属元素的氧化物、硫化物及盐类。一般颜料分为着色颜料、防锈颜料、体质颜料等。树脂中通常会加入一定量的填料，填料的作用是：提高涂料与涂膜的机械强度；提高固体含量，减少树脂用量，减低成本；赋予涂料好的流动性；参与成膜，提供部分遮盖、耐磨性、抗紫外光作用，延长涂膜使用寿命；还具有一些特殊功能性，如紫外光屏蔽、耐热等。部分填料可以作为增稠剂、流变剂、抗静电剂等使用。因此，可以看出，颜填料在提高有机涂层性能方面发挥着重要的作用。

（3）溶剂

溶剂是一种能挥发的液体，能溶解和稀释树脂，改变其黏度以便于施工。同时。在涂料制备和涂装过程中，溶剂占有很大比例，但涂料成膜后，溶剂并不留在涂层内，而是完全挥发到空气中去，所以又称挥发性组分。溶剂是溶剂型涂料不可缺少的组成之一，除在制漆时要采用溶剂外，涂装时为降低涂料的黏度，也要加入溶剂。溶剂的选择十分重要，它直接影响涂料性能和涂层性能。涂料制备过程中如溶剂选择不当，会影响涂料的储存稳定性；在涂装时，会影响稀释涂料黏度和施工性能，使涂层产生白斑、白化、失光等问题，严重时会使涂料报废。现在普遍使用的是有机溶剂，通常包括烃类溶剂和含氧溶剂，烃类溶剂主要有脂肪族烃、芳香烃、氯化烃和萜烃等产品，而含氧溶剂包括醇、酮、酯和醇醚等产品。有机溶剂对环境和人体健康都有一定的危害性，考虑到环保要求，无溶剂涂料和水性涂料是未来的发展方向。

（4）助剂

助剂是辅助成膜物质，它本身不能成膜，一般根据其功能成分，主要有催干剂、防潮剂、增韧剂、润湿剂、防霉剂、杀虫剂、抗结皮剂、乳化剂、脱漆剂等。助剂虽然用量很小，在总配方中不过百分之几，甚至千分之几，但在涂料工业应用很广，而且在涂料组分中占有重要的地位，是涂料生产、储存、施工和使用过程中必不可少的材料。

三、实验材料和仪器

（1）实验材料

氧化铁红，硫酸钡，滑石粉，环氧树脂，增稠剂，混合溶剂，聚酰胺树脂，丙酮，Q235 碳钢，玻璃板，丙酮，稀释剂等。

在本实验中，以环氧树脂为成膜物质，利用正交实验（表1）制备不同类型的涂层。其中，颜填料由氧化铁红、硫酸钡、滑石粉按 3：1：3 混合组成。

表 1　环氧涂料的正交实验设计及涂料黏度和涂层耐蚀性能

序号	环氧树脂/g	聚酰胺树脂/g	混合溶剂/g	增稠剂/g	颜填料/g
1	18	9	21	0.1	36
2	18	11	24	0.2	40
3	18	13	27	0.3	44
4	18	15	30	0.4	48
5	22	9	24	0.3	48
6	22	11	21	0.4	44
7	22	13	30	0.1	40
8	22	15	27	0.2	36
9	26	9	27	0.4	40
10	26	11	30	0.3	36
11	26	13	21	0.2	48
12	26	15	24	0.1	44
13	30	9	30	0.2	44
14	30	11	27	0.1	48
15	30	13	24	0.4	36
16	30	15	21	0.3	40

（2）实验仪器

砂磨分散搅拌多用机，烘箱，烧杯，涂料刷，刮板细度计，涂膜涂布器。

四、实验步骤

（1）样品预处理：碳钢试样依次使用 400♯、600♯、800♯、1000♯、1200♯ 砂纸打磨，并使用去离子水和无水乙醇冲洗，氮气吹干备用。

（2）按表1的正交配方将各物质在烧杯中混合，使用砂磨分散搅拌多用机对烧杯中的溶液进行研磨分散，按照 GB/T 1723—1993 测定涂料的黏度。

（3）擦净仪器，用玻璃棒搅匀待测的涂料，然后蘸涂料使其自由滴落，数滴数。选择最为合适的黏度值，在刮板细度计的沟槽最深部分滴入几滴涂料，以能填平沟槽且略有多余为宜。双手持刮刀，拇指食指及中指将刮刀横置于刮板之上，使刮刀边楞垂直接触刮板，在

2～3s内使刮刀以均匀速度刮过整个表面沟槽深度为零的一端，施加足够的压力于刮刀之上使沟槽被涂料填满，过剩涂料刮出。

（4）在不超过5s内从侧面观察使视线与沟槽的场边成直角，且与刮板表面呈20°～30°。对光观察沟槽中颗粒均匀显露处，在沟槽横向3mm宽的条带内包含5～10个颗粒位置，确定此条带上限的位置，即为涂料的细度值。

（5）涂层制备

① 底板表面处理　对打磨后的Q235钢板用溶剂洗净、晾干备用。对玻璃板，用热肥皂水洗涤，清水洗净，擦干，然后用脱脂棉蘸溶剂擦净，晾干备用。

② 涂膜涂布器制备漆层

a. 选择相应的涂布器（环氧选第四刀，清漆选第二刀）。

b. 把事先处理好的试片固定在台架上。

c. 将涂料搅拌均匀，然后取适量涂料倾倒在试样片上方。

d. 选择好的涂膜涂布器匀速地自左向右移动，黏度不同，速度不同，制膜厚度也不同。

e. 多余的涂料用刮刀刮入托盘内。

f. 将涂布器浸泡在适当溶液中，用软刷将涂料刷掉，擦干后放回原处。

g. 制备成的涂层在进行性能检验之前干燥48h以上。制备过程中，不允许手指接触样板表面。

③ 涂刷法制备涂层　将涂料搅匀并稀释至适当黏度（或产品标准规定的黏度），用漆刷蘸涂料在底板上快速均匀地沿纵横方向刷涂，形成均匀的涂层，不许空白或溢流，涂刷好的样板平放于恒温恒湿处干燥（25℃±1℃，相对湿度65％±5％）。自干漆干燥48h，挥发性漆干燥24h。

（6）涂层硬度

摆杆硬度计的校正：首先测定其玻璃值，即摆杆从5°摆动衰减至2°的时间，仪器的玻璃值应为（440±6）s，如玻璃值不在此规定范围，应调节重锤的位置，使其符合规定，该时间为t_1。

清洁玻璃板后，将制好的涂层放置于仪器的工作台上，把摆杆的支点钢球放置在涂层表面上，并使摆杆尖端接近制度尺的零点。将摆杆引到5.5°，然后放开，当最大振幅到5°时，启动秒表，并在最大振幅摆到2°时，停止秒表，记录时间t。按（t/t_1）计算涂层的硬度。

（7）实验平行做3～5次，保证实验结果可靠性，记录实验数据。

（8）实验结束后清洗试样，关好仪器设备，打扫卫生。

五、实验结果处理

（1）整理有机涂料的制备过程和工艺，分析涂料制备过程的关键事项。

（2）整理有机涂层的涂覆工艺，观察和记录有机涂层涂覆后表面形貌的变化。

（3）涂层制备完成之后，测量涂层硬度。

（4）完成实验报告，思考涂料制备工艺和涂覆工艺对涂层腐蚀控制效果的影响。

六、实验注意事项

（1）实验过程中注意各药品的称量次序，最后向体系中加入固化剂组分。

（2）要保证一定的搅拌时间，但也不能过长，当黏度达到一定程度后开始涂刷，黏度过大影响实验效果。

（3）涂刷过程中，要使用旧报纸等物以避免将涂料滴落在实验台上难以清理。

（4）连接螺杆和转子端面及螺纹处应保持清洁，否则将影响转子的正确连接及转动时的稳定性。

（5）刮板及刮刀在使用前后都必须用溶剂仔细洗净后擦干，在擦洗时应用细软布。

七、思考题

（1）有机涂料的关键组分是什么？其在腐蚀控制中起到的作用是什么？

（2）颜填料在涂层制备过程中所起到的作用是什么？如何显著提高有机涂层对基底金属的保护作用进而提高其服役寿命？

（3）在涂料涂覆过程中需要注意什么？如何获得高质量涂覆涂层？

（4）固化剂用量对涂层防腐性能有什么影响？

（5）在涂料配方设计中，应如何选择配方的组成成分、正交因素个数和水平数？所选因素个数对实验结果有什么影响？

实验四十二　有机涂层防护性能综合性测试

一、实验目的

（1）认识涂料黏度和相对密度的意义及测试方法。

（2）认识涂料细度的意义，掌握涂膜制备方法。

（3）了解涂层硬度和冲击强度的意义，并掌握其测定方法。

（4）掌握有机涂层防护性能的评价方法，并学会实际应用。

二、实验原理

涂料是一种涂覆于物体表面能形成连续、致密、牢固附着于物体表面的固态干膜涂层的流体性（如液体、粉末）材料。或者说，涂料是形成涂层的原材料，而涂层是通过涂装工艺把涂料完整地覆盖于物体表面所形成的具有保护性、装饰性和特定功能（如防腐蚀、绝缘、标记等）的薄膜覆盖层。影响涂层的性能的因素包括涂料密度、黏度、细度、涂层遮盖力、涂层干燥时间、涂层厚度、涂层密度、涂层孔隙率、涂层硬度、涂层附着力、涂层冲击强度等。

（1）涂料的黏度

在涂料生产中，可通过黏度来表示涂料及树脂的聚合度和分子量大小。涂料的分子量太低会影响涂料的物理机械性能，但是分子量过高也会造成涂刷性和流平性差，不能使涂料充分发挥其保护和装饰作用。因此涂料生产中对涂料和树脂的熬炼必须严格控制，用规定的黏度范围来保证涂料中树脂的聚合度符合产品质量的要求，同时涂料施工中也要经常测定其黏度。所谓黏度，就是液体分子间相互作用而产生阻碍其相互运动能力的度量，即液体流动的阻力，或称摩擦力。黏度通过绝对黏度表示，通常以每单位面积上所受的力－剪应力计算。对于流体在圆管内运动的情况，假设某层液体质点的流速为 v，在极小垂直距离 $\mathrm{d}x$ 处的相邻层液体质点的流速为 $v+\mathrm{d}v$，根据牛顿黏性定律，剪切应力可由下式表示：

$$\tau = \eta\left(\frac{\mathrm{d}v}{\mathrm{d}x}\right) \tag{1}$$

式中，τ 是两液层间的摩擦力，其方向与流动方向相反；η 为黏度或黏度系数 g/(cm·s)，表示单位速度梯度下作用在单位面积流质层上的切应力，又称为内摩擦因数；$\frac{\mathrm{d}v}{\mathrm{d}x}$ 是与两层液体质点流动方向垂直的速度梯度，或称剪切速率。

（2）涂料的密度

涂料的密度是指涂料产品单位体积的质量，一般采用金属制的密度杯来测定涂料的密度，通过对涂料密度的测定，可以较快地核对连续几批产品混合后的均匀程度，了解涂料的质量，并可以计算单位面积上涂料的耗用量等。

（3）涂料的细度

为便于施工和达到相关应用要求，细度是涂料性能的重要评价指标。涂料的细度表示涂料中所含颜料在涂料中分散的程度，可用刮板细度计测量。

（4）涂层的制备

要正确评定涂层的性能（物理、机械、电气、耐化学、耐腐蚀等），首先必须制备均匀的、一定厚度的涂层试板。由于涂料品种及实验表面的类型繁多，并没有统一的涂层制备方法，常用刷涂、喷涂、浸涂等，其实都是将涂料均匀涂布于各种材料表面上制成涂膜以检验涂层的性能，本实验采用国家标准 GB/T 1727—2021 标准制备涂层，该标准适用于测定涂层一般性能的样板的制备。

（5）涂层的力学性能

涂料涂覆施工固化后，涂膜（或涂层）的力学性能及附着力指标是涂层起保护作用的基础，涂层的力学性能，包括硬度、冲击强度、附着力等指标。硬度是表示涂层机械硬度的重要性能之一，指涂层表面对作用于其上另一个硬度较大的物体所表现的阻力。目前涂层硬度的测试，有三种方法：摆杆硬度测定法、克利曼硬度测定法和铅笔硬度测定法。在本实验中，采用摆杆硬度测定法对涂层的硬度进行测定，该法灵敏度较高、是非破坏性测定。冲击强度是测试涂层受高速度负荷作用下的变形程度，使用的仪器是冲击实验器，在本实验中，将 1kg 的重锤落在涂层上，以不引起涂层破坏的最大高度来表示，单位是 kg·cm。

在金属腐蚀防护领域，有机涂层对基底材料的保护性能是涂层性能非常重要的指标，有机涂层防腐性能测试方法有很多。涂层样板或实物在规定的腐蚀条件下经过一定时间后，用目测的方式检查涂层所表现出来的对腐蚀介质的反应，如锈蚀、起泡、脱落等，并据此对涂层的耐蚀性能进行评价，这一类方法统称为常规检测法。根据实验方法和实验条件的不同，常规检测主要有浸渍实验、耐盐雾实验、耐湿热实验等。电化学方法评价涂层防腐性能主要有：电化学阻抗法、电化学噪声等，而电化学阻抗目前应用较为广泛。另外，还可以通过光谱学方法（如红外光谱、拉曼光谱）和表面分析技术（如扫描电子显微镜、原子力显微镜、透射电镜）等。

本实验先进行涂料的性能测试，进而通过电化学阻抗、盐雾测试等评价涂层的防腐性能。

三、实验材料和仪器

（1）实验材料

某商用环氧涂料，玻璃板，Q235 碳钢，丙酮，稀释剂，3.5％氯化钠溶液。

（2）实验仪器

饱和甘汞电极，铂电极，电化学工作站，扫描电子显微镜，涂料黏度计，涂料密度杯，0.1mg 电子分析天平，水银温度计（0～50℃），刮板细度计，涂膜涂布器，摆杆硬度测定计，冲击实验器，涂层附着力测定仪，玻璃棒，四倍放大镜，镊子，秒表等。

四、实验步骤

（1）涂料黏度测试

① 清洁黏度杯，并准备试样。

② 调整黏度杯使其处于水平状态。

③ 在黏度计下放一烧杯，用手指堵住流出口后将样品倒满黏度杯，用试棒将多余的样品刮入黏度杯边缘之凹槽中，然后移动手指，同时启动秒表。当样品流丝中断并呈现第一滴时，停止秒表。此时秒表所指示时间即为该样品的全部流出时间。

④ 同一样品实验三次，求其算术平均值。

⑤ 黏度计用完后，要擦拭干净放回原处。

（2）涂料密度

① 测试前，应将密度杯清洁干净。

② 将密度杯放入天平并调平。

③ 装入待测样品至接近杯口处加盖，待试样的多余部分由盖中心的小孔溢出时将其擦净。

④ 将装入样品的密度杯再次放入天平并调平，读数并记录，同时记录温度值。

⑤ 按 $\rho = 0.027n + 0.01(T - 20)$ 计算涂料的密度 ρ，其中 n 是砝码数，T 是测定温度，℃。

⑥ 实验重复三次，求其算术平均值。

（3）涂料细度

① 擦净仪器，用玻璃棒搅匀待测的涂料，然后蘸起涂料使其自由滴落，数滴数。以七滴为最适宜的黏度值，在刮板细度计的沟槽最深部分滴入几滴涂料，以能充满沟槽且略有剩余为宜。

② 双手持刮刀，拇指食指及中指将刮刀横置刮板之上端，使刮刀边棱垂直接触刮板表面，在 2～3s 内使刮刀以均匀速度刮过整个表面到沟槽深度为零的一端，施加足够的压力于刮刀上以使沟槽被涂料填满，刮出过剩涂料。

③ 在不超过 5s 内从侧面观察使视线与沟槽的长边成直角，且与刮板表面成 20°～30°。对光观察沟槽中颗粒均匀显露处，在沟槽横向 3mm 宽的条带内包含 5～10 个颗粒位置，确定此条带上限的位置，即为涂料的细度值。对 0～100μm 的刮板细度计，读数的精度为

$5\mu m$；对 $0\sim50\mu m$ 的刮板细度计，读数的精度为 $2\mu m$。

（4）涂层硬度

硬度测试见实验四十一。

（5）涂层冲击强度

① 检查冲杆中心是否与垫块凹孔中心一致，并作适当调整。

② 放置试样。

③ 用控制器螺钉固定好高度（按照产品规定），按压控制器螺钉使重锤自由地落在冲杆，冲杆将冲力传给枕垫块上的样块。

④ 将重锤提升起，重锤上的挂钩自动被控制器挂住，取出样板，用四倍放大镜观察，当涂层没有裂纹、皱皮、剥落现象时，可增大重锤下落高度，继续进行涂层冲击强度的测定直至涂层破坏或涂层能经受起 50cm 高度之重锤冲击为止，每次增加 $5\sim10cm$。需要注意的是，每次实验都应在样板上新的部位进行。

（6）涂层防腐性能测试

① 将涂覆好涂层的试样中间画十字叉，然后放入到 35℃、盐雾沉降量 $1\sim2mL/(h\cdot80cm^2)$、腐蚀介质为 5‰ NaCl 的盐雾实验箱中进行盐雾实验，盐雾实验时间为 300h（视具体情况可调整）。

② 以涂覆好涂层的 Q235 碳钢试样为工作电极、铂电极为辅助电极、以饱和甘汞电极作为参比电极构成三电极原位电化学测试体系，测试介质为 3.5‰氯化钠溶液。

③ 通过电化学阻抗测量涂层的阻抗大小，判断涂层的保护性能。电化学阻抗的参数：交流电位幅值为 10mV，频率范围为 $10^5\sim10^{-2}$Hz，工作电极面积为 $1cm^2$。

④ 通过 SEM 观察腐蚀前后涂层表面微观结构形貌，涂层剥离后观察涂层下金属腐蚀形貌。

⑤ 实验平行做 $3\sim5$ 次，记录实验数据。

（7）实验结束后清洗电极，关好仪器设备，打扫卫生。

五、实验结果处理

（1）记录试样的黏度及密度，并求其平均值。

（2）读出刮板细度计上涂料的细度，取平均值。

（3）记录涂层的硬度及冲击强度。

（4）导出电化学阻抗谱数据，选择合适的等效电路，利用软件进行拟合。

（5）通过盐雾实验结果，分析涂层抗盐雾腐蚀能力。

（6）综合所有数据，采用 Origin 作图，完成实验报告，总结有机涂层的防腐原理以及有机涂层防腐性能的评价方法。

六、实验注意事项

（1）实验仪器必须在指定频率和电压允许范围内测定，否则会影响精度。

（2）装卸转子时应小心操作，装卸时应将连接螺杆微微抬起进行操作，不要用力过猛，不要使转子横向受力，以免转子弯曲。

（3）连接螺杆和转子端面及螺纹处应保持清洁，否则将影响转子的正确连接及转动时的稳定性。

（4）仪器升降时应用手托住仪器，防止仪器自重坠落。上转子后不得在无液体的情况下旋转，以免损伤转子。

（5）细度在 $30\mu m$ 及以下时，应选用 $0\sim50\mu m$ 细度计；细度在 $31\sim70\mu m$ 时，应选用 $0\sim100\mu m$ 细度计；细度在 $70\mu m$ 以上时，应选用 $0\sim150\mu m$ 细度计。

（6）刮板及刮刀在使用前后，都必须用溶剂仔细擦洗，在擦洗时应用软布。

（7）冲击强度测试过程中，注意在拉起重锤时手的位置，避免将手划伤，应锁紧重锤后再读出读数。多次实验过程注意更换冲击位置，操作过程中只能一人操作，防止重锤误伤他人。

（8）有机涂层试样电化学阻抗测量时由于涂层阻抗非常高，线路中电流非常小，容易受到干扰，要注意避免人为干扰而导致的测试误差。

七、思考题

（1）影响涂料黏度的因素有哪些？

（2）涂层的硬度与冲击强度间有什么关系？涂料各组成部分对二者有什么影响？

（3）有机涂层在实际涂装过程中有哪些性能？涂层的性能的影响因素有哪些？

（4）有机涂层的防腐蚀评价方法有哪些？各自有什么特点？如何快速知道涂层的长期服役性能？

（5）举例说明如何提高有机涂层的防腐蚀能力？

实验四十三　涂层下丝状腐蚀测试

一、实验目的

（1）认识丝状腐蚀的危害，掌握丝状腐蚀产生的原因及特点。

（2）认识涂层丝状腐蚀产生的影响因素。

（3）掌握丝状腐蚀的测定和评价方法。

二、实验原理

（1）丝状腐蚀

丝状腐蚀是发生在处于一定湿度大气环境中的有有机涂层保护的钢、铝、镁、锌等材料表面的一类常见腐蚀类型，腐蚀形态呈细丝状，其腐蚀机理与缝隙腐蚀十分接近，故也常将其作为一种特殊形式的缝隙腐蚀。丝状腐蚀的细丝尺寸通常为 $0.05\sim0.5mm$，并且可以沿金属表面以每天 $1mm$ 或更小的速率生长。细丝的大小及其生长速率对有机涂层类型不敏感，因为这类腐蚀多数发生在漆膜下，也被称作膜下腐蚀。丝状腐蚀从存在可溶离子物质的有机涂层破裂处开始，一旦开始，细丝就会以相对直线的方式行进生长。氧气通过其尾部进入并向头部扩散，头部 O_2 含量低，是阳极部位。细丝头部通常充满溶液，含有 Fe^{2+}（该区域为绿色），pH 值也最低，类似于缝隙腐蚀。二价铁离子向尾部扩散，然后被氧化成三价铁离子，并最终成为干燥固体腐蚀产物的一部分，该产物充满了尾部（呈红褐色）。

当将细丝尾部切开，并用环氧树脂将尾部密封时，细丝会停止生长。当密封环氧树脂被打开时，细丝生长又重新激活，如果未用环氧树脂密封切割部位，则细丝会继续生长。尽管细丝可能会合并或分裂，但很少相互交叉，原因是如果长出的头部穿过另一根细丝，则会遇到新的氧气来源，从而导致阳极和阴极位置的变化，从而改变生长方向。

通常情况下，丝状腐蚀并不会导致严重的后果，但会损害金属制品的外观，特别是表面涂有清漆膜的机械产品。在丝状腐蚀过程中，所产生的腐蚀产物是一种多孔性物质，吸潮性很强。电解质水溶液会从丝状腐蚀活化源处或损伤的涂层（腐蚀产物会使涂层鼓起产生损伤）处，不断地渗入丝状腐蚀产物中去，导致丝状腐蚀继续发展。

（2）测试标准及测试方法简述

丝状腐蚀常用的测试标准有 GB/T 13452.4—2008、GB/T 26323—2010、ISO 4623-1—2017、ISO 4623-2—2003、美国汽车工程师学会标准 SAE J 2635—2007 及一些企业标准。其中 GB/T 13452.4—2008（ISO 4623-1—2017）是针对钢铁基材丝状腐蚀的测试标准，将试样浸泡在 0.1% NaCl 溶液中 30~60s 或放入盐雾中暴露一定时间后，用纸巾或棉布抹去表面溶液，留下划痕处溶液，随后放入（40±2）℃、80%±5%RH 的实验箱中进行丝状腐蚀实验。而 GB/T 26323—2010（ISO 4623-2—2003）是针对铝基材丝状腐蚀的测试标准，将试样暴露在饱和盐酸蒸气中，引入少量盐酸至划痕处，然后置于（23±2）℃、50%±5%RH 恒温恒湿条件下放置 15~30min 后，将试样放于（40±2）℃、82%±5%RH 的实验箱中进行丝状腐蚀实验。

三、实验材料和仪器

（1）实验材料

样件去离子水，NaCl。

（2）实验仪器

ASTM B 368—09—2003 标准条件下的盐雾实验箱，划痕工具，恒温恒湿试验箱。

四、实验步骤

（1）试样划痕

样件表面用画痕工具画一条笔直的"∣"线，长度建议 100mm，至少 40mm，距离边缘至少 15mm，划痕方向一般与工件的机械加工线方向保持一致，如汽车轮毂表面的划痕应与辐条的纵向方向一致，可用万用表查看是否有持续电流来检验样件是否划至金属底材，若未完全到底材，则需在距离任一条划痕或边缘至少 15mm 处重新划痕。

（2）盐雾引发实验

将划痕后的样件置于 ASTM B 368—09—2003 标准条件下的盐雾实验箱中 6h，样件表面及划痕以 45°角放在非金属样品架上。利用盐雾腐蚀环境使样品接触腐蚀氛围，在划痕处形成"生长引发点"。

（3）去离子水清洗

盐雾引发后准备一个至少 5 加仑（1 加仑＝3.785L）的容器，里面装满流动的去离子水

（ASTM D 1193—2006，type4），在清洗过程中维持去离子水始终从水桶底部源源不断地涌入，以保证不断溢出的去离子水能将多余的清洗物带走，清洗时将样件以竖直方向浸入流动的去离子水中，在水平方向左转 90°，右转 90°返回至初始位置后竖直取出，以除去漆膜表面溶液，整个过程用时约 3s。

（4）湿热放置

将样件以 45°放置在温度（65±1）℃、相对湿度（85±3）%、气流 6～24m/min 的恒温恒湿试验箱内，划痕方向与样件在箱体中的放置方向保持一致，"｜"划痕与水平方向和竖直方向各呈 45°，放置时间 672h，每隔 168h 检查样件表面上丝状腐蚀的生长情况，中期检查时每次样件被拿出试验箱的时间不能超过 15min。

（5）所有实验平行做 3～5 次，记录实验数据。

（6）实验结束后清洗电极，关好仪器设备，打扫卫生。

五、实验结果处理

（1）导出所有测试数据，测试结束后对丝状腐蚀的结果进行评价，划痕两端的 5mm 忽略，不计入评价范围，腐蚀长度的测量必须垂直于划痕，而不是沿着腐蚀蔓延的方向，且测量时避免将划痕包括在内，记录划痕两边最大的腐蚀长度，并查看其他区域是否有丝状腐蚀现象。

（2）综合所有数据，完成实验报告，总结涂层下丝状腐蚀的发生和发展机制。

六、实验注意事项

（1）不同类型的划痕工具造成的划痕宽度、划痕均匀性及划痕深浅均不同，导致在盐雾环境过程中划痕处的腐蚀量及去离子水冲洗样件过程中划痕处盐雾残留量不同，从而对测试结果产生一定的影响，因此，实验室测试过程中应采用同一划痕工具，且刀头角度及划痕深度应保持一致。

（2）盐雾实验箱的参数条件应严格按照标准运行，盐雾环境的变化将会导致划痕处"生长引发点"的变化，从而导致腐蚀生长发生变化。

（3）样件取出后应尽快清洗，以防时间较长导致盐溶液干燥形成颗粒不易去除，使得腐蚀结果加重；且冲洗时间应严格控制，以保证样件上盐雾残留量保持适量；同时还应保证去离子水的质量以及更换频率。

（4）恒温恒湿试验箱参数控制对腐蚀生长具有重大的影响，除了要控制温度及相对湿度使其稳定并维持在标准要求范围内以外，还应控制风速及隔板位置，使得恒温恒湿实验箱内每层风速都能达到标准要求，从而保证整个试验箱内的腐蚀均匀性。

七、思考题

（1）丝状腐蚀的危害是什么？影响丝状腐蚀的因素有哪些？

（2）根据实验结果，丝状腐蚀发生的机制是什么？丝状腐蚀是如何生长和扩展的？

（3）举例说明控制丝状腐蚀的方法。

（4）丝状腐蚀和材料表面涂层防腐蚀性能之间有何关系？

实验四十四　涂层阴极剥离实验

一、实验目的

（1）认识有机涂层阴极剥离的危害，掌握有机涂层剥离的原因和机理。

（2）掌握涂层阴极剥离的测试和评价方法。

（3）认识涂层阴极剥离的影响因素。

二、实验原理

有机涂层是被广泛应用的金属材料腐蚀控制方法，阴极剥离是导致涂层服役失效的主要原因之一。阴极保护不理想的后果之一是有缺陷处的涂层，由于阴极反应而失去附着力，涂层会从金属上分离，这种现象称为阴极剥离。覆盖了高聚物的金属表面可以变为阴极区，并可催化涂层下的阴极反应。在长输管道建设和服役过程中，钢管涂层可能会因为运输、安装和服役后的土壤应力而产生缺陷，缺陷处的涂层会与管体发生剥离，而阴极保护电压会加速这种剥离，从而导致阴极剥离。阴极反应，或更确切地说阴极反应产物会对涂层和基体之间的结合键有不利的影响，并使涂层从基体上分离，即阴极剥离。如在涂层使用环境中，当水、氧、离子等渗入有机涂层/金属界面后，在阴极保护条件下的有机涂层会逐渐丧失其屏障保护作用，表现为涂层起泡或开裂。

目前关于有机涂层阴极剥离的机理主要有以下5种观点：①阴极反应产物 OH^- 和涂层的极性基团直接反应，使有机涂层和金属间结合力降低导致阴极剥离；②阴极反应发生后为了保持电荷守恒，金属阳离子迁移至金属/涂层界面，和 OH^- 结合形成的碱性氢氧化物在金属表面积聚发生体积膨胀，导致涂层剥离；③氧化还原过程中产生的具有氧化活性的中间产物破坏涂层金属间的结合键，导致涂层剥离；④金属表面预先存在的氧化物还原并溶解在碱性溶液中导致涂层剥离；⑤金属界面处的高 pH 水溶液使涂层发生位移而引起剥离。

有机涂层与阴极保护措施相结合是目前工程结构中防腐所采用的主要方法。提高涂层的耐碱性介质的能力，可明显提高涂层的抗阴极剥离性能。涂层与基体金属的附着力对阴极剥离速度也有一定的影响，提高附着力在一定程度上也可以提高涂层的抗阴极剥离性能。

管道防腐涂层阴极剥离实验装置主要有4种，如图1所示。其中，产品标准采用的是1型装置，SY/T 0094—1999 和 ASTM G 95—2007 使用的是2型，AS4352 使用的是3型和4型；前两种是电压控制法，后两种是电流控制法。1型和2型、3型和4型的显著区别都是阳极的不同，1型和3型为阳极与电解槽的电解液直接接触，2型和4型为阳极不与电解槽的电解液直接接触。AS 4352 指出这两种阳极配置方式的不同点是，4型装置比3型装置会使人为缺陷处的溶液的碱性更高，从而更接近实际使用条件。因为控制电流较小，使用3型和4型装置会得到更小的阴极剥离值；同时非接触式的阳极会减小涂层脱落（非阴极保护而造成的涂层剥离，会使阴极剥离实验失败）对阴极剥离实验的影响。电解槽所用的圆筒尺寸以及人为缺陷的孔径并不一致。圆筒尺寸的不一致会造成电解液的体积要求差异，标准中通常规定电解液体积不少于 300mL，如 ISO 21809-1—2011 要求电解液的高度为 70mm 并做标识，方便实验过程蒸馏水的补充。人为缺陷孔径的要求是熔结环氧粉末涂层为Φ3.2mm左右，聚乙烯涂层为Φ6.4mm左右；另外，AS 4352—2005特别要求使用平底钻头制作人为缺陷。

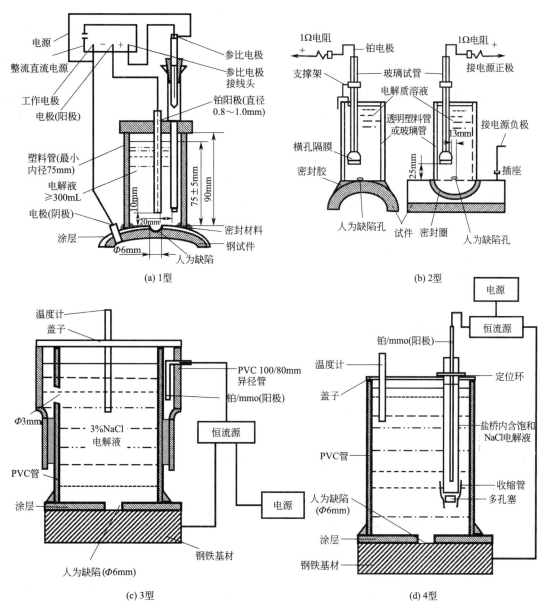

(a) 1型

(b) 2型

(c) 3型

(d) 4型

图1　管道防腐涂层阴极剥离的实验装置类型

三、实验材料和仪器

（1）实验材料

样件，电解液。

（2）实验仪器

管道防腐涂层阴极剥离实验装置，饱和甘汞电极，铂电极。

四、实验步骤

阴极剥离实验的主要操作过程：制作人为缺陷-粘接试件-填充电解液-施加阴极保护-控制温度-停止实验-冷却试样-划痕-撬剥-测量剥离值-计算实验结果。

（1）在实验过程中，电解液根据加拿大标准 CASZ245.20—2018 或 CASZ245.21—2006，添加到电解池内至少 300mL 电解液，并需先预热到实验温度，溶液应在 7d、14d 和 21d 后进行更换；AS4352 中规定 28d 实验过程中应不超过 3d 的间隔记录回路电流（记录电流、检查电解液和去除人为缺陷处的沉淀物），或根据实验周期需要的适当时间间隔。清除人为缺陷处的沉淀物或者更换电解液都可以减小涂层剥落（非阴极保护而造成的涂层剥离，会使阴极剥离实验失败）对阴极剥离的影响。

（2）在划线和撬剥的操作过程中：将刀尖插入人为缺陷边缘的涂层并撬剥聚乙烯层，使用尖嘴钳将涂层剥落大约 25mm，阴极剥离面积为没有胶黏剂的表面。

（3）实验过程参数的记录情况，除要求监控电流、电压和温度外，应进一步监控电解液的 pH 值。

（4）剥离值测量时，ASTM G 95—2007 和 SY/T 0094—1999 额外规定了实验后在试样的未浸没区域上钻一个对比孔，用来作为人为缺陷孔在实验后撬剥操作的比对，并以此来确定比对比孔更易挑起或剥离的防腐层面积定位剥离区域。

（5）所有实验平行做 3～5 次，记录实验数据。

（6）实验结束后清洗试样，关好仪器设备，打扫卫生。

五、实验结果处理

（1）产品标准 DIN 30670—2012 是以划线区域中剥离值最大值作为实验结果外，其他产品标准均以平均值作为实验结果，并且 GB/T 23257—2017 还规定了以 2 个平行试样的平均值作为实验结果。而对于实验标准，其对实验结果的处理更为详细，AS 4352—2005 规定要求测量出每个划线区域的剥离值，记录八个区域的最大值、最小值和平均值，还列出计算公式计算整个试样剥离面积；SY/T 0094—1999 和 ASTM G 95—2007 则通过求积仪等工具测量出整个试样的剥离面积，再通过公式计算当量圆直径。

（2）综合所有数据，完成实验报告，分析和讨论涂层阴极剥离机理。

六、实验注意事项

（1）在撬剥时为证明撬剥层是完全粘固的，最好在未浸泡区域制作一个对比孔进行撬剥力度对比。

（2）为保证实验结果的准确性，应从实验装置、实验操作步骤、影响因素等进行详细描述，可以更为有效地监控或者重复实验。

七、思考题

（1）涂层阴极剥离发生的原因是什么？有什么危害？

（2）涂层阴极剥离的机理是什么？哪些影响因素对涂层阴极剥离有明显的影响？影响过程是什么？

（3）比较不同产品标准的异同之处。

（4）如何使实验结果的准确性更高？

实验四十五　有机涂层附着力测试

一、实验目的

（1）掌握涂层附着力测试的实验原理和操作方法。

（2）认识涂层附着力的意义，并掌握其测定方法。

（3）进一步练习有机涂层的制备和涂覆，提高动手和思考能力。

二、实验原理

涂装工程中，防腐蚀涂料的涂层附着力检测是涂层保护性能的重要指标，附着力是涂层的最主要的性能之一，指涂层与被涂物结合在一起的坚牢程度。有机涂层下金属的腐蚀主要是由相界面的电化学腐蚀引起的，附着力的好坏对电化学腐蚀有明显的影响。良好的附着力能有效地阻挡外界电解质溶液对基体的渗透，推迟界面腐蚀电池的形成；牢固的界面附着力可以极大地阻止腐蚀产物即金属阳离子经相间侧面向阴极区域的扩散，这些阳离子扩散是为了平衡阴极反应所生成的带负电荷的氢氧根，这虽然是一个相当缓慢的过程，但是一旦附着力降低，阳离子从相间侧面向阴极的扩散则容易得多。

有机涂层的附着力，应该包括两个方面，首先是有机涂层与基底金属表面的黏附力（adhesion），其次是有机涂层本身的凝聚力（cohesion）。这两者对于涂层的防护作用来说缺一不可。有机涂层在金属基底表面的附着力强度越大越好，涂层本身坚韧致密的漆膜才能起到良好的阻挡外界腐蚀因子的作用。如果涂层不能牢固地黏附于基底表面，再完好的涂层也起不到作用。涂层本身凝聚力差，漆膜容易开裂而失去保护作用。这两个方面缺一不可，这两者共同决定涂层的附着力，构成决定涂层保护作用的关键因素。

影响涂层附着力的因素主要有两个，即涂料对底材的湿润性和底材的粗糙度。涂层对金属底材的湿润性越强，附着力越好；一定的表面粗糙度对涂层起到了咬合锚固（anchor pattern）的作用。目前测附着力的方法可分为划圈法、划格法以及拉开法三类。美国材料试验协会制订的 ASTM D3359－2002 是有关划 X 法的标准，它适用于干膜厚度高于 $125\mu m$ 的情况，对最高漆膜厚度没有作出限制。而相对应的划格法通常适用于 $250\mu m$ 以下的干膜厚度。附着力的划格法测试标准主要有 ASTM D3359—2008 Method B、ISO 2409—2013 等。在 ISO 12944—2018 中规定，附着力须达到 1 级才能认定为合格。很多重大项目的防腐蚀涂装规格书中，规定测试样板的涂层附着力必须达到 1 级。拉开法是评价附着力的最佳测试方法，ISO 4624—2016 为附着力拉开法的目前最新版应用标准，相类似的测试标准还有 ASTM D4514—2006。拉开法测试仪器有机械式和液压/气压驱动两种类型。典型的测试仪器有 Elcometer 106 型（机械式）和 Elcometer 108 型（液压型）以及 PAT M01（液压型）。在使用拉开法测试时，使用的胶黏剂有两种：环氧树脂和快干型氰基丙烯酸酯胶黏剂。环氧胶黏剂在室温下要 24h 后才能进行测试，而快干型氰基丙烯酸酯胶黏剂室温下 15min 后即能达到测试强度，建议在 2h 后进行测试。透明胶带主要用来固定刚黏上的铝合金圆柱，以免胶黏剂没有固化到一定牢度而使圆柱偏离原来的黏着位置。切割刀具用来切割铝合金圆柱周边的涂层与胶黏剂，直至底材，这样可以避免周边涂层影响附着力的准确性。如果干膜厚度低于 $150\mu m$ 时，可以不进行切割处理。

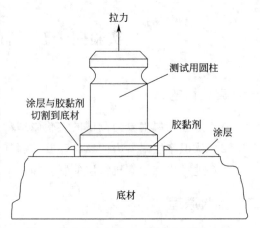

图 1　拉开法有机涂层附着力测试示意图

附着力的强度以 N/mm^2（MPa）来表示，ISO 12944-6—2017 中对于涂层系统（干膜厚度大于 $250\mu m$ 时）的附着力要求为按照 ISO 4624—2016 拉开法附着力测试，至少要达到 5MPa。对于旧涂层的维修，参考数值至少要达到 2MPa，才能认定为原涂层具有一定的附着力，可以保留，否则旧涂层予以去除。

在本实验中，将采用较为普遍的划圈法和拉开法（图 1）测定涂层附着力，此方法已列入漆层检验标准（GB/T 1720—2020），按螺纹线划痕范围中的涂层完整程度评定，以级表示。

三、实验材料和仪器

（1）实验材料

商用环氧涂料，Q235 碳钢钢板，玻璃板，马口铁板，丙酮，稀释剂，二甲苯等。

（2）实验仪器

涂膜涂布器 1 套，涂层附着力测定仪，涂层附着力拉拔仪。

四、实验步骤

（1）底板表面处理，对 Q235 碳钢钢板，用 400♯、600♯、800♯、1000♯、1200♯砂纸打磨，并使用去离子水和无水乙醇冲洗，氮气吹干，用溶剂二甲苯洗净，擦净，晾干备用。对玻璃板，用热肥皂水洗涤，清水洗净，擦干涂料前需用脱脂棉蘸溶剂擦净，晾干备用。

（2）涂膜涂布器制备漆层

① 选择相应的涂布器（环氧选第四刀，清漆选第二刀）。

② 把事先处理好的试片固定在台架上。

③ 将涂料搅拌均匀，然后取适量涂料倾倒在试样片上方。

④ 选择好的涂膜涂布器匀速地自左向右移动，黏度不同，速度不同，制膜厚度也不同。

⑤ 多余的涂料用刮刀刮入托盘内。

⑥ 将涂布器浸泡在适当溶液中，用软刷将涂料刷掉，擦干后放回原处。

⑦ 制备成的涂层在进行性能检验之前干燥 48h 以上。制备过程中，不允许手指接触样板表面。

（3）涂刷法制备涂层，将涂料搅匀并稀释至适当黏度（或产品标准规定的黏度），用漆刷涂料在底板上快速均匀地沿纵横方向刷涂，形成均匀的涂层，不允许空白或溢流，涂刷好的样板平放于恒温恒湿处干燥（25±1）℃，相对湿度65％±5％。自干漆干燥48h，挥发性漆干燥24h。

（4）涂层附着力测试——划圈法

① 检查钢针是否锐利，针尖距工作台面约3mm。

② 将针尖的偏心位置即回转半径调至标准回转半径，调整的方法是松开卡针盘后面的螺栓和回转半径调整螺栓，适当移动卡针盘后，依次紧固上述螺栓，划痕与标准圆划线图比较，直至与标准回转半径5.25mm的圆滚线相同，调整完毕。

③ 将样板正放在实验台，涂层朝上，用压板压紧。

④ 加砝码，使针尖接触到涂膜，按顺时针方向均匀摇动手轮，转速以80～100r/min为宜，圆滚线标准图长为（7.5±0.5）cm。

⑤ 向前移动升降棒，使卡针盘提起，松开固定样板的有关螺栓，取出样板，用漆刷除去划痕上的漆屑，以4倍放大镜检查划痕并评级。实验过程中，需要注意的是一根钢针一般只使用5次；实验时针必须刺到涂料膜底，以所画的图形露出板面为准。

（5）涂层附着力测试——拉开法

① 铝合金圆柱用240～400目砂纸打磨，使用前用溶剂擦洗除油。

② 测试部位用溶剂除油除灰。

③ 按正确比例混合双组分无溶剂环氧胶黏剂，再涂抹上铝合金圆柱，压在测试涂层表面，旋转360°确保所有部位都有胶黏剂附着。

④ 用胶带把铝合金圆柱固定在涂层表面，双组分环氧胶黏剂在室温下要固化24h；氰基丙烯酸胶黏剂按说明书的要求（15min后达到强度，最好在2h测试）。

⑤ 测试前，用刀具围着铝合金圆柱切割涂层到底材。

⑥ 用拉拔仪套上铝合金圆柱，转动手柄进行测试，记录下破坏强度（MPa）以及破坏状态。用百分比表示出涂层与底材、涂层与胶水以及胶水与圆柱间的附着力强度及状态。

（6）所有实验平行做3～5次，记录实验数据。

（7）实验结束后清洗试样，关好仪器设备，打扫卫生。

五、实验结果处理

（1）按图2评定涂层附着力等级，以样板上划痕的上侧为检查目标，依次标出1、2、3、4、5、6、7，按顺序检查各部位涂层完整程度，如某一部位有70％以上完好，则认为该部位是完好的，否则应认为损坏。例如，凡第一部位内涂层完好者，则此涂层附着力最好，为一级；第二部位完好者，则为二级，余者类推，七级的附着力最差，涂层几乎全部脱落。

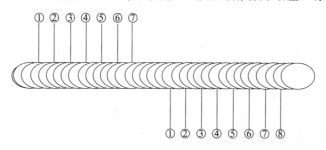

图2　附着力的分级圆滚部

（2）记录拉开法测量得到的涂层附着力。

（3）综合所有数据，完成实验报告，讨论影响涂层附着力的因素以及采取什么方法可以显著提高涂层附着力。

六、实验注意事项

（1）实验仪器必须在指定频率和电压允许范围内测定，否则会影响测量精度。

（2）附着力测定时，注意手指不要被针头划伤，保证针刺穿涂层，但是也不能使二者接触过紧而影响实验效果甚至无法实验。

七、思考题

（1）有机涂层的附着力在涂层防护性中的作用是什么？

（2）影响涂层的附着力的因素有哪些？如何影响？

（3）举例说明如何提高涂层和基体金属之间的附着力。

实验四十六　耐蚀金属材料耐蚀性能综合评价测试

一、实验目的

（1）掌握耐蚀金属材料的种类和特点。

（2）学习提高金属耐蚀性的原理和方法，掌握耐蚀材料的合金化原理和途径。

（3）掌握耐蚀合金常见的腐蚀类型，认识耐蚀合金腐蚀的危害。

（4）掌握耐蚀金属腐蚀测量和评价方法。

二、实验原理

1. 提高金属耐蚀性的原理和方法

（1）纯金属的耐蚀性。在恒温恒压条件下，反应的自由能与电动势或电位之间可依据下式转换：$\Delta G = -nF\varepsilon$。纯金属的标准电极电位越正，则热力学上越稳定；标准电极电位越负，则热力学上越不稳定。热力学上的稳定性不但取决于金属本身，也与腐蚀介质有关。

（2）耐蚀材料的合金化原理和途径。

$$I = \frac{E_c^0 - E_a^0}{P_c + P_a + R}。$$

① $E_c^0 - E_a^0$ 是腐蚀过程的推动力，对于非钝化控制的阳极活化溶解过程，通过合金化把 E_a^0 提高，使腐蚀电流降低。加入平衡电位较高的合金元素（通常为贵金属），可使合金的平衡电位升高，增加热力学稳定性。

② 合金化阻滞阴极过程。增加阴极极化率 P_c 使阴极反应受阻。阴极过程的阻滞取决于阴极去极化剂的还原过程，合金化阻滞阴极过程可使腐蚀减轻。

③ 增加阳极极化率 P_a，使阳极过程受阻。可以采用减少阳极相的面积、加入易钝化的合金元素和加入阴极性合金元素促进阳极钝化。

④ 合金化增大腐蚀体系的电阻。加入合金中的一些元素能够促使合金表面生成具有保护作用的腐蚀产物，降低腐蚀电流。

（3）耐蚀合金设计特点。腐蚀过程复杂，研制耐蚀合金途径多；根据环境选择最适宜的合金或者研制新的耐蚀合金。

2. 各类耐蚀金属概述

（1）铁基合金

铁基合金中各元素的作用如下。硅：在高硅铸铁表面形成致密的 SiO_2 保护膜，耐酸性能良好；改善碳钢的耐候性，细化腐蚀产物膜。镍：高镍铸铁，耐碱、耐海水腐蚀良好；使碳钢电位正移，热力学稳定性增加。铬：高铬铸铁，氧化性介质中自钝化，耐磨蚀；改善锈层结构。铜：促进碳钢表面锈层致密、附着力增大。磷：促进碳钢表面锈层致密、膜电阻增大。钼：促进碳钢表面锈层致密，附着力增大，形成耐蚀性良好的非晶膜，抑制 Cl^- 入侵，提高海洋环境下耐蚀性。稀土：形成致密稀土氧化膜，降低含磷钢中磷的偏析，对氢的溶解作用大，使阴极强烈极化。碳：钢的强化元素，和铁形成金属间化合物，耐蚀性下降。

① 耐大气腐蚀低合金钢

也称耐候钢：在钢中加入一定量的 Cu（0.1%～0.5%）、P（0.06%～0.10%）、Cr（0.5%～3%）或 Ni、Mo、Nb、Ti 等合金元素，制成的一种耐大气腐蚀性能良好的低合金钢。在工业和农村大气环境中，耐候钢在其基体表面形成一层致密、稳定的氧化保护膜，阻碍了腐蚀介质与基体的接触，耐腐蚀性能优异，而普通碳钢基体表面腐蚀形成的锈层结构疏松且有微裂纹，不能真正起到对基体钢材的保护作用。

② 耐海水腐蚀低合金钢

在海水和海洋环境中具有耐蚀性的低合金钢，是海洋用钢中的一个重要钢类；世界上第一个耐海水腐蚀低合金钢为铜-磷-镍系马丽娜钢（Mariner）。铬、镍、铝、钼、磷、硅和铜等元素是提高耐蚀性的最基本的合金元素。铬和铝在全浸带中的耐蚀效果最佳，镍、磷和铜在飞溅带和海洋大气中的耐蚀效果最显著，钼主要是提高耐点蚀性能，硅改善耐蚀性能，尤其抗应力腐蚀破裂的效果很显著。

③ 抗硫酸露点腐蚀低合金钢

硫酸露点腐蚀：采用高硫燃料（重油、煤等）的锅炉烟气中含有的 SO_3，在低于硫酸露点温度的锅炉低温部位（空气预热器、烟道及烟囱等），与水汽结合凝结成为 H_2SO_4，造成钢材发生严重腐蚀的现象。合金元素铜、硅、铬、硼、钨、锡等，在铜-铬系钢中 Si≥0.8%，在铜-硼系钢中 V≥0.40%。耐露点腐蚀性能是普通钢的几十倍。

④ 耐硫化物应力腐蚀低合金钢

受拉应力的碳钢在硫化物介质中，会发生应力腐蚀开裂。分子态的硫化氢（H_2S）生成大量的原子氢吸附在钢表面，并向钢内部渗入，扩散至拉应力集中部位或显微缺陷部位（析出物、夹杂物、空洞、晶界等）聚集，导致金属脆化开裂，称为硫化物应力腐蚀开裂（SS-CC）。

消除 SSCC 的主要措施包含采用高温回火或长时间低温回火，降低碳含量、添加合金元素、提高钢的纯净度和组织均匀性等。钼、铌、钒和稀土类等元素均可明显提高抗 SSCC 性能，镍与硫、磷一样有强烈促进 SSCC 的倾向。

⑤ 抗氢腐蚀低合金钢

在含有氢、氮和氨的高温、高压气氛中运行的石油和化工设备上，往往出现由氢引起的氢脆开裂现象。原子氢扩散到钢材里与渗碳体中的碳作用生成甲烷（$Fe_3C+2H \rightleftharpoons 3Fe+CH_4$），不仅使钢脱碳引起钢的组织发生变化，而且所产生的甲烷在钢中的溶解度小、扩散能力差、不易从钢中排出，以高压状态聚集在晶粒的边缘。使钢产生沿晶界的显微裂纹，并降低了钢的强度、韧性和塑性，直至发生开裂。铬、钨、钒、铌和钛等强碳化物形成元素，与钢中碳形成碳化物、减少与氢作用的碳含量，保证材料强度。

⑥ 不锈钢

不锈钢又称不锈耐酸钢，是耐空气、蒸汽、水等弱腐蚀介质和酸、碱、盐等化学浸蚀性介质腐蚀的钢种。实际应用中，常将耐弱腐蚀介质腐蚀的钢称为不锈钢，而将耐化学介质腐蚀的钢称为耐酸钢。不锈钢的耐蚀性取决于钢中所含的合金元素：铬是使不锈钢获得耐蚀性的基本元素，当钢中含铬量达到12%左右时，铬与腐蚀介质中的氧作用，在钢表面形成一层很薄的氧化膜（自钝化膜），可阻止钢的基体进一步腐蚀；合金元素还有镍、钼、钛、铌、铜、氮等，以满足各种用途对不锈钢组织和性能的要求。

不锈钢通常按基体组织分为以下几种。a. 铁素体不锈钢，含铬12%～30%。其耐蚀性、韧性和可焊性随含铬量的增加而提高，耐氯化物应力腐蚀性能优于其他种类不锈钢。b. 奥氏体不锈钢，含铬大于18%，还含有8%左右的镍（18-8）及少量钼、钛、氮等元素，综合性能好，可耐多种介质腐蚀。如304、316等。c. 奥氏体-铁素体双相不锈钢，兼有奥氏体和铁素体不锈钢的优点，并具有超塑性。d. 马氏体不锈钢，强度高，但塑性和可焊性较差。

⑦ 耐热钢及高温合金

耐热钢是指在高温下具有较高强度和良好抗氧化性能的合金钢。高温合金是指在高温下（600～1100℃）能承受一定应力并具有抗氧化性、耐腐蚀且合金元素含量很高的金属材料。这类材料广泛应用于核电站的回路管道、蒸发器传热管、元件格架和活性区托架等。

提高钢的抗氧化能途径主要包含提高 FeO 的生成温度和添加 Cr、Al、Si 合金元素，阻止 FeO 生成，并以薄而牢固的氧化膜取代 FeO，Fe_3O_4 和 Fe_2O_3 三层氧化膜。

（2）铜及铜合金

铜的电位-pH图见图1。铜合金在海水环境中具有较好的耐腐蚀性能，然而，在特殊的海水环境中它们也会遭受严重腐蚀，比如快速流动的海水、遭受污染的海水。铜合金在使用过程中不用有机涂层保护。常用的海水管线防腐蚀措施是在海水冷区系统中添加 Fe^{2+}。铜合金固有的一个重要特征是具有很强的抗生物附着能力。在多种金属组成的系统中抗生物附着非常重要，可以通过向系统中添加铜离子或其它生物毒化剂（包括氯气）来进行防护。

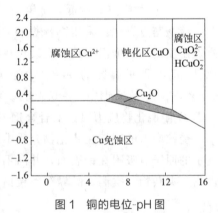

图1　铜的电位-pH图

常见的铜合金有铜镍合金（白铜）、青铜等。铜镍合金的耐腐蚀性能优于黄铜，并且不容易发生应力腐蚀。也不像黄铜那样会发生很严重的选择性腐蚀或电偶腐蚀（除了与 Ti 合金形成电偶对之外）。比黄铜更耐海水冲刷腐蚀，能够在较高速的流动海水中使用。尽管这些合金在海水中具有比黄铜好的钝化性能，它们在使用过程中仍会遭受较为强烈的点蚀。合金中加入1%～

2%的铁时，不会再出现镍的脱合金化问题。

（3）铝及铝合金

铝及铝合金是当前用途十分广泛的、经济适用的材料之一。当前铝的产量和用量（按吨计算）仅次于钢材，成为人类应用的第二大金属。质量轻、比强度高和耐腐蚀是铝性能的突出特点。

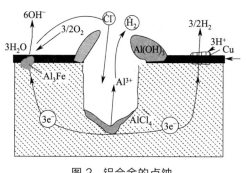

图 2　铝合金的点蚀

铝合金的腐蚀类型主要是包含点蚀，如图 2 所示海洋环境中尤为严重，必须采用一定的防护措施才能使用。晶间腐蚀：Al-Cu、Al-Cu-Mg、Al-Zn-Mg 系（2×××、7×××）热处理不当引起富铜相 $CuAl_2$（阴极）在晶界连续析出，与固溶的晶内相构成腐蚀微电池。SCC：高强铝合金（2、5、7 系）应力腐蚀开裂倾向较大，开裂多为晶间开裂型，海洋环境下更易发生，氯离子浓度越高、温度/湿度越高、pH 值越低，应力腐蚀越容易发生。剥层腐蚀：多见于挤压成形的铝合金表面，是晶间腐蚀的一种。电偶腐蚀：与其它金属材料电位差较大，应注意绝缘使用。

（4）镁及镁合金

镁合金是以镁为基础加入其他元素组成的合金，密度小（镁合金 $1.8g/cm^3$ 左右），强度高，弹性模量大，散热好，消震性好，承受冲击载荷能力比铝合金大。主要用于航空、航天、运输、化工等工业部门。镁在实用金属中是最轻的金属，比重大约是铝的 2/3，铁的 1/4，具有高强度、高刚性等特点。

镁的平衡电位较低（$-2.34V$ vs. SHE），镁表面的氧化膜一般都疏松多孔，不像氧化铝膜那样致密而有保护性，故镁及镁合金耐蚀性较差，具有极高的化学和电化学活性，电化学腐蚀过程主要以析氢为主，以点蚀或全面腐蚀形式迅速溶解直至粉化。

镁合金在酸性、中性和弱碱性溶液中都不耐蚀。在 pH 值大于 11 的碱性溶液中，由于生成稳定的钝化膜，镁合金是耐蚀的。如果碱性溶液中存在 Cl^-，使镁表面钝态破坏，镁合金也会腐蚀。在 NaCl 溶液中，镁在所有结构金属中具有最低电位。

根据化学成分的不同，镁合金可分为 Mg-Al、Mg-Zn、Mg-Re、Mg-Li 系镁合金。Mg-Al 系镁合金是应用最广泛的耐热镁合金，压铸镁合金主要是 Mg-Al 系合金。以 Mg-Al 系合金为基础，添加一系列其它合金元素形成了新的 AZ（Mg-Al-Zn）、AM（Mg-Al-Mn）、AS（Mg-Al-Si）、AE（Mg-Al-Re）系列镁合金。

（5）钛及钛合金

钛及钛合金以其自身具备的优良特性，几乎满足船舶用材料的全部要求，堪称一种接近完美的船舶用材料。其优点如下：质轻，比强度高。钛的密度为 $4.5g/cm^3$，比铝的密度（$2.7g/cm^3$）高，比铁的密度（$7.9g/cm^3$）低，钛的密度虽比铝大不到 2 倍，但是强度是铝的 3 倍。同种条件下，用钛制造的深潜器下潜深度可达万米。钛磁性为零，在任何强度的磁场中都不会受到干扰，因此在海上作战时，采用水雷、鱼雷等磁性雷攻击武器，对于钛合金制造的船体外壳毫无攻击性，这一特性有利于其在军事工程的应用。海洋性气候环境下的耐腐蚀性好。当钛合金处于空气和一些含氧介质中时，由于钛和氧具有较强的亲和力，表面能迅速形成一层致密、附着力强和稳定性好的氧化膜，在很多介质中不易被破坏。无论是在全浸区、潮差区、飞溅区还是海洋性气候环境下，钛及钛合金分别在南海、北海、东海三个水域16年挂样监测的腐蚀速率几乎接近零。因此船舶采用钛合金制造一方面可以延长使用寿命，另一方面可以减少后期由于表面发生腐蚀而采取防护处理等的费用。钛合金可进行冷热成形、自由锻造、挤压及焊接等各种加工，具有良好的加工适应性。

钛合金的腐蚀类型主要包含缝隙腐蚀、氢脆、SCC、焊缝腐蚀、自燃等。

(6) 非晶态合金

非晶金属是指在原子尺度上结构无序的一种金属材料。大部分金属材料具有很高的有序结构，原子呈现周期性排列；非晶金属不具有任何的长程有序结构，仅具有短程有序和中程有序。这种无序结构的非晶金属可以从其液体状态直接冷却得到，故又称为玻璃态，非晶金属又称为金属玻璃 (Metallic Glass)、玻璃态金属 (Glassymetal)、液态金属 (Liquid metal)。制备非晶金属的方法包括：物理气相沉积、固相烧结法、离子辐射法、甩带法 (连续铸造法其中一种) 和机械法。

非晶态合金主要包含以下几种。铁基非晶合金：主要成分为 Fe、Si、B、C、P，特点是磁性强，软磁性能优于电工钢片，价格便宜，最适合替代电工钢片，用作中低频变压器的铁芯。铁镍基非晶合金：主要成分为 Fe、Ni、Si、B、P，特点是磁性比较弱，但磁导率比较高，价格较贵，可以代替电工钢片或者坡莫合金 (Fe-Ni 合金)，用于高要求的中低频变压器铁芯。钴基非晶合金：主要成分为 Co、Fe、Si、B，特点是磁性较弱，但磁导率极高，价格很贵，一般替代坡莫合金和铁氧体，用于要求严格的军工电源中的变压器、电感等。

非晶态合金的耐蚀性明显高于成分相同或近似的晶态合金，表面化学成分均一，无偏析，无微腐蚀电池。钝化膜中富集了高钝化能力的合金元素 (非晶态属于亚稳态，高活性，形成钝化膜的活性组元快速溶解，在膜中富集)。

三、实验材料和仪器

(1) 实验材料

316 不锈钢、B10 铜镍合金、7075 铝合金等三种合金材料 (试样尺寸为 $10mm \times 10mm \times 5mm$，将铜导线的一端与试样焊接。使用环氧树脂将试样密封，预留 $1cm^2$ 工作面积。测试表面依次使用 $400\sharp$、$800\sharp$、$1200\sharp$ 砂纸打磨，并使用去离子水和无水乙醇冲洗，吹干备用)，3.5% NaCl 溶液。

(2) 实验仪器

电化学工作站，饱和甘汞电极，铂电极，恒温加热水浴槽，电解池一个。

四、实验步骤

(1) 以 B10 铜镍合金电极为工作电极搭建三电极测试体系。在电解池中加入 150mL 3.5% NaCl 溶液，将工作电极、饱和甘汞电极、辅助电极插入电解池中并固定好，将待测电极与电化学工作站导线连接好。用于表面分析的样品和电极样品一起放入电解池中。

(2) 电化学腐蚀体系开路电位 (自腐蚀电位) 测试。打开电化学工作站软件，选择开路电位模块，进行开路电位测试，开路电位稳定半个小时。

（3）电化学阻抗测试。在开路电位达到稳定之后，开始进行电化学阻抗测试。在电化学工作站软件上选择电化学阻抗模块，设置测试参数，交流电位幅值为 10mV，频率范围为 $10^5 \sim 10^{-2}$ Hz，工作电极面积为 1cm^2，设置好参数后，进行电化学阻抗测试。

（4）动电位极化曲线测量。在开路电位达到稳定之后，开始进行动电位极化曲线测试。在电化学工作站软件上选择动电位极化曲线测试模块，设置测试参数，工作电极面积为 1cm^2，材料密度为 8.94g/cm^3，扫描速度为 0.5mV/s，扫描速度和电位扫描范围可视实际测试情况而定。打开电化学工作站，打开软件，依次选择菜单栏里的"测试方法—稳态极化—动电位扫描"，在弹出的参数设置页面设置好文件存储路径及文件名，然后在测试参数中设置初始电位 -0.2V，在初始电位下拉菜单里选择相对于开路电位。设置终止电位 0.2V，在终止电位下拉菜单里选择相对于开路电位。设置扫描速度为 0.5mV/s。设置好参数后，进行动电位极化曲线测试。

（5）恒电位极化。在开路电位达到稳定之后，开始恒电位计划测试。阴极极化：打开电化学工作站，点击测试方法→稳态极化→恒电位极化；创建新数据文件，点击浏览按钮，弹出打开文件对话框来建立新文件，设置实验参数。点击开始，监测极化电流随时间的变化关系。每次减少 10mV，直至 200mV。阳极极化：打开电化学工作站，点击测试方法→稳态极化→恒电位极化；创建新数据文件，点击浏览按钮，弹出打开文件对话框来建立新文件，设置实验参数。点击开始，监测极化电流随时间的变化关系。每次减少 10mV，直至做出完整的极化曲线。

（6）腐蚀产物形貌扫描电镜观察和 EDS 能谱分析。将用于表面分析的样品取出，使用乙醇脱水，氮气干燥。对于绝缘体或导电性差的材料来说，则需要预先在分析表面上镀一层厚度约 10~20nm 的导电层。否则，在电子束照射到该样品上时，会形成电子堆积，阻挡入射电子束进入和样品内电子射出样品表面。样品表面腐蚀产物导电性较差，需要喷金处理，提高表面膜的导电性。样品喷好金后使用导电胶将样品粘在样品台上，导电胶要与试样表面接触。扫描电镜观察和 EDS 能谱分析的具体操作步骤见实验二十七。分析腐蚀产物成分还可以通过 XRD、Raman、XPS 和 FTIR 等原位和非原位的表征手段。

（7）去除腐蚀产物后的三维形貌观察。将用于表面分析的样品取出，参照附录五的方法去除表面腐蚀产物，首先使用含有缓蚀剂的酸洗液清洗掉表面腐蚀产物，然后利用含有缓蚀剂的碱洗液中和试样表面的残酸，再使用超纯水清洗，最好使用无水乙醇脱水、氮气干燥保存。取出清除腐蚀产物后的金属试样，按照操作要求使用超景深三维显微镜观察试样表面形貌，并对其进行拍摄以及测试腐蚀坑深度。记录数据，统计腐蚀坑深度与腐蚀坑密度。

（8）316 不锈钢耐蚀性能综合评价测试重复上述(1)~(7)步骤。

（9）7075 铝合金耐蚀性能综合评价测试重复上述(1)~(7)步骤。

（10）所有实验平行做 3~5 次，记录实验数据。

（11）实验结束后清洗试样，关好仪器设备，打扫卫生。

五、实验结果处理

（1）记录实验过程中环境参数。

试样材料：_____；介质成分：_____；介质

温度：_____

（2）导出所测的不同条件下的开路电位原始数据，利用 origin 作图。

（3）利用 Origin 作图，采用合适的等效电路拟合电化学阻抗得到相应的电化学关键参数。

（4）利用 Origin 作图，采用 Tafel 方程对测量得到的所有动电位极化曲线进行拟合，得到相应的电化学关键参数。对所得电化学参数进行整理，完成表 1，计算实验误差，分析金属腐蚀行为和机制。

表 1　不同动电位极化曲线拟合电化学参数

参数	b_a/(V/dec)	b_c/(V/dec)	E_{corr}/(V vs. SCE)	i_{corr}/(A/cm²)	腐蚀速率/(mm/y)
1					
2					
3					
4					
5					

（5）恒电位极化静态法测试数据记录（表 2）：

表 2　实验数据记录表

参数	E/(V vs. SCE)	i/(A/cm²)	参数	E/(V vs. SCE)	i/(A/cm²)	参数	E/(V vs. SCE)	i/(A/cm²)
1			21			41		
2			22			42		
3			23			43		
4			24			44		
5			25			45		
6			26			46		
7			27			47		
8			28			48		
9			29			49		
10			30			50		
11			31			51		
12			32			52		
13			33			53		
14			34			54		
15			35			55		
16			36			56		
17			37			57		
18			38			58		
19			39			59		
20			40			60		

以 $\lg i$ 为横坐标，E 为纵坐标，绘制 B10 铜镍合金、7075 铝合金和 316 不锈钢在 3.5% 氯化钠溶液中的极化曲线。

（6）将数据导出，根据扫描电镜所观察的样品微观形貌图片和 EDS 能谱结果进行定性和定量分析。

（7）将去除腐蚀产物后的 3D 形貌图导出。根据 3D 形貌图统计最大局部腐蚀坑深度，从而计算金属材料的最大局部腐蚀速率。随后，根据 3D 形貌图统计腐蚀坑密度。

六、思考题

（1）常见的耐蚀金属材料的种类有哪些？耐蚀金属材料的耐蚀原理是什么？

（2）从耐蚀金属材料的阳极极化曲线入手，分析可用哪些参数评价耐蚀材料的耐腐蚀能力。

（3）在实际测量系统中，绘制 Nyquist 图时为什么往往得不到理想的半圆？绘制 Bode 图时为什么往往得不到低频区的平台段？

（4）工程装备中常见的耐蚀合金有哪些？论述提高金属耐蚀性的原理，并列举常用的方法。

（5）耐蚀合金耐蚀性能的评价方法有哪些？各有什么优缺点？如果想要快速获得耐蚀金属材料的耐蚀性能数据，采取什么测试方法比较好？

7.4
综合性研究实验

实验四十七　海洋腐蚀及海洋设施的防护实验

一、实验目的

（1）了解海洋环境的特点及海水腐蚀的分类与特征。

（2）掌握海洋腐蚀的实验方法及评价标准。

（3）测定碳钢在海洋腐蚀各环境区域的腐蚀速率和腐蚀特征。

（4）掌握海洋结构设施的合理防护方法。

（5）进一步熟练腐蚀测试技术。

二、实验原理

金属结构材料在海洋环境中发生的腐蚀称为海洋腐蚀。海水是自然界中含量大且具有很强腐蚀性的电解质溶液，尤其是在我国南海高温、高湿、高盐、强辐射和微生物多样性的环境中，金属材料的腐蚀更为严重，所以认识海洋环境中金属的腐蚀机理并掌握其防护措施具有非常重大的意义。

（1）海洋环境的特点

海水中含有大量的 Cl^-、SO_4^{2-}、Na^+、K^+、Ca^{2+} 等离子，盐含量在 3.5% 左右，并溶解有氧气、氮气和二氧化碳，其 pH 为 $7.4\sim8.6$、电导率为 $4\times10^{-2}S/cm$（远高于河水和雨水）。此外，海水中还含有大量的海洋生物。影响海水腐蚀的主要因素有溶解氧含量、温度、海生物污损、碳酸盐沉淀、微生物、pH、盐度、流速等。在一定条件下，温度、流速、海生物污损、微生物（如硫酸盐还原菌等）都可以成为影响腐蚀速率的控制因素。工程实践发现实际海域中在 200m 左右时就已经不能探测到阳光，海水深度在 200m 以上的海域里没有依靠光合作用生存的微生物，抗紫外辐射能力较弱的防护涂层有可能在此条件可以使用。海水是一个非常复杂的体系，海水腐蚀的影响因素众多，各影响因素之间还有交叉影响作用，在进行实验研究时，必须全面分析每一个参数的影响。

（2）海洋腐蚀环境区域划分及特征

按照金属和海水的接触情况，可将海洋腐蚀环境分为：海洋大气区、浪花飞溅区、海洋潮差区、海洋全浸区和海底泥土区。海洋大气区是指海洋环境中不直接接触海水（常高出海平面 2m 以上）的部分，其腐蚀是由材料表面在含氧、海盐粒子水膜中的电化学过程而造成的。浪花飞溅区是指海水的飞沫能够喷洒到材料表面，但在海水涨潮时又不能被海水所浸没的部位（常高出海平面 0～2m），其特点是材料处于干湿交替区，氧气供应充足、腐蚀产物膜常被浪花冲击破坏，因而该区域的腐蚀很严重。海洋潮差区是指涨潮时浸在水中、而落潮时在水线上的区域，由于周期性的干湿交替和加之于水线上下的氧浓差电池，使得浸在水线下的材料区域腐蚀严重。海洋全浸区是指常年被海水浸泡的区域。按照海水深度，可细分为浅海区（50m 以内）、中等深海区（50～200m）和深海区（200m 以上）。由于氧含量随海水深度而降低，因此材料的腐蚀速率随深度略有降低。海底泥土区是指位于海底沉积物的区域，该区域中材料的腐蚀主要受细菌和海底土壤的影响。而深海环境与浅层海水有很大不同，在深海环境中各影响因素如溶解氧含量、温度、阳光照射、微生物环境、海底暗流等都发生了很大的变化。海洋环境中各区域的材料腐蚀倾向，如图 1 所示。

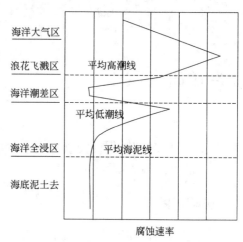

图 1　钢铁材料在海洋环境中的腐蚀倾向

（3）海水腐蚀的分类及防护措施

海洋环境中材料的腐蚀分为均匀腐蚀（如裸钢在中性海水中的均匀腐蚀速率约为 0.2mm/a）、点蚀、缝隙腐蚀（因构件间的缝隙而产生的）、电偶腐蚀（不同材质接触时产生的）、应力腐蚀和腐蚀疲劳（如风浪作用下的桅杆、螺旋桨等）、流动腐蚀、冲刷腐蚀、空蚀和杂散电流腐蚀等类型。

针对海水腐蚀的特点和影响海水腐蚀的因素，海洋腐蚀的控制措施主要有：研制和应用耐海水腐蚀的材料如钛、银、铜及其合金、耐蚀钢等；实施外加电流或牺牲阳极的阴极保护技术（常用于海洋全浸区和海底泥土区）；涂装与包覆技术（对海洋大气区常采用涂装；而对浪花飞溅区和海洋潮差区常采用涂装＋包覆方法）。

（4）海水腐蚀的研究的方法

由于海洋环境影响因素的复杂性，使得目前的室内模拟加速实验和测试手段仍无法完全代替海洋自然环境实验（实海挂片实验）。实海挂片实验方法具有环境条件真实、实验简单、结果比较可靠等优点。但其最大的问题是实验周期长，一般实验周期从半年到十几年，环境因素无法控制，试样丢失造成实验失败的风险较高，从而制约了新材料、新工艺在海洋工程中的快速应用。于是，常采用室内模拟的方法对材料的海水腐蚀行为、机理和防护措施进行研究。

实验室内进行的模拟海水加速腐蚀实验，常从试样与溶液的相对位置、海水流速和实验温度等方面进行考虑和设计，但通常不考虑海洋微生物的影响。在试样与溶液的相对位置方面，有全浸实验、半浸实验和间浸实验三种，其实验装置如图 2 和图 3 所示。在海水流速方面，有流动溶液实验（如高速冲刷腐蚀、空蚀等）和转动试样实验（如旋转圆盘实验等）两大类。材料海水腐蚀的评定方法和评价指标，主要有形貌检查（腐蚀产物颜色和组成及表面形貌特征等）、失重率、腐蚀深度、点蚀深度、电化学参数（腐蚀电流密度、极化电阻）、力学参数变化等。

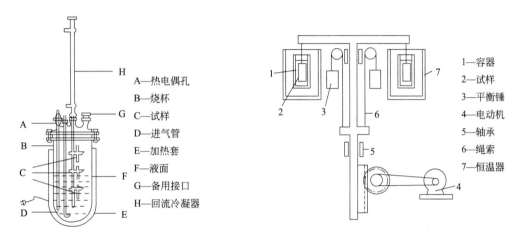

H—回流冷凝器	A—热电偶孔
	B—烧杯
	C—试样
	D—进气管
	E—加热套
	F—液面
	G—备用接口
	H—回流冷凝器

1—容器
2—试样
3—平衡锤
4—电动机
5—轴承
6—绳索
7—恒温器

图 2　多用途浸泡实验装置图　　　　图 3　间浸实验装置图

测试材料腐蚀行为的模拟深海环境装置如图 4 所示，由模拟深海环境温度与压力控制系统、高压釜、模拟深海环境检测控制系统三部分组成。高压釜是模拟深海环境的实验容器设备，釜体中置有失重实验装置，釜盖经由机械传动装置实现与釜底的闭合，釜底与地面进行了绝缘处理。深海模拟检测系统包括三电极体系、单片机信号处理器及计算机。实验能够在不同腐蚀介质，不同的静水压力、溶氧量、温度、pH 值、盐度等特征环境因素下模拟深海环境，最终实现模拟深海环境中材料的腐蚀电化学行为的测试工作。

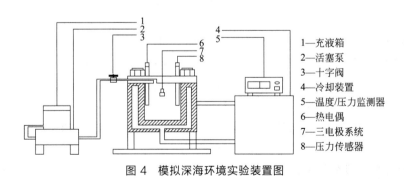

1—充液箱
2—活塞泵
3—十字阀
4—冷却装置
5—温度/压力监测器
6—热电偶
7—三电极系统
8—压力传感器

图 4　模拟深海环境实验装置图

在本实验中，将通过全浸、半浸、间浸和控温压力容器等实验方法模拟海洋潮差区、海洋全浸区及深海环境中材料的腐蚀行为，通过制作旋转圆盘电极分析海水流速对材料腐蚀行为的影响，进而通过添加 H_2O_2 强化海水的阴极去极化作用等方式研究阴极保护方法在海洋设施防护中的作用。最后，根据查阅国内外的参考文献设计出满足海洋飞溅区要求的模拟浪花飞溅腐蚀实验装置，探索钢铁材料在浪花飞溅区的腐蚀特征及防护措施。

三、实验材料和仪器

（1）实验材料

Q235 钢（试样尺寸为 60mm×40mm×4mm，中心打孔，用于悬挂，用水磨碳化硅砂纸打磨至 600♯，用清水冲洗后用酒精擦洗，吹风机吹干后放入干燥箱备用），3.5% NaCl 溶液，3.5% NaCl＋0.01mol/L H_2O_2 溶液。

（2）实验仪器

多用途浸泡实验装置，间浸实验装置，控温控压实验装置，电化学工作站，旋转圆盘电极，扫描电子显微镜，共焦显微拉曼光谱仪，增氧泵，分析天平，游标卡尺，超声波清洗仪，吹风机，干燥箱，辅助电极和参比电极（饱和甘汞电极）。

四、实验步骤

（1）用 0.1mg 分析天平称量每块 Q235 试样的质量，并用游标卡尺测量试样的尺寸，计算试样的表面积。

（2）将 Q235 试样悬挂于图 2 中的试样架上，倒入适量的 3.5% NaCl 溶液，使试样分别处于液面下方（全浸）、液面中间（半浸）和液面上方（大气腐蚀）。在室温下浸泡 10～30d 后，取出试样，清洗、称重并计算腐蚀速率。利用扫描电子显微镜、X 射线衍射仪、X 射线光电子能谱仪、共焦显微拉曼光谱仪及 3D 显微镜等对材料表面形貌和腐蚀产物结构组成进行分析。同时建立原位电化学测试装置，开展开路电位、电化学阻抗、动电位极化曲线、电化学噪声等原位电化学测量，通过电化学数据结合表面分析手段分析和讨论金属腐蚀行为和机制。

（3）将 Q235 试样悬挂于图 3 中的试样架上，倒入适量的 3.5% NaCl 溶液，调整间浸实验的条件：循环周期为 60min，其中浸泡 10min，空气中暴露 50min。在室温下间浸 10～30d 后，取出试样，清洗、称重并计算腐蚀速率。利用扫描电子显微镜、X 射线衍射仪、X 射线光电子能谱仪、共焦显微拉曼光谱仪及 3D 显微镜等对材料表面形貌和腐蚀产物结构组成进行分析。

（4）开展深海模拟测试实验，将 Q235 试样悬挂于图 4 中的试样架上，倒入适量的 3.5% NaCl 溶液，调整实验的条件：釜压 10MPa，模拟水深 1000m（釜内压力根据模拟海洋深度不同可以调整），在温度为 5℃下浸泡 7d 后，取出试样，清洗、称重并计算腐蚀速率。利用扫描电子显微镜、X 射线衍射仪、X 射线光电子能谱仪、共焦显微拉曼光谱仪及 3D 显微镜等对材料表面形貌和腐蚀产物结构组成进行分析。同时建立原位电化学测试装置，开展开路电位、电化学阻抗、动电位极化曲线、电化学噪声等原位电化学测量，通过电化学数据结合表面分析手段分析和讨论金属腐蚀行为和机制。

（5）将 3.5% NaCl＋0.01mol/L H_2O_2 溶液倒入图 5 中的加速海水腐蚀实验装置中，并通过增氧泵进行充气。实验中试样 2 和 3 为海水腐蚀试样（计算失重率）；试样 4 为阴极保护试样，并与辅助电极 5、参比电极 7 组成三电极系统（用于阴极保护和电化学测试）。在室温下浸泡 15d 后，取出试样，清洗、称重计算腐蚀速率，并观察海水加速腐蚀和阴极保护的效果。同时，利用扫描电子显微镜、X射线衍射仪、X射线光电子能谱仪、共焦显微拉曼光谱仪及3D显微镜等对材料表面形貌和腐蚀产物结构组成进行分析。

（6）利用旋转圆盘电极模拟研究不同海水流速下的腐蚀行为，控制不同的旋转速度，分别测量电极在不同旋转速度条件下的开路电位、电化学阻抗、动电位极化曲线等，利用电化学测试数据拟合得到金属在不

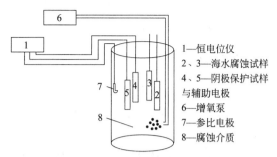

1—恒电位仪
2、3—海水腐蚀试样
4、5—阴极保护试样与辅助电极
6—增氧泵
7—参比电极
8—腐蚀介质

图5　加速海水腐蚀与阴极保护实验的装置图

同转速条件下的腐蚀规律，并利用扫描电子显微镜、X射线衍射仪、X射线光电子能谱仪、共焦显微拉曼光谱仪及3D显微镜等对材料表面形貌和腐蚀产物结构组成进行分析。

（7）对Q235试样进行涂料涂覆处理，通过电化学测试结合上述表面分析手段研究不同海洋环境中涂料的防腐性能和失效机制。

（8）实验结束后清洗试样，关好仪器设备，打扫卫生。

五、实验结果处理

（1）通过对失重以及电化学数据处理，以表格的形式做定量分析，讨论Q235试样在全浸、半浸、间浸、大气、流速、加速、浪花飞溅、深海及阴极保护、涂层保护等不同环境下腐蚀速率的变化规律。

（2）对不同海洋环境下的试样表面形貌进行比较分析，观察不同环境条件下试样表面的形貌特点，讨论试样表面腐蚀形貌和腐蚀产物结构与金属腐蚀速率之间的耦合关系。

（3）对去除试样表面腐蚀产物后获得的3D形貌进行分析，定量计算局部腐蚀速率，讨论试样在不同海洋环境下的局部腐蚀的发生和发展规律，以及局部腐蚀和均匀腐蚀之间的对应关系。

（4）对上述所得数据经过处理，通过Origin作图，完成实验报告。

六、思考题

（1）简述海洋环境的特点及海洋腐蚀的特征与分类方法。

（2）影响海洋腐蚀的因素有哪些？各因素对海水各区域的腐蚀速率和腐蚀特征有什么影响？

（3）评价海洋腐蚀行为的实验方法有哪些？评价方法和标准是什么？

（4）防止海洋腐蚀的方法有哪些？如何依据海洋各环境区域的特点，有针对性地选择合理的防护措施？

实验四十八　混凝土中钢筋腐蚀的检测与防护实验

一、实验目的

（1）认识和掌握混凝土中钢筋腐蚀的危害、类型和机理。

（2）熟悉和掌握混凝土中钢筋腐蚀的检测方法和技术。

（3）了解并熟悉控制混凝土中钢筋腐蚀的方法。

二、实验原理

钢筋混凝土是由钢筋和混凝土两种力学性质完全不同的材料所组成的复合材料，因其具有成本低廉、坚固耐用且材料来源广泛等优点而被土木工程的各个领域（如海港工程、水利工程、公路和桥梁、公共和民用建筑等）普遍采用，并已成为当今世界现代建筑中使用最为广泛的材料。因为混凝土是一个碱性较强的环境，钢筋在混凝土中可以钝化，所以通常认为钢筋混凝土是一种耐久性好的材料。而长期的工程应用实践表明：钢筋混凝土结构在自然环境作用下也会发生多种形式的破坏如分层、开裂、剥落等，使得混凝土的耐久性不足而导致工程使用寿命达不到设计要求，从而给工业生产造成严重的经济损失（维修、重建等的费用），甚至是灾难性的事故。在海洋环境中，钢筋混凝土腐蚀更为严重，岛礁建设、跨海大桥等大型海洋基础设施都面临着钢筋混凝土腐蚀问题。

（1）混凝土中钢筋的腐蚀

研究和实践表明，当今世界上混凝土的破坏原因，按重要性递降顺序排列依次是钢筋锈蚀、寒冷气候下的冻害、浸蚀环境下的物理化学作用等。可见，钢筋锈蚀（腐蚀）已成为钢筋混凝土建筑物耐久性不足、过早发生破坏的主要因素。究其原因，一方面，钢筋腐蚀后会导致钢筋截面积减小，从而使钢筋的力学性能下降、混凝土构件的承载能力降低；另一方面，钢筋腐蚀后，腐蚀产物积聚在钢筋与混凝土之间，降低了钢筋与混凝土界面的结合强度，使混凝土开裂。

从腐蚀角度看，由于拌制混凝土的硅酸盐水泥中含大量的硅酸钙，水化时会释放出大量的OH^-，使混凝土的 pH 高达 12 以上。在这种碱性条件下，钢筋表面会形成一层致密的、厚度约为几纳米的 γ-Fe_2O_3 保护膜，以保持钢筋的钝态。在这种钝态下，即使在钢筋/混凝土界面上存在氧气和水，钢筋也不会腐蚀。然而混凝土是多孔材料，存在从毛细孔到凝胶孔的一系列孔径的空隙，水泥与骨料之间也会存在微小的裂缝，施工过程中也难免会产生缺陷等。环境中的腐蚀性物质很容易渗入混凝土内部，使钢筋表面的钝化膜破裂，导致钢筋的腐蚀。

从自然环境角度看，能导致钢筋表面钝化膜破裂的物质主要是 Cl^- 和二氧化碳等。此外，自然环境中温度、湿度、杂散电流及混凝土的制备工艺（水泥品种、水灰比、养护方式）等也会对钢筋的腐蚀产生影响。

① 氯离子腐蚀

由于氯离子具有极强的穿透能力，环境中的氯离子通过混凝土毛细管很容易到达钢筋表面，当钢筋周围的混凝土液相中氯浓度或氯离子与氢氧根浓度比达到腐蚀临界值时，就会局部破坏钢筋钝化膜而使钢筋表面活化，为钢筋的腐蚀提供条件。当钢筋附近的混凝土中存在氧气和水时，钢筋就开始腐蚀。在腐蚀过程中，阳极区的铁发生腐蚀生成 Fe^{2+}，氯离子不断向阳极区迁移而富集。Fe^{2+} 和 Cl^- 生成可溶于水的 $FeCl_2$，然后向阳极区外扩散，进而与混凝土或阴极区中的 OH^- 生成多孔疏松的 $Fe(OH)_2$ 沉淀。在孔隙中，水和氧存在的条件下可进一步转化为 Fe_2O_3 或 Fe_3O_4，同时放出 Cl^-。由于整个反应过程中 Cl^- 没有消耗，持续进行的电化学反应使钢筋周围孔隙溶液的碱度快速降低并使局部 pH 降低到 4 以下，引发酸蚀。在整个腐蚀过程中 Cl^- 对腐蚀起自催化作用，氯离子参与钢筋腐蚀的电化学反应过程如下：

$$Fe \longrightarrow Fe^{2+} + 2e^- \qquad (1)$$

阳极反应：

阴极反应： $$O_2 + 2H_2O + 4e^- \longrightarrow 4OH^- \qquad (2)$$

在 Cl^- 参与下，引发如下反应：

$$Fe^{2+} + 2Cl^- + 4H_2O \longrightarrow FeCl_2 \cdot 4H_2O \qquad (3)$$

$$FeCl_2 \cdot 4H_2O \longrightarrow Fe(OH)_2 + 2Cl^- + 2H^+ + 2H_2O \qquad (4)$$

$$6FeCl_2 + O_2 + 6H_2O \longrightarrow 2Fe_3O_4 + 12H^+ + 12Cl^- \qquad (5)$$

在无 Cl^- 存在条件下将发生以下反应：

$$Fe^{2+} + 2OH^- \longrightarrow Fe(OH)_2 \qquad (6)$$

$$4Fe(OH)_2 + O_2 \longrightarrow 2Fe_2O_3 \cdot H_2O + 2H_2O(红锈) \qquad (7)$$

$$6Fe(OH)_2 + O_2 \longrightarrow 2Fe_3O_4 \cdot H_2O + 4H_2O(黑锈) \qquad (8)$$

② 混凝土碳化

空气中的二氧化碳能够通过混凝土中的毛细孔道，与混凝土孔隙液中水泥水化生成的 $Ca(OH)_2$ 进行中和反应，即所谓的混凝土碳化，反应为：

$$Ca(OH)_2 + CO_2 \longrightarrow CaCO_3 + H_2O \qquad (9)$$

混凝土碳化会使孔隙液的 pH 下降到 8 左右。由于钢筋表面的钝化膜在孔隙液的 pH 小于 11.5 时就不稳定，因此当混凝土碳化深度达到钢筋表面时，钝化膜就遭到破坏，进而引起钢筋锈蚀。

③ 其他腐蚀

随着环境污染的日益严重，水体受污染而酸性化，空气中越来越多的 SO_2、H_2S 及其所形成的酸雨，也逐渐成为降低混凝土碱度的污染源，如钢筋混凝土的硫酸盐腐蚀等。此外，随着钢筋混凝土结构在电车轨道、地下铁道、工业区、城市铁路中的运用，杂散电流引起的腐蚀也逐渐成为混凝土中钢筋腐蚀的一种主要形式。腐蚀性微生物如硫酸盐还原菌、铁氧化菌等对钢筋的侵蚀也可能是导致混凝土钢筋腐蚀的原因之一。

（2）钢筋腐蚀检测

用于检测混凝土钢筋腐蚀的方法有很多种，大致可分为物理方法和电化学方法两大类。物理方法包括常规检查、称量、电阻探头、声发射、涡流、磁通减量、膨胀应变探头测量等；电化学方法包括自腐蚀电位、极化电阻、交流阻抗谱、电阻率、恒流脉冲、电化学噪声、极化曲线、电偶探头测量等。其中最常用的方法有常规检查（外观、保护层厚度、碳化深度、氯离子含量、钢筋锈蚀率等）、自腐蚀电位法、电阻率法和极化电阻法等。

① 常规检查

a. 外观检查，通常使用眼睛、摄像机、相机、放大镜、直尺等测量钢筋混凝土的结构性缺陷、外显性裂缝、保护层剥落、空鼓、钢筋锈蚀等，并对其位置、大小、走向等进行描述与记录。

b. 钢筋保护层厚度，常通过利用电磁感应制作的保护层厚度测定仪进行测量。

c. 碳化深度的测量，常先利用冲击钻在混凝土上钻一个直径为 20mm、深约 70mm 的孔洞，清除孔洞中的粉末和碎屑后将 10%～20% 的酚酞酒精溶液喷洒在孔洞内壁，进而用碳化深度测量仪或游标卡尺测量孔洞内不变色混凝土的厚度，即碳化深度。因为混凝土未碳化的部分呈碱性，在酚酞酒精溶液作用下变为红色；而已碳化的部分因呈中性而不能使酚酞酒精溶液变色。

d. 氯离子含量的测定，常先钻取不同深度层的混凝土样品，用酸溶解后再用硝酸银溶液滴定或用离子选择电极进行测定。根据测得的氯离子浓度，可对照表1判断钢筋锈蚀的可能性。

表1　混凝土中氯离子浓度与钢筋锈蚀的关系

氯离子含量（以水泥质量计算）/%	<0.2	0.2～0.4	>0.4
钢筋锈蚀概率	可忽略	不确定	高

e. 对钢筋的锈蚀情况，可通过目测分级评定和质量损失法进行评价。在目测分级中，可分为有黑色产物无锈（Ⅰ级）、小面积浮锈斑点（Ⅱ级）、浮锈覆盖整个钢筋且混凝土上有锈迹（Ⅲ级）、有锈层且钢筋的截面积减少（Ⅳ级）和锈层较厚且钢筋端面腐蚀严重（Ⅴ级）五级。

② 自腐蚀电位法

钢筋半电池电位，也称为自腐蚀电位，是指无外部电流影响时钢筋和混凝土界面的腐蚀电位。常利用参比电极和高内阻电压表（内阻

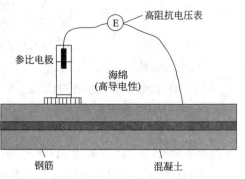

图1　混凝土中钢筋自腐蚀电位测定示意图

大于$10M\Omega$）进行测量，其中的参比电极可以选择铜/硫酸铜电极、银/氯化银电极等，自腐蚀电位测量示意图如图1所示。

钢筋的自腐蚀电位虽然受混凝土含水量、电位降等因素的影响，但自腐蚀电位与钢筋锈蚀之间存在一定的关系。当钢筋处于混凝土孔隙液碱性介质包裹时，表面钝化膜未遭受破坏，不发生腐蚀，电位较正；但当钝化膜破坏后，钢筋表面活化，电位偏负，钢筋自腐蚀电位与钢筋锈蚀的关系如表2所示。

表2　钢筋自腐蚀电位与钢筋锈蚀的关系（ASTMC-876）

E_{corr}/mV	<-500	<-350	-200～-300	>-200
锈蚀概率	严重腐蚀	90%高腐蚀概率	50%中等腐蚀概率	10%低腐蚀概率

另外，在测量过程中，还可通过移动参比电极的位置确定混凝土表面钢筋自腐蚀电位的位置分布图和等电位图，从而可大致判断钢筋发生腐蚀的位置和区域。

③ 电阻率法

混凝土的电阻率是混凝土导电能力的指标，反映了混凝土孔隙液中离子流动时发生电解的难易程度，同时也是影响混凝土中钢筋腐蚀的关键因素。混凝土电阻率的大小取决于混凝土中氯化物含量及孔结构的含水率和温度。混凝土中的氯化物含量越高（无论是先天带入还是后来渗入），其电阻率越低；氯化物含量越低，混凝土电阻率越高。混凝土在完全干燥时几乎不导电，电阻率可达$10^{11}M\Omega \cdot cm$；潮湿时大约为$10^{3}M\Omega \cdot cm$；在水饱和时可降低到$5×10^{2}\Omega \cdot cm$。另外，混凝土的电阻率往往随温度的升高而增大。室内与现场研究表明，当混凝土含水率在40%～70%时，电阻率在5～100$k\Omega \cdot cm$之间变化，且电阻率与钢筋腐蚀

速率成反比关系，即混凝土电阻率越小，钢筋腐蚀速率越大。混凝土电阻率与钢筋锈蚀状态的判别见表3。

表3　混凝土电阻率与钢筋锈蚀状态的判别（GB/T 50344—2004）

混凝土电阻率/kΩ·cm	＞100	50～100	10～50	＜10
锈蚀状态判别	钢筋不会锈蚀	低锈蚀速率	钢筋活化时可出现中高锈蚀速率	电阻率不是锈蚀控制因素

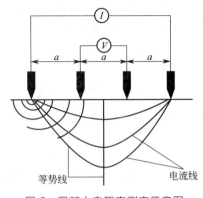

等势线　电流线

图2　混凝土电阻率测定示意图

混凝土电阻率的测量，常通过四电极法和两电极法进行。在四电极法中，将四支电极通过蘸水的海绵或导电胶连接于混凝土表面，四个电极排成一行（图2），彼此的间距相等。由电源给外侧的两电极输入恒定电流，然后通过混凝土构成回路，进而由中间两电极间的电压降计算混凝土的电阻率：

$$\rho = 2\pi a \left(\frac{V}{I} \right) \qquad (10)$$

式中，ρ 是混凝土的电阻率，$\Omega \cdot cm$；a 是电极之间的距离，cm；V 是中间两电极的电压降，V；I 是给定的恒定电流，A。

两电极法通过测量埋在一定深度混凝土中的两金属电极（铜棒或不锈钢棒）之间的电压和电流，测得两电极间的混凝土电阻。之后，用电阻率已知的一种液体先测定电阻与电阻率间的系数，即可将测得的电阻值换算为混凝土的电阻率值。

④ 其他方法

除上述检测方法外，还可以采用定量检测方法确定混凝土中钢筋的腐蚀速率。首先，按图3的要求在混凝土表面装设参比电极和辅助电极，制作好三电极测试系统，然后对混凝土中的钢筋施加一个很小的电化学扰动并记录其响应信号，测量其电化学阻抗的变化，进而通过阻抗拟合获得钢筋的腐蚀速率。也可以利用线性极化电阻法测定钢筋的线性极化电阻进而得到钢筋的定量腐蚀信息。

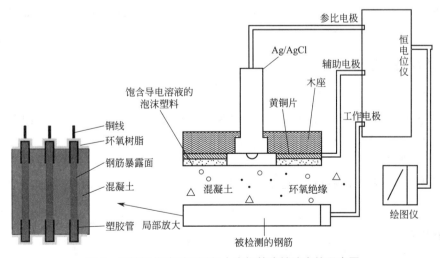

图3　线性极化法测量混凝土中钢筋腐蚀速率的示意图

评价钢筋腐蚀程度的方法，还有宏电池电流法、极化曲线法、电化学噪声法等。此外，还可将参比电极或腐蚀传感器预埋在混凝土内，实时采集并记录电阻率、电位、腐蚀电流等信息，获得混凝土钢筋的锈蚀状态随时间的变化规律。

（3）控制钢筋腐蚀的方法

① 电化学保护

电化学保护的实施方式是在混凝土结构表面设置阳极，并使钢筋成为阴极，从而构成回路对钢筋进行保护。与传统修补方法相比，该方法具有节省时间、减少工作量等优点，并可从根本上抑制已碳化或被氯离子污染引起的钢筋腐蚀问题（电化学脱盐和再碱化），具有显著的经济效益和社会效益。

② 混凝土表面涂层

在混凝土表面涂覆环氧树脂、聚氨酯树脂、丙烯酸树脂、氯化橡胶等涂料，可阻挡水、氯离子、二氧化碳等腐蚀性物质的渗入，使钢筋长期保持钝态而不发生腐蚀，延长钢筋混凝土服役寿命。

③ 使用阻锈剂

在混凝土拌制过程中加入阻锈剂或在混凝土表面涂覆迁移性阻锈剂，可有效地抑制钢筋的腐蚀，延长钢筋混凝土的使用寿命。

④ 涂层钢筋

在钢筋的表面涂覆一层涂层如镀锌层或环氧涂层，可有效隔离浸蚀介质与钢筋的直接接触，以此来保护钢筋不受腐蚀。还可选用不锈钢、碳钢钢心外包不锈钢作为钢筋材料，以提高钢筋本身的耐蚀性能。

⑤ 耐久性混凝土

通过混凝土的设计和施工如降低水灰比、消除毛细孔道、加入矿物掺料或外加剂等，最大限度地提高混凝土的抗渗性，以减少二氧化碳、氯离子到达钢筋表面的时间，增加钢筋混凝土的使用寿命。

总之，由于钢筋混凝土涉及的材料种类、原料来源、施工方法、使用环境等因素众多，混凝土中钢筋的腐蚀较多地受到外部环境条件、测试位置、测试时间和测试方法等的影响。因而在对混凝土钢筋的腐蚀进行实际评价时，最好使用几种测量方法和表征参数同时进行测量，并在相互对比和综合分析的基础上对腐蚀程度做出判断。

三、实验材料和仪器

（1）实验材料

直径为 8mm 的 HPB235 钢筋和 304 不锈钢圆钢筋及市面上销售的水泥、细砂和碎石子等，3% NaCl，5% Na_2SO_4。

（2）实验仪器

数字万用表，四探针测量仪，电化学工作站，铜/硫酸铜电极，银/氯化银电极，导电海绵，黄铜片等。

四、实验步骤

（1）按水泥：砂：石子＝1：2.4：4 及水灰比 0.60 的比例拌制混凝土原料，搅拌均匀后倒入已装设 HPB235 钢筋的试模中。经震动捣实、整平处理后，在室温下静置两昼夜。

（2）拆模后取出钢筋混凝土试块（试块尺寸为 280mm×150mm×115mm），并在室温、湿度为 90% 的养护室内进行自然养护 28 天。养护完成之后取出，放置一定时间后进行测试。

（3）用环氧树脂封闭试块的两个侧面，且在试块顶部安装盛 3% NaCl 溶液的储水槽（储水槽尺寸为 150mm×75mm×75mm），并在室温、湿度为 50% 条件下让液面高度为 40mm 的 NaCl 溶液逐渐渗入到钢筋混凝土中去，渗透时间为 2 周。之后试块自然干燥 2 周。如此反复进行干湿循环暴露实验。

（4）在实验过程中，利用自腐蚀电位法、四探针法和极化电阻法测量混凝土中钢筋的自腐蚀电位、混凝土的电阻率和极化电阻，通过电化学阻抗法测定钢筋阻抗随时间变化曲线。通过测定 Mott-Schottky 曲线评估钢筋表面钝化膜钝态性能随时间的变化。

（5）测试结束后，将混凝土中的钢筋取出，通过扫描电子显微镜、X 射线衍射仪、X 射线光电子能谱仪、共焦显微拉曼光谱仪及 3D 显微镜等对钢筋表面形貌和腐蚀产物结构组成进行分析。

（6）将测试介质变更为 5% Na_2SO_4 溶液，重复实验步骤（3）～（5），测试不同腐蚀介质对混凝土中钢筋腐蚀的影响过程。

（7）将实验钢筋变更为 304 不锈钢钢筋，重复实验步骤（1）～（5），测试钢筋混凝土中不同耐蚀金属材料的腐蚀行为和机制差异。

（8）在制备混凝土中加入一定浓度的阻锈剂，重复实验步骤（1）～（5），测定阻锈剂对混凝土中钢筋腐蚀的缓蚀行为和机制。

（9）对 HPB235 钢筋表面涂覆一层环氧树脂涂层，重复实验步骤（1）～（5），测定钢筋表面有机涂层保护对混凝土中钢筋腐蚀行为的影响及其耐久性。

（10）以耐久性高性能混凝土为原料制备钢筋混凝土材料，重复实验步骤（1）～（5），测定混凝土类型对混凝土中钢筋腐蚀行为和机制的影响过程。

（11）实验结束后清洗试样，关好仪器设备，打扫卫生。

五、实验结果处理

（1）对所测定的电化学数据，如自腐蚀电位、电化学阻抗、极化电阻、Mott-Schottky 曲线等进行处理，对电化学阻抗和 Mott-Schottky 曲线在作图之前需要拟合，尤其是电化学阻抗，需要选择合适合理的等效电路图。

（2）对不同测试条件下钢筋表面形貌进行比较分析，观察不同测试条件下试样表面的形貌特点，讨论钢筋表面锈层的发生和发展规律。

（3）通过 3D 显微镜对去除试样表面腐蚀产物后的腐蚀形貌进行分析，定量计算局部腐蚀速率，探讨局部腐蚀对钢筋混凝土服役性能的可能影响及其机制。

（4）完成实验报告，总结混凝土中钢筋在不同测试条件下的腐蚀行为和规律。

六、思考题

（1）分析混凝土中钢筋的腐蚀破坏类型和特点。

（2）比较自腐蚀电位、电阻率、线性极化、电化学阻抗谱等测试方法在钢筋腐蚀评价中的作用及各自的优缺点。

（3）混凝土中的钢筋在不同环境中的腐蚀机制是什么？有无差异？

（4）如何定性和定量评价钢筋混凝土的结构完整性和长期服役行为？

（5）提高钢筋混凝土在海洋环境中的耐蚀性能的方法有哪些？其耐蚀性能提高的原理是什么？

实验四十九　大气环境中金属材料腐蚀综合实验

一、实验目的

（1）掌握常见金属材料大气腐蚀行为和机制，熟悉大气腐蚀实验方法及评价技术。

（2）掌握微区电化学测试仪器设备使用方法，并将其应用到大气腐蚀测试中。

（3）认识几种典型的大气腐蚀形式，如薄液膜腐蚀和液滴腐蚀，掌握它们的腐蚀特点。

二、实验原理

统计表明，由材料大气腐蚀造成的经济损失占各类环境腐蚀总和的一半以上，材料大气腐蚀造成了重大的经济损失。例如，大气环境中服役的钢结构的塔架、桥梁、大型储罐、车间、工程设备等设施，在长期的服役过程中会遭受不同程度的腐蚀破坏，锈蚀后的钢结构力学性能降低，严重威胁建筑或工程设备的安全运行。尽管大多数钢结构表面做了有效的防护处理（如表面镀锌和有机涂层涂覆），但在多种环境因子的多重作用下，钢结构表面依旧会发生化学腐蚀和电化学腐蚀。工业城市中大气含有的 Cl^-、SO_2、NO_2 等腐蚀介质浓度较高，对钢结构的腐蚀更为严重。因此，需要发展大气腐蚀实验方法与评价技术，探讨环境因素对材料大气腐蚀的机理及规律，并根据腐蚀机理及规律发展先进的监测检测方式，评估材料的腐蚀状态，减少由于未能及时发现腐蚀损伤而导致的安全事故。同时，这也是开发高品质耐大气腐蚀新材料的基础。

传统的大气腐蚀实验方法与评价技术通过曝晒样品来评价材料的大气腐蚀性。目前已经发展了多种曝晒方式，用于评估不同材料（钢材、高分子材料、混凝土材料、涂料等）在大气中的腐蚀情况。但由于自然环境下的曝晒实验周期长、速度慢，严重制约了耐蚀新材料的研发。因此，微区电化学理论、腐蚀测试技术、大数据和物联网技术的快速发展，促进了腐蚀实验与评价技术的发展，材料大气腐蚀实验与评价技术也取得了长足的进步。在大量的研究基础上发展了基于微区电化学和大数据的多种室内大气腐蚀加速实验方法、电化学研究方法、大气腐蚀监测技术等，加深了对材料在大气环境下的腐蚀机理与规律的认识，提升了基于室内外相关性的材料大气腐蚀性的快速评价技术水平。

在自然环境下将材料直接暴露于大气环境中是研究大气腐蚀实验最常用的方法，所得到的数据结果接近于实际使用情况下的数据结果。但试样在传递过程中会出现损坏、实验结果存在累积误差、数据离散，无法满足新钢种的研发和材料寿命的预测与评估。材料的种类越来越多，如耐候性的钢材、耐蚀性的钢材、耐候性的高分子材料、超疏水性能的涂层等，直接将材料置于大气环境下曝晒，实验周期长、成本高。因此，越来越多的人开始关注在短时间内就可得到结果的加速腐蚀实验，通过实验室内的短期加速腐蚀实验结果来推测户外长期曝晒的实验结果，进而推测材料的大气腐蚀寿命。目前常用的室内模拟加速实验方法有盐雾实验、湿热实验、电解加速腐蚀实验、干湿周浸循环实验、多因子循环复合腐蚀实验等。在进行加速腐蚀实验时，需要考虑试样在大气中腐蚀的本质规律，而不是简单模拟大气腐蚀现象。大气环境繁多且复杂多变，使用单一的环境模拟加速实验来模拟世界各国不同的大气环境，其结果与真实结果不吻合。因此，大多采用复合型的加速腐蚀实验方法来模拟加速试验。

金属的大气腐蚀过程与完全浸在电解液中的腐蚀过程有所不同，大气腐蚀的介质是微量电解质溶液，传统的电化学测量方法（如电化学阻抗、动电位极化曲线及电化学噪声测量等）无法精确地对这种微量电解质体系进行测量。在薄液膜下，溶液的电压降很大，电流在工作电极表面分布不均匀，参比电极里存在微量的离子（Cl^-）污染，均给薄液膜的微量体系带来干扰，使得测量误差较大。但探讨大气腐蚀的机理时，电化学测量技术必不可少，因此，人们做了大量的研究后，发展了微区电化学技术，如扫描开尔文（Kelvin）探针测量技术、微区电化学阻抗技术、扫描振动参比电极技术等。

Kelvin首次提出Kelvin方法，并测出金属间的金属电势差。Zisman采用振动电容平板的方法对其进行改进后衍生出SKP技术。Stratmann首次将SKP技术应用于测量Mg、Al、Fe、Cu、Ni和Ag 6种纯金属在薄液膜下的开路电位与表面电势分布曲线之间存在的线性关系。后来将SKP技术用于检测金属在大气环境下的腐蚀规律、金属表面腐蚀产物的形成及对腐蚀的影响、金属表面带缺陷的有机涂层的脱附现象，还用于检测极薄液层下金属的腐蚀电位的分布来确定金属的腐蚀部位及腐蚀程度。由于开尔文探针能够不接触腐蚀体系而测定气相环境中极薄液层下金属的腐蚀电位，为大气腐蚀研究提供了有力的工具。但SKPFM技术的分辨率受多种因素的影响，如探针几何尺寸、实验环境、样品微观形貌和探针针尖与样品之间的距离等。因此，SKPFM技术只能作为一种半定量技术，若要确认特定体系下的局部腐蚀，往往需要结合SEM、TEM、EC-AFM等成像技术。

当金属材料表面由于不均匀而存在各种缺陷，或表面上沉积有可溶性固体颗粒，则水蒸气优先在金属表面上的这些活性部位发生凝聚或吸附，进而长大形成液滴，液滴的存在加速了金属大气腐蚀过程。研究表明，在一定湿度下，温度越高，气相中水分子密度越大，越有利于水蒸气的吸附和凝聚，微液滴也更容易形成和扩展；其次，主液滴浓度和表面粗糙度都会影响微液滴的扩展。同时使用扫描Kelvin探针和电化学极化等方法研究了微液滴现象与大气腐蚀电化学过程之间的相关性，证明了微液滴的形核速率随极化电流的增加而线性加速，促使大气腐蚀过程发生的电位差和相应的腐蚀电流是微液滴形成和发展的推动力。尤其是在干湿交替的大气环境下，微液滴的扩展与腐蚀电流之间相互影响及相互促进。当材料发生点蚀、应力腐蚀开裂等局部腐蚀时，常规地探测整个样品的宏观变化就会忽略局部腐蚀对材料产生的影响，需要使用微区电化学技术（SKP、LEIS、SVET、SECM等）区分材料在不同区域的电化学特性差异，同时结合TEM、SEM、AFM、XRD等测试技术进一步探究材料腐蚀机理。

影响液滴腐蚀的因素主要有腐蚀介质类型、液滴浓度、液滴尺寸和形状等。海洋大气具有很强的腐蚀性，含有较多的NaCl和$MgCl_2$等无机盐。而腐蚀介质的种类不同，对金属大气腐蚀速度的影响也不同，其中对大气腐蚀影响较大的是NaCl等氯化物。研究发现金属锌表面沉积不同种类盐粒后均促进锌的大气腐蚀，但是不同种类的盐粒形成的电解质对锌腐蚀的加速作用不同。

液滴浓度的影响主要体现在 Cl⁻ 浓度的变化，碳钢的腐蚀速率随暴露点距海岸线距离的增大而急剧减小，说明腐蚀速率与 Cl⁻ 浓度分布相关。但是液滴浓度对大液滴的影响较大，稀释能够显著影响干燥过程中所达到的最大电流值。

研究发现，只有直径大于 45μm 的 NaCl 液滴才能够产生腐蚀。液滴尺寸对不锈钢点蚀的诱发也有重要影响，随着液滴直径及厚度的减小，不锈钢 304 和 430 在 MgCl₂ 溶液中发生点蚀的趋势逐渐减小，而在干燥过程中小液滴比大液滴更早发生点蚀。液滴尺寸对金属表面电化学分布有重要影响，当液滴直径约为 12mm 时，在液滴内形成局部的腐蚀环；当液滴尺寸进一步增大时，在液滴的一侧形成阴极，其他的地方形成阳极。除了液滴尺寸对金属腐蚀速度有影响外，液滴厚度（或高度）对金属腐蚀速度也有影响。当液滴的最大高度小于 800μm 时，镀锌钢的腐蚀速度有极大的提高，并且液滴高度为 500μm 时的金属腐蚀速度要明显大于 1mm 时的情况。另外，如图 1 所示，有研究发现不仅液滴大小能够显著影响腐蚀速率，当在液滴中添加一些微生物（霉菌）时，腐蚀速率也极大提高。本实验以铝合金表面液滴腐蚀模拟大气腐蚀，开展大气腐蚀实验测试。

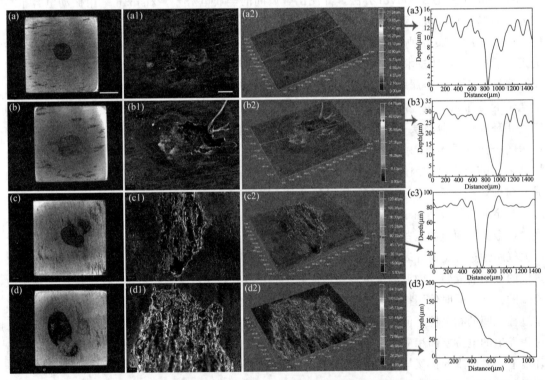

图 1　培养 17d 后去除腐蚀产物后 7075 AA# 试样腐蚀形貌的 2D 和 3D 图像

(a) 15μL 无菌液滴；(b) 30μL 无菌液滴；(c) 15μL 霉菌液滴；(d) 30μL 霉菌液滴

三、实验材料和仪器

（1）实验材料

7075 铝合金电极，丝束电极（WBE，包括 100 根直径为 1mm 的 7075 铝合金丝），SCE

电极（参比电极）。

（2）实验仪器

电化学工作站，扫描电子显微镜，X射线衍射仪，X射线光电子能谱仪，共焦显微拉曼光谱仪，超景深3D显微镜，金相试样磨抛机，移液器。

四、实验步骤

（1）液滴电极的制备

用移液枪分别将适量海水液滴（$5\mu L$、$15\mu L$、$30\mu L$）滴于7075铝合金样品表面，同时控制液滴尺寸，液滴尺寸从小到大依次为A、B、C三组。

（2）电化学测试

利用自制测试电极和参比电极，建立液滴环境中原位电化学测量装置，如图2所示，参比电极为饱和甘汞电极（SCE）。开路电位（OCP）稳定后，用振幅为10mV正弦波电压作为扰动信号，选择频率范围为$10^{-2} \sim 10^{5}$ Hz，进行电化学阻抗谱测量。动电位极化曲线的扫描速度为0.5mV/s，扫描范围为$-0.3V \sim +0.6V$（vs. OCP）。

将滴有不同尺寸液滴的铝合金整体放入SKP测试装置内，将探针针头置于液滴顶端上方（非接触），测试Volta电位随时间的变化曲线。

采用独立的未进行电化学测试的样品，利用扫描电子显微镜、X射线衍射仪、X射线光电子能谱仪、共焦显微拉曼光谱仪及3D显微镜等对材料表面形貌和腐蚀产物结构组成进行分析。

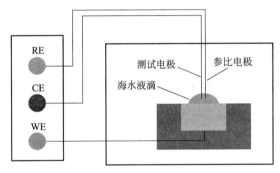

图2 电化学测量装置示意图

（3）丝束电极测试

使用电化学工作站进行WBE测量，丝束电极（WBE）包括100根直径为1mm的7075铝合金丝，进行电位和电流密度扫描，其中SCE作为参考电极。采用10×10自动开关阵列在WBE上的单个电极之间进行切换。每一个微电极串联作为工作电极。测量完成后，将100个微电极重新偶接。

（4）实验结束后清洗试样和相关仪器设备，关好仪器设备，打扫卫生。

五、实验结果分析

（1）电化学腐蚀行为研究，分别拟合EIS曲线及极化曲线，并从EIS曲线和极化曲线及SKP等测试结果中判断实验变量对液滴腐蚀电流密度及腐蚀速率的影响，并做定性和定量分析。

（2）根据 WBE 的电流密度及电偶电流密度分布随时间的变化判断局部腐蚀情况，探讨局部腐蚀的发展过程和机制。

（3）依据去除腐蚀产物后的腐蚀形貌比较样品的被腐蚀程度，利用 3D 形貌图计算局部腐蚀速率。

（4）将上述所有实验数据进行系统分类整理，利用 Origin 作图，完成实验报告。

六、思考题

（1）大气腐蚀和其他类型材料腐蚀相比有何特点？

（2）大气腐蚀研究遇到的难点是什么？如何解决？

（3）大气腐蚀常用的电化学测试手段有哪些？这些测试方法的原理是什么？

（4）综合分析 OCP、EIS、动电位极化、SKP、丝束电极测试等腐蚀电化学评价方法的优缺点。

（5）基于大气腐蚀机制，思考大气腐蚀的控制方法有哪些。

实验五十 土壤环境中金属材料腐蚀综合实验

一、实验目的

（1）认识土壤环境的特点以及土壤环境中金属材料腐蚀危害。

（2）熟悉并掌握土壤各种环境参数（如电阻率）的测定方法，判断土壤环境参数对金属材料腐蚀的潜在影响。

（3）掌握常见的评价土壤环境中材料腐蚀的方法，进一步熟悉腐蚀测试仪器，夯实腐蚀测试技术的掌握程度。

二、实验原理

（1）土壤的环境特性

土壤结构复杂，由气、液、固三相构成多相体系，土壤中含有水分、空气和各种可溶性盐，作为电解质对服役于其中的金属具有腐蚀作用。与单相溶液介质比较，土壤介质复杂得多，土壤环境有它自己的特性。金属材料在土壤环境中的腐蚀也与土壤特性密切相关。

① 土壤的不均匀性 土壤中的氧有的溶解在水中，有的存在于土壤的缝隙中，土壤中的氧浓度与土壤的湿度和结构都有密切关系，氧含量在干燥砂土中最高，在潮湿的砂土中次之，而在潮湿密实的黏土中最少，这种不均匀性正是造成氧浓差电池腐蚀的原因。

② 土壤的导电性 由于在土壤中的水分能以各种形式存在，土壤中总是或多或少地存在一定的水分，因此土壤有导电性。土壤也是一种电解质，土壤的孔隙率及含水程度也影响着土壤的透气性和电解率的大小。土壤中虽然含有一定浓度的盐，但是整体浓度偏低，因此土壤的电导率一般较小。

③ 土壤的多相性 土壤是由土粒、水、空气、有机物等多种组分构成的复杂多相体系，实际的土壤，一般是这几种不同组分按一定比例组合在一起的。土壤的含水量一般采用烘干

法进行测量，其原理是将试样置于（105±2）℃烘箱中烘至恒重，即可使其所含水分全部蒸发以此计算出含水量。在此温度下，有机质一般不致大量分解损失影响测定结果。

④ 土壤的酸碱性　大多数土壤是中性的，pH 值为 6.0～7.5；有的土壤是碱性的，如我国西北的盐碱地，pH 为 7.5～9.0；也有一些土壤是酸性的，如腐殖土和沼泽土的 pH 为 3～6。一般认为，pH 越低，土壤的腐蚀性越大。

（2）土壤环境中材料电化学腐蚀机制

金属材料在土壤环境中的腐蚀过程主要以原电池的形式进行，即电化学腐蚀。金属在土壤中的腐蚀与在电解液中的腐蚀本质是一样的。以 Fe 为例，其阳极过程为铁的氧化，即：

$$Fe + nH_2O \longrightarrow Fe^{2+} \cdot nH_2O + 2e^- \tag{1}$$

阳极反应的速度主要受金属离子化过程控制。在低 pH 的土壤中，OH^- 很少，由于不能生成 $Fe(OH)_2$，Fe^{2+} 浓度在阳极区增大。在中性和碱性土壤中生成的 $Fe(OH)_3$ 溶解度很小，沉淀在钢铁表面上，对阳极溶解有一定的阻滞作用。土壤中如含有碳酸盐，也可能在阳极表面生成不溶性沉积物，起保护膜的作用。土壤中的氯离子和硫酸根能与 Fe^{2+} 生成可溶性的盐，因而加速阳极溶解。

在弱酸性、中性和碱性土壤中，多数金属材料在土壤中的腐蚀都属于氧去极化腐蚀，阴极反应为氧的还原，即：

$$O_2 + 2H_2O + 4e^- \longrightarrow 4OH^- \tag{2}$$

由于土壤中的水溶解氧是有限的，对土壤腐蚀起主要作用的是缝隙和毛细管中的氧。土壤中的氧传递过程比较复杂，进行得也比较慢。在潮湿的黏性土壤中，由于渗水能力和透气性差，氧的传递是相当困难的，使阴极过程受阻，当土壤水分 pH 大于 5 时，腐蚀产物能形成保护层，腐蚀受到限制。

土壤环境中金属材料的腐蚀机制主要有：氧浓差电池、异种金属接触电池、盐浓差电池、温差电池、新旧管线构成电偶电池、长距离腐蚀宏电池、杂散电流腐蚀以及微生物腐蚀等。由于管线不同部位土壤中氧含量的差异，产生氧浓差电池。氧含量低的部位电位较负成为阳极，氧含量高的部位电位较正成为阴极。氧浓差电池形成后，阳极区金属材料的溶解速率显著加速，从而促进局部腐蚀，进而导致材料腐蚀穿孔。地下金属构件采用电极电位不同的两种金属材料连接时，电位较负的金属腐蚀加剧，而电位较正的金属获得保护，即电偶腐蚀。异种金属接触腐蚀会显著加速电位较负的金属材料的腐蚀，从而带来破坏性的结果。因此一方面，要避免异种金属直接接触，另一方面，若异种金属直接接触无法避免，则可采用绝缘处理来抑制电偶腐蚀。当土壤介质含盐量不同时可以形成盐浓差电池，盐浓度高的部位电极较负，成为阳极而加速腐蚀。通常盐浓差电池发生的概率较小。土壤环境中因为温度的差异也能形成温差电池，例如油井和气井的套管及压缩站的管道中，位于地下深层的套管处于较高的温度，成为阳极；而位于地表附近即浅层的套管温度低，成为阴极。当新旧管线连在一起时，由于旧管线表面有腐蚀产物层，使电极电位比新管线正，成为阴极，加速新管的腐蚀。新旧管线构成电偶电池指发生在埋设于地下的长距离金属构件上，由于土壤的组成、结构不同所形成的腐蚀电池。长距离腐蚀宏电池可产生相当可观的腐蚀电流，也称为长线电流。杂散电流是指原定正常电路漏失的电流，其来源主要有电气化铁道、电焊机、电化学保护装置、电解槽等。杂散电流可导致地下金属设施发生严重的腐蚀和破坏作用，其腐蚀量与杂散电流的强度成正比，服从法拉第电解规律。腐蚀事故表明，直流电和交流电均能产生杂散电流腐蚀，但后者仅为前者的 1%。土壤环境中存在着大量的微生物，研究发现微生物腐蚀是导致土壤环境中金属材料破坏的关键原因之一。微生物可以通过自己的生命代谢活性、代谢产物等直接和间接地参与到金属材料的腐蚀过程中，从而显著促进金属材料的腐蚀，尤其是局部腐蚀。局部腐蚀也是微生物腐蚀的典型特征之一，因此微生物腐蚀对金属材料的破坏性很大，而且很难控制。

（3）土壤腐蚀的影响因素

影响土壤腐蚀的因素很多，主要包括土壤电阻率、含水量、含盐量、pH 值、温度、孔隙率、微生物等。土壤电阻率主要取决于土壤中可溶盐的含量及土壤的含水量，对于微电池腐蚀来说，因阳极和阴极相邻，土壤电阻率对其影响小。对于宏电池腐蚀来说，土壤作为电解质，电阻率影响腐蚀电流，电阻率低，土壤电阻小，宏电池腐蚀电流大，腐蚀严重。因此土壤电阻率是评价土壤腐蚀性的重要指标之一。

土壤含水量主要影响土壤的通气性和土壤中可溶盐的溶解，影响土壤电阻率。当含水量较低时，随含水量增加，土壤电阻率降低，土壤腐蚀性增强。当土壤含水量达到 12%～25% 时，土壤腐蚀性较强。在碱性土壤中主要的电化学腐蚀为吸氧腐蚀。当含水量达到临界值后，再继续增加含水量，土壤中的含氧量将降低，导致土壤腐蚀性减弱。土壤含盐量对土壤腐蚀性的影响主要是通过影响土壤电阻率来影响宏电池腐蚀。土壤含盐量与含水量耦合作用，共同影响土壤电阻率。土壤中如果含有一定浓度的 Cl^- 和 SO_4^{2-} 等通常会加速金属腐蚀。它们的含量越高，土壤腐蚀性越强。土壤中含有的微生物也会显著影响金属材料的腐蚀行为，腐蚀性较强的硫酸盐还原菌可以通过还原硫酸根获得能量生长，其对金属的腐蚀贡献也比较大，能够影响微生物生长代谢活性的因素也能够直接影响土壤环境中的微生物腐蚀过程。

土壤的孔隙率影响土壤中的氧含量，通常情况下土壤的孔隙率越大，氧含量越高，土壤对金属的腐蚀性越强。但当土壤孔隙率不均时，容易形成氧浓差电池腐蚀，在孔隙率较大、含氧量高的区域发生阴极反应，金属被保护，而在土壤密实、含氧量低的区域，金属作为阳极发生溶解。另外，温度、pH 值等环境参数也会显著影响土壤环境中金属材料的腐蚀行为。

（4）埋地管道的防护

阴极保护是对埋地管道进行保护的最普遍、最有效的方法之一。通过对受保护的金属设施进行阴极极化，使之成为一个大阴极，从而防止金属管道的腐蚀（金属只有在阳极状态下才可能腐蚀）。阴极保护可以通过两种方法实现：一是外加电流法，二是牺牲阳极法如图 1 所示。

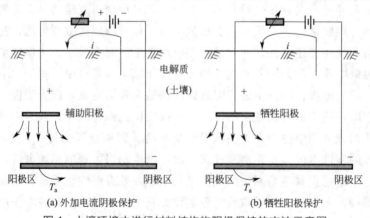

(a) 外加电流阴极保护　　　　　　(b) 牺牲阳极保护

图 1　土壤环境中进行材料结构物阴极保护的方法示意图

管道在土壤中的腐蚀是电化学过程。在土壤环境中，管道的某个部位发生阴极反应，称为阴极区；而管道的另外某个部位发生阳极反应，称为阳极区。在阳极区，管道中的金属 Fe 变为 Fe^{2+}，并进一步向氧化成高价铁的反应方向进行。一般情况下，由于牺牲阳极的驱动电压低、输出电流小，一般只用在短距离且土壤电阻率低的管道。而外加电流阴极保护的输出可调，可用在大型管道及高土壤电阻率地区。

三、实验材料和仪器

（1）实验材料

土壤样品（可根据实际情况就地取材，标注取样区域位置、深度等），Q235 碳钢腐蚀试片（尺寸为 50mm×25mm×2mm，埋片容器为 18cm×25cm 的烧杯），Na_2CO_3，$NaHCO_3$，去离子水。

（2）实验仪器

离子色谱仪（配保护柱、分离柱、电化学自再生抑制器、电导检测器、色谱工作站），ZC-8 接地电阻测量仪，扫描电子显微镜，X 射线衍射仪，X 射线光电子能谱仪，共焦显微拉曼光谱仪，3D 显微镜，万分之一天平，烘箱，pH 计，土壤氧化还原电位仪，烧杯，容量瓶，电化学工作站，蓄电池，不溶性辅助阳极，镁合金，锌合金。

四、实验步骤

（1）土壤理化性质测定

采用烘干法，在 105℃±2℃时加热土壤样品，将土壤烘干，计算土壤的含水量。称取已过 2mm 尼龙筛的风干土样 10.0g 放入 30mL 烧杯中，加 10mL 无二氧化碳的去离子水，用玻璃棒剧烈搅拌 1～2min，静置 3min，此时应避免空气或挥发性酸性气体等的影响，然后用 pH 计和土壤氧化还原电位仪测量其温度、pH、电导与氧化还原电位。

配制淋洗液为 Na_2CO_3（3.5mmol/L）和 $NaHCO_3$（1.0mmol/L）的混合溶液，淋洗液流速 0.92～0.94mL/min，进样量 25μL，电流 50mA，用 1/100 电子天平称取通过 1mm 筛孔的风干土样 50.0g，置于 500mL 细口中，加无二氧化碳蒸馏水 250mL，用橡皮塞塞紧瓶口，在振荡机上振荡 3min，及时过滤于另一干燥的细口瓶中，测定滤液电导率，以确定稀释倍数。配制所需浓度的标准溶液，使之符合离子色谱检测范围。配制 3 种不同浓度的标准溶液，以峰面积定量，测定各离子的保留时间和标准曲线的相关系数。在实验条件下，将处理好的稀释土壤样品进行 5 次重复测定，当离子的峰面积的相对标准偏差较小时，读取不同离子的含量。

（2）土壤电阻率测试

图 2 为四电极法测试土壤电阻率的接线示意图，四个电极均匀布置在一条直线上，极间距为 S，电极入土深度应小于 S/20。使用 ZC-8 接地电阻测量仪（0～1Ω 到 10～100Ω）进行测量时，在 C_1、C_2 两电极间通过电流 I，同时测量 P_1、P_2 两电极间的电压 V，从而计算电阻

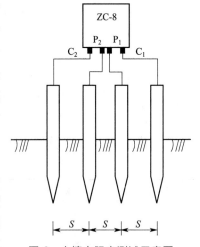

图 2　土壤电阻率测试示意图

值 $R = V/I$，然后按式 $\rho = 2\pi SR$ 测定土壤的电阻率 ρ。式中，ρ 为布极点处从地表到插入土层的电阻率，$\Omega \cdot m$；R 为 ZC-8 接地电阻测量仪示值，Ω；S 为相邻两电极之距离，m。

四电极法的数学模型为两个电极在土壤中形成电场，而在两个电极之间形成的电位差与电极上流过的电流量及两电极间的土壤电阻率成正比。当电极为球形电极时，满足上式关系。要把电极看成球形电极，只有当电极入土深度小于极间距的 5% 时，这种模拟才比较切合实际，所以要求电极入土深度小于等于 $S/20$。

（3）土壤环境中金属材料腐蚀测试

① 失重法

将 Q235 碳钢腐蚀试样置于测试土壤中，控制试样的放置位置、土壤湿度、测试温度等环境参数，腐蚀测试 10~30 天（根据实际情况选择测试时间）后取出所有腐蚀失重试样，去除腐蚀产物后，将试片清洗、干燥、称量，计算试片腐蚀前后的质量差，进而计算出试样的均匀腐蚀速率。

② 表面分析

同时采用扫描电子显微镜、X 射线衍射仪、X 射线光电子能谱仪、共焦显微拉曼光谱仪及 3D 显微镜等对土壤环境中金属材料腐蚀之后的表面形貌和腐蚀产物结构组成进行分析。

③ 电化学测量

建立原位电化学测试体系，以 Q235 碳钢为工作电极（工作面积为 $1cm^2$），参比电极为饱和甘汞电极（SCE），辅助电极为铂电极。分别在特定的时间开展开路电位、电化学阻抗测量，在实验结束的当天测试完电化学阻抗之后进行动电位极化曲线测试。

④ 将上述土壤介质换成土壤浸出液或 NS4 溶液，重复步骤①~③，比较金属材料在不同测试介质环境中的腐蚀行为和机制的差异。

⑤ 在准备土壤测试介质过程中，引入硫酸盐还原菌，重复步骤①~③，比较金属材料在有无微生物存在条件下的腐蚀行为和机制的差异。

（4）实验结束后清洗试样，关好仪器设备，打扫卫生。

五、实验结果分析

（1）计算土壤电阻率并填入表 1 中。

（2）依据试片腐蚀前后质量差，分别计算金属试样在不同条件下的平均腐蚀速率。

（3）对电化学数据进行拟合处理，并依据 EIS 曲线和极化曲线等测试结果判断金属材料在不同土壤环境中的腐蚀行为随时间变化规律，并做定性和定量分析。

（4）依据去除腐蚀产物后的腐蚀形貌比较样品被腐蚀程度，利用 3D 形貌图计算局部腐蚀速率，探讨不同测试环境中金属试样局部腐蚀变化规律。

（5）将上述所有实验数据进行系统分类整理，利用 Origin 作图，完成实验报告。

表 1　土壤电阻率测试结果　　　　　　　　单位：$\Omega \cdot m$

样品	土壤电阻率
A1	
A2	
A3	

样品	土壤电阻率
A4	
A5	
A6	

六、思考题

（1）影响土壤腐蚀速率的因素有哪些？这些因素对腐蚀作用是什么？

（2）金属材料在土壤环境中的腐蚀行为和机制与在其他环境（如土壤、大气等）相比有何异同点？

（3）土壤环境中常用的金属材料腐蚀研究测试技术和方法有哪些？原理是什么？

（4）基于土壤环境中金属材料的腐蚀行为和机制，提出可能的控制土壤环境中金属材料腐蚀的方法。

附 录

附录一　常见物理量和单位

量的名称	单位名称	单位符号	与其他单位制的换算关系
长度	米	m	$1m=3.28ft$(英尺)$=39.37in$(英寸)$=1.0936yd$(码)$=3.937\times10^4mil$(密耳)
质量	千克	kg	$1kg=2.205lb$(磅)
时间	秒	s	$1h$(小时)$=60min$(分)$=3600s$
热力学温度	开[尔文]	K	$0℃=273.15K$
物质的量	摩[尔]	mol	
摩尔质量	千克每摩	kg/mol	
物质的浓度	摩每立方米	mol/m^3	$1mol/m^3=10^{-3}mol/dm^3=10^{-3}mol/L$(摩尔每升)
摩尔熵	焦每摩开	$J/(mol\cdot K)$	
力	牛[顿]	N	$1N=1kg\cdot m/s^2=10^5dyn$(达因)$\\=0.10197kgf$(千克力)$\\=0.2248lbf$(磅力)
压力、应力、强度	帕[斯卡]	Pa	$1Pa=1N/m^2$ $1MPa$(兆帕)$=0.10197kgf/mm^2=0.1451ksi$(千磅每平方英寸) $1atm$(标准大气压)$=760mmHg=0.101325MPa$ $1at$(工程大气压)$=1kgf/cm^2=98066.5Pa$ $1Torr$(托)$=1mmHg=133.322Pa$ $1bar$(巴)$=10^5Pa=0.1MPa$
功、能、热量	焦[耳]	J	$1J=1N\cdot m=1kg\cdot m^2/s^2=10^7erg$(尔格)$=0.2389cal$(卡)$=9.478\times10^{-4}Btu$(英制热单位)$=0.10197kgf\cdot m=2.7778\times10^{-4}W\cdot h$(瓦·时) $1eV$(电子伏特)$=1.60219\times10^{-19}J$
电流	安[培]	A	
电量	库[仑]	C	$1C=1A\cdot s$
电位、电压	伏[特]	V	$1V=1J/(A\cdot s)=1kg\cdot m^2/(A\cdot s^3)$
电阻	欧[姆]	Ω	$1\Omega=1V/A=1kg\cdot m^2/(s^3\cdot A^2)$
电容	法[拉]	F	$1F=1C/V=1As/V=1A^2\cdot s^4/(kg\cdot m^2)$
电导	西[门子]	S	$1S=1A/V$
电感	亨[利]	H	$1H=1V\cdot s/A=1kg\cdot m^2(s^2\cdot A^2)$

注：表中 ft（英尺）、in（英寸）、yd（码）、mil（密耳）、Ib（磅）、dyn（达因）、kgf（千克力）、Ibf（磅力）、ksi（千磅力每平方英寸）、atm（标准大气压或简称大气压）、at（工程大气压）、Torr（托）、bar（巴）、mmHg（毫米汞柱）、erg（尔格）、kgf·m（千克力米）、cal（卡）、BTU（英热单位）等单位皆非国际制（SI）单位，应避免使用。

附录二　均匀腐蚀的十级标准

耐蚀性评定	耐腐蚀等级	腐蚀深度/(mm/y)	耐蚀性评定	耐腐蚀等级	腐蚀深度/(mm/y)
Ⅰ 完全耐蚀	1	<0.001	Ⅳ 尚耐蚀	6	0.1～0.5
Ⅱ 很耐蚀	2	0.001～0.005		7	0.5～1.0
	3	0.005～0.01	Ⅴ 欠耐蚀	8	1.0～5.0
Ⅲ 耐蚀	4	0.01～0.05		9	5.0～10.0
	5	0.05～0.10	Ⅵ 不耐蚀	10	>10.0

附录三　常用参比电极在 25℃时相对标准氢电极的电位

作为参比电极的电极系统	E/V_{SHE}	作为参比电极的电极系统	E/V_{SHE}
$Pt(H_2, 1atm)/HCl(1mol/L)$	0.000	$Ag/(AgCl)/Cl^-(a_{Cl^-}=1mol/L)$	0.2224
$Hg/(Hg_2Cl_2)/KCl$(饱和)	0.2438	$Ag/(AgCl)/KCl(0.1mol/L)$	0.290
$Hg/(Hg_2Cl_2)/KCl(1mol/L)$	0.2828	$Hg/(Hg_2SO_4)/H_2SO_4(1mol/L)$	0.6515
$Hg/(Hg_2Cl_2)/KCl(0.1mol/L)$	0.3365	$Hg/(HgO)/NaOH(0.1mol/L)$	0.165

附录四　线性极化技术中的 *B* 值

腐蚀体系	B/mV	腐蚀体系	B/mV
$Fe/0.5mol/LH_2SO_4$	12.9～14.4	Al、Cu、软钢/海水	5.5
$Fe/0.5mol/LH_2SO_4$(加缓蚀剂)	25	Cu/3%NaCl	31
$Fe/10\%H_2SO_4$	43	304 不锈钢/3%NaCl(理论值)	21.7
碳钢/$0.5mol/LH_2SO_4$	12	Cu、Cu-Ni 合金、黄铜/海水	17.4
不锈钢/$0.5mol/LH_2SO_4$	18	碳钢、不锈钢/水(pH=7,250℃)	20～25
$Fe/1mol/LHCl$	28	碳钢、304 不锈钢/水(298℃)	20.9～24.2
$Fe/0.2mol/LHCl$	30	Cr-Ni 不锈钢/Fe^{3+}/Fe^{2+}(缓蚀剂)	52
$Fe/1mol/LHCl$	18.0～23.2	Cr-Ni 不锈钢/$FeCl_3$ 和 $FeSO_4$	52
$Fe/HCl+H_2SO_4$(加缓蚀剂)	11～21	Fe/有机酸	90
$Fe/4\%NaCl(pH=1.5)$	17.2	Fe/中性溶液	75
碳钢/海水	25	软钢/$0.02mol/LH_3PO_4$+缓蚀剂	16～21
Al/海水	18.2		

附录五　清除金属腐蚀产物的化学方法

材料	溶液	时间	温度	备注
铝合金	70%HNO_3	2～3min	室温	随后轻轻擦洗
	20%CrO_3+5%H_3PO_4 溶液	10min	79～85℃	由于氧化膜不溶于HNO_3，随后仍用 70%HNO_3 处理
铜及其合金	15%～20%HCl	2～3min	室温	随后轻轻擦洗
	5%～10%H_2SO_4	2～3min	室温	随后轻轻擦洗

材料	溶液	时间	温度	备注
铅及其合金	10%醋酸	10min	沸腾	随后轻轻擦洗,可除去 PbO
	5%醋酸铵		热	随后轻轻擦洗,可除去 PbO
	80g/L NaOH+50g/L 甘露糖醇+0.62g/L 硫酸肼	30min 或至清除为止	沸腾	随后轻轻擦洗
铁和钢	20% HCl 或 H_2SO_4+有机缓蚀剂	几分钟	30～40℃	橡皮擦,刷子刷
	20% NaOH+10%锌粉	5min	沸腾	
	浓 HCl+50g/L $SnCl_2$+20g/L $SbCl_2$		室温	溶液应搅拌
镁及镁合金	15%CrO_3+1%$AgCrO_4$ 溶液	15min	沸腾	
镍及其合金	15%～20%HCl		室温	
	15%H_2SO_4		室温	
锡及其合金	15%Na_3PO_4	10min	沸腾	随后轻轻擦洗
锌	10%NH_4Cl 然后 5% CrO_3+1%$AgNO_3$ 溶液	5min20s	室温沸腾	随后轻轻擦洗
	饱和醋酸铵		室温	随后轻轻擦洗
	100g/L NaCN	15min	室温	

参 考 文 献

[1] R. W. Revie. Corrosion and corrosion control: an introduction to corrosion science and engineering. John Wiley & Sons, 2008.

[2] 侯保荣, 张盾, 王鹏. 海洋腐蚀防护的现状与未来. 中国科学院院刊: 31 (2016): 1326-1331.

[3] 侯保荣, 路东柱. 我国腐蚀成本及其防控策略. 中国科学院院刊: 33 (2018): 601-609.

[4] 王吉会. 腐蚀科学与工程实验教程. 北京: 北京大学出版社. 2013.

[5] H. Liu, D. Xu, K. Yang, et al. Corrosion of antibacterial Cu-bearing 316L stainless steels in the presence of sulfate reducing bacteria. Corrosion Science, 132 (2018): 46-55.

[6] H. Liu, Y. F. Cheng. Mechanism of microbiologically influenced corrosion of X52 pipeline steel in a wet soil containing sulfate-reduced bacteria. Electrochimica Acta, 253 (2017): 368-378.

[7] H. Liu, T. Gu, Y. Lv, et al. Corrosion inhibition and anti-bacterial efficacy of benzalkonium chloride in artificial CO_2-saturated oilfield produced water. Corrosion Science, 117 (2017): 24-34.

[8] E. McCafferty. Introduction to corrosion science. Springer Science & Business Media, 2010.

[9] 李晓刚, 杜翠薇. 腐蚀试验方法及监测技术. 北京: 中国石化出版社. 2021.

[10] 胡会利, 李宁. 电化学测量. 北京: 化学工业出版社, 2019.

[11] 曹楚南, 张鉴清. 电化学阻抗谱导论. 北京: 科学出版社, 2002.

[12] H. Liu, W. Chen, Y. Tan, et al. Characterizations of the biomineralization film caused by marine Pseudomonas stutzeri and its mechanistic effects on X80 pipeline steel corrosion. Journal of Materials Science & Technology, 125 (2022): 15-28.

[13] H. Liu, Y. Zhang, W. Li, et al. Synergistic Inhibition Effect of Magnetic Field and Inhibitors against Carbon Steel Corrosion in CO_2-Saturated Oilfield-Produced Water. Industrial & Engineering Chemistry Research, 58 (2019): 17668-17674.

[14] J. Morlet, G. Arens, E. Fourgeau, et al. Wave propagation and sampling theory-Part Ⅱ: Sampling theory and complex waves. Geophysics, 47 (1982): 222-236.

[15] 张涛, 杨延格, 邵亚薇, 等. 电化学噪声分析方法的研究进展, 中国腐蚀与防护学报, 34 (2014): 1-18.

[16] 石维. 钢筋混凝土界面局部腐蚀发展与抑制机理研究. 华中科技大学, 2014.

[17] A. M. Homborg, T. Tinga, X. Zhang, et al. Transient analysis through Hilbert spectra of electrochemical noise signals for the identification of localized corrosion of stainless steel. Electrochim. Acta, 104 (2013): 84-93.

[18] 石维, 董泽华, 郭兴蓬. 基于 Hilbert-Huang 变换的电化学噪声解析及其应用. 中国腐蚀与防护学报, (2014): 138-146.

[19] Y. F. Cheng, J. L. Luo, M. Wilmott. Spectral analysis of electrochemical noise with different transient shapes. Electrochim. Acta, 45 (2000): 1763-1771.

[20] 张鉴清, 张昭, 王建明, 等. 电化学噪声的分析与应用 Ⅱ. 电化学噪声的应用. 中国腐蚀与防护学报, 22 (2002): 241-248.

[21] A. Bastos, M. Quevedo, O. Karavai, et al. On the application of the scanning vibrating electrode technique (SVET) to corrosion research. Journal of The Electrochemical Society, 164 (2017): C973.

[22] 王佳, 水流彻. 使用 Kelvin 探头参比电极技术进行薄液层下电化学测量. 中国腐蚀与防护学报, 15 (1995): 173-179.

[23] 林翠, 王凤平, 李晓刚. 大气腐蚀研究方法进展, 中国腐蚀与防护学报, 24 (2004): 249-256.

[24] N. Jadhav, V. J. Gelling. The use of localized electrochemical techniques for corrosion studies. Journal of The Electrochemical Society, 166 (2019): C3461.

[25] I. Traxler, T. D. Singewald, G. Schimo-Aichhorn, et al. Scanning electrochemical microscopy methods (SECM) and ion-selective microelectrodes for corrosion studies. Corrosion Reviews, 40 (2022): 515-542.

［26］ X. Shi，W. Qing，T. Marhaba，et al. Atomic force microscopy-Scanning electrochemical microscopy（AFM-SECM）for nanoscale topographical and electrochemical characterization：Principles，applications and perspectives. Electrochimica Acta，332（2020）：135472.

［27］ M. Laleh，A. E. Hughes，W. Xu，et al. On the unusual intergranular corrosion resistance of 316L stainless steel additively manufactured by selective laser melting. Corrosion science，161（2019）：108-189.